W0262894

Informationstechnik

G. Haßlinger/Th. Klein

Breitband-ISDN und ATM-Netze

Informationstechnik

Herausgegeben von

Prof. Dr.-Ing. Dr.-Ing. E. h. Norbert Fliege, Mannheim
Prof. Dr.-Ing. Martin Bossert, Ulm

In der Informationstechnik wurden in den letzten Jahrzehnten klassische Bereiche wie analoge Nachrichtenübertragung, lineare Systeme und analoge Signalverarbeitung durch digitale Konzepte ersetzt bzw. ergänzt. Zu dieser Entwicklung haben insbesondere die Fortschritte in der Mikroelektronik und die damit steigende Leistungsfähigkeit integrierter Halbleiterschaltungen beigetragen. Digitale Kommunikationssysteme, digitale Signalverarbeitung und die Digitalisierung von Sprache und Bildern erobern eine Vielzahl von Anwendungsbereichen. Die heutige Informationstechnik ist durch hochkomplexe digitale Realisierungen gekennzeichnet, bei denen neben Informationstheorie Algorithmen und Protokolle im Mittelpunkt stehen. Ein Musterbeispiel hierfür ist der digitale Mobilfunk, bei dem die ganze Breite der Informationstechnik gefragt ist.

In der Buchreihe „Informationstechnik" soll der internationale Standard der Methoden und Prinzipien der modernen Informationstechnik festgehalten und einer breiten Schicht von Ingenieuren, Informatikern, Physikern und Mathematikern in Hochschule und Industrie zugänglich gemacht werden. Die Buchreihe soll grundlegende und aktuelle Themen der Informationstechnik behandeln und neue Ergebnisse auf diesem Gebiet reflektieren, um damit als Basis für zukünftige Entwicklungen zu dienen.

Breitband-ISDN und ATM-Netze

Multimediale (Tele-)Kommunikation mit garantierter Übertragungsqualität

Von Priv.-Doz. Dr. Gerhard Haßlinger
Deutsche Telekom Technologiezentrum Darmstadt

und Dr.-Ing. Thomas Klein
DeTeSystem Frankfurt/Main

Mit 140 Bildern

B. G. Teubner Stuttgart · Leipzig 1999

Die Deutsche Bibliothek – CIP-Einheitsaufnahme

Haßlinger, Gerhard:
Breitband-ISDN und ATM-Netze : multimediale (Tele-
)Kommunikation mit garantierter Übertragungsqualität / Gerhard
Haßlinger und Thomas Klein. – Stuttgart ; Leipzig : Teubner, 1999
    Informationstechnik
    ISBN-13: 978-3-322-84857-4   e-ISBN-13: 978-3-322-84856-7
    DOI: 10.1007/978-3-322-84856-7

Einleitung und Vorwort

Der Asynchrone-Transfer-Modus (ATM) ist ein in den letzten 10 Jahren neu entwickeltes Konzept für Kommunikationsnetze. Aufbauend auf Erfahrungen in der Sprach-, Video- und Datenübertragung ermöglicht ATM eine effiziente Integration verschiedenartiger Dienste in eine gemeinsame Netzstruktur.

Der komplexe und keineswegs reibungslos verlaufene Standardisierungsprozeß ist inzwischen von der International Telecommunication Union (ITU) sowie von industriellen Herstellern im ATM-Forum auf fortgeschrittenem Stand festgeschrieben, wenn auch die Formulierung *for further study* zunächst in manchen Standards als häufigste Kombination von drei Wörtern hervortritt.

ATM bietet von lokalen Netzen bis in den Telekommunikations-Bereich eine einheitliche, durchgängige Plattform. Wegen des mit der Umstellung auf ATM verbundenen Aufwands erfolgt der Einsatz vorwiegend im Backbone-Bereich von Netzbetreibern und im Internet sowie dort, wo Dienstegüte vor allem für Echtzeitanforderungen in bestehender Technik nicht realisierbar ist.

Mit der Option einer umfassenden Funktionalität für absehbare zukünftige Anwendungen hat ATM ein Spannungsfeld erzeugt, das auch eine forcierte Weiterentwicklung herkömmlicher Standards angeregt hat. Leistungsfähige Switch-Technologie, die über den Gigabit/s-Bereich hinaus skalierbar ist, und Multimediafähigkeit mit garantierten Quality-of-Service(QoS)-Eigenschaften sind zu unverzichtbaren Zukunftsvorgaben auch für die Entwicklung traditoneller Netzprotokolle geworden, wie TCP/IP im Internet und Ethernet in lokalen Netzen.

ATM ist im praktischen Einsatz derzeit eine von mehreren Alternativen für die Kommunikationsinfrastruktur, die erstmals eine zwar aufwendige, aber als funktionsfähig erprobte Universallösung bietet. Als Vorreiter liefert ATM wertvolle Erfahrungen und setzt Maßstäbe für den gesamten (Tele-)Kommunikationsbereich.

Dieses Buch richtet sich an Studenten im Hauptstudium der Informatik und Nachrichtentechnik. Der Inhalt ist zusammengestellt aus den Skripten zu Vorlesungen, die von den Autoren am Fachbereich Informatik der TU Darmstadt und am Fachbereich Elektrotechnik der Universität des Saarlandes angeboten werden.

Behandelt werden Breitbandaspekte des ISDN und Übermittlungsverfahren für Hochgeschwindigkeitsnetze. Der Asynchrone-Transfer-Modus ist als Basis-Technologie für Telekommunikationsdienste im Breitband-ISDN (B-ISDN) vorgesehen.

Die ersten drei Kapitel geben eine Einführung in die Grundlagen von Kommunikationsnetzen allgemein und speziell für Breitband-ISDN und ATM, mit Kurzdarstellungen aktueller Trends im Umfeld und in alternativen Übertragungsprotokollen.

Das Verständnis des B-ISDN und ATM ist eng mit dem Begriff *Dienst* verbunden. In Kapitel 4 werden Dienste eingehend diskutiert und damit die Grundlagen zum Verständnis der funktionalen Architektur des B-ISDN in Kapitel 5 geschaffen.

Die Spezifikation der Protokollschichten des B-ISDN-Referenzmodells erfolgt in Kapitel 6. Neben der Physikalischen Schicht und der ATM-Schicht werden die verschiedenen Typen der ATM-Anpassungsschicht betrachtet. Kapitel 7 behandelt die Aspekte der Verkehrskontrolle und der Überlaststeuerung. Kapitel 8 ist den verbindungslosen Datenübermittlungsdiensten im B-ISDN gewidmet.

Anforderungen an Vermittlungsknoten und für deren Umsetzung geeignete Architekturen sind in Kapitel 9 behandelt. Das letzte Kapitel über Verkehrsmodellierung beleuchtet den komplexen Zusammenhang von Bandbreite, Verzögerung und Paketverlusten, der eine effiziente Resourcen-Nutzung mit QoS-Garantien verbindet.

An dieser Stelle möchten wir uns bedanken

- bei der DeTeSystem (Deutsche Telekom Systemlösungen), die als Betreiber von ATM-Großprojekten wie dem Breitband-Wissenschaftsnetz (B-WiN) oder dem Informationsverbund Bonn-Berlin den Erfahrungshintergrund der Autoren gefördert und ihre Ablenkung von der Arbeit durch die Bucherstellung wohlwollend in Kauf genommen hat,

- bei Herrn Prof. Dr. H. Waldschmidt und den Mitarbeitern am Institut für Systemprogrammierung der TU Darmstadt,

  bei Herrn Prof. Dr.-Ing. J. Petersen und den Mitarbeitern des Lehrstuhls für Nachrichten- und Vermittlungstechnik der Universität des Saarlandes,

  sowie beim Herausgeber, Herrn Prof. Dr. M. Bossert und bei Herrn Dr. J. Schlembach vom Teubner-Verlag für ihre tatkräftige Unterstützung,

- und nicht zuletzt für die Mithilfe und Geduld der Angehörigen und Bekannten, die die Autoren zeitweise weniger als gewünscht zu Gesicht bekamen.

Darmstadt, im Juni 1999   *Gerhard Haßlinger, Thomas Klein*

Inhaltsverzeichnis

1 Kommunikationsnetze   **1**

  1.1   Netze, Übermittlungsverfahren, Dienste   1

      1.1.1   Netzaufbau   1

      1.1.2   Übermittlungsverfahren   4

      1.1.3   Dienste   7

  1.2   Protokolle   8

  1.3   Das Sieben-Schichten-Model   10

  1.4   Kommunikationsmedien   16

2 ATM-Netze und Breitband-ISDN   **24**

  2.1   Anforderungen der Dienste   24

  2.2   Breitbandaspekte des ISDN   27

  2.3   Prinzipien des Asynchronen-Transfer-Modus   31

      2.3.1   Das ATM-Zellenformat: 53 Byte   33

      2.3.2   ATM-Verbindungen   34

      2.3.3   Kennzeichnung von Verbindungen   35

      2.3.4   Virtuelle Kanal-Verbindungen   36

      2.3.5   Virtuelle Pfad-Verbindungen   37

      2.3.6   ATM-Vermittlung über virtuelle Verbindungen   38

      2.3.7   Statistisches Multiplexing   41

      2.3.8   Protokollebenen für ATM-Netze   43

3 Trends in Übertragungstechnik, Protokollen und Diensten   46

   3.1   Ethernet als LAN- und Gigabit/s-Standard   46

   3.2   Frame Relay   50

   3.3   ADSL: Asymmetric Digital Subscriber Line   53

   3.4   WDM: Wavelength Division Multiplexing   55

   3.5   Video- und multimediale Kommunikation   56

   3.6   Internet, TCP/IP und Quality-of-Service   58

4 Dienste im B-ISDN   67

   4.1   Übermittlungsdienste und Teledienste   67

   4.2   Klassifizierung breitbandiger ISDN-Dienste   69

   4.3   Netzaspekte breitbandiger ISDN-Dienste   71

      4.3.1   Bitrate   71

      4.3.2   Dienstgüte und Netzgüte   76

      4.3.3   Dienste für mehrere Informationsarten   79

      4.3.4   Synchronisation des Empfängers   79

5 Funktionale Architektur des B-ISDN   80

   5.1   Generelle Architektur des B-ISDN   80

      5.1.1   Funktionen niederer Schichten   82

      5.1.2   Funktionen höherer Schichten   82

   5.2   Lokation der Funktionen im B-ISDN   82

      5.2.1   Aufteilung der Funktionen einer Verbindung   83

      5.2.2   Beispiele für B-ISDN-Architekturmodelle   85

   5.3   Die Benutzer-Netz-Schnittstelle   89

      5.3.1   Schnittstellen an den Referenzpunkten   91

      5.3.2   Funktionsgruppen   93

   5.4   Netzaspekte des B-ISDN   94

      5.4.1   ATM-Transportnetz   95

5.4.2 Grundlagen der Signalisierung 101

5.5 B-ISDN-Protokoll-Referenzmodell 105

5.5.1 Niedere Schichten 106

5.5.2 Höhere Schichten 108

5.6 Betrieb und Wartung im B-ISDN 109

5.6.1 Grundlagen 109

5.6.2 OAM-Ebenen im B-ISDN 110

5.7 Interworking zwischen B-ISDN und ISDN 114

6 Spezifikationen   118

6.1 Physikalische Schicht an der Benutzer-Netz-Schnittstelle (UNI) . . 118

6.1.1 Funktionen der Physikalischen Schicht 118

6.1.2 PM-Teilschicht der UNI mit 155,520 Mbit/s 119

6.1.3 PM-Teilschicht der UNI mit 622,080 Mbit/s 120

6.1.4 TC-Teilschicht der UNI 120

6.1.5 Leistungsversorgung 128

6.2 ATM-Schicht 129

6.2.1 Funktionen der ATM-Schicht 129

6.2.2 Struktur der Zelle 130

6.2.3 Format und Codierungen des Headers an der UNI 131

6.2.4 Format und Codierungen des Headers an der NNI 134

6.3 AAL: ATM-Anpassungsschicht 136

6.4 AAL-Typ 1 139

6.4.1 SAR-Teilschicht: Segmentation and Reassembly 140

6.4.2 CRC: Fehlerkontrolle mit zyklischen Codes 143

6.4.3 Konvergenz-Teilschicht 145

6.5 AAL-Typ 2 151

6.5.1 CPS-Teilschicht: Common Part Sublayer 154

6.5.2 Die dienstespezifische Konvergenz-Teilschicht 157

6.6 AAL-Typ 3/4 163

  6.6.1 Bereitgestellte Dienste 167

  6.6.2 SAR-Teilschicht 171

  6.6.3 Konvergenz-Teilschicht 175

6.7 AAL-Typ 5 180

  6.7.1 Bereitgestellte Dienste 181

  6.7.2 SAR-Teilschicht 183

  6.7.3 Konvergenz-Teilschicht 184

6.8 Signalisierungs-AAL 188

7 Verkehrskontrolle und Überlaststeuerung im B-ISDN **190**

7.1 Einführung 190

7.2 Deskriptoren und Verkehrsparameter 195

  7.2.1 Verkehrsvertrag zwischen Benutzer und Netz 196

  7.2.2 Spezifikationen von Verkehrsparametern 198

7.3 Dienstgüteklassen und Dienstgüteparameter 198

7.4 Funktionen 201

  7.4.1 Funktionen zur Verkehrskontrolle 201

  7.4.2 Funktionen zur Überlaststeuerung 208

7.5 Verfahren und Mechanismen 209

  7.5.1 Leaky-Bucket- und Window-UPC-Mechanismen 209

  7.5.2 Rückkopplungssteuerung der Dienstgüteklasse ABR 215

8 Verbindungslose Datenübermittlungsdienste im B-ISDN **222**

8.1 Definition und funktionale Architektur 222

8.2 Verbindungslose Server und Schnittstellen 225

8.3 Connectionless Network Access Protocol 228

8.4 Connectionless Network Interface Protocol 232

8.5 Umsetzen zwischen CLNAP und CLNIP 236

9 Vermittlungsknoten in Telekommunikationsnetzen 240

9.1 Leitungs- und ATM-Vermittlungstechniken 242

9.1.1 Verteilung über ein gemeinsames (Speicher-)Medium 243

9.1.2 Schaltmatrizen und Zeit-Multiplex-Verfahren 244

9.2 Mehrstufige 2 × 2-Koppelnetze 246

9.2.1 Batcher-Sortiernetze 248

9.2.2 Batcher-Banyan-Vermittlungseinheit 251

9.2.3 Konstruktion eines Cut-Through-Switches 252

9.3 Strukturelle Analyse von 2 × 2-Koppelnetzen 257

9.3.1 Ansteuerung von Ausgängen und Self-Routing 257

9.3.2 Kollisionsfreie Verteilnetze 260

9.4 Leistungskriterien für Vermittlungsknoten 262

10 Verkehrsmodellierung und Dienstgüte (QoS) 266

10.1 Darstellung des Verkehrs in ATM-Netzen 266

10.2 Notationen aus Statistik und Stochastik 267

10.2.1 Beschreibung eines Zufallsexperiments 267

10.2.2 (Un-)abhängige Zufallsvariable 270

10.2.3 Erzeugende Funktion und Laplace-Transformation 271

10.3 Zufallsprozesse in der Verkehrsmodellierung 272

10.3.1 Stochastische Prozesse und Markov-Ketten 272

10.3.2 Punktprozesse 274

10.3.3 Erneuerungsprozesse 275

10.3.4 Prozesse mit autokorrelierten Intervallen 279

10.3.5 Die Autokorrelationsfunktion 281

10.4 Statistisches Multiplexing 283

10.5 Zeitdiskrete Analyse von Bediensystemen 288

10.5.1 Effiziente GI bzw. SMP/GI/1-Analysetechniken 291

10.5.2 Die Lindley'sche Beziehung für die Workload 292

10.5.3 Wiener-Hopf-Faktorisierung und Workload 294

10.5.4 Polynom-Faktorisierung für Fibonacci-Zahlen 298

10.5.5 Polynom-Faktorisierung für GI/GI/1-Systeme 298

10.5.6 Workload-Verteilung für SMP/GI/1-Systeme 301

10.5.7 Vergleich der Lösungsmethoden 304

10.6 Modelle für ATM-Multiplexer 308

10.6.1 Modelle mit Gruppenankünften und -bedienungen 309

10.6.2 Fluß-Modelle (*Fluid-Flow Analysis*) 311

10.6.3 Effektive Bandbreite eines Verkehrsflusses 313

10.6.4 Spezielle Aspekte der Modellierung 315

10.6.5 Analyse offener Netze 317

10.7 Sprach-, Video- und Daten-Verkehr 319

10.7.1 Statistisches Multiplexing inclusive Pufferung 319

10.7.2 Statistisches Multiplexing für korrelierten Verkehr 322

10.7.3 Komprimierte Sprach- und Videoübertragung 325

10.7.4 Datenverkehrsaufkommen mit Selbstähnlichkeit 330

10.8 Simulation von Telekommunikationsnetzen 333

Literaturverzeichnis   **337**

Index   **346**

1 Kommunikationsnetze

1.1 Netze, Übermittlungsverfahren, Dienste

Ein *Rechner-* bzw. *Kommunikationsnetz* ist in der Vermittlungstechnik definiert als die Gesamtheit von Vermittlungseinrichtungen (Knoten, Switches, Gateways, Netzserver), Zugangs- bzw. Endsystemen (Terminals, Ein/Ausgabe-Geräte, Rechner, Drucker, Telefon, FAX etc.) und Übertragungswegen (Kanäle, Leitungen, Verkabelung, Übertragungsmedien mit elektromagnetischen, optischen Signalträgern).

Als grundlegende Aspekte behandelt das einführende Kapitel

- den Netzaufbau (Topologie),

- Übermittlungsverfahren,

- Dienste für die Benutzer,

- Protokolle zur Ablaufsteuerung und

- Übertragungsmedien.

1.1.1 Netzaufbau

Nach ihrer Ausdehnung kann man Netze einteilen in

- Fernnetze (WAN: *Wide Area Network*) bzw. Telekommunikationsnetze mit Entfernungen ab ca. 25 km bis weltumspannend,

- Ortsnetze (MAN: *Metropolitan Area Network*) im Bereich einer Stadt bzw. eines räumlich begrenzten Ballungsgebiets,

- Lokale Netze (LAN: *Local Area Network*) in Betrieben und Institutionen.

Globale Netze verzweigen sich in hierarchischer Weise bis in den lokalen Bereich:
Ortsnetze verbinden LANs und weitere einzelne Endstellen; Fernnetze verbinden
die Ortsnetze. Oft unterscheidet man den Anschluß-Bereich eines Netzes mit externen Schnittstellen vom *Backbone*-Bereich mit internen Vermittlungsknoten. Bild
1.1 zeigt verschiedene Netzplattformen und Anschlußtechnologien im LAN-/WAN-
Bereich, ohne Dienste, Protokollebenen und andere Aspekte zu beachten.

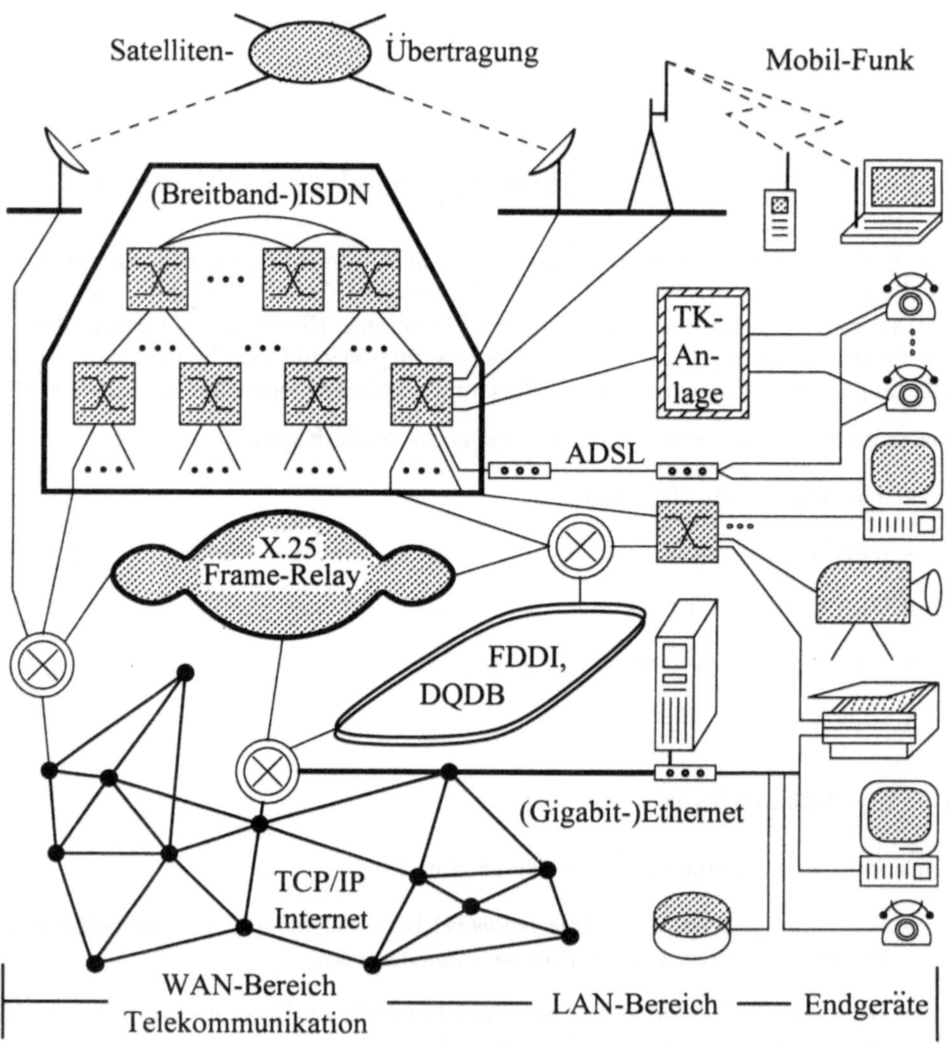

Bild 1.1: Struktur von Kommunikationsnetzen

Netze und Netzknoten auf verschiedenen Hierarchie-Stufen bewältigen ein unterschiedliches Verkehrsaufkommen von Anschlußleitungen mit entsprechender Kapazität und Übertragungstechnik, was Unterschiede in der Funktionalität und Vermittlungstechnik der Knoten nach sich zieht. Netze mit gleichberechtigten Knoten ohne Hierarchie findet man im lokalen Bereich. Beim Anschluß an ein Telekommunikationsnetz gibt es zumindest einen ausgezeichneten Knoten (Gateway), der die Verbindung dorthin herstellt.

Elemente der topologischen Struktur von Netzen sind

- der Stern: Ein zentraler Knoten verbindet mehrere Endstellen. In hierarchischen Netzen treten sternförmige Teilgraphen auf, wo mehrere Knoten auf einer Stufe mit einer Zentrale auf der nächsthöheren Stufe verbunden sind. Die sternförmige Anbindung von Stationen an Vermittlungsknoten ist auch eine übliche Strukturierung für lokale Netze.

- Bussysteme: Eine Vielzahl von Endstellen ist direkt an ein gemeinsames Übertragungsmedium angeschlossen. Jeder Teilnehmer kann alle auf dem Medium stattfindenden Übertragungen mithören. Diese Eigenschaft trifft in verändertem Umfeld auch auf die Kommunikation via Satellit zu.

- Ringe: Die Nachrichten-Übertragung erfolgt zyklisch umlaufend auf dem Medium, das oft auch als Doppelring mit gegenläufiger Übertragungsrichtung realisiert wird. Beispiele sind Token-Ring-, FDDI(*Fiber distributed data interface*)- oder DQDB(*Distributed queue dual bus*)-Netze.

- Vermaschte Netze: Jeder Knoten ist mit einem oder mehreren Nachbarn in unregelmäßiger Struktur verbunden, wie es z.B. im Internet der Fall ist. Man hat dann zumeist eine Auswahl mehrerer Wege zwischen je zwei Knoten zur Verfügung und damit die Chance auf Ersatzverbindungen bei Teilausfällen.

Als grundsätzliches Merkmal ist jede Struktur durch Punkt-zu-Punkt-Verbindungen (Stern, vermaschtes Netz) zwischen zwei Knoten oder durch ein gemeinsames Medium mit einer Vielzahl von angeschlossenen Knoten (Bus, Ring) gekennzeichnet. Punkt-zu-Punkt-Verbindungen können im

- Simplex-Modus: Übertragung nur in eine Richtung,
- Voll-Duplex-Modus: Übertragung in beide Richtungen gleichzeitig oder
- Halb-Duplex-Modus: Übertragung in beide Richtungen umschaltbar

betrieben werden.

Im MAN- und WAN-Bereich findet man beliebig zusammengesetzte Mischformen, wobei Teilnetze mit einheitlichem topologischen Aufbau über Brücken (Bridge, Router, Gateway, Interworking Unit) verbunden sind. Den Basisstrukturen entsprechen bestimmte Zugriffsverfahren, z.B. Stern ↔ zentral gesteuert oder Bus ↔ dezentraler Zugriff, oft über Zufallsmechanismen.

1.1.2 Übermittlungsverfahren

Unter dem Begriff Übermittlungsverfahren (*Transfer-Modus*) werden Aspekte der
Übertragung, der Zusammenführung (*Multiplexing*) und der Vermittlung von Informationen in einem Netz zusammengefaßt.

Vermittlungsarten werden danach unterschieden

- ob eine *Verbindung* auch über mehrere Knoten hinweg zwischen Sender und
  Empfänger eingerichtet wird und

- ob Nachrichten als Ganzes oder in Blöcke unterteilt übertragen werden. Die
  Blöcke können je nach Verfahren dieselbe oder unterschiedliche Länge haben.

Es gibt demnach vier Varianten, deren zeitlicher Ablauf in den Bildern 1.2-1.3
dargestellt ist.

- Leitungs- oder Durchschaltevermittlung (*Circuit Switching*):

  Zwischen zwei Endstellen wird für die Dauer der Kommunikation ein Verbindungsweg als durchgeschaltete Leitung eingerichtet, die ggf. mehrere Vermittlungsknoten überbrückt. Dies setzt einen Verbindungsaufbau bzw. -ab-
  bau vor bzw. nach der eigentlichen Kommunikation voraus.

  Die Verbindung bleibt auch dann reserviert, wenn sie während Sendepausen
  vorübergehend nicht benötigt wird. Sie schließt die Reservierung einer festen
  Übertragungskapazität ein, die nicht immer voll ausgelastet wird. Telefon-
  netze sind bis heute als leitungsvermittelnde Netze ausgelegt.

- Speichervermittlung (*Store and Forward Switching*):

  Eine Nachricht wird aufgrund mitgeführter Adreßinformationen von Knoten
  zu Knoten in Zielrichtung weitergeleitet. Jeder Vermittlungsknoten nimmt
  die komplette Nachricht auf, bevor er sie auf die nächste Teilstrecke schickt.
  Ist eine vorgesehene Übertragungsstrecke nicht verfügbar, wird die Nachricht
  über einen Umweg geschickt, vorübergehend zwischengespeichert, oder sie
  geht verloren, wenn der Pufferspeicher nicht ausreicht.

Paketvermittlung (*Packet Switching*)

Lange Nachrichten werden in Datennetzen fast generell in Pakete aufgeteilt, die
entweder variable Länge bis zu einer Höchstgrenze haben, z.B. $\leq$ 1518 Byte für
das Ethernet, $\leq$ 4500 Byte für FDDI-Netze, $< 2^{16} = 65\,536$ Byte für Nutzdaten im Internet Protokoll, oder feste Länge haben, z.B. 53 Byte in ATM-Netzen.
Die Pakete werden einzeln, voneinander getrennt versendet. In Weitverkehrsnet-
zen können viele Pakete einer Nachricht gleichzeitig unterwegs sein. Je nach dem
Routing-Verfahren können sie sogar verschiedene Wege nehmen und sich gegenseitig überholen.

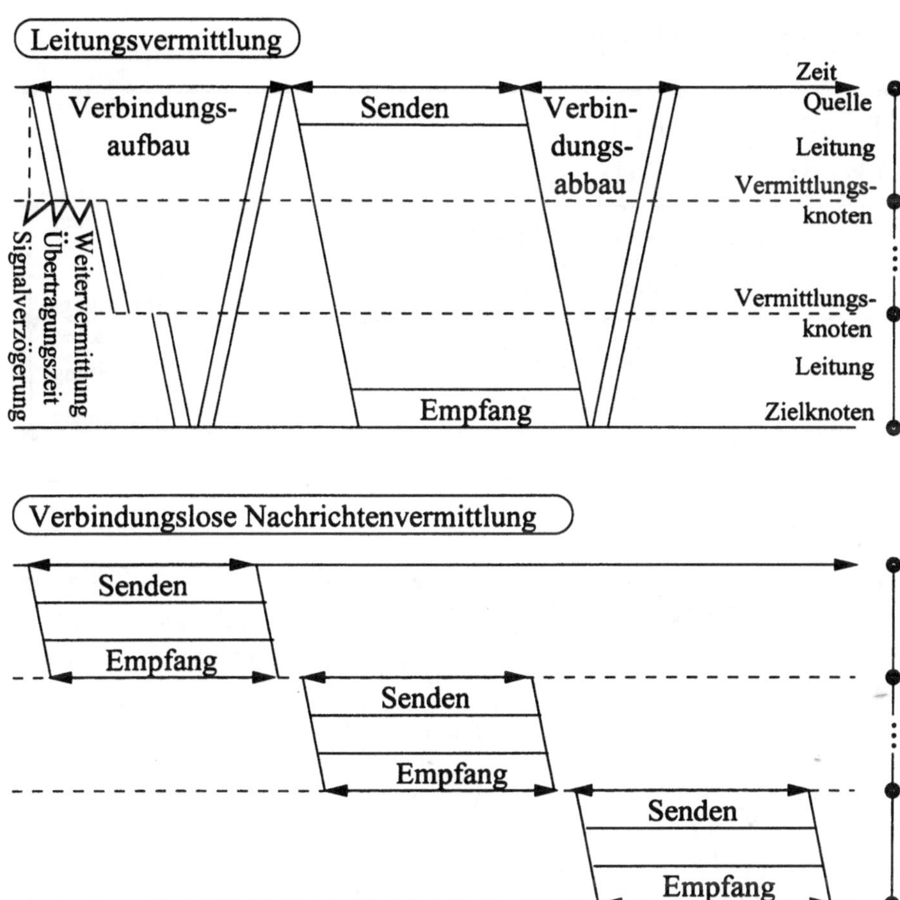

Bild 1.2: Zeitablauf bei Leitungs- und Nachrichten-Vermittlung

- *Datagramm*-Übermittlungsdienst

  Datagramme sind Pakete, die ohne Verbindungsaufbau befördert werden.

- Virtuelle Verbindung (*Virtual Circuit*)

  Eine Paketvermittlung mit Verbindungsaufbau wird als virtuelle Verbindung bezeichnet. Bei der Einrichtung der Verbindung kann man sich darauf beschränken, in jedem Knoten den Folgeknoten auf dem vorgesehenen Weg in eine Routing-Tabelle einzutragen. Ein Vermittlungsknoten, über den viele Verbindungen laufen, stellt für jedes ankommende Paket zunächst die zugehörige Verbindung fest und leitet es gemäß der Routing-Information weiter.

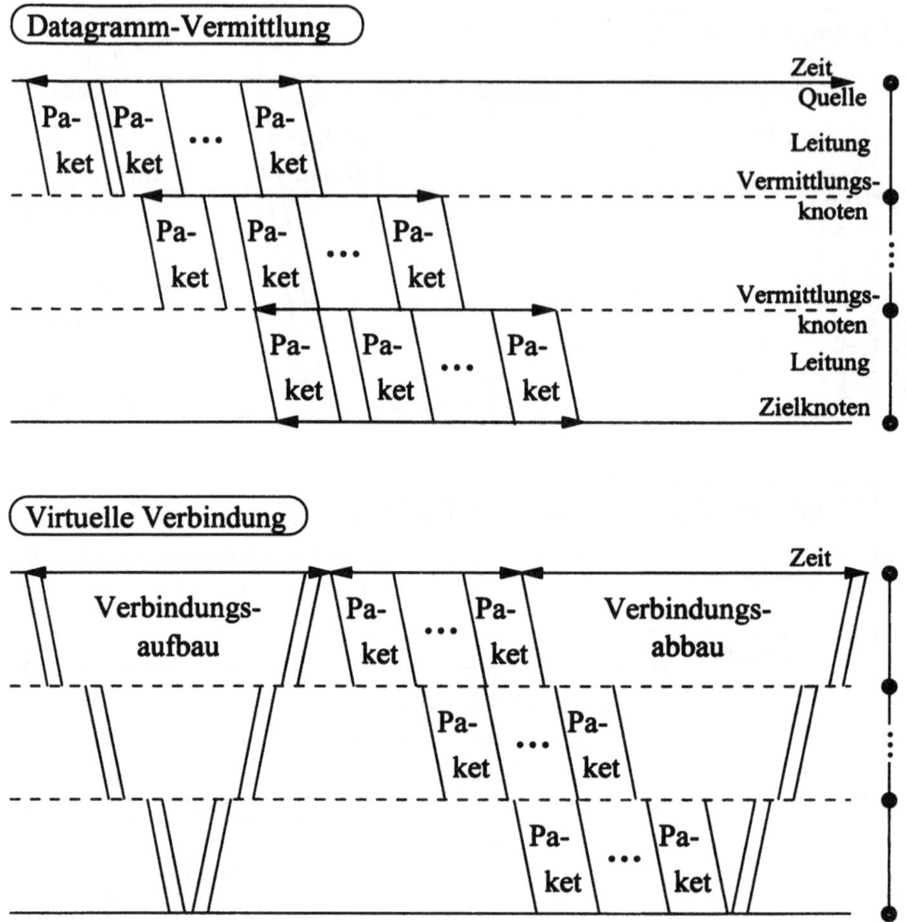

Bild 1.3: Zeitablauf bei Paket-Vermittlungsverfahren

Dabei werden in der Regel keine Übertragungskapazitäten durch eine feste Aufteilung reserviert, sondern eine Übertragungsstrecke kann von allen darüber laufenden virtuellen Verbindungen gemeinsam genutzt werden, wobei Pakete verschiedener Verbindungen in beliebig wechselnder Folge übertragen werden. Bei Schwankungen im Verkehrsaufkommen einzelner Verbindungen kann man durch Paketvermittlung eine bessere Auslastung der Übertragungswege erzielen als durch Leitungsvermittlung. Allerdings müssen Überlastsituationen behandelt oder durch vorbeugende Maßnahmen vermieden werden. ATM-Netze nutzen das Prinzip virtueller Verbindungen.

1.1.3   Dienste

Unter einem *Dienst* (Service) werden standardisierte Kommunikationsleistungen für die Benutzer verstanden. Die Dienste werden charakterisiert durch technische, betriebliche und benutzerbezogene Merkmale. Diese beschreiben sämtliche erforderlichen Kommunikationsfunktionen und -protokolle und damit die Regeln und Vorschriften für die Kommunikationsabläufe zwischen Benutzern und Servern im Netz oder von Benutzer zu Benutzer über das Netz.

Geläufige Beispiele für Dienste sind:

- Fernsprechen, Telefax, Telex (Fernschreiben),

- Video-, Audio-Übertragung, -Konferenzen, Video-on-Demand,

- Übertragung von Daten (Filetransfer, Multimedia-Dokumente),

- E-Mail,

- Informations-, Transaktionssysteme,
  (Bildschirmtext, World Wide Web (WWW)-Zugang, Inter-/Intranet-Services, Online-Dienste, Datenbank-Recherchen, Electronic Commerce),

- Verteilte Systeme zur Nutzung von Rechenleistung (Rechnerverbund), Daten (Datenverbund) oder auch zur erhöhten Verfügbarkeit (Sicherheitsverbund).

Dienste können eingeteilt werden in:

- Übermittlungsdienste,

  die nur Übertragungswege bereitstellen und die Kontrolle über die Kommunikation weitgehend dem Benutzer überlassen.

  Beispiele: Festverbindungen, Paketübermittlungsdienste.

- Teledienste,

  die eine direkte Benutzer-Benutzer-Kommunikation ermöglichen.

  Beispiele: Fernsprechen, Telefax, Bildtelefon.

- höhere Dienste,

  die in Verbindung von Standard- und Mehrwertdiensten (Value added services) eine Palette von Funktionen als Spezialanwendung zusammenstellen.

  Beispiele: Bildschirmtext, WWW, Mail-Boxen, Fernüberwachung.

Die Entwicklung von Diensten begann mit der Telegraphie und Telefonie Mitte des 19. Jahrhunderts. In der zweiten Hälfte dieses Jahrhunderts brachten Innovationen in der Übertragungs- und Vermittlungstechnologie sowie der Informationsverarbeitung eine rapide wachsende Vielfalt von Diensten mit sich, siehe Tabelle 1.1.

Tabelle 1.1: Historische Entwicklung von Kommunikationsdiensten

seit ca.	Dienste	seit ca.	Dienste	seit ca.	Dienste
1847 1877 1920 1930 1935 1970	Telegraphie Telefon Rundfunk Telex Telefax Fernsehen Funkruf Autotelefon Satelliten- verbindungen	1980	Datex-L, (-P) EDI (Electronic Data Interchange) Kabel-TV Bildschirmtext Videotext E-Mail Fernzugriff Telemetrie Fernüberwachung Mobilfunk (GSM)	1990 2000	Bild-Telefon Video-Konferenz WWW, Inter- net/Intranet, Multimedia, Breitband- Daten-Transfer Electronic Commerce, Nomadic Computing ...

Eine Klassifikation der Dienste kann auch erfolgen nach

- Nachrichtenfluß:

  Einwegkommunikation (Übermitteln, Verteilen, Sammeln);

  Mehrwegkommunikation (Abfragen, Dialog, Konferenz);

- Nachrichtenart:

  Sprache, Text, Daten, Fest-, Bewegtbild, multimediale Darstellungsformen;

- Teilnehmerbeziehung: Sender ↔ Empfänger, gleichbleibend, wechselnd;

- Entfernungsbereich: lokal, regional, national, international.

Die ausführliche Betrachtung von breitbandigen Diensten erfolgt im Kapitel 4.

1.2 Protokolle

Bei der Kommunikation in einem Rechnernetz müssen die Partner bzw. die in Verbindung stehenden Endgeräte aufeinander abgestimmte Aktionen ausführen, die als Kommunikationsprotokolle festgelegt sind. Auch die Netz- und Vermittlungsknoten sind in die Protokolle einbezogen, soweit es erforderlich ist. Die detaillierte Regelung gestaltet sich bei wachsendem Funktionsumfang der Dienste in heutigen

Netzen immer komplexer und wird in Schichtenmodellen strukturiert, siehe Abschnitt 1.3. Es werden nun einige typische Funktionen aufgeführt, mit denen sich die Protokolle quer durch alle Schichten befassen:

- Transformation der Informationsdarstellung

  Hierunter fallen Konversionen von Datenformaten (z.B. zwischen ASCII-Zeichen, hexadezimaler oder binärer Darstellung), Datenkomprimierung, Verschlüsselung etc. Hinzu kommt das Segmentieren von Daten in Blöcke oder Pakete. Der Empfänger muß die Zusammensetzung und Rückkonversion in die ursprüngliche Darstellung vornehmen.

- Anfügen und Auswerten von Zusatzinformationen

  Zum Datentransport über ein Netz werden spezifische Zusatzinformationen benötigt, z.B. Sender- und Zieladresse, Informationen über die eben erwähnten Darstellungskonversionen und vieles mehr. Die Zusätze werden in einem Nachrichten- oder Paketkopf (*Header*) vorangestellt, siehe Bild 3.7 für TCP/IP- und die Bilder 6.8-6.10 für ATM-Netze, oder sie folgen in einem sogenannten *Trailer*. Die zu übertragenden Nutzdaten sind oft mehrfach durch Zusatzinformationen eingekapselt.

- Zugriffsregelung und -kontrolle für Ressourcen im Netz

  Wie beim Zurgiff auf einen Rechner im Mehrbenutzermodus, so sind beim Zugriff auf vernetzte Ressourcen die Funktionen Autorisierung, Authentisierung und Accounting wichtig, um Benutzer, Anwendungen und Daten einander zuordnen zu können. In verbindungsorientierten Netzen erfolgt dies vorwiegend durch *Signalisierung* beim Verbindungsauf- und -abbau.
  Anforderungen z.B. an die Kapazität, Verzögerung und Fehleranfälligkeit von Übertragungen und entsprechende Zuteilungen bzw. Garantien werden damit verknüpft. Im Netz erfolgt die Umsetzung durch eine geeignete Lastverteilung und Priorisierungen.

- Fehler- und Flußkontrolle

  Übertragungsfehler und Überlastsituationen sind durch Maßnahmen im Rahmen des Netzmanagements und durch die Benutzer-Applikationen zu behandeln. Zur Unterstützung stehen fehlererkennende und -korrigierende Codes, Quittungsmechanismen für Rückmeldungen zum Sender oder auch die Umleitung von Verkehr auf Ersatzwege (*Rerouting*) zur Verfügung.
  Das Kapitel 7 geht näher auf die Maßnahmen und Protokolle ein.

- Synchronisation

  Eine Synchronisation zwischen Senden und Empfangen findet auf fast allen Ebenen der Kommunikation statt. So ist die genaue Beibehaltung des

Zeittaktes für digitale Sprachübertragung in synchronen Netzen erforderlich. Selbst bei asynchroner Übertragung stellt die Kennzeichnung und Erkennung der Grenzen von Übertragungsblöcken eine gewisse Synchronität her. Kommunizierende Prozesse z.B. für Client-Server-Applikationen werden durch Protokolle zur Dialog- und Zugriffssteuerung synchronisiert.

1.3   Das Sieben-Schichten-Model

Um die Implementierung von Protokollen und Diensten in Computernetzen zu strukturieren, haben sich Schichtenmodelle herausgebildet. Die detaillierteste Spezifikation wurde Anfang der 80-er Jahre im ISO-OSI-Referenzen-Modell ausgearbeitet (*ISO: International Organization for Standardization, OSI: Open Systems Interconnection*), siehe Bild 1.4. Zwar unterscheiden sich die Netzplattformen für verschiedene Dienste im Aufbau und Funktionsumfang, doch bieten die sieben Schichten des ISO-Modells einen weithin akzeptierten Rahmen, um Kommunikationsprotokolle insgesamt sowie ihre einzelnen Funktionen einzuordnen.

Die Protokoll-Standards für verschiedene Netzplattformen und Übertragungstechniken werden durch *Standardisierungsgremien* festgelegt. Zu den maßgeblichen Organisationen und Industrie-Foren für Kommunikationsnetze gehören

- das ADSL-Forum, → www.adsl.com,

- das American National Standards Institute (ANSI), → www.ansi.org,

- das ATM-Forum, → www.atmforum.com,

- das European Telecommunication Standards Institute (ETSI), → www.etsi.fr,

- das Frame Relay Forum, → www.frforum.com,

- die Gigabit Ethernet Alliance, → www.gigabit-ethernet.org,

- das Institute of Electrical and Electronic Engineers (IEEE), → www.ieee.org,

- die International Organization for Standardization (ISO), → www.iso.ch,

- die International Telecommunication Union (ITU), → www.itu.int,
  bis 1993 als Comité Consultatif International Télégraphique et Téléphonique (CCITT) bekannt,

- die Internet Engineering Task Force (IETF), → www.ietf.org, RFC-Pages.

Gemäß vereinbarter Standards wickelt jede Schicht einen Teil der Kommunikation als Schicht-N-Protokoll ab, wobei die Protokolle verschiedener Kommunikationspartner auf derselben Schicht miteinander abgestimmt sein müssen. Ein

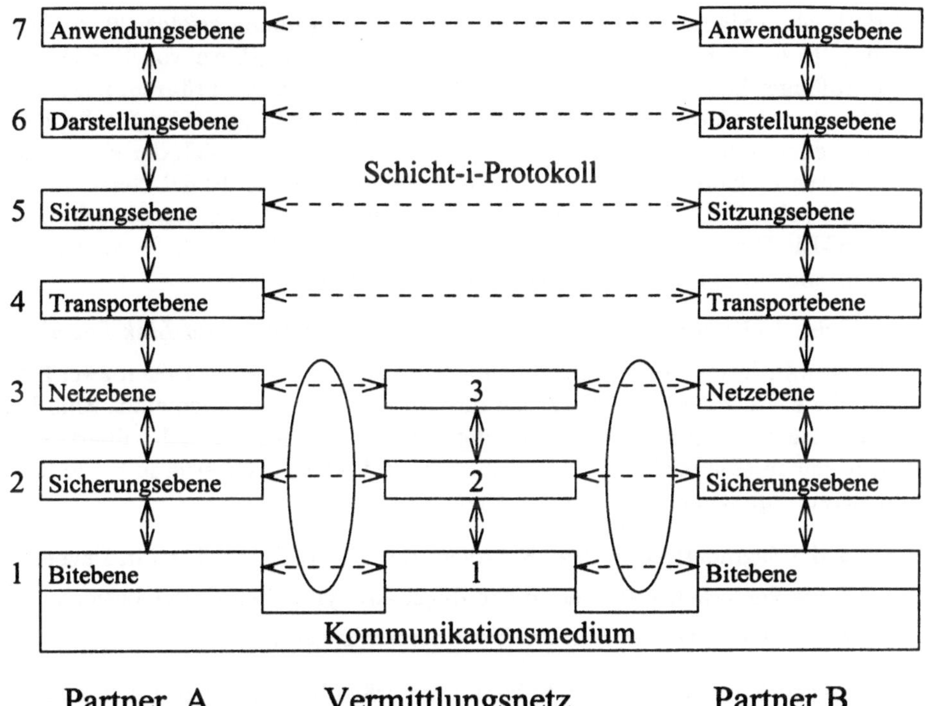

Bild 1.4: Das Sieben-Schichten-Modell

Protokoll gleichgestellter Schichten in unterschiedlichen Systemen wird als *Peer-to-Peer*-Protokoll bezeichnet. Die in verschiedenen Systemen in der Schicht N miteinander kommunizierenden Einheiten werden als *Peer-N*-Instanzen (*N-Entities*) bezeichnet. Folgende Aufgaben sind den einzelnen Schichten zugeordnet:

1. Schicht: **Bitebene** (*Physical Layer*)

   Sie realisiert die Übertragung eines Datenstroms über eine Kommunikationsverbindung, die in unterschiedlicher Technologie ausgeführt sein kann. Abgesehen von analoger Übertragungstechnik, die über lange Zeit für Sprache üblich war, wird von einer vorliegenden Bitfolge ausgegangen, die von den höheren Schichten produziert wird. Die Bitebene befaßt sich mit der Umsetzung in Signale, die auf dem Medium übertragbar sind. Es handelt sich um elektromagnetische bzw. optische Signale in diversen Frequenzbereichen.

   Auf der Bitebene werden auch Codierungen vorgenommen, die die Bit-Synchronisation beim Empfänger unterstützen. Eine längere Folge von Nullen führt z.B. bei Übertragung über Glasfaser zu einer entsprechend langen Periode ohne Signalwechsel, wenn eine direkte Umsetzung erfolgt ('0' ↔ Licht ein; '1' ↔ Licht aus). Abweichungen bei den Taktgebern von Sender und Empfänger können dann zum Verlust der Synchronisation führen. Die sogen. Manchester-Codierung, die eine '0' als '01' und eine '1' als '10' darstellt, führt zu Signalwechseln in regelmäßigen Abständen, an denen sich der Empfänger orientieren kann. Ein anderer Leitungscode setzt für FDDI-Netze je vier Bits in eine Fünf-Bit-Darstellung um, die mindestens zwei Signalwechsel pro Fünf-Bit-Block erzeugt. Die Nutzdatenrate wird dabei um 20% vermindert, während sie durch Manchester-Codierung halbiert wird.

2. Schicht: **Leitungs- oder Datensicherungsschicht** (*Data-Link Layer*)

Sie gewährleistet die gesicherte Übertragung von Daten zwischen zwei Knoten bzw. Rechnern, die über eine direkte Leitung verbunden sind. Eine Leitung kann im Simplex-, Halbduplex oder Vollduplex-Betrieb übertragen, d.h. nur in eine Richtung, sowie abwechselnd oder gleichzeitig in beide Richtungen. Funktionen der Schicht sind

- die Segmentierung bzw. Fragmentierung von Nachrichten in Pakete,
- die Fehlerkontrolle, die in der Regel auf zyklischen Codes basiert,
- die Wiederholung fehlerhafter Übertragungen etc.

Die Ausprägung dieser Schicht kann unterschiedlich ausfallen. Ein standardisiertes Protokoll, das die Sicherungsschicht für Paketnetze in vollem Umfang durchführt, ist das *HDLC*-Protokoll (High-Level Data Link Control). Auf relativ sicheren Übertragungsmedien wird demgegenüber die Fehlerkontrolle vereinfacht oder sogar für manche Dienste überflüssig. Zum Teil werden Schicht-2-Funktionen auch auf die beiden nächsthöheren Schichten verlagert und dann nicht für jede Leitung, sondern für den kompletten Verbindungsweg (Ende-zu-Ende) abgewickelt.

3. Schicht: **Netzebene oder Vermittlungsschicht** (*Network Layer*)

Sie übernimmt die effiziente Übertragung von Daten zwischen zwei Terminals oder Rechnern, die irgendwie miteinander in Verbindung stehen. Dies umfaßt die Fortführung von Sicherungsmaßnahmen der Leitungsebene auf dem gesamten Weg durch ein Netz. Auf der Netzebene werden die Adressen von Sender und Empfänger zur Bestimmung des Übertragungsweges mittels *Routing(-Tabellen)* ausgewertet. Verbindungsorientierte Übertragungen werden über einen gemeinsamen Weg geschickt. Flußkontrolle und Überlastabwehr für Ressourcen des Netzes sind weitere wichtige Aufgaben.

4. Schicht: **Transportebene** (*Transport Layer*)

Hier wird der Datenaustausch zwischen zwei Prozessen geregelt, wozu eine Transport-Verbindung hergestellt wird. Diese kann im einfachsten Fall nur einen Transfer beinhalten oder aber einen bidirektionalen Datenstrom zwischen zwei Prozessen. Dabei sind dieselben Kontrollmechanismen anwendbar wie auch für Schicht-2-Protokolle auf einer Leitung oder Schicht-3-Protokolle zwischen zwei Rechnern (z.B. Sliding-Window-Verfahren).

Die TCP/IP-Protokolle des Internet, die schon vor der Erstellung des Sieben-Schichten-Modells implementiert wurden, sind aufgeteilt in das verbindungsorientierte TCP (*Transmission Control Protocol*) auf Transportebene und das verbindungslose IP (*Internet Protocol*) auf Netzebene. Dabei muß die Transportschicht die Reihenfolge der vom IP übertragenen Datagramme einhalten, die verschiedene Wege durch das Netz nehmen können.

Die höheren Ebenen erwarten, daß die Transportschicht eine Kommunikation mit angeforderten Qualitätsmerkmalen unabhängig vom zugrundeliegenden Kommunikationsnetz ermöglicht.

5. Schicht: **Sitzungsebene** (*Session Layer*)

Die Sitzungsebene steuert den Ablauf einer Kommunikation zwischen Prozessen und läßt dazu mittels der Transportschicht die notwendigen Verbindungen einrichten. Es wird zwischen aktiven und wartenden Partnern unterschieden. So warten z.B. in einer Client-Server-Anwendung der Nutzer (Client) und der Erbringer (Server) eines Dienstes abwechselnd auf Aufträge und deren Erledigung. Die Schicht befaßt sich mit der Synchronisation von Prozessen in verteilten Systemen, die durch nicht absehbare Zeitverläufe und Fehlerzustände bei der Kommunikation erschwert wird. Hinzu kommt, daß oft keine einheitliche Systemzeit in den Knoten eines Netzes zur Verfügung steht, auf die sich eine eindeutige zeitliche Ordnung beziehen könnte.

6. Schicht: **Darstellungsebene** (*Presentation Layer*) Sie befaßt sich mit der Umwandlung von Datenstrukturen (Alphabet-Konvertierung, Daten-Kompression, auch Verschlüsselung) und der Anpassung an das von Prozessoren und Endgeräten erwartete Format.

7. Schicht: **Anwendungsebene** (*Application Layer*)

Sie bildet die Benutzer-Schnittstelle, die bei höheren Diensten durch eine Vielzahl verteilt ablaufender Applikationen realisiert wird, z.B. Remote Access, File-Transfer, Network-File-System, WWW, interaktive Anwendungen.

Jede Schicht, außer der obersten, stellt in dieser Hierarchie Dienste zur Verfügung, die von der darüberliegenden Schicht genutzt werden können, siehe Bild 1.5.

Die Schicht N hat nur Kenntnis von den benachbarten Schichten N-1 bzw. N+1, sowie von der Schicht N eines Kommunikationspartners. Eine Schicht wird in diesem Sinne auch als Diensterbringer und umgekehrt als Dienstnutzer angesprochen. Für die Schicht N sind demnach die Schichten 1, $\cdots$, N-2 transparent, d.h. nicht

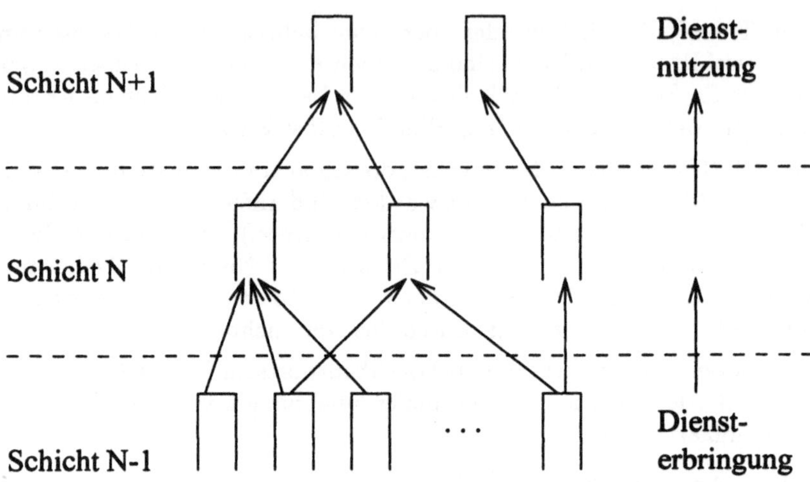

Bild 1.5: Schichten und Dienste

wahrnehmbar. Für Client-Server-Applikationen, in denen ein Benutzer als Client
einseitig Dienste eines Servers in einem Netz in Anspruch nimmt, ist die *Transparenz* des Kommunikationsnetzes eine wesentliche Zielsetzung in dem Sinne, daß
der Eindruck eines lokalen Einbenutzer-Betriebs vermittelt wird, trotz verteilt ab-
laufender Prozesse mit Zugriff auf nicht-lokale Daten und andere Netz-Ressourcen.

Kommunikationsanforderungen werden zwischen den Schichten durch vier Primitive weitergereicht:

- *Request:*

  Schicht N fordert einen Dienst der Schicht N-1 an.

- *Indication:*

  Schicht N-1 teilt der Schicht N einen Request mit, der von der Schicht N
  eines anderen Knotens gestellt wurde.

- *Response:*

  Die Schicht N antwortet auf eine Indication der Schicht N-1.

- *Confirmation:*

  Die Schicht N-1 antwortet auf einen früheren Request der Schicht N.

Die Dateneinheiten in einem Protokoll der Schicht N werden N-Protokolldatenein-
heiten (N-Protocol-Data-Unit, N-PDU) genannt. Die Protokolldateneinheit der

Schicht N wird zusammen mit einem N-Primitiv als sogenannte Dienstedatenein-
heit an die Schicht N-1 weitergereicht. Diese wird als $(N$-1$)$-Dienstedateneinheit
oder $(N$-1$)$-Service-Data-Unit $((N$-1$)$-SDU) bezeichnet. Die Schicht N-1 fügt der
$(N$-1$)$-SDU die Protokollkontrollinformation des Protokolls der Schicht N-1 hinzu
($(N$-1$)$-Protocol-Control-Information, $(N$-1$)$-PCI). Daraus ensteht die Protokoll-
dateneinheit der Schicht N-1.

Im Bild 1.6 ist der Zusammenhang zwischen den verschiedenen Dateneinheiten
gezeigt. Eine N-PDU besteht aus einer N-Protokollkontrollinformation (N-PCI)
und der N-SDU, die identisch ist mit der Protokolldateneinheit der Schicht N+1
$((N+1)$-PDU). Die N-PCI enthält die Information, die zwischen den N-Instanzen
ausgetauscht wird.

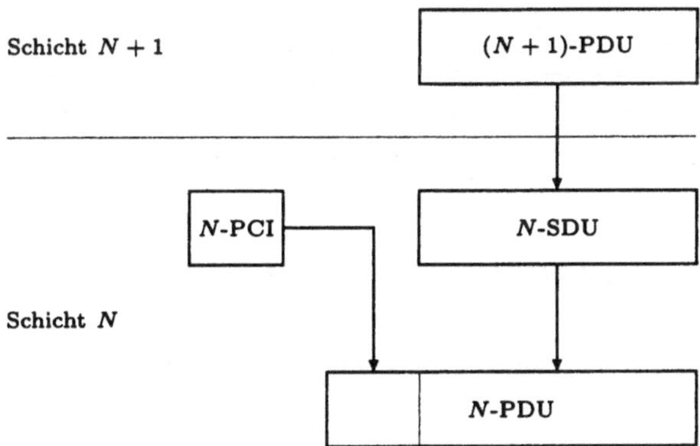

PDU   Protocol-Data-Unit
PCI   Protocol-Control-Information
SDU   Service-Data-Unit

Bild 1.6: Zusammenhang zwischen Dateneinheiten verschiedenen Typs

Für die Knoten eines Netzes, die nur mit der Vermittlung von Daten bzw. Nachrichten befaßt sind, genügen die Protokolle der ersten drei Schichten. Die Schnittstellen zwischen (Teil-)Netzen sind gekoppelt durch

- *Repeater*, die Nachrichten auf Bitebene weiterleiten;

- *Bridges, Switches*, die auch die zweite Schicht einbeziehen. Während ein Repeater alle eintreffenden Nachrichten an die übrigen angeschlossenen Netz-
  segmente weitergibt, kann eine Bridge Nachrichten ausfiltern, die zu Kom-
  munikationen innerhalb eines Segments gehören. Als Switches werden Vermittlungsknoten im LAN- und WAN-Bereich bezeichnet, die Pakete auf
  Hardware-Ebene zwischen Netzsegmenten weiterleiten.

- *Router*, die eine Vermittlung einschließlich der dritten Schicht vornehmen und dabei Ziel-Adreß-Information für die Weiterleitung berücksichtigen. Der Übergang zwischen Schicht-2- und Schicht-3-Funktionen ist fließend, was z.B. auch in der Bezeichnung *Layer-3-Switch* zum Ausdruck kommt.

- Um Netze zu koppeln, deren Protokolle keineswegs immer konform zum ISO-OSI-Referenzen-Modell sind, werden *Gateways* oder *Interworking Units* benötigt, die auch die oberen Schichten einbeziehen.

Die abgegrenzte Implementierung einer kompletten Protokoll-Hierarchie kann allerdings vor allem für zeitkritische Anwendung einen großen Overhead beim Durchlaufen mehrerer Schichten mit sich bringen. Man ist daher vor allem bei der Einführung von Hochgeschwindigkeitsnetzen darum bemüht, die Funktionalität auszudünnen, wenn diese Zeitverzögerungen mit sich bringt. Beispiele sind der teilweise Verzicht auf Sicherungsmaßnahmen auf Leitungsebene, oder die Gewährleistung einer unveränderlichen Paketreihenfolge bei der Vermittlung im Netz, die ein zeitaufwendiges Umsortieren beim Empfänger erspart.

1.4 Kommunikationsmedien

Die Realisierung der Protokollschichten kann nicht völlig getrennt vom vorliegenden Übertragungsmedium gesehen werden. Zwar ist nur die erste Schicht direkt mit der Anpassung an das Übertragungsmedium befaßt, jedoch wäre es sinnlos in höheren Schichten Qualitätsstandards anzufordern, die von keiner verfügbaren Übertragungstechnik erfüllt werden. Die Entwicklung der Kommunikationsprotokolle und -dienste ist eine Folge der Entwicklung im Bereich der Übertragungsmedien. So kommt die Einführung breitbandiger Dienste erst mit Glasfaser-, ADSL- und anderer Übertragungstechnik mit genügend hoher Kapazität in Gang. Die Übertragungsraten haben sich in letzter Zeit noch schneller entwickelt als die Rechnerleistungsfähigkeit.

Bevor die wichtigsten technologischen Ausführungen von Übertragungsmedien beschrieben werden, sind zunächst einige grundsätzliche Eigenschaften anzusprechen, die alle gängigen Übertragungsmedien betreffen. Der Informationstransport in Rechner- und Kommunikationsnetzen bedient sich letztendlich immer elektromagnetischer Wellen, die sich auf metallischen oder optischen Leitern (Kupfer-, Glasfaserkabel) oder auch frei im Raum (Richtfunk, Mobilfunk, Satelliten-Kommunikation) ausbreiten.

Die Ausbreitungsgeschwindigkeit elektromagnetischer Signale ist von etwa halber (metallische Leiter) bis voller Lichtgeschwindigkeit (Funk) anzusetzen. Die Übertragungsverzögerung auf dem Medium (Latenzzeit) hängt also im wesentlichen nur von der Entfernung ab.

Der zweite für den Informationsaustausch wesentliche Aspekt ist die Übertragungskapazität des Mediums, die in Bit/s, Byte/s (1 Byte entspricht 8 Bits), Kilobit/s (kbit/s), Megabit/s (Mbit/s) bis hin zu Gigabit/s (Gbit/s) und Terabit/s angegeben wird. Dafür ist zunächst der Frequenzbereich entscheidend, innerhalb dessen sich Signale auf dem Medium ausbreiten. Kennzeichnend sind ein oder mehrere Frequenzbänder, deren *Bandbreite* als die Differenz zwischen der höchsten und niedrigsten Frequenz in ihrem Übertragungsspektrum gegeben ist.

Die Sprachübertragung erfolgte lange Zeit hindurch analog in einem Frequenzband von 300-3400 Hz, das mit Mikrophon bzw. Lautsprecher direkt von Schall- auf elektromagnetische Wellen in Kupferleitungen umsetzbar ist. Das Frequenzband umfaßt nicht den gesamten menschlichen Hörbereich (bis zu 25-20000 Hz), genügt aber für eine gut verständliche Sprachqualität.

Andererseits liegen für die Daten-Übertragung digitale, insbesondere binäre Informationen vor, die nur indirekt durch *Modulation, Modem* in elektromagnetische Wellen als Trägersignale zu transformieren sind. Dazu bieten sich drei Varianten an, die als Parameter in der allgemeinen Darstellung $S(t)$ eines sinusförmigen Signals auftreten

$$S(t) = A \sin(\omega t + \phi),$$

nämlich Amplituden- (A), Frequenz- (ω) und Phasenmodulation (ϕ). Bei der Übertragung einer Binärfolge werden die beiden Werte 0 und 1 je nach Variante in unterschiedliche Amplituden, Frequenzen oder Phasenverschiebungen umgesetzt. Die Zeitdauer für jedes Bit erstreckt sich typischerweise über eine oder mehrere Schwingungen des Signals und ist zumindest so lange, daß der Empfänger die unterschiedlichen Formen für '0' und '1' zuverlässig erkennen kann.

Eine Amplitudenmodulation zwischen den Werten 0 und der vollen Intensität des Sendesignals liegt im Prinzip auch bei der Übertragung von Licht in Glasfaser vor (Licht ein/aus). Für metallische Leiter sind alle drei Möglichkeiten zur Übermittlung digitaler Information relevant. Die Frequenzmodulation wird weniger häufig genutzt, während Amplituden- und Phasenmodulation oft gleichzeitig miteinander kombiniert werden (*Quadrature Amplitude Modulation* (QAM), *Quadrature Phase Shift Keying* (QPSK)). Zudem kann die Übertragungsrate dadurch weiter ausgeschöpft werden, daß nicht nur mit 2 verschiedenen Amplituden bzw. 2 Phasen gesendet wird, sondern z.B. mit 8 bzw. 16 Wertekombinationen, die dann je 3 bzw. 4 Bits auf einmal darstellen. Diese Wertekombinationen werden so zusammengestellt, daß sie einen möglichst großen Störabstand haben.

Mit Einführung des ISDN wird auch die Sprachübertragung digitalisiert, um den Einfluß von Störungen besser kontrollierbar zu machen. Dazu werden analoge Signale erst in digitale Signale umgewandelt. Dies erfolgt durch *Pulse Code Modulation* (PCM), siehe Bild 1.7, indem die Amplitude des Signals in festen Zeitabständen abgetastet wird und die ermittelten Werte in einem digitalen Raster festgestellt und binär codiert weiterverarbeitet werden. Die Skala für die Codierung ist

üblicherweise nicht durchgehend linear wie im Bild 1.7 dargestellt, sondern grob
gesehen logarithmisch mit linearen Abschnitten. Damit wird ein größerer Amplitu-
denbereich mit geringerer absoluter Genauigkeit abgedeckt. Im Standard [G.711]
wird eine Amplitude auf diese Weise im Bereich ±4096 bzw. ±8159 in die 256
Werte eines Byte codiert.

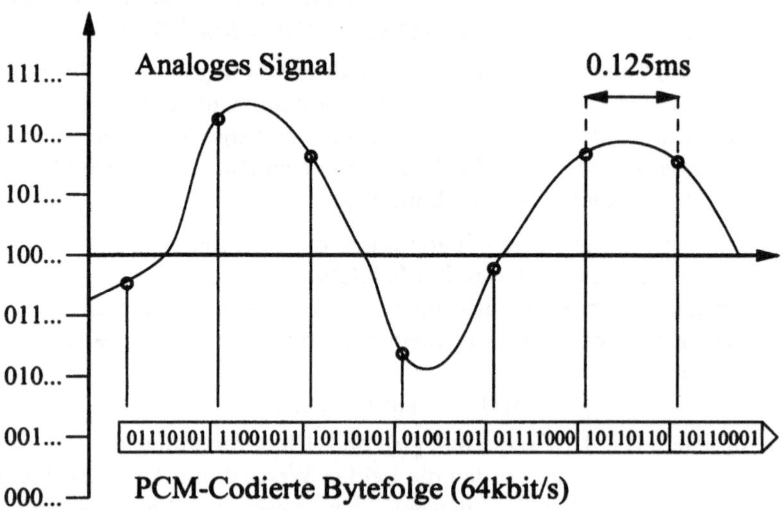

Bild 1.7: Prinzip der Pulse-Code-Modulation

Um Sprache in gewohnter Qualität für ein Telefongespräch digital zu übertragen,
müssen Frequenzen im Bereich 300-3400 Hz mit eingebracht werden. Gemäß dem
aus der Nachrichtentechnik bekannten Abtasttheorem von Nyquist muß die Abtastfrequenz als Kehrwert des Intervalls zwischen zwei Abtastzeitpunkten doppelt
so hoch sein, wie die zu erfassende Bandbreite, wenn kein Informationsverlust auftreten soll. Zur Sprachübertragung ist daher eine Abtastfrequenz von 8000 Hz
üblich. Da weiterhin jeweils 8 Bits zur binären Darstellung der Signalamplitude zu
einem Zeitpunkt verwendet werden, benötigt man insgesamt die Datenrate von 64
kbit/s zur digitalen Sprachübertragung. Im Schmalband-ISDN-Netz bildet diese
Rate eine Basiseinheit für Übertragungskanäle.

Häufig geht eine Komprimierung mit der Sprachcodierung einher. Ohne merkliche
Qualitätsminderung ist Sprachübertragung in Corporate Networks mit 16 kbit/s
üblich [G.723.1]. Für Mobilfunk oder *Voice over IP* können die Raten weiter reduziert werden bis herunter zu 2 kbit/s bei entsprechend eingeschränkter Qualität.

Die bisherigen Überlegungen zeigen, daß die Kapazität als maximale Datenrate
des Mediums proportional zur Bandbreite zunimmt. Ein zweiter für die Kapazität
entscheidender Faktor sind Störungen auf dem Medium, die das gesendete Signal

als Hintergrundrauschen überlagern. Dieses Hintergrundrauschen wird durch einen Zufallsprozeß (weißes Rauschen, *Gaussian noise*) modelliert. Das Verhältnis S/N zwischen den mittleren Intensitäten des zu übertragenden Signals (S) und des Rauschens (N) wird über den Term $10 \log_{10}(S/N)$ in Dezibel (dB) gemessen. Für die Kapazität C eines Übertragungskanals hat Shannon unter Berücksichtigung der *Bandbreite W* und von Störungen die Beziehung

$$C = W \log_2(1 + S/N)$$

hergeleitet. Ein Kanal mit einer Bandbreite von 300-3400 Hz und einem Intensitätenverhältnis von $S/N = 100$, entsprechend 20 dB, hat demnach eine maximale Datenrate von $3100 \cdot \log_2(101) \approx 20$ kbit/s.

Die von einem Kommunikationsmedium zur Verfügung gestellte Bandbreite wird von Übertragungs- und Modulationsverfahren keineswegs immer voll ausgeschöpft. Mit Einführung der ADSL-Übertragungstechnik *(Asymmetrical Digital Subscriber Line)* kann über die Kupfer-Anschlußkabel des Telefonnetzes eine Kapazität von 2-8 Mbit/s erreicht werden, die weit über der Kapazität eines Sprachkanals liegt, siehe Abschnitt 3.3.

Obwohl Glasfaser-Netze eine neue Dimension an Übertragungskapazität eröffnet haben, scheint auch ihre Bandbreite keineswegs ausgeschöpft und kann künftig durch *Wavelength Division Multiplexing* (WDM) noch erheblich ausgeweitet werden, siehe Abschnitt 3.4.

Die maximale Ausnutzung der Bandbreite wird durch das Auftreten von Übertragungsfehlern begrenzt, die durch geringere Störabstände zwischen codierten Informationen wahrscheinlicher werden. Umgekehrt ist die geringe Bitfehlerrate, die auf Glasfaser-Strecken schon ohne spezielle Codierung erreicht wird, geradezu ein Indiz für eine geringe Ausnutzung der erreichbaren Kapazität.

Schließlich ist zu beachten, daß ein Signal bei seiner Ausbreitung gedämpft wird. Die Dämpfung wird mit der Entfernung vom Sender stärker, so daß das Verhältnis S/N bei gleichbleibender Störintensität abnimmt. Als Konsequenz paßt sich z.B. die ADSL-Übertragungstechnik durch Verringerung der Übertragungskapazität an größere Entfernungen im Anschlußbereich an.

Die Dämpfung auf einer Übertragungsstrecke wird in dB/km angegeben. Sie ist, je nach den Eigenschaften eines Mediums, von der Frequenz des Sendesignals abhängig, wobei die zur Übertragung geeigneten Frequenzbänder nur einer geringen Dämpfung ausgesetzt sind. Für metallische Leiter ist eine Dämpfung in der Größenordnung 5-10 dB/km günstig, während hochwertige optische Leiter 1 dB/km und weniger aufweisen. Auf längeren Übertragungsstrecken sind in regelmäßigen Abständen *Repeater* erforderlich, die das Signal auf seine ursprüngliche Amplitude verstärken.

Es folgen nun technische Daten zu den gebräuchlichen Übertragungsmedien.

- **Verdrilltes Kupferkabel**

  - Kupferdrähte werden verdrillt, um Störungen durch Magnetfelder und parallele Leitungen zu vermindern;

  - Frequenzbereich: Bandbreite bis 100 MHz; im Bereich 300-3400 Hz ist die analoge Sprachübertragung ohne Modulation möglich;

  - Übertragungsrate: über kurze Entfernungen (bis 100 m) berichtet [5] über den Einsatz von verdrilltem Kupferkabel bei einer Übertagungsrate von 155 Mbit/s; ADSL erreicht 2-8 Mbit/s über mehrere Kilometer;

  - für längere Strecken nur bedingt geeignet bei geringer Übertragungsrate mit Repeatern in kurzen Abständen;

  - verbreitete Nutzung als Hausanschlußleitungen in Telefonnetzen und zum Anschluß von Stationen an lokale Datennetze, siehe Abschnitt 3.1;

  - Vorteil: billige Technologie, leicht umkonfigurierbar;

  - Nachteil: relativ hohe Störungsanfälligkeit, evt. Abschirmung vor elektromagnetischen Feldern nötig.

- **Koaxial-Kabel**

  - besteht aus zwei zylindrischen metallischen Leitern mit derselben Achse mit Abständen im Verhältnis 1 : 3,6;

  - Frequenzband bis ca. 500 MHz;

  - Übertragungsrate: 100 Mbit/s im Entfernungsbereich unter 1 km; bis 25 Mbit/s mit Repeatern im Abstand von wenigen km;

  - wird im Ethernet verwendet bei 10 Mbit/s Übertragungsrate und einem Abstand von höchstens 500 m zwischen Repeatern.

- **Glasfaserkabel, Lichtwellen-Leiter**

  - Bandbreite im GHz-Bereich über Frequenzen im Tera-Hz-Bereich;

  - geringe Dämpfung der Lichtsignale (etwa 1 dB/km) erlaubt große Entfernungen (10-100 km) zwischen Repeatern;

  - geringe Bitfehlerraten ($\leq 10^{-10}$) wegen hoher Robustheit gegen Störungen durch elektromagnetische Felder und Temperaturschwankungen;

  - aufwendige Technik für die Umwandlung zwischen elektrischen und optischen Signalen am Beginn und Ende von Übertragungsstrecken; lichtemittierende Dioden (LED) oder Laser-Dioden erzeugen das Sendesignal; Photozellen auf Empfangsseite; auch der Anschluß von Stationen und die Weiterverbindung von Glasfaserstrecken ist aufwendig.
    Eine durchgehend optische Vermittlungstechnik ist Forschungsgegenstand, aber zur Zeit noch Zukunftsvision.

Es gibt drei Arten von Glasfaserkabeln mit unterschiedlichen technischen Ausführungen und Übertragungseigenschaften.

Eine Glasfaser besteht aus zwei Schichten mit einem Gesamtdurchmesser von etwa 0,125 mm. Das Licht wird infolge verschiedener Brechungs-Indices in den Materialien beider Schichten durch die innere Schicht geleitet.

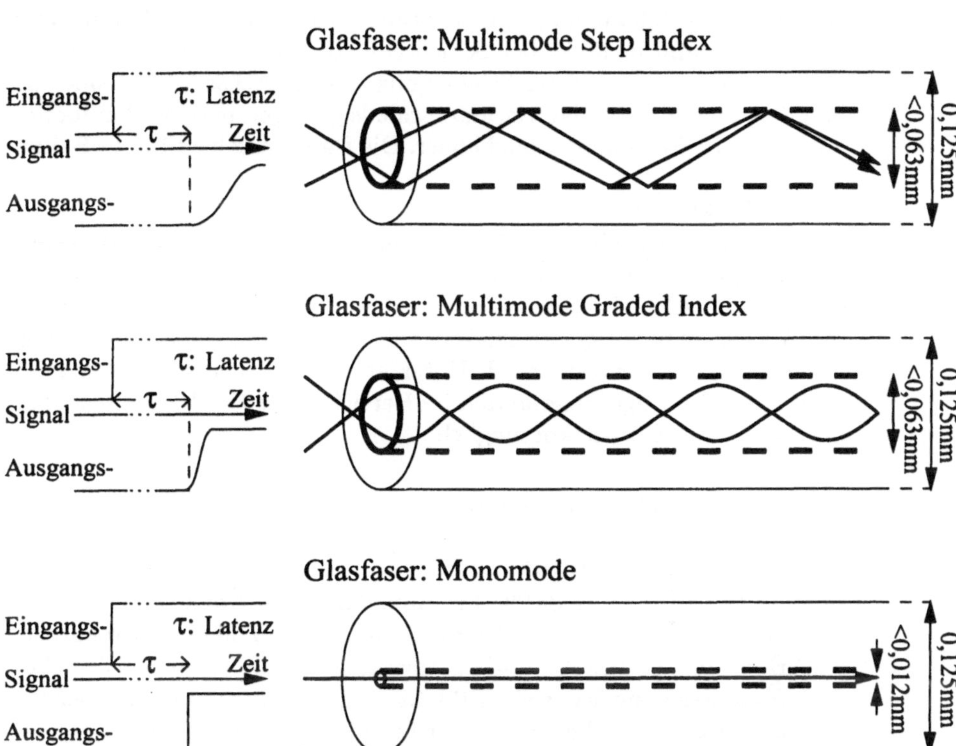

Bild 1.8: Verschiedene Ausführungen von Glasfaser

- Typ 1: *Multimode Step Index*

  Die innere Schicht hat einen Durchmesser von 0,05-0,0625 mm. Das Licht läuft unter verschiedenen Winkeln zur Achse der Faser und wird an der Grenze zur Außenschicht wieder nach innen reflektiert.

  Die Streuung der Einfallswinkel führt zu einer entsprechenden Streuung der Weglängen und der Signallaufzeiten. Als Konsequenz erscheint ein Signalwechsel mit steiler Flanke am Eingang als Signalwechsel mit weniger steiler Flanke am Ausgang. Damit werden Signalwechsel erst in einem gewissen Abstand voneinander erkannt, wodurch die Bandbreite erheblich beeinträchtigt wird. Es wird eine entfernungsabhängige

Bandbreite von 50 MHz·km bei einer Dämpfung von etwa 3 dB/km erzielt. Glasfaser-Verbindungen dieses Typs sind bereits geeignet für FDDI-Netze mit einer Übertragungsrate von 100 Mbit/s.

- Typ 2: *Multimode Graded Index*
  Hier nimmt der Brechungs-Index des Lichtes in der inneren Schicht (Durchmesser: 0,05-0,0625 mm) kontinuierlich nach außen hin ab. Das Licht wird dann nicht an der Schichtengrenze reflektiert, sondern sein Weg pendelt in Form einer Schwingung um die Achse. Dabei sind die Weglängen- und Signallaufzeitunterschiede geringer, und die Bandbreite ist mit 1 GHz·km entsprechend höher. Die Dämpfung liegt bei 1 dB/km.

- Typ 3: *Monomode*
  Im Vergleich zu Multimode-Leitern wird das Licht hier praktisch ohne Laufzeitstreuung entlang der Achse geleitet. Die innere Schicht hat einen einheitlichen Brechungs-Index bei nur 0,003-0,012 mm Durchmesser. Allerdings benötigt das Sendesignal eine höhere Lichtstärke, die nur mit Laserdioden erreicht wird. Unter erhöhtem technischen Aufwand sind dann allerdings Bandbreiten im Bereich von 100 GHz·km bei einer Dämpfung von 0,3 dB/km möglich.

● **Satelliten- und Funk-Übertragung**

  - **Geostationäre Satelliten**
    In einer Umlaufbahn in 36 000 km Höhe über dem Äquator empfangen sie Signale von terrestrischen Stationen und senden diese als Broadcast-Nachricht an alle Satelliten-Empfangsstationen in einem großen Abdeckungsbereich zurück, siehe Bild 1.9. Bereits mit drei geostationären Satelliten kann man die gesamte Erdkugel abdecken.
    Bandbreite: mehrere Bänder im Bereich 4-30 GHz;
    Vorteil: hohe Datenrate über beliebige terrestrische Entfernungen;
    Nachteil: 0,27s Verzögerung liegen zwischen Senden und Empfang.

  - **Low Earth Orbit Satellites (LEOS)**
    Es wurden mehrere Projekte durchgeführt, um Satelliten in einer Höhe von nur ca. 750 Kilometern zur Verfügung zu halten, die jeweils in einer bestimmten Region vor allem für den Mobilfunk eingesetzt werden. Die Satelliten sind nicht mehr stationär d.h. sie ändern ständig ihre Position bezüglich einer Bodenstation. Dies bedeutet einen Mehraufwand nicht nur für die Empfangseinrichtungen, sondern auch im notwendigen Zusammenwirken vieler Satelliten, die sich auf ihrer Umlaufbahn nur zeitweilig in geringer Höhe aufhalten und sich dort abwechseln.

Die Vorteile liegen in einer großen Übertragungskapazität bei einer auch für Echtzeit-Anwendungen erträglichen Verzögerung.

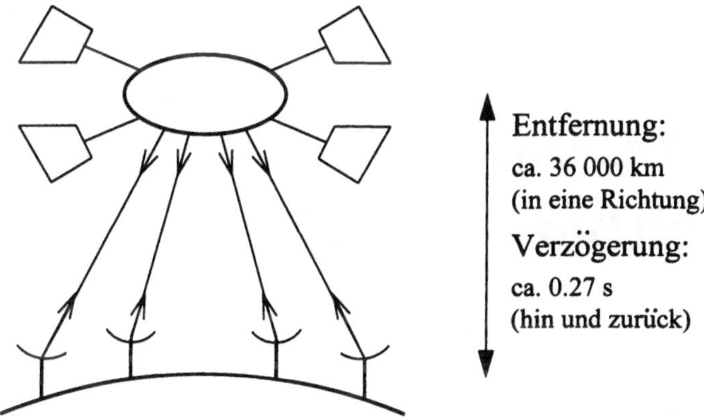

Bild 1.9: Kommunikation über geostationäre Satelliten

- **Mobilfunk**

Für Anwendungen wie Auto-Telefon, mobile Sprach- und Datenkommunikation wurden in den letzten Jahrzehnten Mobilfunknetze aufgebaut. Die Verbindung über eine Basisstation zu mobilen Teilnehmern erfolgt auf reservierten Frequenzbändern. Dabei gibt es eine zellulare Struktur von Einzugsgebieten mit je einer Basisstation im Zentrum, ähnlich einer Bienenwabe. Mobile Teilnehmer werden beim Übergang zwischen den Zellen durch *Handover*-Verfahren zur neuen Basisstation weitergereicht.

Die Reichweite von Signalen und damit die Größe von Zellen hängt von der Sendefrequenz ab. Zur Einrichtung kleiner Zellen ist eine starke Dämpfung der Signale oft erwünscht, um Nachbarzellen nicht zu stören. Innerhalb einer Zelle müssen alle mobilen Teilnehmer sich die vorhandene Übertragungskapazität teilen, so daß in Ballungszentren viele kleine Zellen eingerichtet werden, um die Kapazität zu erhöhen. Die Standardisierungen im GSM (*Global System for Mobile Communications*) und im UMTS (*Universal Mobile Telecommunication System*) haben zu einer starken Verbreitung des Mobilfunks in Europa geführt.

Die drahtlose Funkübertragung ist mit hohen Fehlerraten infolge unterschiedlicher Empfangsbedingungen behaftet, so daß spezielle Codierungsverfahren auf Signalebene und in binärer Informationsdarstellung zur Kontrolle benötigt werden. Insgesamt ist die Bandbreite im Mobilfunk eine sehr knappe Ressource verglichen mit den durch ADSL und WDM ausgeweiteten Kapazitäten im Festnetz.

2 ATM-Netze und Breitband-ISDN

2.1 Anforderungen der Dienste

Im Zuge der technologischen Entwicklung werden stetig wachsende Übertragungskapazitäten verfügbar. Infolgedessen erschließen sich neue Anwendungen, und es
ändert sich damit auch das Anforderungsprofil an Kommunikationsnetze. Mit
Glasfaser- und Satelliten-Übertragungsstrecken können Video- und Bildtelefon-
Übertragungen als Standarddienste eingeführt werden. In verteilten Systemen sind
neue Dienste mit massenhaftem Datenaustausch möglich, wovon insbesondere die
graphische Datenverarbeitung profitiert.

Die Benutzer bzw. Kommunikationspartner stellen durch die Inanspruchnahme
von Diensten Anforderungen an das Kommunikationsnetz. Für jeden Dienst werden die Anforderungen als Quality-of-Service-Parameter erfaßt. Dazu zählen:

- die benötigte Übertragungskapazität,

- die zulässige mittlere Übertragungszeit für zeitkritische Anwendungen,

- Angaben darüber, inwieweit Schwankungen der Übertragungszeit zwischen
  aufeinanderfolgenden Datensegmenten akzeptabel sind und

- die geforderte Übertragungssicherheit als Toleranz in bezug auf Übertragungsfehler.

Tabelle 2.1 gibt die Parameter für die Übertragungskapazität, die Verzögerung
und die Bitfehlerrate von wichtigen Diensten an. Die Anforderungen fallen in allen Sparten recht unterschiedlich aus. Die Übertragungsraten reichen von wenigen
kbit/s für komprimierte Sprache bis in den Gigabit/s-Bereich für unkomprimierte Video-Übertragung in HDTV-Qualität. Während der reine Sprach-Verkehr bis

heute den weltweit größten Teil der angeforderten Verbindungen und der Übertragungskapazität ausmacht, wird zumindest sein Anteil an der Übertragungskapazität gegenüber anderen Breitband-Diensten deutlich zurückbleiben.

Tabelle 2.1: Dienste und Quality-of-Service in Telekommunikationsnetzen

Quality-of-Service Parameter für die Dienste	mittlere Übertragungs-kapazität	mittlere Verzögerung (i: isochron[1])	Bit-fehler-rate	Burst-faktor[2]
Sprache:				
unkomprimiert	0.064 Mbit/s	<0.25 s (i)	ca. 10^{-3}	1
komprimiert	0.006–0.032 Mbit/s	<0.25 s	ca. 10^{-4}	2–10
Video:				
unkomprimiert	40–1000 Mbit/s	<1 s (i)	ca. 10^{-3}	1
komprimiert	0.4–150 Mbit/s	<1 s	$< 10^{-6}$	ca. 5-20
Bild-Telefon	0.2–2 Mbit/s	<0.25 s (i)	$< 10^{-6}$	ca. 5
Daten-Transfer LAN-Kopplung	<~1000 Mbit/s	1–1000 s	0	ca. 5–100
Realzeit-Daten	<~1000 Mbit/s	0.001–1 s	0	ca. 5–20
[1]) isochron: ohne Verzögerungsschwankung		[2]) Burstfaktor = Peak / Mean Rate		

Es ist allerdings schwer vorherzusagen, welche Dienste in Zukunft in welchem Umfang genutzt werden. Die Entwicklung im Internet- oder im Mobilfunkbereich zeigt, daß infolge neuer technologischer Infrastrukturen eine sprunghaft ansteigende Nachfrage ausgelöst werden kann. Ebenso ließen sich Beispiele von Neueinführungen nennen, die unerwartet wenig in Anspruch genommen wurden. Sobald hohe Kapazitäten in lokalen und in Wide-Area-Netzen kostengünstig zur Verfügung stehen, ist ein Trend zu komfortableren und qualitativ besseren Diensten absehbar, so daß z.B. Sprachdienste zu autovisuellen Diensten erweitert werden können, was in einer völlig veränderten Ressourcenbeanspruchung resultiert.

In punkto Verzögerung stellen Sprache und andere Echtzeitdienste die striktesten Anforderungen. Die Interaktion während eines Gesprächs wird deutlich beeinträchtigt, wenn Übertragungszeiten von mehr als 0,25 s auftreten. Zudem stören ab einer Übertragungszeit von 0,025 s Echos auf den Übertragungsmedien, insbesondere den Anschlußleitungen, so daß zusätzlicher technischer Aufwand zur Echo-

Kompensierung nötig wird. Datenübertragungen tolerieren dagegen je nach Anwendung einige Sekunden z.B. für Informationsrecherchen im Internet oder sogar stundenlange Wartezeiten, z.B. für eine nachts durchzuführende Datensicherung.

Umgekehrt sieht es bei der Fehlertoleranz aus, wo Bitfehlerraten bis in den Promille-Bereich für Sprache und unkomprimiertes Video kaum registriert werden, aber Datenübertragungen selbst bei großem Volumen absolut fehlerfrei verlaufen müssen. Schon ein Bitfehler würde z.B. einen Software-Code unausführbar machen. Auf Glasfaserstrecken des Festnetzes werden bereits sehr niedrige Fehlerraten erzielt ($< 10^{-10}$), so daß für eine Reihe von Diensten, darunter Sprache und Video, keine zusätzlichen Sicherungsmaßnahmen notwendig sind. Allerdings erfordern Datenübertragungen nach wie vor eine Sicherung auf den Protokollschichten.

Videoübertragungen (*Video-on-Demand*) sind als ein vorrangiger Breitbanddienst anzusehen und beanspruchen vor allem in unkomprimierter Form enorme Kapazitäten, wovon durch Komprimierung ein erheblicher Teil einzusparen ist.

Komprimierungen können zunächst ohne Informationsverlust unter alleiniger Ausnutzung der Redundanz vorgenommen werden. Bezeichnet man das Verhältnis zwischen dem essentiellen Informationsgehalt und der Länge einer vorliegenden Informationsdarstellung, jeweils in der Maßeinheit bit, als Effizienz η, so ist die Redundanz durch $1 - \eta$ bestimmt, entsprechend dem Anteil in der Darstellung, der keinen Informationsgehalt beiträgt. Ohne Informationsverlust kann man den Umfang einer redundanten Darstellung bis auf den Faktor η reduzieren.

Redundanz äußert sich in der Vorhersagbarkeit von Datenbits einer Darstellung. Sie ist nicht nur in Bildinformation, sondern z.B. auch in Texten nachweisbar, wo Untersuchungen von Shannon [83] die Redundanz von englischen Texten im Bereich 2/3 bis 4/5 einschätzten.

Steht nur eine eng begrenzte Übertragungskapazität zur Verfügung, so muß die Komprimierung auch einen Verlust an Information und damit an Bildqualität in Kauf nehmen. Die Bildinformation kann dazu in mehr und weniger wichtige Anteile entsprechend einer Grob- und Feinstruktur aufgespalten werden, wovon die wichtigen Anteile bis zu einem bestimmten Grad übertragen werden. Im Abschnitt 3.5 sind die Standards für die Video-Übertragung genauer beschrieben.

Komprimierungen sind auch für File-Transfers mit speziell angepaßten Verfahren und Standards üblich. Vor allem für Information, die auf Web-Servern des Internets bereitgestellt und häufig abgerufen wird, lohnen sie sich. Oft wird die Software zur Dekomprimierung dem Empfänger optional mitgeliefert.

Während Komprimierungen die Übertragungskapazitäten entlasten, sinkt gleichzeitig die Toleranz des erzeugten Datenstroms gegenüber Bitfehlern, da diese nach der Dekomprimierung in ihrer Auswirkungen nicht mehr lokal begrenzt bleiben.

Als weiteres Phänomen geht mit der Komprimierung von Videodaten eine völlig veränderte Verkehrscharakteristik einher. Statt eines konstanten Informationsstroms in unkomprimierter Darstellung weist das Datenverkehrsaufkommen nach einer Komprimierung wechselnde Phasen mit hoher bzw. niedriger Übertragungsrate auf, je nach der Bewegungsintensität in einer Bildfolge sowie dem Auftreten von Szenenwechseln [63].

In einem Verkehrsprofil mit zeitlich stark schwankender Rate werden Phasen mit hohem Verkehrsaufkommen als *Bursts* bezeichnet. In Tabelle 2.1 ist der Burstfaktor B als Deskriptor eingeführt, der das Verhältnis von maximaler angeforderter Rate *Peak Cell Rate* (PCR) zur mittleren Übertragungsrate *Mean Cell Rate* angibt.

Der Burstfaktor 1 entspricht einem gleichmäßigen, unveränderlichen Verkehrsfluß. Schon bei der Sprachübertragung mit Sprechpausenunterdrückung kann ein Burstfaktor von 2,5 angesetzt werden. Da beide Seiten abwechselnd sprechen und sogar im Redefluß kurze Pausen detektiert werden, macht die Sprachaktivität in eine Richtung einen Zeitanteil von weniger als 40% im Durchschnitt aus, die Pausen dagegen mehr als 60% [86]. Die größten zeitlichen Schwankungen sind im Datenverkehr zu erwarten, dessen Verkehrscharakteristik durch hohe Variabilität gekennzeichnet ist. Bei Messungen des Datenverkehrsaufkommens in lokalen [58] wie in Wide-Area-Netzen [70] wurden fraktale Eigenschaften festgestellt, d.h. die zeitlichen Schwankungen haben in verschiedenen Zeitskalen vom Millisekunden- bis in den Stundenbereich einen ähnlichen Verlauf und sind, abgesehen vom Skalierungsfaktor, kaum voneinander zu unterscheiden, siehe Abschnitt 10.7.4.

Diese Eigenschaften des Verkehrsaufkommens haben erheblichen Einfluß auf die benötigten Übertragungskapazitäten. Insbesondere sind einfache klassische Modelle für das Verkehrsaufkommen nicht auf ATM-Netze anwendbar. Das Kapitel 10 befaßt sich eingehend mit Alternativen zur Einschätzung des Verkehrs und daraus abzuleitenden Quality-of-Service Aussagen.

2.2 Breitbandaspekte des ISDN

Viele Netze zeichnen sich durch einen hohen Grad an Spezialisierung auf einen Dienst aus. Sie sind speziell für den jeweiligen Dienst ausgelegt und oft nicht in der Lage, andere Dienste zu unterstützen oder diesen in Schwachlastzeiten die freien Ressourcen zur Verfügung zu stellen.

Wirtschaftlicher sind Netze, die diensteunabhängig sind. Dies impliziert die Unterstützung einer Vielfalt von Diensten und die gemeinsame Nutzung der verfügbaren Netzressourcen von allen Diensten.

Ein erster Schritt in Richtung eines universellen Netzes wurde mit der Einführung des diensteintegrierenden digitalen Nachrichtennetzes ISDN vollzogen. Diensteintegrierend bezieht sich auf den Netzzugang. Innerhalb des Netzes bestehen getrennte Paket- und Leitungsvermittlungsnetze als sogenannte Overlay-Netze. Integration im Sinne der Vereinheitlichung der Übertragungs- und Vermittlungsfunktionen ist im ISDN nicht gegeben, siehe Bild 2.1 zum Integrationsgrad in Netzen.

Das ISDN zeichnet sich durch folgende Eigenschaften aus:

- Bereitstellung eines breiten Dienstespektrums für unterschiedliche Informationsarten (Audio-, Video- und Datenanwendungen) in einem Netz.

- Basis des ISDN ist das digitalisierte Fernsprechnetz. Die Verbindungen verlaufen im ISDN von Benutzer zu Benutzer durchgehend digital.

- Der Basisanschluß für einen Benutzer sieht in beiden Richtungen je zwei 64-kbit/s-Basiskanäle (B-Kanäle) und einen 16-kbit/s-Hilfskanal (D-Kanal) vor; die Verbindungen über die beiden 64-kbit/s-Kanäle können zu verschiedenen Zielen führen.

- Für das ISDN ist eine universelle Benutzer-Netz-Schnittstelle definiert, die den Anschluß von unterschiedlichen Endeinrichtungen auch für verschiedene Informationsarten an eine einheitliche *Kommunikationssteckdose* erlaubt. Für den Verbindungsauf- und -abbau sind einheitliche Prozeduren festgelegt.

Die wachsende Nachfrage nach Breitbanddiensten, die Verfügbarkeit neuer Hochgeschwindigkeitstechnologien zur Übertragung, Zusammenführung, Vermittlung und Verarbeitung von Signalen, die verbesserten Daten- und Bildverarbeitungsmöglichkeiten für Benutzer und die Fortschritte in der Verarbeitung von Software-Applikationen in der Computer- und Telekommunikationsindustrie erfordern die Erweiterung der ISDN-Möglichkeiten um neue breitbandige Dienste und Anwendungen. Hinzu kommt die steigende Notwendigkeit zur Integration von interaktiven Diensten und Verteildiensten, zur Integration von leitungs- und paketvermittelnden Verfahren in einem universellen Breitbandnetz und letztlich die Notwendigkeit der flexiblen Reaktion auf Benutzer- und Betreiberanforderungen.

Die Abkürzung B-ISDN wird im vorliegenden Kontext zur Betonung der Breitbandaspekte des ISDN verwandt. B-ISDN steht für ein diensteintegrierendes digitales Netz, das Breitband-Dienste und andere ISDN-Dienste bereitstellt.

Die Grundgedanken des B-ISDN lauten entsprechend [I.121]:

- Das B-ISDN basiert auf dem Konzept des diensteintegrierenden digitalen Netzes ISDN.

Integrierter Zugang

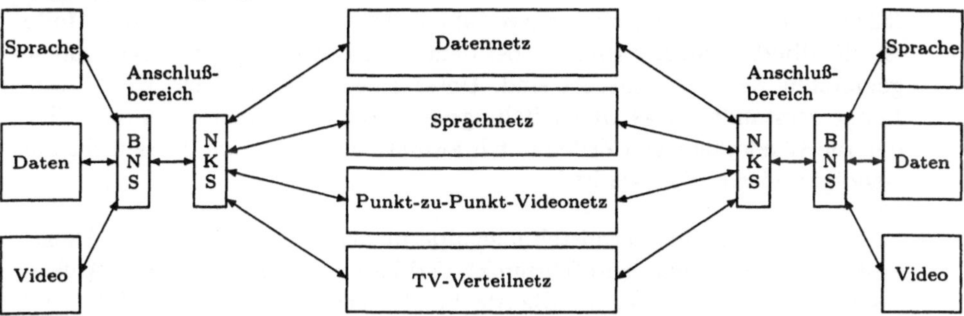

Integrierter Transport

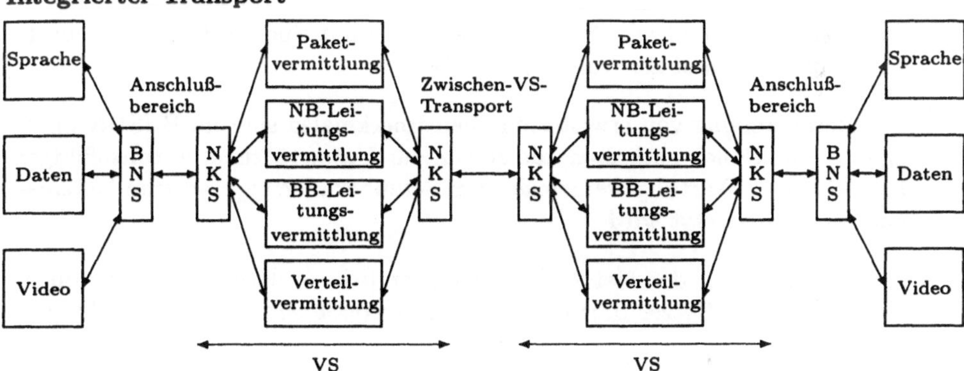

Integrierte Übermittlung

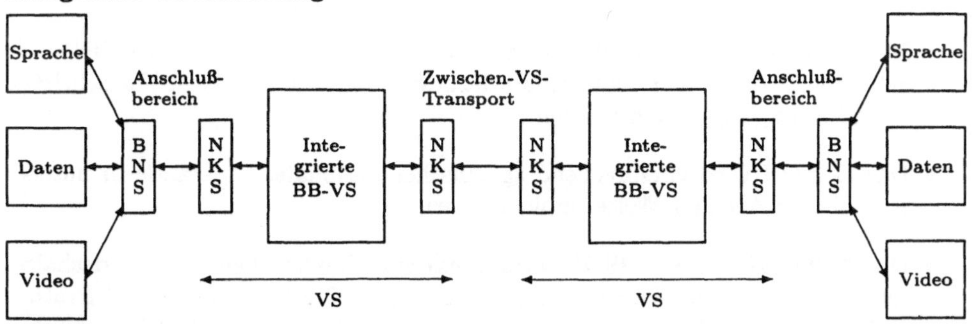

BNS: Benutzer-Schnittstelle
NKS: Netzknoten-Schnittstelle
NB / BB: Schmal- / Breitband
VS: Vermittlungsstelle

Bild 2.1: Integrationsgrad von Netzen

- Der Asynchrone-Transfer-Modus (ATM) ist das zur Implementierung des B-ISDN eingesetzte Übermittlungsverfahren. Der Asynchrone-Transfer-Modus ist ein Übermittlungsverfahren, bei dem die Informationen in Form von sogenannten *Zellen* organisiert sind. Unter einer Zelle wird ein Block fester Länge verstanden. Das Übermittlungsverfahren ist asynchron in dem Sinn, daß die Wiederkehr von Zellen mit Informationen eines Benutzers nicht notwendigerweise periodisch ist.

- Das B-ISDN erlaubt vermittelte, semipermanente und permanente Punkt-zu-Punkt- und Punkt-zu-Mehrpunkt-Verbindungen und stellt auf Anfrage reservierte und permanente Dienste bereit. Verbindungen im B-ISDN unterstützen leitungs- und paketvermittelnde Dienste, die vom Typ her mono- und/oder multimedial, verbindungslos oder verbindungsorientiert und bidirektional oder unidirektional sein können.

- Die Dienste werden im B-ISDN den Benutzern mit einer bestimmten Dienstgüte angeboten und zur Verfügung gestellt.

- Zur Bereitstellung von erweiterten Dienstmerkmalen sind im B-ISDN intelligente Funktionen enthalten, die zudem zur Unterstützung leistungsfähiger Betriebs- und Wartungswerkzeuge, zur Netzüberwachung und zum Netzmanagement eingesetzt wird.

- Jede Erweiterung der Netzfähigkeiten oder jede Änderung von Leistungskenngrößen des Netzes darf die Dienstgüte existierender Dienste nicht verschlechtern.

- Die Entwicklung des B-ISDN sollte die fortgesetzte Unterstützung existierender Schnittstellen und Dienste gewährleisten.

- Neue Netzfähigkeiten werden in evolutionären Schritten in das B-ISDN eingebracht, damit neue Benutzeranforderungen und technologische Fortschritte Berücksichtigung finden können.

- Das B-ISDN wird entsprechend spezifischer nationaler Umstände in unterschiedlicher Art und Weise implementiert.

- Die Architektur des B-ISDN wird funktional beschrieben. Sie ist deshalb technologie- und implementierungsunabhängig. Die Funktionen und Protokolle werden im B-ISDN-Protokoll-Referenzmodell festgelegt. Die unterste Schicht des Referenzmodelles ist die Physikalische Schicht. Darüber befindet sich die Schicht des Asynchronen-Transfer-Modus (ATM-Schicht), siehe Abschnitt 2.3.8. Die funktionale Beschreibung des B-ISDN bleibt Kapitel 5 vorbehalten.

Der dem B-ISDN zugrundeliegende Asynchrone-Transfer-Modus besitzt folgende spezifischen Vorteile:

- Große Flexibilität beim Zugang zum Netz aufgrund des Konzeptes des Transportes von Zellen und aufgrund spezieller Prinzipien der Zellenübermittlung.

- Flexible Zuweisung von Übermittlungskapazität auf Anforderung mit einem hohen Grad an Granularität. Die Übermittlungskapazität wird auf Grundlage der Anforderung der Informationsquelle und der im Netz verfügbaren Kapazitäten nach anfänglicher Aushandlung zugewiesen.

- Einfache Bereitstellung semipermanenter Verbindungen aufgrund des Konzeptes virtueller Pfade[1].

- Unabhängigkeit von den Übertragungsmedien der Physikalischen Schicht.

- Die ATM-Schicht ist allen Diensten gemeinsam, einschließlich den Diensten für Signalisierung, Betrieb und Wartung.

2.3 Prinzipien des Asynchronen-Transfer-Modus

Der Asynchrone-Transfer-Modus ist ein spezielles paketorientiertes Übermittlungsverfahren unter Verwendung der asynchronen Zeitmultiplextechnik. Darunter ist ein Multiplexverfahren zu verstehen, bei dem die Übertragung der Informationen in Zeitschlitzen erfolgt. Sie werden einem Benutzer oder einer Anwendung nicht fest zugewiesen. Ein Zeitschlitz wird immer dann mit einer Zelle gefüllt, wenn diese zur Übertragung ansteht.

Der zusammengesetzte Informationsstrom ist in Blöcke fester Länge unterteilt. Die Blöcke werden als Zellen bezeichnet. Eine Zelle besitzt ein Informationsfeld und ein Kopffeld (Header).

Der Asynchrone-Transfer-Modus ist durch folgende Prinzipien gekennzeichnet:

- Sämtliche Übertragungen, sowohl der Transport von Benutzerdaten, wie auch Signalisierungs- und Netzwerkmanagement-Meldungen, erfolgen in der Form von Zellen. Das Zellenformat ist im Abschnitt 2.3.1 beschrieben. Die Paketierung gilt für alle Dienste im Netz, für Sprache und Video ebenso wie für Datenübertragungen.

---

[1]Zur Erklärung des Konzeptes virtueller Pfade siehe Abschnitt 2.3.2.

- ATM ist eine verbindungsorientierte Technik. Verbindungsorientiert heißt, daß die Ende-zu-Ende-Übermittlung der Information zwischen Benutzern einer vorausgehenden Verbindungsaufbauphase bedarf. ATM-Netze arbeiten auf der Basis virtueller Verbindungen, siehe Abschnitt 2.3.2.

  Zwischen den Teilnehmern einer Kommunikationsbeziehung wird eine virtuelle Verbindung aufgebaut, deren Ausgestaltung von den Teilnehmern und dem Ressourcen-Management des Netzes ausgehandelt wird.

  Die Einrichtung einer virtuellen Verbindung bewirkt zunächst Einträge in den Routing-Tabellen derjenigen Vermittlungsknoten, die auf dem Übertragungsweg liegen, was die nachfolgende Vermittlung von Zellen vereinfacht und beschleunigt. Insbesondere wird bei der Zellenvermittlung statt der kompletten Zieladresse nur noch eine Identifikationsnummer angegeben, die die Zugehörigkeit der Zelle zu einer Verbindung erkennen läßt. Das zugehörige Adreßfeld im Zellenheader kann dadurch verkürzt werden.Die wichtigste Aufgabe des Headers besteht in der Kennzeichnung der Zellen, die innerhalb des asynchronen Zeitmultiplex zu derselben Verbindung gehören. Die Kennzeichnung der Zellen erfolgt durch spezielle Kennzeichnungsfelder (Identifier) im Header.

- Beim Verbindungsaufbau stellen die beteiligten Nutzer Quality-of-Service-(QoS)-Anforderungen. Das Netzwerk-Management überprüft, ob bei Zulassung der neuen Verbindung die QoS-Anforderungen sowohl für die neue, wie auch für alle bisherigen Verbindungen eingehalten werden können. Nur wenn auf keiner beteiligten Teilstrecke Engpässe zu erwarten sind, wird die neue Verbindung eingerichtet.

- Es findet keine Fehler- und Flußkontrolle auf der ATM-Ebene statt, wie sie etwa im HDLC-Protokoll für Paketnetze vorgenommen werden. Der Grund liegt einerseits in den Anwendungen von Hochgeschwindigkeitsnetzen, die häufig unter Echtzeitbedingungen arbeiten und keine Wiederholung fehlerhafter Zellen gestatten.

  Zudem wird von sehr zuverlässigen Übertragungsstrecken ausgegangen, typischerweise Lichtwellenleiter mit Bitfehlerraten im Bereich von 10^{-12}. Eine solche Übertragungssicherheit ist für viele Dienste bei weitem ausreichend, zumal die Header-Information der ATM-Zellen zusätzlich durch einen CRC-Code geschützt wird [2]. Wenn noch geringere Restfehlerraten gefordert sind, müssen zusätzliche Sicherungsmaßnahmen in höheren Schichten der Ende-zu-Ende-Protokolle getroffen werden.

- ATM-Netze stellen die Einhaltung der Zellen-Reihenfolge in jeder Verbindung sicher. Bei der Übertragung können zwar Zellen verschiedener Verbindungen auf einer Leitung in willkürlicher Reihenfolge gemischt werden, doch es wird bei der Vermittlung beachtet, daß Zellen mit gleicher Eingangs-

und Ausgangsleitung sich nicht gegenseitig überholen. Dies vermeidet ein Umordnen der Daten auf höheren Protokoll-Schichten, das z.B. im TCP/IP erforderlich ist und auf Empfängerseite nicht nur zusätzlichen Implementierungsaufwand, sondern auch eine gewisse Verzögerung mit sich bringt.

- ATM-Netze gewährleisten zunächst keine Zeittransparenz, d.h. im Asynchronen-Transfer-Modus besteht (Nomen est Omen) keine strikte Synchronisation zwischen Sender, Übertragungsmedium und Empfänger, wie sie für isochrone Anwendungen wünschenswert ist. Der Abstand zwischen aufeinanderfolgenden Zellen einer virtuellen Verbindung unterliegt Zeitschwankungen (*Delay Jitter*), die beim Zusammentreffen und Einfädeln von anderen Zellströmen auf gemeinsam genutzten Wegen und durch die Pufferung von Zellen an den Vermittlungsknoten verursacht werden.

Wenn etwa bei Sprachübertragungen die Endgeräte Daten in regelmäßigen Zeitabständen erwarten, so muß ein Glättungspuffer beim Empfänger die Zeitschwankungen in der Übermittlung durch das Netz ausgleichen. Somit werden die Randbedingungen der Leitungsvermittlung für die Dienste, die darauf angewiesen sind, auch in ATM-Netzen hergestellt (*Circuit Emulation*).

Die tolerierbare Abweichung der Übertragungszeiten der Zellen von der mittleren Übertragungsverzögerung ist ein QoS-Parameter für die Sprach- und Bildübertragung, der sich nach der Größe der Empfangspuffer richtet. Sie ist in der Tabelle 2.1 als Schwankung der Verzögerung angegeben.

2.3.1   Das ATM-Zellenformat: 53 Byte

In ATM-Netzen haben die Zellen eine feste Länge von 53 Byte. Zellen sind aufgeteilt in einen 5 Byte großen Kopf (Header) mit Kontrolldaten, einen 48 Byte großen Nutzdatenteil und haben keinen Anhang (Trailer). Eine feste Zellengröße erleichtert die Arbeit von Vermittlungsknoten gegenüber variabel langen Zellen.

Die Standardisierungsgremien haben sich auf die Zellengröße von 53 Byte als Kompromiß entgegenlaufender Anforderungen geeinigt. Einerseits nimmt für kleinere Zellen der mit $5/53 \approx 10\%$ schon recht hohe Anteil an Kontrolldaten zu, während andererseits für größere Zellen die Paketierung insbesondere für die Sprachübertragung zu lange andauern kann.

Ein Sprachkanal mit der üblichen Bandbreite von 64 kbit/s erzeugt pro Sekunde 8000 Bytes, womit die Nutzdatenteile von 8000/48 Zellen aufgefüllt werden. Der Zeitabstand zwischen den Zellen beträgt bei dieser Übertragungsrate $48/8000$ s $=$ 6 ms, so daß das erste Byte in einer Zelle etwa 6 ms warten muß. Dieser Wert ist bedenklich hoch, zumal er nur einen Teil der gesamten Übertragungsverzögerung ausmacht. Andererseits sind in ATM-Netzen höhere Übertragungsraten üblich. Beträgt die Übertragungsrate 2 Mbit/s, so sinkt der Zellabstand auf erträgliche ca. 0,2ms, wobei aber nur ein Multiplexing mehrerer Sprachverbindungen die Kapazität ausschöpfen kann.

Der Aufbau des Headers und des Nutzdatenteils wird in Kapitel 6 ausführlich besprochen. Der Header zeichnet sich durch minimale Protokollfunktionalität aus. Bemerkenswert ist, daß eine Bitfehlerkontrolle nur für den Zellenheader vorgesehen ist. Fehler im Header sind besonders schwerwiegend, da die Zelle in eine andere Verbindung eingefügt werden könnte oder fälschlicherweise als Netzsteuerungsinformation gekennzeichnet wird [2].

Ansonsten geht man zunächst von Übertragungsmedien mit geringen Bitfehlerraten aus und erspart sich aufwendige Protokolle, die bei Fehlererkennung mit Paketwiederholungen reagieren. Ein Grund für die Protokoll-Vereinfachung liegt darin, daß innerhalb der Zeitspanne, die eine Paketwiederholung in Anspruch nimmt, der Sender eine enorme Datenmenge in ein Hochgeschwindigkeitsnetz abgeben kann.

Neben Echtzeitbedingungen, die Paketwiederholungen oft a priory ausschließen, machen Speicherungsprobleme für die inzwischen gesendeten Daten insbesondere eine selektive Wiederholungen in Hochgeschwindigkeitsnetzen undurchführbar. Für die Sprach- und Bewegtbild-Übertragung reicht die Sicherheit von Glasfaser-Medien bei weiten aus, so daß keinerlei Zusatzmaßnahmen getroffen werden. Der Datentransfer stellt schärfere Anforderungen, die nur mit Paketwiederholungen auf einer höheren Protokollebene erfüllbar sind.

2.3.2 ATM-Verbindungen

Unter einer ATM-Verbindung wird die Aneinanderreihung von ATM-Schicht-Abschnitten zur Bereitstellung eines Ende-zu-Ende-Übermittlungsdienstes zwischen zwei Zugangspunkten verstanden. Es werden virtuelle Kanal-Verbindungen (Virtual Channel Connection, VCC) und virtuelle Pfad-Verbindungen (Virtual Path Connection, VPC) unterschieden.

Zum Verständnis der virtuellen Kanal-Verbindung sind zunächst die Begriffe des virtuellen Kanals und des virtuellen Kanal-Abschnittes zu definieren.

Der virtuelle Kanal (Virtual Channel, VC) ist ein Konzept zur Beschreibung der unidirektionalen Übertragung von ATM-Zellen, die durch einen gemeinsamen eindeutigen Identifizierungswert (Virtual Channel Identifier, VCI) gekennzeichnet sind. Der virtuelle Kanal-Abschnitt ist ein Mittel zum unidirektionalen Transport von ATM-Zellen zwischen einem Punkt, an dem ein VCI-Wert zugewiesen wird, und dem Punkt, an dem dieser Wert geändert oder gelöscht wird. Eine virtuelle

Kanal-Verbindung kann jetzt als die Aneinanderreihung von virtuellen Kanal-Abschnitten definiert werden. Eine virtuelle Kanal-Verbindung erstreckt sich zwischen zwei Punkten, an denen auf die ATM-Anpassungsschicht[2] zugegriffen wird.

Zum Verständnis der virtuellen Pfad-Verbindung muß zunächst der Begriff des virtuellen Pfades (Virtual Path, VP) als ein Konzept eingeführt werden, das zur Beschreibung des unidirektionalen Transportes von ATM-Zellen verschiedener virtueller Kanäle herangezogen wird, die durch einen gemeinsamen Wert (Virtual Path Identifier, VPI) zusammengefaßt werden. Ein virtueller Pfad-Abschnitt ist eine Gruppe von virtuellen Kanal-Abschnitten mit einem gemeinsamen VPI-Wert zwischen dem Punkt, an dem dieser VPI-Wert zugewiesen wird, und dem Punkt, an dem der VPI-Wert geändert oder gelöscht wird.

Nach der Definition von virtuellem Pfad und virtuellem Pfad-Abschnitt kann jetzt die virtuelle Pfad-Verbindung definiert werden: Eine virtuelle Pfad-Verbindung ist eine Aneinanderreihung von virtuellen Pfad-Abschnitten. Eine virtuelle Pfad-Verbindung erstreckt sich zwischen dem Punkt, an dem die VCI-Werte zugewiesen werden, und dem Punkt, an dem diese Werte geändert oder gelöscht werden.

2.3.3 Kennzeichnung von Verbindungen

An einer gegebenen Schnittstelle werden die verschiedenen virtuellen Pfade einer Richtung durch den Wert des VPI unterschieden. Die verschiedenen virtuellen Kanäle in einer virtuellen Pfad-Verbindung werden durch den Wert des VCI unterschieden.

Zwei verschiedene virtuelle Kanäle, die an einer Schnittstelle zu zwei unterschiedlichen virtuellen Pfaden gehören, können denselben Wert des VCI haben. Deswegen ist ein virtueller Kanal an einer Schnittstelle erst durch Angabe der Werte des VPI und des VCI vollständig gekennzeichnet.

Ein spezieller Wert des VCI hat keine Ende-zu-Ende-Bedeutung, wenn die virtuelle Kanal-Verbindung vermittelt wird. Er kennzeichnet nur die Zellen einer virtuellen Kanal-Verbindung für den jeweiligen Abschnitt. Die Werte des VPI können an virtuellen Pfad-Abschnitt-Abschlußpunkten (z.B. Cross-Connect-Systeme, Konzentratoren und Vermittlungsstellen) geändert werden. Die Werte der VCI können nur an virtuellen Kanal-Abschnitt-Abschlußpunkten geändert werden. Daraus ergibt sich als Konsequenz, daß die Werte der VCI innerhalb einer virtuellen Pfad-Verbindung erhalten bleiben.

---

[2]Oberhalb der ATM-Schicht werden zusätzliche Funktionalitäten zur Anpassung der Informationseinheiten unterschiedlicher Dienste an die Übermittlung in Form von Zellen benötigt. Diese Funktionen werden von der ATM-Anpassungsschicht (ATM Adaptation Layer, AAL) zur Verfügung gestellt, siehe auch Abschnitt 2.3.8.

2.3.4 Virtuelle Kanal-Verbindungen

Ein Benutzer erhält eine virtuelle Kanal-Verbindung mit einer vereinbarten Dienstgüte (Quality-of-Service, QoS). Die Dienstgüte kann durch Parameter wie Zellenverlustrate (Cell Loss Ratio, CLR) und Zellenverzögerungsschwankungen (Cell Delay Variation, CDV) spezifiziert werden. Die Dienstgüte kann aus einer Anzahl möglicher Klassen ausgewählt werden. Die gewünschte Dienstgüte wird dem Netz während der Verbindungsaufbauphase mitgeteilt. Die zugewiesene Dienstgüte bleibt für die Dauer der Verbindung unverändert. Eine Änderung der Dienstgüte kann nur durch den Aufbau einer neuen Verbindung erfolgen.

Virtuelle Kanal-Verbindungen können vermittelt, semipermanent oder permanent bereitgestellt werden. Die Integrität der Zellenfolge ist innerhalb einer virtuellen Kanal-Verbindung gewährleistet.

Stellt der Benutzer an das Netz den Wunsch nach Aufbau einer virtuellen Kanal-Verbindung, müssen für jede virtuelle Kanal-Verbindung zwischen Benutzer und Netz Verkehrsparameter ausgehandelt und vereinbart werden. Zwischen Benutzer und Netz wird ein Verkehrsvertrag geschlossen. Unter einem Verkehrsvertrag werden die getroffenen Vereinbarungen über die geforderte Dienstgüte und die maximal zulässigen Verzögerungsschwankungen für Zellen einer ATM-Verbindung verstanden. Die Verkehrsparameter kennzeichnen die Eigenschaften des Zellenstromes, den der Benutzer über die gewünschte virtuelle Kanal-Verbindung zu übermitteln beabsichtigt. Die Zellen des Benutzers werden beim Zugang zum Netz überwacht, um sicherzustellen, daß die vereinbarten Verkehrsparameter nicht überschritten werden und der abgeschlossene Verkehrsvertrag eingehalten wird.

An einer B-ISDN-Schnittstelle gibt es zwei Übertragungsrichtungen. Die Festlegung der Werte für VPI und VCI erfolgt an einer Schnittstelle derart, daß beiden Richtungen dieselben VPI- und VCI-Werte zugewiesen werden. Somit werden beide Übertragungsrichtungen derselben Kommunikationsbeziehung durch dieselben VPI- und VCI-Werte auf einem virtuellen Kanal-Abschnitt gekennzeichnet. An dieser Stelle ist zu erwähnen, daß die Bandbreite einer Kommunikationsbeziehung

- in beiden Richtungen gleich sein kann (symmetrische Kommunikation) oder

- in beiden Richtungen unterschiedlich sein kann (asymmetrische Kommunikation) oder

- in der entgegengesetzten Richtung gleich null sein kann (unidirektionale Kommunikation ohne jegliche Rückinformation) oder

- in der entgegengesetzten Richtung groß genug sein kann, um ATM-Schicht-Managementinformationen zu übertragen (unidirektionale Kommunikation mit Managementrückinformation).

Der Aufbau und Abbau von virtuellen Kanal-Verbindungen an der Benutzer-Netz-Schnittstelle kann eine oder mehrere der folgenden vier Methoden nutzen:

- ohne Verwendung von Signalisierungsprozeduren, d.h. durch Abonnement (semipermanente oder permanente Verbindungen; PVC: *Permanent Virtual Circuit*));

- durch Verwendung von Metasignalisierungsprozeduren für den Aufbau oder Abbau einer virtuellen Kanal-Verbindung zwecks Austausch von Signalisierungsinformationen;

- durch Verwendung von Benutzer-zu-Netz-Signalisierungsprozeduren für den Aufbau oder Abbau einer virtuellen Kanal-Verbindung zur Ende-zu-Ende-Kommunikation (SVC: *Switched Virtual Circuit*);

- durch Verwendung von Benutzer-zu-Benutzer-Signalisierungsprozeduren für den Aufbau oder Abbau einer virtuellen Kanal-Verbindung innerhalb einer zwischen zwei Benutzer-Netz-Schnittstellen bestehenden virtuellen Pfad-Verbindung.

Der Wert, der an der Benutzer-Netz-Schnittstelle einem VCI nach den beschriebenen vier Methoden zugewiesen wird, kann durch das Netz oder durch den Benutzer oder durch Aushandlung zwischen dem Benutzer und dem Netz oder als Defaultwert in der Standardisierung zugewiesen werden. Der spezielle Wert, der an der Benutzer-Netz-Schnittstelle einem VCI zugewiesen wird, ist im allgemeinen von dem über den virtuellen Kanal bereitgestellten Dienst unabhängig. Aus Gründen der Austauschbarkeit und Initialisierung von Endgeräten ist es wünschenswert, daß derselbe Wert für gewisse Funktionen an allen Benutzer-Netz-Schnittstellen verwendet wird, beispielsweise an allen Benutzer-Netz-Schnittstellen derselbe VCI-Wert für den Metasignalisierungs-VC.

ATM-Netzelemente wie ATM-Vermittlungssysteme, ATM-Cross-Connectoren und ATM-Konzentratoren verarbeiten den Header der ATM-Zelle und führen die Umsetzung der VCI- und/oder VPI-Werte aus. Somit müssen beim Aufbau oder Abbau einer virtuellen Kanal-Verbindung über ein ATM-Netz virtuelle Kanal-Abschnitte an einer oder mehreren Netzknoten-Schnittstellen auf- oder abgebaut werden. Der Aufbau oder Abbau von virtuellen Kanal-Abschnitten zwischen ATM-Netzelementen erfolgt mittels Prozeduren für die Zwischen- oder Innernetzsignalisierung.

2.3.5   Virtuelle Pfad-Verbindungen

Ein Benutzer erhält eine virtuelle Pfad-Verbindung mit einer vereinbarten Dienstgüte. Die Dienstgüte kann durch Parameter wie Zellenverlustrate und Zellenverzögerungsschwankungen spezifiziert werden. Die einer virtuellen Pfad-Verbindung zugewiesene Dienstgüte oder Klasse von Dienstgüten bleibt für die Dauer der Verbindung bestehen. In einer virtuellen Pfad-Verbindung sind im allgemeinen virtuelle Kanal-Abschnitte unterschiedlicher Dienstgüte zusammengefaßt. Die Dienstgüte der virtuellen Pfad-Verbindung muß mit der anspruchvollsten Dienstgüte der in ihr geführten virtuellen Kanal-Abschnitten übereinstimmen.

Virtuelle Pfad-Verbindungen können vermittelt, semipermanent oder permanent bereitgestellt werden. Die Integrität der Zellenfolge ist innerhalb einer virtuellen Pfad-Verbindung gewährleistet.

Stellt der Benutzer an das Netz den Wunsch nach Aufbau einer virtuellen Pfad-Verbindung, müssen für jede virtuelle Pfad-Verbindung zwischen Benutzer und Netz Verkehrsparameter ausgehandelt und vereinbart werden. Zwischen Benutzer und Netz wird ein Verkehrsvertrag geschlossen. Die Zellen des Benutzers werden beim Zugang zum Netz überwacht, um sicherzustellen, daß die vereinbarten Verkehrsparameter nicht überschritten werden und der abgeschlossene Verkehrsvertrag eingehalten wird.

Die Verwendung einiger VCI-Werte für virtuelle Kanäle innerhalb einer virtuellen Pfad-Verbindung ist eingeschränkt. Betroffen sind VCI-Werte in Zellen, die von Betriebs- und Wartungsprozeduren für virtuelle Pfade überwacht werden.

Der Aufbau und Abbau von virtuellen Pfad-Verbindungen zwischen VPC-Endpunkten kann nach einer der nachfolgenden Methoden erfolgen:

- Auf- und Abbau ohne Verwendung von Signalisierungsprozeduren. In diesem Fall wird die virtuelle Pfadverbindung auf Abonnement-Basis auf- oder abgebaut;

- Auf- und Abbau auf Anforderung. Der Auf- und Abbau einer virtuellen Pfad-Verbindung kann vom Benutzer gesteuert werden. In diesem Fall erfolgt die Konfiguration des virtuellen Pfades durch den Benutzer unter Zuhilfenahme von Signalisierungs- oder Netzmanagementprozeduren. Der Auf- und Abbau einer virtuellen Pfad-Verbindung kann in einer zweiten Möglichkeit vom Netz gesteuert werden und erfolgt über Signalisierungsprozeduren des Netzes.

2.3.6 ATM-Vermittlung über virtuelle Verbindungen

Das Format für ATM-Zellen sieht die Angabe eines virtuellen Pfades (VPI) und eines virtuellen Kanals (VCI) im Zellenkopf vor, um die Weitervermittlung der Zelle im Netz steuern. Bild 2.2 veranschaulicht das Prinzip der Vermittlung in Form virtueller Kanäle und virtueller Pfade.

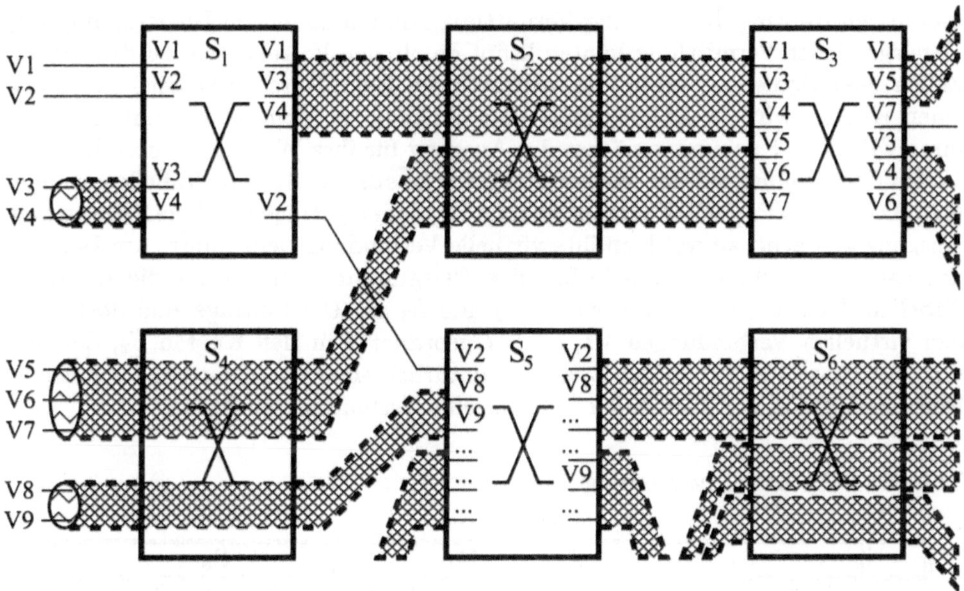

Bild 2.2: Virtuelle Pfade und Kanäle

Eine virtueller Kanal (*Virtual Circuit*) steht für eine Teilstecke einer virtuellen
Verbindung zwischen zwei Knoten, oder über mehrere Knoten hinweg. Entsprechend kann die VCI-Kennummer einer ATM-Zelle von den Vermittlungsknoten für
jede neue Teilstrecke umgesetzt werden.

Ein virtueller Pfad (*Virtual Path*) ist eine Zusammenfassung virtueller Kanäle,
die einen gemeinsamen Weg über mehrere Vermittlungsknoten nehmen. Ein Pfad
enthält oft eine Vielzahl von Kanälen, die zusammengefaßt einfacher zu verwalten sind. Auf Übertragungsstrecken mit hoher Kapazität werten eine Reihe von
Vermittlungsknoten dann nur noch die Pfadkennung (VPI) für die Weiterleitung
aus, während die Kanalkennung der Zellen dort transparent bleibt. Erst wenn
die Gültigkeit eines Pfades an einem Knoten endet, können die darin enthaltenen
Kanäle wieder differenziert und auf verschiedenen Wegen, möglicherweise in neu
zusammengestellten Pfaden weitergeführt werden.

V1, $\cdots$, V9 bezeichnen im Bild 2.2 virtuelle Verbindungen, die über Kanäle oder
über gemeinsame Pfade durch ein Teilnetz mit den Vermittlungsknoten S_1, $\cdots$, S_6
verlaufen.

Wichtig ist, daß alle virtuellen Verbindungen, die über dieselbe Teilstrecke zwischen zwei Knoten verlaufen, in eineindeutiger Weise auf jeder Strecke durch
VPI/VCI-Kennummern identifiziert werden. Diese werden beim Verbindungsauf-

bau in den Routing-Tabellen der Vermittlungsknoten auf einem Übertragungsweg abgelegt. Jeder Vermittlungsknoten kennt damit den Folgeknoten, zu dem er die Zellen einer virtuellen Verbindung weiterschickt. Beim Durchlauf einer Zelle durch einen Knoten wird in Abhängigkeit vom Eingang, an dem sie eintrifft und von ihrer VPI/VCI-Kennung zunächst der Ausgang für ihre Weitergabe und die neue VPI/VCI-Kennung auf der nächsten Teilstrecke aus der Routing-Tabelle entnommen. Die neue VPI/VCI-Kennung wird im Header eingetragen und die Zelle an den Ausgang gebracht, an welchem ihre virtuelle Verbindung weiterführt. Am Beispiel des Bildes 2.2 gibt die Tabelle 2.2 eine Belegungsmöglichkeit für die Routing-Tabellen der drei oberen Knoten S_1, S_2 und S_3 an. Die Einträge sind dort nach den virtuellen Verbindungen V1, $\cdots$, V7 geordnet. Für den Knoten S_2, der nur virtuelle Pfade (VPI) vermittelt, genügt natürlich einer von mehreren identischen Einträgen, die in der Tabelle für jede einzelne Verbindung angegeben sind.

Tabelle 2.2: Mögliche Routing-Tabellen

	S_1	S_2	S_3
	V V $\rightarrow$ O V V P C $\rightarrow$ u P C I I $\rightarrow$ tp. I I	I V $\rightarrow$ O V n P $\rightarrow$ u P p. I $\rightarrow$ tp. I	V V $\rightarrow$ O V V P C $\rightarrow$ u P C I I $\rightarrow$ tp. I I
V1	$P_1\,C_1 \rightarrow O_1\,P_1\,C_1$	$I_1\,P_1 \rightarrow O_1\,P_1$	$P_1\,C_1 \rightarrow O_1\,P_1\,C_1$
V2	$P_2\,C_1 \rightarrow O_2\,P_1\,C_1$	–	–
V3	$P_3\,C_1 \rightarrow O_1\,P_1\,C_2$	siehe V1	$P_1\,C_2 \rightarrow O_3\,P_1\,C_1$
V4	$P_3\,C_2 \rightarrow O_1\,P_1\,C_3$	siehe V1	$P_1\,C_3 \rightarrow O_3\,P_1\,C_2$
V5	–	$I_2\,P_1 \rightarrow O_1\,P_2$	$P_2\,C_1 \rightarrow O_1\,P_1\,C_2$
V6	–	siehe V5	$P_2\,C_2 \rightarrow O_3\,P_1\,C_3$
V7	–	siehe V5	$P_2\,C_3 \rightarrow O_2\,P_1\,C_1$

Das Konzept der Vermittlung mittels Pfad- und Kanalkennung vereinfacht die Routing-Tabellen und bereitet eine schnelle Weitervermittlung vor.

Die Konstruktion von Vermittlungsknoten ist darauf bedacht, daß Zellen einen Knoten in einem Takt durchlaufen, sofern keine Pufferung wegen Überlastung von Ausgangsleitungen nötig ist, so daß die Verzögerungen kaum größer als für die Leitungsvermittlung sind, siehe Kapitel 9.

Ein weiterer Vorteil liegt in der Begrenzung der Routing-Information pro Zelle auf insgesamt nicht mehr als 3 Byte. Wenn stattdessen komplette Zieladressen in einem Wide-Area-Netz mitgeführt würden, so wäre ein größeres Headerfeld z.B. 16 Byte für IPv6 und ein dadurch verringerter Anteil an Nutzdaten die Folge.

2.3.7 Statistisches Multiplexing

Ein grundsätzlicher Unterschied zwischen der für Sprach-Netze und im Schmalband-ISDN bisher vorherrschenden Leitungsvermittlung und dem Asynchronen-Transfer-Modus betrifft die Aufteilung der Kapazität einer Übertragungsstrecke unter den darauf aktiven Verbindungen.

Die Leitungsvermittlung reserviert pro Verbindung eine konstante Übertragungskapazität in exklusiver Weise für ihre gesamte Nutzungsdauer. Für ein zeitlich schwankendes Verkehrsaufkommen muß man dann Kapazität entsprechend der maximalen Übertragungsrate reservieren, damit die Verbindung zu jeder Zeit verlustfrei bedient werden kann. Allerdings wird die reservierte Kapazität dann nur zu einem Anteil ausgenutzt, der durch das Verhältnis von mittlerer zu Spitzenverkehrsrate (*Mean Rate / Peak Rate*), d.h. durch den Kehrwert $1/B$ des Burstfaktors, gegeben ist. Die in der Tabelle 2.1 angegebenen Burstfaktoren zeigen, daß für einige Dienste nur eine geringe Auslastung der Kapazitäten erreicht werden kann. Eine Sprechpausenunterdrückung für Sprache führt dabei nicht zu Kapazitätseinsparungen.

Dagegen nutzen ATM-Netze die paketisierte Übertragung über virtuelle Verbindungen. Bei der Überlagerung von Verbindungen an einem Multiplexer werden die Zellen in der Reihenfolge ihrer Ankunft über eine gemeinsame Strecke geschickt, siehe Bild 2.3.

Es sind beliebige Zusammensetzungen der Zellenfolge aus den beteiligten Verbindungen möglich. Zu Zeitpunkten, zu denen keine Zelle am Ausgang des Multiplexers zur Übertragung vorliegt, werden stattdessen Leerzellen in den Datenstrom eingefügt. Die Datenübertragung in Form von Zellen erlaubt es, Übertragungskapazität für jede Verbindung nicht exklusiv, sondern angepaßt an den aktuellen Bedarf zu vergeben.

Für eine Datenquelle, die Verkehrsschwankungen aufweist, wird zunächst Übertragungskapazität entsprechend ihrer mittleren Übertragungsrate vorgesehen. Wenn Verbindungen ihre mittlere Rate zeitweise nicht voll ausschöpfen, kann diese von anderen Verbindungen genutzt werden, die zur gleichen Zeit die ihnen zugeteilte Bandbreite überschreiten.

Solange die Summe des Verkehrsaufkommens aller Verbindungen die Kapazität der Übertragungsstrecke nicht übersteigt, werden alle Zellen direkt weitergeleitet. Die Aufteilung der Übertragungskapazität ist also nicht fest, sondern orientiert sich am Verkehrsaufkommen der einzelnen Verbindungen.

Allerdings kann eine Übertragungsstrecke überlastet werden, wenn sich viele der darüberführenden Verbindungen in einer Burstphase befinden. Zellen werden dann zeitweilig in den Vermittlungsknoten gepuffert, bis der in Hochlastphasen entstehende Stau in Phasen mit niedriger Last wieder abgebaut werden kann. Die Puffe-

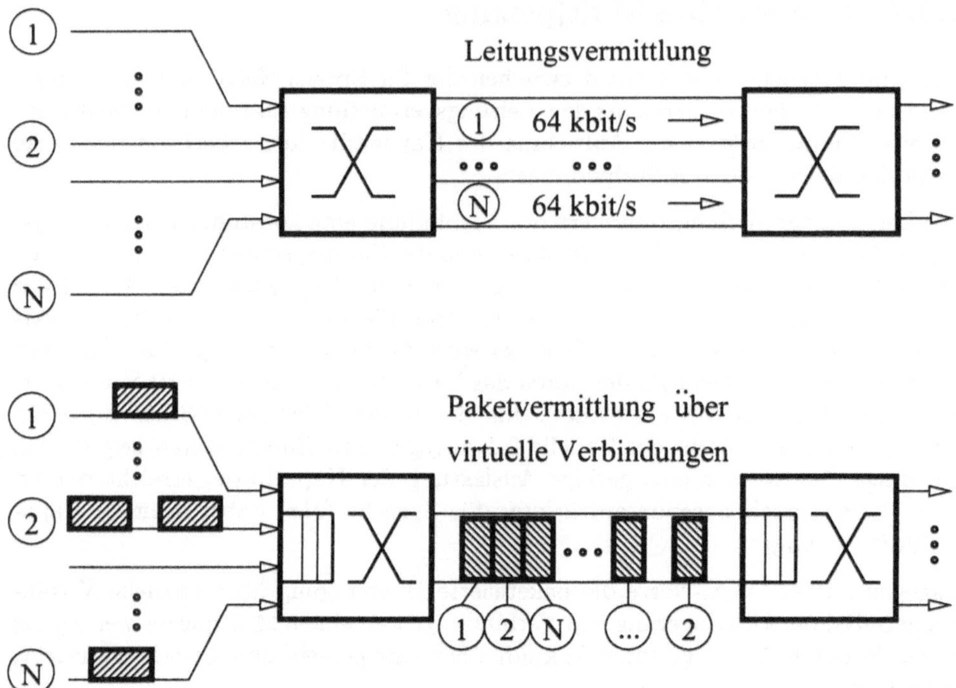

Bild 2.3: Leitungs- ↔ Zellen-Vermittlung

rung ist nur in begrenztem Umfang möglich, nicht nur wegen des dafür notwendigen Speicherplatzes, sondern vor allem wegen der damit verbundenen Verzögerungen. Für Dienste mit Echtzeitanforderungen ergibt sich aus der maximal erlaubten Übertragungszeit eine maximale Wartezeit, die auf dem Weg in Kauf genommen werden kann. Beim Überschreiten einer gewissen Pufferbelegung nimmt ein Vermittlungsknoten keine neuen Zellen an, und diese gehen verloren.

Insgesamt gesehen sind ATM-Netze damit in der Lage Übertragungskapazität einzusparen auf Kosten anderer Quality-of-Service Merkmale, nämlich zunächst der Verzögerung und schließlich der Fehler- bzw. Zellen-Verlustrate. Um die Verlustraten sehr klein zu halten, sieht man pro Verbindung genügend Übertragungskapazität vor, daß ihre mittlere Rate und darüber hinaus eine gewisse Schwankungsbreite abgedeckt ist.

Für eine Analyse des Effekts des statistischen Multiplexings wird auf das Kapitel 10 verwiesen, wo mögliche Einsparungen an Übertragungskapazität für gegebene QoS-Anforderungen zunächst ohne Pufferung und dann inclusive begrenzter Pufferkapazität untersucht werden.

2.3.8 Protokollebenen für ATM-Netze

Das Bild 2.4 zeigt die Anordnung der maßgeblichen Protokollschichten zur Steuerung von ATM-Netzen. Diese reichen von Anpassungen auf der Bitebene über die eigens eingerichtete ATM-Schicht und die ATM-Anpassungsschicht bis auf die Netzebene.

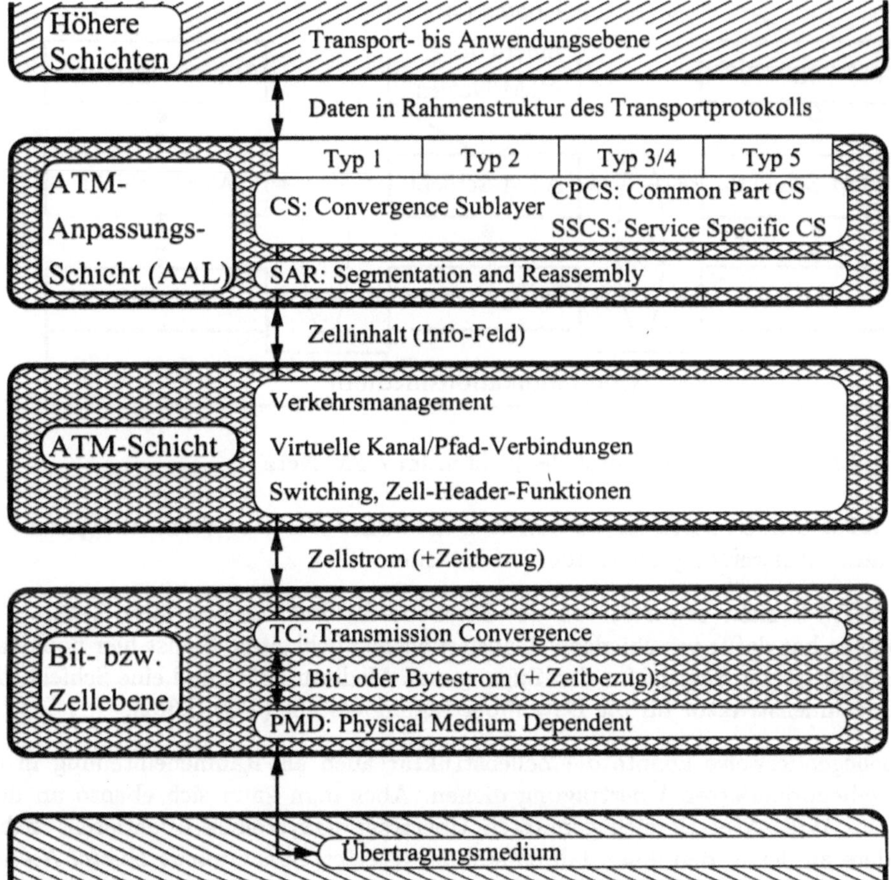

Bild 2.4: Protokoll-Schichten in ATM-Netzen

Im Vergleich etwa zum HDLC-Protokoll für Paketnetze von geringerer Übertragungsrate entfallen einige Funktionen der Leitungs- bzw. Sicherungsebene. Dafür ist die Übertragungssicherung zum Teil auf die ATM-Anpassungsschicht (AAL)

und auf höhere Schichten verlagert, wo sie aber nicht generell, sondern nur für
bestimmte Dienste wahrgenommen wird.

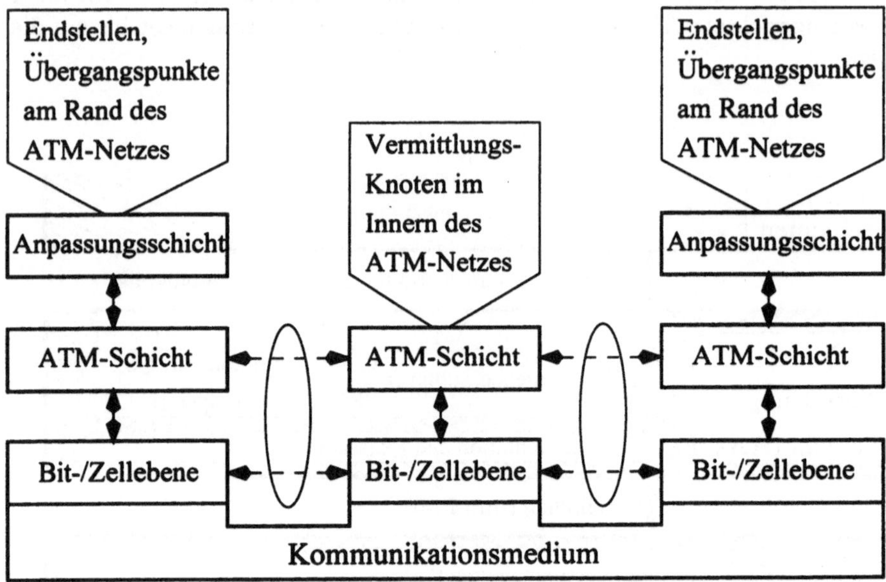

Bild 2.5: Ausbau der Protokollschichten im ATM-Netz

Die ATM-Schicht regelt im wesentlichen die bisher erörterte Vermittlung von Zellen unter Auswertung der Header-Information.

Die ATM-Schicht erwartet von der Bitebene die Beförderung ihrer Zellen. Die
Bitebene hat dafür verschiedene Realisierungsmöglichkeiten. Sie ist hier nochmals
unterteilt in eine Schicht für den Zugang zum Medium (PM) und eine Schicht, die
eine Rahmenstruktur für die Datenübertragung erstellt (TC) [I.362].

Naheliegenderweise könnte die Zellenstruktur auch als Rahmeneinteilung in einer zellenorientierten Übertragung dienen. Aber man kann sich ebenso an derzeit im Wide-Area-Bereich genutzten Übertragungssystemen orientieren, insbesondere an der in den 90-er Jahren standardisierten *Synchronous Digital Hierarchy* (SDH) [G.707]. Dort werden Container mit einer Übertragungsdauer von je
0,125 ms gebildet, also entsprechend der Abtastfrequenz für die Sprachdigitalisie-
rung, um sowohl Sprach- wie auch Datenübertragung in Hochgeschwindigkeitsnetzen zu unterstützen. Die Container haben einen eigenen Header und beinhalten
byteorientierte Daten. Je nach der Übertragungsrate sind Container verschiedener
Größe vorgesehen. Die Basiseinheit umfaßt 2430 Byte, entsprechend einer Rate von
155,52 Mbit/s, mit Erweiterungen auf das 4-fache, 16-fache usw.

Als weitere Funktion wird in ATM-Netzen Timer-Information verfügbar gemacht. Vor allem Sprach- und Videoübertragungen erfordern trotz schwankender Verzögerungen im Netz eine genaue zeitliche Abstimmung vom Senden zum Empfangen, so daß die Verzögerung von Zellen dem Empfänger bekannt gemacht werden müssen, damit er sie ggf. ausgleichen kann. Diese Timer-Information wird von der Bitebene bereitgestellt und bis zur ATM-Anpassungsschicht weitergereicht.

Während von der ATM-Schicht die Belegung des 5-Byte Zellkopfs und die zugehörigen Funktionalitäten behandelt werden, befaßt sich die über ihr liegende ATM-Anpassungsschicht (AAL: ATM Adaptation Layer) mit den Rahmenstrukturen, die in das 48-Byte Nutzdatenfeld der Zelle eingebracht werden. Die ATM-Schicht übernimmt alle von der Anpassungsschicht erzeugten Daten inclusive AAL-Kontrollteilen in die Nutzdatenfelder der Zellen und übergibt sie unangetastet der AAL-Schicht auf Empfängerseite, sofern keine Fehler aufgetreten sind.

Die ATM-Anpassungsschicht erhält ihrerseits Daten von den höheren Schichten. Je nach der Verkehrsart gibt es verschiedene Ausprägungen der Anpassungsschicht (AAL-Typ 1, AAL-Typ-2, AAL-Typ 3/4 und AAL-Typ 5) mit unterschiedlichen Kontrolldatenformaten.

Da der Datentransport in ATM-Netzen allein über die Zellheader gesteuert wird, ist die ATM-Anpassungsschicht für die Vermittlungsknoten selbst nicht relevant und wird nur an den Endsystemen und Übergängen zu anderen Netzen implementiert, abgesehen von Signalisierungsfunktionen, siehe Bild 2.5.

Die ausführliche Darstellung der Funktionen und der spezifizierten Zellenformate erfolgt in Kapitel 6.

3 Trends in Übertragungstechnik, Protokollen und Diensten

Im folgenden gehen wir auf derzeitige Entwicklungen und Standards für Kommunikationsnetze ein. Ausführlichere Informationen dazu findet man bei den Standardisierungsforen und -gremien, siehe WWW-Adressen im Abschnitt 1.3.

3.1 Ethernet als LAN- und Gigabit/s-Standard

In lokalen Netzen hat sich der Ethernet-Standard in den letzten Jahrzehnten etabliert und dominiert heute den LAN-Bereich. Unter einer Reihe alternativer Zugriffsprotokolle und vielen fortgeschrittenen proprietären Lösungen für lokale Datenübertragung ist derzeit ein starker Trend zum Internet-Protokoll auf Netzebene und zum Ethernet für die darunterliegeneden Ebenen spürbar.

Ethernet wurde Anfang der 80-er Jahre mit einer Übertragungskapazität von 10Mbit/s entwickelt und standardisiert [IEEE]. Der Standard nutzt Kupfer- bzw. Koaxialverkabelung und basiert auf dem CSMA/CD(*Carrier Sense Multiple Access/Collision Detection*)-Zugriffsverfahren. Die Technik ermöglicht eine einfache Anschaltung von Endgeräten an das Bus-Übertragungsmedium.

Neben Varianten, die jedes Endgerät über ein Abzweigkabel an ein fortlaufendes Ethernet-Koaxial-Kabel anschließen, z.B. 10Base5, 10Base2, können auch verdrillte Kupferkabel von den Endgeräten zu einem zentralen Hub-System geführt werden, z.B. in der Variante 10Base-T. Die zentrale Anbindung ermöglicht eine flexible Aufteilung und Trennung von Bereichen, was dem Konzept von virtuellen lokalen Netzen (VLANs) entgegenkommt. Dabei ist die Kabellänge auf 100m beschränkt und mehrere angeschlossene Kabel können jeweils ein gemeinsames Bussystem bilden. Der Ethernet-Standard umfaßt auch eine Glasfaser-Variante über bis zu 2 km Entfernung. 10Base5 kann mit Repeatern auf 2,5 km ausgedehnt werden.

Die Übertragungsrate von 10 Mbit/s war zur Zeit der Einführung in lokalen Netzen in der Regel höher als auf der Anbindung zum WAN und oft sogar für den

Backbone-Bereich ausreichend. Im letzten Jahrzehnt kehrte sich dieses Verhältnis um, da verteilte Anwendungen und Teledienste, vor allem WWW-Anwendungen zunehmend externen Verkehr produzieren. Im Backbone-Bereich wurden häufig FDDI-Ringe mit 100 Mbit/s Übertragungskapazität installiert, die aufwendigere Glasfaser-Technik einsetzen.

Erst spät entschloß sich die IEEE 802.3 Arbeitgruppe einen Fast Ethernet Standard mit ebenfalls 100 Mbit/s Kapazität zu schaffen, der 1995 fertiggestellt wurde und dem Ethernet als aufwärtskompatible Lösung eine Zukunftsperspektive eröffnete. Vorausgegangen war am Ende eine Diskussion um das CSMA/CD-Zugangsprinzip, das schließlich beibehalten wurde.

Erheblich schneller wurde der nächste Schritt zum Gigabit-Ethernet mit bis zu 1Gb/s Kapazität bereits 1998 vollzogen. Diese zügige Weiterentwicklung wurde auch angesichts möglicher Konkurenz von ATM-Netzen im lokalen Bereich forciert. Das ATM-Forum hatte 1995 eine 25,6 Mbit/s Variante für Endgeräte oder Server mit Multimedia-Anwendungen am Arbeitsplatz entwickelt (*ATM to the desk*) [AF40], die ATM vom WAN über lokale Multiplexer durchgehend bis in den LAN-Bereich erweitert. Allerdings kommt die reine ATM-Lösung nur dort zum Tragen, wo hohe *Quality-of-Service*-Anforderungen gestellt werden, z.B. in Bundesministerien, Kliniken oder Bildungseinrichtungen. Zwei weitere Adaptionen an lokale Netze hat das ATM-Forum unter den Bezeichnungen *LAN-Emulation* und *Multi-Protocol over ATM* standardisiert [AF21, AF87], siehe Abschnitt 3.6.

Während die Unterstützung von QoS-Eigenschaften wie garantierte Bandbreite oder Schranken für die Übertragungszeit und die Bitfehlerrate derzeit noch ein Alleinstellungsmerkmal von ATM-Netzen ist, werden hohe Übertragungkapazitäten in Kupfer- und Glasfasermedien auch in anderen Standards angeboten, siehe Abschnitte 3.3 und 3.4. Mit Fast- und Gigabit-Ethernet kann die großflächig vorhandene Ethernet-Infrastruktur zu höheren Übertragungsraten ausgebaut und in den Backbone-Bereich ausgedehnt werden.

Das Ethernet-Paketformat beginnt, wie für asynchrone Übertragung üblich, mit einer Präambel zur Erkennung des Paketbeginns, gefolgt von den Ethernet-Adressen des Empfängers und des Senders, siehe Bild 3.1. Diese können über Adreßumsetzungen z.B. mittels ARP/RARP zu Internet-Adressen oder in andere Adreßschemata konvertiert werden.

Präambel 0101...0111 8 Byte	Zieladresse 6 Byte	Quelladresse 6 Byte	Länge/Typ 2 Byte	Nutzdaten variabel lang 64-1500 Byte	CRC-Fehler -Kontrolle 4 Byte

Bild 3.1: Das Ethernet Paket Format

Das Nutzdatenfeld hat variable Länge von bis zu 1500 Byte, die im Länge/Typ-Feld angegeben ist. Ein Trailer zur Bitfehlerkontrolle rundet das Ethernet-Paket ab. Fast- und Gigabit-Ethernet übernehmen das Ethernet-Zugangsprotokoll und auch das Paket-Format fast unverändert. Unterschiede gibt es bei der räumlichen Ausdehnung der Ethernet-Segmente und daraus über Brücken bzw. Repeater zusammengesetzten Netzen. Die verschiedenen Längenbegrenzungen werden nicht nur durch Signaldämpfung hervorgerufen, die mit der Länge zunimmt und die Kapazität reduziert, sondern vorwiegend durch das CSMA/CD-Zugangsprotokoll.

Jeder Teilnehmer hört im CSMA/CD das Bussystem als gemeinsames Übertragungsmedium ständig ab und beginnt nur dann zu senden, wenn er keine andere Übertragung wahrnimmt. Allerdings sind Kollisionen von Übertragungen verschiedener Teilnehmer dennoch wahrscheinlich, wenn sie nach dem Ende einer anderen Übertragung fast gleichzeitig zu senden beginnen. Sobald ein beteiligter Teilnehmer die Kollision wahrnimmt, bricht er seine Übertragung sofort ab. Anschließend wartet jeder Beteiligte eine von ihm nach dem Zufallsprinzip angesetzte Zeit vor einem erneuten Sendeversuch ab, so daß wiederholte Kollisionen zwar möglich aber unwahrscheinlich sind.

Die Wartezeit nach Kollisionen ist dabei ein Vielfaches einer Zeiteinheit Δ, die ein Teilnehmer höchstens bis zum Erkennen einer Kollision benötigt. Dafür ist die *Latenzzeit* τ als die maximale Signallaufzeit zwischen zwei Teilnehmern entscheidend, die auf dem Bus am weitesten voneinander entfernt sind. Das *Worst-Case*-Szenario für die Zeit Δ, über die eine Kollision unerkannt bleibt, ist im Bild 3.2 aus Sicht des Teilnehmers A dargestellt, wobei $\Delta = 2\tau$ ermittelt wird. Setzt man für die Signalausbreitung die Lichtgeschwindigkeit über eine Ausdehnung von E km an, so ergibt sich $\tau \approx E\,\mathrm{km}\,/\,300\,000\,\mathrm{km}/s \approx E \cdot 3,3\,\mu s$.

Der Ethernet-Standard gibt eine größtmögliche Ausdehnung von $E = 2.5\,\mathrm{km}$ vor und stellt dafür eine Latenzzeit von $\tau \approx E \cdot 10\,\mu s \approx 25\mu s$ fest, worin Durchlaufzeiten durch bis zu 4 Repeater und die Reaktionszeit von der Kollisionserkennung bis zum Abbruch mit eingehen.

Andererseits ist die Zeitdauer, in welcher ein Ethernet-Paket mit der Länge L bit vom Teilnehmer auf ein Medium mit Übertragungskapazität C gesetzt wird, durch $T = L/C$ gegeben, d.h. $T = L \cdot 0,1\,\mu s$ für Ethernet, $T = L \cdot 0,01\,\mu s$ für Fast Ethernet und $T = L \cdot 0,001\,\mu s$ für Gigabit Ethernet. Die Funktionsweise des Ethernet setzt voraus, daß die Kollision eines Pakets schon während des Sendevorgangs bemerkt wird und zum Abbruch führt, so daß $T > \Delta$ gelten muß. Es folgt:

$$T > \Delta \iff L > 2\tau \cdot C \approx EC \cdot 20\,\mu s \quad \text{mit Maßeinheit km für } E \implies$$

$$L > E \cdot 200\,\mathrm{bit} \quad \text{für Ethernet,}$$

$$L > E \cdot 2000\,\mathrm{bit} \quad \text{für Fast Ethernet und}$$

$$L > E \cdot 20000\,\mathrm{bit} \quad \text{für Gigabit Ethernet.}$$

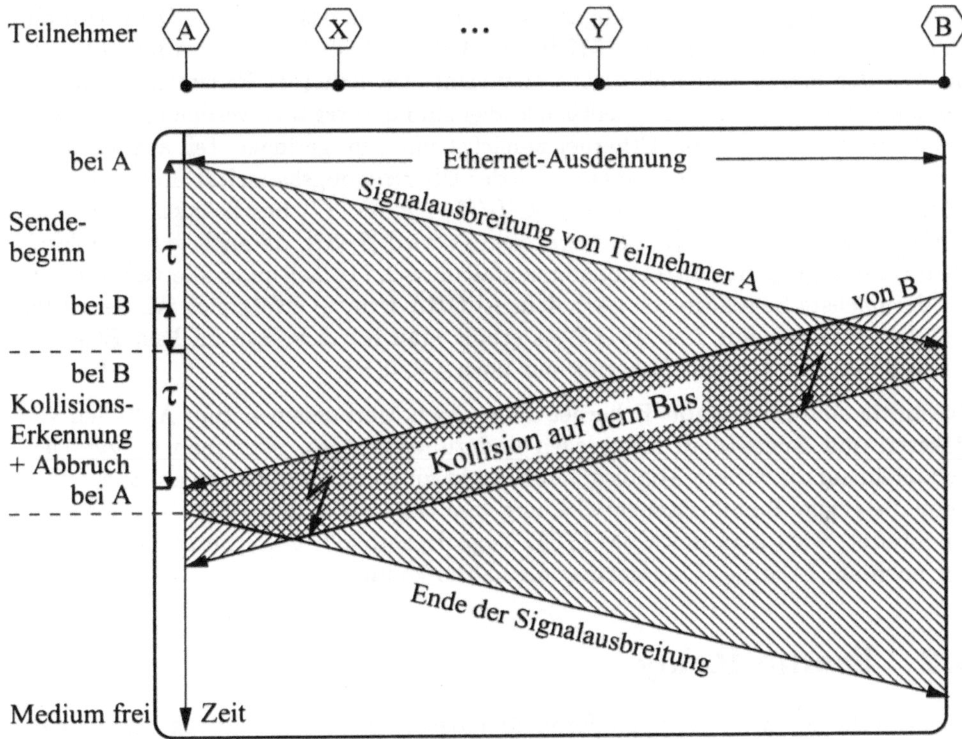

Bild 3.2: Ungünstigster Fall der Kollisionsbereinigung für CSMA/CD

Im Ethernet stellt eine Paket-Mindestgröße von $L > 512$ bit sicher, daß eine Kollision stets während der Sendezeit wahrgenommen wird. Gegebenenfalls wird ein zu kurzes Datenfeld um bis zu 46 Byte aufgefüllt. Für Fast- und Gigabit Ethernet kann das CSMA/CD entsprechend den Anforderungen nur beibehalten werden, indem die Paket-Mindestgröße L erhöht oder die Entfernung E reduziert wird.

Fast Ethernet kommt in 100Base-T Varianten mit Anschluß der Teilnehmer an ein zentrales Hub-System zum Einsatz, wobei die Anschlußleitungen nicht länger als 100 m sind. Damit ist $E \leq 0,2$, und die Paket-Mindestgröße von $L > 512$ bit bleibt ausreichend. Neben Hub-Systemen, die mehrere Anschlußleitungen zu einem gemeinsamen Medium verbinden, sind auch getrennte Punkt-zu-Punkt-Anschlüsse möglich. Damit wird der Übergang vom Bus-Medium zu einem Switch vollzogen, so daß auf allen Leitungen gleichzeitig kollisionsfrei gesendet werden kann, und der Datenaustausch über ein gepuffertes Vermittlungssystem erfolgt, siehe Kapitel 9. Die Fast Ethernet Variante mit Glasfaser und bis zu 2 km Reichweite ist ebenfalls nur als bidirektionale Punkt-zu-Punkt-Verbindung ohne CSMA/CD-Mehrbenutzerzugriff möglich.

Beim Übergang von Fast- zu Gigabit Ethernet wurde das CSMA/CD-Prinzip mit einer Paket-Mindestgröße von 512 Byte = 4096 bit beibehalten, was bereits mehr als 1/3 der maximalen Paketgröße ausmacht. Da Ethernet-Pakete im heutigem Verkehrsaufkommen meist wesentlich kürzer sind und ergänzt werden müssen, wird die Kapazität des Gigabit Ethernet zunächst nur zum geringen Teil ausgeschöpft. Zusätzlich wird der Ausnutzungsgrad ρ der Übertragungskapazität im CSMA/CD durch Kollisionen auf den Anteil $\rho < L/(L + e \cdot \Delta \cdot C)$ beschränkt, wenn hohe Verkehrslast von vielen Teilnehmern erzeugt wird [9, 87], da nach jeder erfolgreichen Übertragung im Mittel günstigstenfalls $e \approx 2,718$ Zeitintervalle verstreichen, bis der nächste Sendeversuch nach dem ALOHA-Prinzip erfolgreich ist. Selbst bei gefüllten Paketen mit $L = 1518$ Byte erhält man für $\Delta \approx 4\mu s$ im Fast Ethernet $\rho < 0,92$ und im Gigabit Ethernet nur noch $\rho < 0,53$.

Zukünftig sind für Gigabit Ethernet daher noch Mechanismen zum Auffüllen von Paketen und Burst-Modi festzulegen und zu verbessern, oder man konzentriert sich allein auf die Switch-Topologie mit Punkt-zu-Punkt Verbindungen. Spätestens wenn die zügige Bandbreitenentwicklung vom Gigabit- in den Terabit-Bereich voranschreitet, wird man das CSMA/CD-Zugriffsprotokoll modifizieren müssen und nur noch am Ethernet-Paketformat festhalten können.

3.2 Frame Relay

Frame Relay wird als Netzplattform für paketisierte Datenübertragung genutzt, die in der Entwicklung von den früheren X.25-Daten-Netzen zu ATM-Netzen als Zwischenschritt angesehen werden kann. Gegenüber X.25 hat Frame Relay die Funktionen auf Netz- und Leitungsebene stark reduziert, um den Datendurchsatz zu erhöhen. Auch bietet Frame Relay einfache Quality-of-Service Merkmale und liegt damit auf der selben Linie wie ATM. Mehrere ANSI- und ITU-T-Empfehlungen sowie das Frame Relay Forum bestimmen die zugehörigen Standards, siehe z.B. [Q.933].

Wie ATM so vertraut auch Frame Relay auf die geringfügigen Bitfehlerraten von Glasfaser-Leitungen und verzichtet auf detaillierte Fehler- und Flußkontroll-Maßnahmen zugunsten eines höheren Datendurchsatzes. Die Vereinfachung betrifft nicht nur den Protokollablauf in Zugangs- und Vermittlungsknoten, sondern auch den Paket-Overhead, wo z.B. Sequenznummer entfallen.

Frame Relay wird überwiegend im Anschlußbereich von privaten Netzen zum Kernnetz eines Betreibers eingesetzt, auch als Alternative zu fest geschalteten Leitungen zur Kopplung von Firmennetzen an mehreren Standorten. Dabei werden oft andere Protokolle, z.B. IP (Internet-Protokoll) durch *Tunnel-Verfahren* über eine Frame-Relay-Teilstrecke geführt. Ihre Pakete werden beim Eintritt in Frame-Relay-Rahmen eingepackt, ggf. segmentiert und am Ende der Frame-Relay-Strecke wieder entpackt und zusammengefügt.

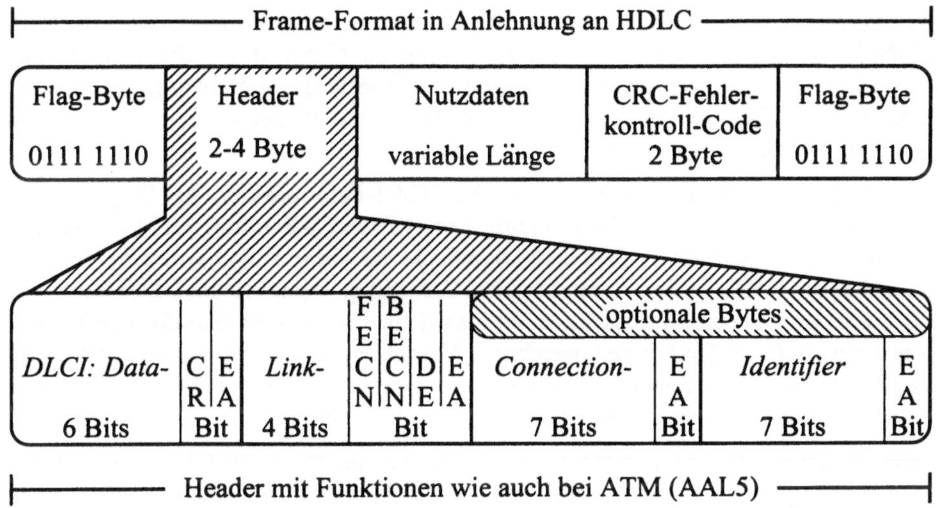

Bild 3.3: Das Frame Relay Frame Format

Die Übertragungsbandbreite von Frame Relay reicht von 64 kbit/s bis in den zwei-
stelligen Mbit/s-Bereich. Ein Frame Relay Paket besteht aus einem variabel langen
Datenteil mit Header und Trailer, siehe Bild 3.3. Als Anfangs- und Ende-Kennung
dient jeweils ein Flag-Byte mit dem Muster '0111 1110', dessen Auftreten im Datenteil vor dem Senden durch *Bitstuffing* eleminiert wird, indem nach jeder Teil-
folge '0111 111' im Datenstrom eine '1' hinzugefügt und beim Empfang wieder
entfernt wird. Die Vorgehensweise ist von X.25-Netzen und dem dort verwendeten
HDLC-Protokoll bekannt. Ebenfalls von HDLC übernommen wurde der 2 Byte
große Trailer vor dem abschließenden Flag-Byte als FCS(*Frame Check Sequence*)-
Feld. Er ermöglicht eine Bitfehler-Kontrolle mit Hilfe eines zyklischen CRC(*Cyclic
Redundancy Check*)-Codes. Das Nutzdaten-Feld hat variable Länge. Es wird empfohlen aber nicht fest vorgeschrieben, mindestens 1600 Byte zu unterstützen, um
Ethernet-Pakete ohne Segmentierung transportieren zu können.

Nach dem einleitenden Flag-Byte folgt der 2-4 Byte große Frame-Relay-Header.
Er enthält ein halbes Dutzend einzelne Bit-Anzeigen und ein 10-24 bit großes
DLCI(*Data-Link-Connection-Identifier*)-Feld. Ein Bit in jedem Header-Byte zeigt
als sogen. EA-Bit an, ob der Header damit endet (EA-Bit = 1, sonst = 0). Das
C/R(*Command/Response*)-Bit kann von Benutzer-Anwendungen gesetzt werden.

Drei weitere Bits unterstützen die Überlast-Kontrolle. Das DE(*Discard Eligible*)-
Bit zeigt an, daß das Paket bei Überlast bevorzugt entfernt werden kann (DE-Bit
= 1, sonst = 0). Das Bit kann vom Benutzer für weniger wichtige Daten gesetzt
werden, wie auch vom Netz z.B. in Paketen einer Verbindung, die über die verein-

barte Datenmenge hinaus gesendet werden. Hinzu kommen das FECN- und das BECN(*Forward and Backward Explicit Congestion Notification*)-Bit, mit welchem ein Netzknoten Überlast in und entgegen der Übertragungsrichtung signalisieren kann. Alle genannten Bits wie auch das DLCI-Feld findet man im ATM- bzw. AAL-Typ-5-Header in gleicher Funktion wieder.

Frame Relay ist verbindungsorientiert. Das DLCI-Feld markiert die Zugehörigkeit eines Pakets zu einer Verbindung analog zum VPI/VCI-Feld der ATM-Zelle, siehe Abschnitt 2.3.3. Auf einer Übertragungsstrecke ist jeder aufgebauten Verbindung eindeutig eine DLCI-Nummer zugewiesen. Allerdings wechselt die DLCI einer Verbindung in den Vermittlungsknoten und wird für die nächste Strecke neu gesetzt. Diese auch als *Label Switching* bezeichnete Vorgehensweise wird beim Verbindungsaufbau vorbereitet, indem ein Knoten für jede darüberlaufende Verbindung einen Routing-Eintrag mit Eingangs-/Ausgangs-DLCI generiert.

Ebenfalls analog zu ATM-Netzen gibt es in Frame Relay SVC(*Switched Virtual Connection*)- und PVC(*Permanent Virtual Connection*)-Verbindungen. SVCs dienen für kurzlebige Anforderungen im Sekunden- bis Stunden-Bereich, wie für Sprachverbindungen üblich, während PVCs langfristig von Tagen bis über Jahre bestehen bleiben, z.B. zur Kopplung lokaler Netze. Semi-permanente Verbindungen bilden einen fließenden Übergang. Frame Relay führt beim Verbindungsaufbau einen *Verkehrsvertrag* ein, in welchem Sender und Netzmanagement bestimmte Übertragungsraten sowie vorgesehene Überschreitungsgrenzen vereinbaren.

Beim Verkehrsvertrag für eine Verbindung erlauben die SVCs meist wesentlich bessere Vorhersagen des Veraufkommens im kurzfristigen Zeitrahmen, während PVCs eher durch starke zeitliche Schwankungen geprägt sind, typischerweise mit Phasen von hohem Verkehrsaufkommen und langen Pausen dazwischen.

Ein Verkehrsvertrag kann folgende Parameter einbeziehen:

- die Übertragungskapazität der Zugangsleitungen (*Access Rate AR*),
- die vereinbarte Übertragungsrate (*Commited Information Rate CIR* $\leq AR$),
- die vereinbarte bzw. darüber hinausgehende Burst-Größe (*Commited* bzw. *Excess Burst Size Bc* bzw. *Be*),
- ein Zeitfenster der Dauer T.

Die genannten Parameter Bc und Be werden in Bytes angegeben und beziehen sich auf ein beliebig einstellbares Zeitfenster T. Ein zum Verkehrsvertrag konformes Sendeverhalten liefert höchstens Bc Bytes pro Zeitintervall T ab. Diese Datenmenge ist vom Netz verlustfrei zu übertragen. Hinzu kommen kann eine Datenmenge Be pro Zeitintervall im Bereich $0 \leq Be \leq (AR - CIR) \cdot T$.

Diese über die *CIR* hinausgehende Datenmenge wird üblicherweise im DE-Bit als niederpriorer Verkehr gekennzeichnet, um bei Überlastungen bevorzugt entfernt zu werden. Die *Zulassungskontrolle* für Verbindungen in Frame Relay Netzen kann darauf ausgelegt werden, daß die Summe der CIR-Werte aller Verbindungen die Übertragungskapazität einer Strecke nicht übersteigt. Dann kann das gesamte CIR-konforme Verkehrsaufkommen bewältigt werden, wenn eine Pufferung über das Zeitintervall T vorgesehen ist. Alternativ kann man Überbuchungen erlauben, wenn man die Überlast-Anzeigen FECN und BECN aktiviert und darauf vertraut, daß die Sender darauf reagieren, bevor die Pufferung überschritten wird.

Die durch $(Be + Bc)/T$ bestimmte und über die CIR hinausgehende Gesamtrate muß nicht durch vorhandene Kapazitäten garantiert werden. Verluste in Überlastphasen sind dafür einkalkuliert. Es ist durchaus möglich, mit $CIR = 0$ und $Be > 0$ eine Klasse von Best-Effort-Übertragungen ohne jegliche QoS anzufordern. Die Unterscheidung von *Commited* $(CIR = Bc \cdot T)$ bzw. *Excess Rate* $(Be \cdot T)$ ist nur für Dienste mit verschiedenen Anforderungen und ggf. mit entsprechenden Kostenbewertungen für die beiden Verkehrsarten sinnvoll.

Insgesamt unterstützt Frame Relay Quality-of-Service-Anforderungen in elementarer Weise, wofür ATM-Netze unter Einbeziehung von Verzögerungen und Verlustraten ein umfassenderes Konzept anbieten. Wegen der Ähnlichkeiten beider Übertragungsmodi sind Übergänge zwischen Frame-Relay- und ATM-Netzen durch relativ einfache und effiziente *Interworking*-Standards herzustellen.

3.3 ADSL: Asymmetric Digital Subscriber Line

ATM und andere Netz-Plattformen decken bisher den Kernbereich zwischen den Vermittlungsstellen eines Netzbetreibers ab. Die Anbindung privater Haushalte erfolgt dagegen über Kupferkabel, die bisher für analoge Sprachübertragung und ISDN mit bis zu 128 kbit/s Datenrate nutzbar sind.

Es ist schon seit längerem bekannt, daß die Übertragungskapazität nicht nur durch Glasfaser, sondern auch über Kupferkabel erheblich gesteigert werden kann, indem effiziente Modulationsverfahren die Datenübertragung in einer Vielzahl paralleler Kanäle über die verfügbare Bandbreite streuen. Abhängig von Länge und Qualität des Kupferkabels sind 155 Mbit/s Übertragungskapazität möglich [5].

ADSL wurde für hohe Kapazitäten über Kupferkabel von den Standardisierungsorganisationen ANSI und ETSI in einer Variante eingeführt, deren Übertragungskapazität zum Teilnehmer-Anschluß hin (*downstream*) etwa 10-fach höher ist als in umgekehrter Richtung (*upstream*). Die Asymmetrie ist auf Anwendungen mit Internet-Browsern, Video-on-Demand oder Tele-Teaching zugeschnitten, wo der Großteil des Verkehrs von Servern im Netz zu den Nutzern und relativ wenig Steuerungsinformation im Rückkanal zum Server erwartet wird. Die Übertragungsraten von ADSL reichen von 2-8 Mbit/s *downstream* und 64-640 kbit *upstream* im Entfernungsbereich von 2-5,5 km. Die Raten nehmen mit wachsender Entfernung ab.

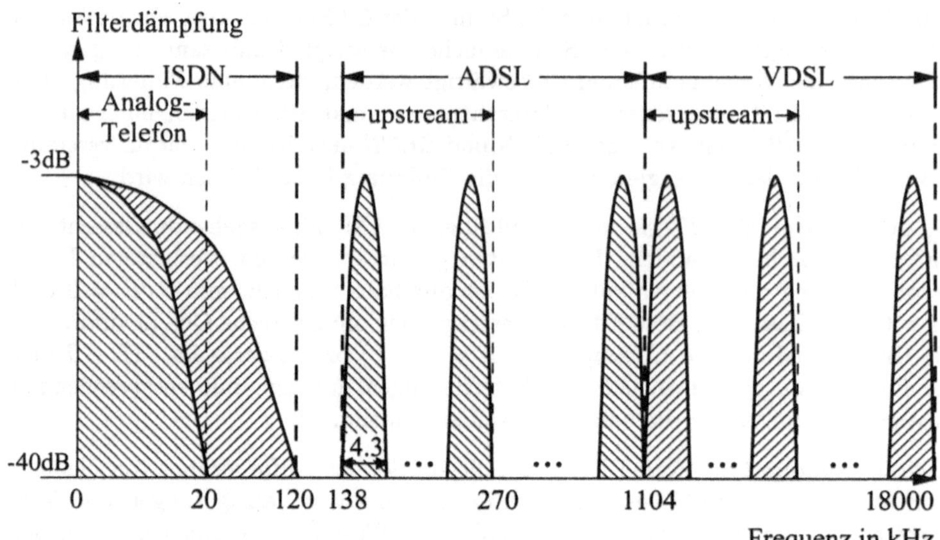

Bild 3.4: Frequenznutzung für ISDN, ADSL und VDSL

Die Übertragung erfolgt mittels DMT (*Discrete Multitone Modulation*), während CAP (*Carrierless Amplitude/Phase Modulation*) als Alternative bisher nicht standardisiert wurde. DMT setzt die *Fast Fourier Transformation* sowie *Quadrature Amplitude Modulation* (QAM) zur Modulation ein. Es werden bis zu 256 Kanäle im Frequenzbereich 138 kHz-1104 MHz parallel angesteuert, wobei Trägerfrequenzen im Abstand von je 4,3 kHz durch Filterung separiert werden, siehe Bild 3.4. Die *Upstream*-Übertragung erfolgt im Bereich 138-270 kHz, der gleichzeitig auch *downstream* nutzbar ist, was dann aber Echo-Unterdrückung notwendig macht.

Der ADSL-Frequenzbereich überlappt sich nicht mit den Trägerfrequenzen für ISDN (< 120 kHz) und analoger Sprachübertragung (< 20 kHz), so daß jeder von beiden Diensten gemeinsam mit ADSL betrieben werden kann. Die Übertragungsraten der ADSL-Kanäle können einzeln abhängig von der registrierten Übertragungsqualität so variiert werden, daß geforderte Bitfehlerraten auf Kosten der Datenrate eingehalten werden. Um ATM bzw. Breitband-Dienste über die ADSL-Strecke zu transportieren, sind geringe Bitfehlerraten im Bereich < 10^{-6} notwendig. Auch IP und andere Protokolle können über ADSL geführt werden.

ADSL ist nur eine von mehreren Varianten für digitale Teilnehmer-Anschlußleitungen unter dem allgemeinen Kürzel DSL oder xDSL. Die in Standardisierung befindliche Variante VDSL (*Very high speed Digital Subscriber Line*) setzt ADSL im Frequenzbereich 1,1-18 Mhz fort. Damit werden Übertragungsraten von 12-52 Mbit/s *downstream* und 1,6-6,4 Mbit/s *upstream* im Entfernungsbereich 0,3-1,5 km erreicht. Auch wird eine symmetrische Variante von VDSL mit bis zu

34 Mbit/s Übertragungsrate vollduplex angestrebt. Die Deutsche Telekom sowie andere Netzbetreiber wollen nach erfolgreichen Feldversuchen ADSL bereits vor der Jahrtausendwende in einigen Dutzend Ballungsräumen und bis etwa 2003 flächendeckend in Deutschland anbieten.

3.4 WDM: Wavelength Division Multiplexing

Wavelength Division Multiplexing überträgt die eben für ADSL bzw. VDSL beschriebene Technik auf Glasfaser-Medien. Ausgehend von Übertragungskapazitäten im Gb/s-Bereich über eine Glasfaser unter Nutzung einer bestimmten Frequenz kann WDM durch parallele Übertragung auf einer Vielzahl separierter Frequenzen die Bandbreite bis in den Terabit/s-Bereich steigern. Im ITU-Standard [G.692] werden dazu Trägerfrequenzen um 193,1 TeraHz entsprechend einer Wellenlänge des Lichtes von $1,55\,\mu$ m herangezogen, in Abständen von 50 GigaHz oder einem Vielfachen davon. Das vorgesehene Frequenzband zeichnet sich durch geringe Dämpfung ($\sim 0,4\,\mathrm{dB/km}$) aus, so daß Entfernungen von mehreren hundert Kilometern allein mit optischer Verstärkung in WDM-Technik überbrückt werden.

Die Zahl der Übertragungskanäle variiert von 4 bis 32 und kann noch weiter erhöht werden. Auch für die Kapazität jedes Kanals sind mehrere Werte von STM-4 bis STM-64 vorgesehen, wobei ein $\mathrm{STM\text{-}4}^n$-Transport-Modul Kapazitäten in den Stufen $4^n \cdot 155\,\mathrm{Mbit/s}$ für $n \in \mathbb{N}_0$ bereitstellt. Gemäß des Standards sind WDM-Systeme mit mehreren hundert Gigabit/s Kapazität entwickelt [31].

Wavelength Division Multiplexing eignet sich direkt zur breitbandigen Übertragung von ATM-Zellen in STM-Containern entsprechender Kapazität. Die WDM-Technik ermöglicht es auch andere Kapazitäten zu übertragen, die nicht in der STM-Abstufung liegen, z.B. für Gigabit-Ethernet. An den Endstellen einer WDM-Übertragungsstrecke können einzelnen Kanäle durch optisches Add-Drop-Multiplexing ein- oder ausgekoppelt werden. Die hohen Übertragungskapazitäten erfordern natürlich einen entsprechenden Aufwand mit hohen Anforderungen an Multiplex-, Signalisierungs- und Netz-Management-Systeme.

Der Bedarf nach hohen Übertragungsbandbreiten auch in dieser Größenordnung ist bereits mit heutigen Anwendungen gegeben. Wo immer Erweiterungen im Internet-Backbone stattfinden, wurden die neuen Ressourcen in kurzer Zeit ausgelastet. Ein effizientes Surfen im Internet wird bisher durch mangelnde Kapazität im Anschluß- wie im Backbone-Bereich behindert. Mit ADSL, breitbandigen lokalen Netzen und einem einhergehenden Ausbau im Backbone besteht die Aussicht, bei der Übertragung großer Files und graphisch aufbereiteter Seiten schneller voran zu kommen.

Die verbreitete Nutzung von Video-Anwendungen in der Telekommunikation scheitert bisher weitgehend an nicht vorhandenen bzw. mangelnden Übertragungskapazitäten mit entsprechend hohen Kosten. Oft wird eine mäßige Übertragungsqualität weit unter Fernsehbildniveau in Kauf genommen. Eine Erweiterung der

Bandbreiten-Infrastruktur wird irgendwann in Zukunft nicht nur Video-Übertragungen in HDTV-Qualität selbstverständlich werden lassen, sondern auch eine Reihe neuer Multimedia-Anwendungen ermöglichen.

3.5 Video- und multimediale Kommunikation

Bei unbeschränkter Bandbreite könnte man Video-Übertragungen ganz einfach als Datenstrom mit konstanter Rate über ein Netz transportieren, der die Steuerungsinformation zum Bildaufbau und den Bildinhalt mit Farb- und Helligkeitsinformation für jeden Bildpunkt in einer Folge von gleichgroßen Rahmen in konstanten Zeitabständen wiedergibt. Ein Fernsehbild benötigt dann allerdings deutlich mehr als 100 Mbit/s und unkomprimierte HDTV(High-Definition-Television)-Übermittlung ist im Gigabit/s-Bereich angesiedelt.

Zur Komprimierung haben sich die Standards der *Moving Pictures Expert Group (MPEG)* unter dem Dach der ISO bewährt, die zum Teil auch als ITU-T Standards übernommen wurden [ISO]. Während der MPEG-1 Standard die Codierung für Speichermedien wie z.B. CD-ROM bestimmt, wird für Fernsehbild-Übertragung der MPEG-2 Standard genutzt, wobei HDTV mit einbezogen werden konnte anstelle des ursprünglich dafür vorgesehenen MPEG-3.

Hinzu kommt MPEG-4 als eine Erweiterung, die verschiedene multimediale Anwendungen von Sprache (Audio), Video bis zu textueller und graphischer Datenverarbeitung umfaßt, sowie deren Zusammenstellung zu audiovisuellen Objekten, siehe auch [H.323]. Dabei werden auch Übertragungsaspekte wie das Multiplexing und die Synchronisation, sowie interaktive Anwendungen berücksichtigt.

Die erzielbare Reduktion in der Darstellung der Video-Bilder ist im Standard variabel mit typischen mittleren Raten im Bereich von ca. 200 kbit/s bis 20 Mbit/s. Innerhalb eines Bildes wird eine diskrete Cosinus-Transformation auf quadratische Blöcke von Bildpunkten angewandt, siehe JPEG(*Joint Photographic Experts Group*)-Codierung [94]. Auch die Redundanz in der zeitlichen Abfolge wird genutzt, indem aufeinanderfolgende Bilder in Gruppen eingeteilt werden, und jedes Bild mit Bezug zu anderen Bildern in der Gruppe und zum ersten Bild der nächsten Gruppe codiert wird, aber unabhängig von anderen Bildern außerhalb der Gruppe.

Die Codierung eines Bildes wird in drei Kategorien als I-, P- oder B-Frame eingeteilt. Eine Gruppe beginnt mit einem I(*Intracoded*)-Frame als einem komplett und unabhängig von Vorgängern codierten Bild. I-Frames eignen sich damit natürlich als Wiederaufsetzpunkte nach Übertragungsstörungen. P(*Predicted*)-Frames werden mit Bezug zum vorigen I- oder P-Frame codiert, so daß im wesentlichen die Differenz zu einem vorigen Bild übertragen wird, die bei geringer Bewegung viel weniger Information benötigt. Dazwischen werden B(*Bidirektional*)-Frames plaziert, die durch Interpolation aus einem vorherigen und einem folgenden I- bzw. P-Frame generiert werden, siehe Bild 3.5.

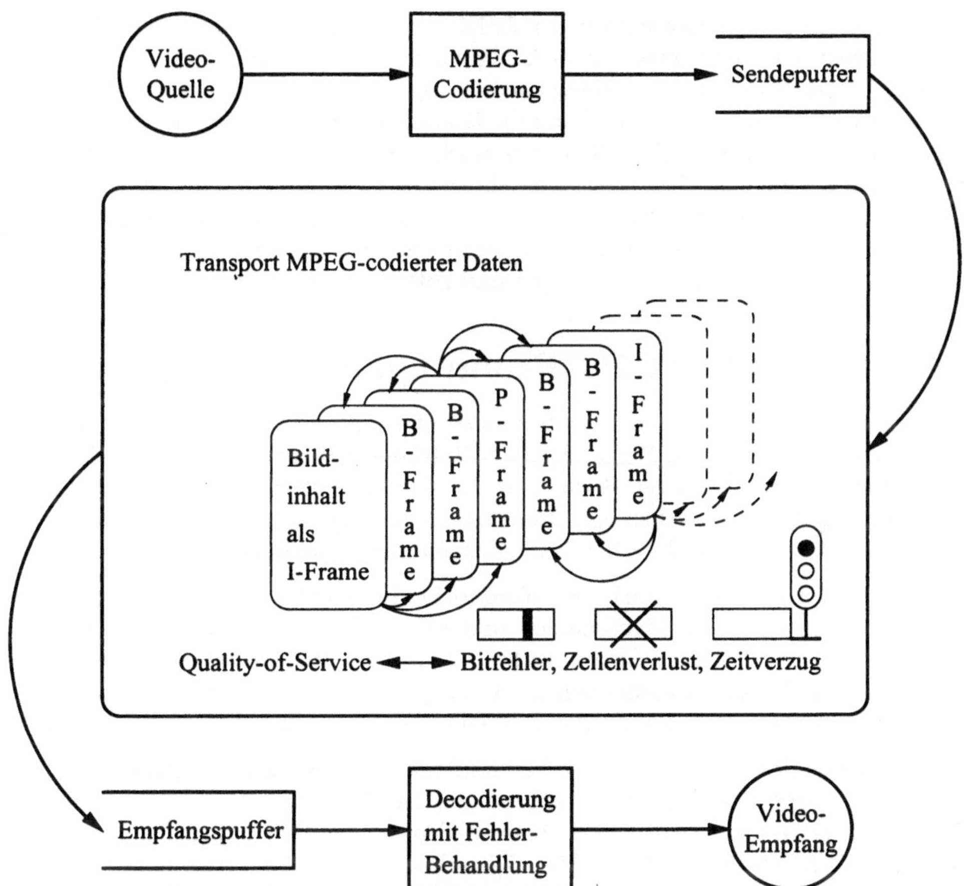

Bild 3.5: Video-Übertragung im MPEG-2 Standard

Die Frames für je einen Bildinhalt werden in konstanter Zeitdauer von typischerweise 1/30 s versendet. Die komprimierte Übertragung führt bei der Übertragung zu einem Datenstrom mit variabler Intensität. Die I-, P- und B-Frames haben unterschiedliche Größe, die zu periodischen Schwankungen bei einer festen Frame-Abfolge in einer Gruppe führen. Zudem hängt die mögliche Kompressionsrate von der Bewegungsintensität von Bild zu Bild ab, und ändert sich vor allem mit Beginn einer neuen Szene. Szenenwechsel sind für Fernsehen bzw. Video-on-Demand weitaus stärker zu beachten als in Video-Konferenzen.

Die Codierung von Videobildern ist vor allem bei starker Kompression keineswegs verlustfrei. Wesentlichen Einfluß auf die Bildqualität und den Kompressionsfaktor hat die Quantisierung, d.h. die Genauigkeit der Zahlendarstellung für Informatio-

nen. Die Cosinus-Transformation der JPEG-Codierung führt dazu, daß die vom
menschlichen Auge wahrgenommene Bildqualität für die niedrigen Frequenzen viel
sensibler ist als für die hohen. Die Quantisierung kann entsprechend nach Frequenzen abgestuft werden. Weiterhin kann die Quantisierung im Verlauf einer Bildfolge
angepaßt werden, um durch gröbere Quantisierung in zeitweiligen Phasen mit hoher Datenrate das variable Video-Verkehrsaufkommen zu glätten und damit die
Puffer zum Ausgleich von Schwankungen zu begrenzen. Das Ressourcenmanagement muß dann sicherstellen, daß die Beeinträchtigung der Übertragung durch
Zellverluste, Pufferungs-Verzögerungen und Bitfehler vernachlässigbar bleibt [92].

3.6   Internet, TCP/IP und Quality-of-Service

Das Internet hat sich in den letzten Jahrzehnten zu einem unverzichtbaren und
schnell weiter wachsenden Bestandteil der Telekommunikation entwickelt. E-Mail
sowie Dienste von unzähligen Servern im World Wide Web stehen den Benutzern
über komfortable Oberflächen von Browsern zur Verfügung, die selbst immer mehr
Funktionalitäten von Rechnerbetriebssystemen mit einschließen.

Von einer ursprünglich militärischen Konzeption in den USA hat sich das Internet
über die Nutzung durch Hochschulen und öffentliche Einrichtungen bis in den
geschäftlichen und privaten Sektor verbreitet. Derzeit steht es an der Schwelle zu
einer flächendeckenden kommerziellen Nutzung, während seine traditionelle Netz-
und Protokoll-Struktur mit immer neuen Anforderungen kaum Schritt halten kann.

Die Protokolle des Internet wurden bereits Anfang der 80-er Jahre geprägt durch
das Internet Protocol (IP) auf Netzebene und das Transmission Control Protocol
(TCP, TCP/IP) sowie das User Datagram Protocol (UDP) auf Transportebene,
siehe [IETF] RFCs 791, 793 und 768. Die schon vor dem ISO-Referenzen-Modell
entwickelte Protokoll-Architektur ist mit Anpassungen zur darunterliegenden Leitungsebene und zu darüberliegenden Applikationen verbunden, siehe Bild 3.6.

Das Internet-Protokoll ist auf die Zusammenschaltung von lokalen Netzen zur
Datenübertragung im Weitverkehrsbereich ausgerichtet. Es verfügt über ein welt-
weites Adressierungsschema, das über Adreß-Auflösungen (ARP/RARP) mit der
lokalen, z.B. einer Ethernet-Adressierung zusammenwirkt.

Auf Netzebene stellt IP nur eine ungesicherte *Datagramm*-Übertragung bereit,
die Pakete mit Hilfe von Routing-Verfahren unter Umständen auf verschiedenen
Wegen von einer Quelle zum Ziel befördert. Die Sicherung der IP-Übertragung
erfolgt entweder auf der Transportebene in Abstimmung mit TCP, oder auf einer
Anwendungsschicht, wenn das ebenfalls ungesicherte und verbindungslose UDP
die Transportschicht bildet, siehe Bild 3.6.

Im Hinblick auf eine Reihe von Anforderungen, für die IP ursprünglich nicht ange-
legt war, wird seit 1995 eine grundlegende Erweiterung auf die IP Version 6 (IPv6)

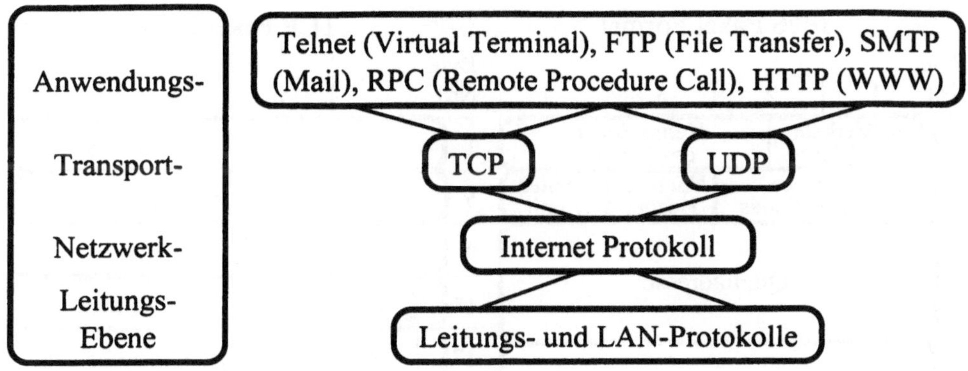

Bild 3.6: Protokoll-Schichten im Internet

eingeführt, siehe [IETF] RFCs 1881-1888 und RFCs 2460-2467. Wichtige Erweiterungsfelder betreffen den knappen Adreßraum mit nun 128 bit für Quell- und Zieladresse statt bisher 32 bit, eine bessere Unterstützung für Quality-of-Service-Anforderungen und für Sicherheitsmaßnahmen wie Verschlüsselung und Authentisierung unter Verwendung von Zusatz-Headern, siehe Bild 3.7.

Ende-zu-Ende-Flußkontrolle mittels TCP

TCP ist ein verbindungsorientiertes Protokoll, das die Sicherung von IP-Übertragungen mittels einer *Sliding-Window*-Kontrolle übernimmt, unterstützt durch einen Quittungsmechanismus, Wiederholungen von fehlerhaften Übertragungen und ggf. die Wiederherstellung der korrekten Paketreihenfolge orientiert an Sequenznummern im TCP-Header. Die Paket-Formate von IPv6 und TCP sind im Bild 3.7 zu sehen. Wir gehen hier nur punktuell auf die Internet-Protokolle ein und verweisen ansonsten auf die umfangreiche Fachliteratur zum diesem Thema.

Die Fluß- und Fehlerkontrolle durch TCP ist für robuste Fehlerbehandlung, jedoch nicht für effiziente Breitband-Übertragung konzipiert. Wird ein TCP-Paket nicht innerhalb eines Timeout-Intervalls quittiert, so wird die Senderate der Verbindung über die TCP-Fenstersteuerung zurückgenommen und erst langsam an den vorherigen Wert herangeführt (TCP *Slow start / Congestion avoidance*), siehe [IETF] RFC 2581. Damit wird die Übertragung bei zeitweiligen Störungen und in Anpassung an begrenzte Übertragungskapazitäten stabilisiert.

Auf breitbandigen Glasfaser-Verbindungen gehen Pakete vorwiegend durch Pufferüberläufe an den Knoten verloren. Die TCP-Kontrolle reagiert dann mit einem drastischen Zurücksetzen der Senderate aller betroffenen Verbindungen, was den Durchsatz erheblich reduziert oder sogar zu oszillierendem Wechsel von Über- und Unterlast-Phasen führen kann. Das Problem wird bei der Zerlegung der variabel

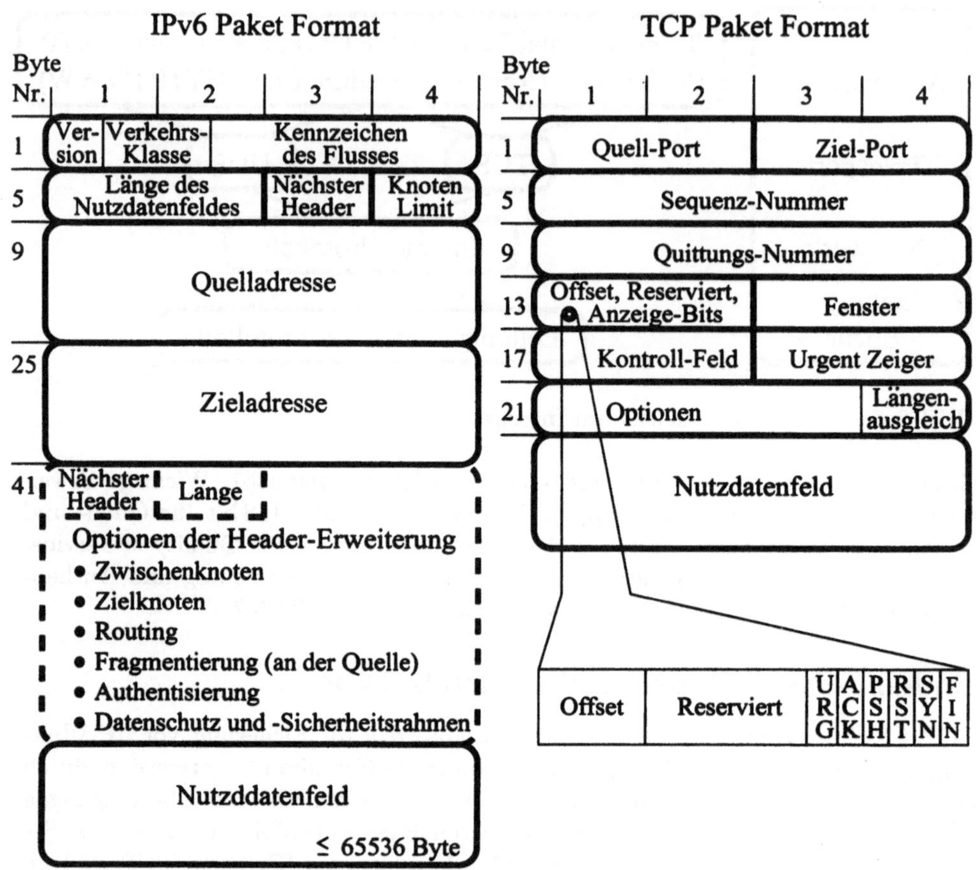

Bild 3.7: Paket-Formate der Internet-Protokolle IPv6 und TCP

langen TCP-Pakete auf Leitungsebene oder in ATM-Netzen verschärft, indem ein verlorenes Fragment eine oft viel größere TCP-Dateneinheit ungültig macht.

Zur Abhilfe sorgt *Early Packet Discard* [76] dafür, daß nicht Fragmente, sondern TCP-Dateneinheiten als Ganzes bei Überlast entfernt werden. Dazu müssen Vermittlungsknoten ab dem Überschreiten einer Schwelle der Pufferbelegung reagieren. Die TCP-Kontrolle ist selbst nur an den Endknoten aktiv, so daß die darunterliegenden Protokolle, z.B. ATM über AAL Typ 5, die Zusammengehörigkeit von Fragmenten eines TCP-Pakets registrieren und das Entfernen von Daten steuern. Mit *Early Packet Discard* sind von einer bestimmten Menge verlorener Daten weitaus weniger TCP-Verbindungen betroffen, als beim zufälligem Verwerfen einzelner Fragmente in diversen Verbindungen. Wenn unterschiedliche Reaktions-

Schwellen der Pufferbelegung für einzelne Verbindungen möglich sind, so kann man damit Einfluß auf die Quality-of-Service und die *Fairness* nehmen.

Als Ende-zu-Ende-Protokoll kann die TCP-Flußkontrolle erst nach dem Auftreten von Fehlersituationen reagieren. Dabei wird ein Timeout-Intervall abgewartet, das an die *Round-Trip*-Umlaufzeit vom Senden bis zum Empfang der Quittung anzupassen ist. Mit wachsender Datenrate wächst allerdings die in der Zwischenzeit ins Netz abgegebene Datenmenge, die bei voller Ausschöpfung der Kapazität bis zum *Bandwidth Delay Product* ansteigt. Um Datenverlusten und -wiederholungen durch Überlast vorzubeugen, reicht eine Ende-zu-Ende-Flußkontrolle aus der isolierten Sicht einer Verbindungen nicht aus. Dazu sind Zulassungs- und Kontrollverfahren des Verkehrs an den Quellen oder an den Netzknoten erforderlich. Schließlich sei bemerkt, daß TCP oft einen burstartigen Verkehr erzeugt und, daß der Quittungsmechanismus zu unterschiedlichen Paketlängen führt. Ein 40%-iger Anteil von 40 Byte langen Quittungspaketen ist typisch, siehe [55], Seiten 145 und 161.

Das klassische TCP/IP-Protokoll kann Daten mit einer Absicherung gegen Übertragungsfehler transportieren, bietet aber nur eine *Best-Effort*-Strategie ohne effiziente und angemessene Behandlung verschiedener Verkehrsarten bei Überlast im Netz. Wenn andere Kontrollmechanismen neben TCP entweder auf Anwendungsebene über UDP oder in darunterliegenden Schichten aktiv sind, so ist eine sorgfältige Anpassung an TCP notwendig.

Ansätze für Dienstgüte (QoS) im Internet

Das Internet wird bisher im wesentlichen für Daten-Anwendungen eingesetzt. Die Ansätze für den Ausbau zu einer diensteintegrierenden Architektur mit Sprach- und Video-Transfer werden derzeit in mehrere Richtungen verstärkt. Dabei ist die Unterstützung von *Quality-of-Service*(QoS)-Eigenschaften entscheidend. ATM-Netze sind mit einem weitgehend erprobten QoS-Konzept in der Vorreiterrolle, wovon eine maßgebliche und fördernde Wirkung für die QoS im Internet ausgeht.

Bereits 1994 wurde ein zusammenfassendes Übersichtsdokument zur Diensteintegration im Internet veröffentlicht [IETF] RFC 1633, das auf die Anforderungen und Alternativen für den im Internet grundlegend neuen Vorschlag eingeht, eine individuelle Behandlung und Kontrolle von Verkehrsflüssen nicht nur Ende-zu-Ende, sondern unter Beteiligung der Vermittlungsknoten einzuführen. Darin wird erörtert, warum folgende Vorgehensweisen sich nicht für die Unterstützung von Echtzeit- und multimediafähigen Diensten eignen:

- die unveränderte Beibehaltung der klassischen Internet-Protokolle,
- die Schaffung von getrennten, nicht integrierten Netzen,
- überdimensionierte Ressourcenbereithaltung zur Vermeidung von Engpässen,
- sowie eine reine Priorisierung von Verkehr.

Die Dienstgüte (QoS) bezieht sich vornehmlich auf die Merkmale, siehe Tabelle 2.1:

- Bandbreite (minimale, mittlere, maximale),
- Verzögerung, inclusive ihrer zeitlichen Schwankungen (*Jitter*),
- Zuverlässigkeit gegenüber Ausfällen, Störungen und Übertragungsfehlern (Verfügbarkeit, Bit- und Paketfehlerraten).

In kommerziellen Anwendungen werden hierzu idealerweise klar definierte *Service-Level-Agreements* zwischen Benutzern und Netzdienstleistern angestrebt. Garantierte Eigenschaften wie maximale Verzögerung und minimale Bandbreite sind unverzichtbare Voraussetzungen, ohne die vor allem Echtzeit-Dienste mit Sprach- und Video-Transfer nicht auskommen. Da Abläufe in (Tele-)Kommunikationsnetzen von der Verkehrslast bis zu Betriebsstörungen nicht genau vorhersagbar sind, können Garantien realistischerweise oft nur mit statistischen und stochastischen Aussagen verknüpft werden, siehe Kapitel 10.

Andere Dienste, die weniger strikte Qualitätsgarantien benötigen, sollen aber einzeln und in ihrer Gesamtheit an einer fairen Ressourcenaufteilung teilhaben. Ohne Kontrolle führen zufällige Verkehrslast-Situationen sowie Unterschiede zwischen Anwendungen mit hoher bzw. niedriger Datenraten oder speziell bei TCP mit kurzen bzw. langen Round-Trip-Verzögerungen oft zur dauerhaften Benachteiligung einiger Anwendungen.

QoS-Kontrollmaßnahmen können nach folgenden allgemeinen Kriterien eingeordnet werden, siehe dazu auch Kapitel 7 über Verkehrskontrolle im ATM-Umfeld:

I) Ende-zu-Ende ⟺ Mitwirkung von Netzknoten (Router, Switches)

   Eine Ende-zu-Ende-Kontrolle regelt den Verkehr allein an den Sendern. Neben der von TCP durchgeführten isolierten Behandlung von Verbindungen gibt es auch Vorschläge für eine zwischen allen Sendern abgestimmte Gesamtkontrolle in Netzen von begrenzter Ausdehnung [25].

- Die Kontrolle kann entweder die Menge von Daten beschränken, die ohne Empfangsbestätigung unterwegs ist (*Sliding-Window*-Verfahren), oder auf die Senderate einwirken (*Rate-based Control*), z.B. mit dem Leaky-Bucket-Prinzip, siehe Abschnitt 7.5.1. Abgesehen davon, daß in den Routern und Switches genügend Pufferplatz vorausgesetzt wird, greifen diese nicht aktiv in die Ende-zu-Ende-Kontrolle ein.

- Unter Mitwirkung der Vermittlungsknoten kann man schneller auf deren Belastungssituation einwirken. Hoch- und Überlast können explizit gemessen am Pufferfüllstand *upstream* auf dem Weg zu den Sendern weitergemeldet werden, vergleiche Abschnitt 7.5.2. Unter den in einem Puffer zwischengespeicherten Dateneinheiten kann man Verbindungen oder Verkehrsflüsse priorisieren durch Bevorzugung bei der Weiterleitung und bei Pufferüberläufen.

II) Priorisierung ⇔ Reservierung mit Zugangskontrolle und Signalisierung

Verkehr kann auch in verbindungslosen Protokollen über Header-Kennzeichnungen priorisiert werden. Höhere Prioritäten ermöglichen höheren Durchsatz und kürzere Verzögerung, doch bleiben die QoS-Eigenschaften abhängig von dem Verkehr, der mit gleicher und noch höherer Priorität unterwegs ist.

- Eine Priorisierung kann entweder durch die Benutzer, die Anwendungen oder Netzprotokolle an den End- oder Vermittlungssystemen angestoßen werden. Eine Benutzerkontrolle macht nur Sinn, wenn Prioritäten z.B. mit Kosten verbunden sind; sonst wird jeder die höchste Priorität wählen.

- Generell tritt bei Priorisierung wie bei Reservierung von Verkehr das Problem auf, die Berechtigung einer Anforderung durch Autorisierung und Authentisierung festzustellen. Nur so läßt sich absichtlichem wie unabsichtlichem Mißbrauch und Blockierungen von Ressourcen (*Denial-of-Service*) vorbeugen. Auch jegliche kommerzielle Nutzung baut auf einer abgesicherten Infrastruktur auf, als Grundlage für den Nachweis einer Diensterbringung mit QoS-Eigenschaften bis hin zu Abrechnungssystemen. Die Authentisierung ist verbindungsorientiert durch kryptologische Verfahren abzusichern, was erst in der Internet Protokoll Version IPv6 voll unterstützt wird.

- Die Reservierung von Ressourcen im Netz macht zunächst die Zulassung einer Anwendung vom Vorhandensein freier Kapazitäten abhängig, die dann aber, abgesehen von Störeinflüssen, garantiert zur Verfügung stehen. Nicht genutzte Reservierungen können z.B. in ATM-Netzen durchaus an *Best-Effort*-Dienste weitergegeben werden. Auch die Kombination von Mindestgarantien mit einer fairen Aufteilung der darüber hinaus verfügbaren Ressourcen ist sinnvoll, wie im Abschnitt 7.5.2 beschrieben.

- Reservierungen mit *Zulassungskontrolle* sind wichtig für Dienste, die ohne gewisse Mindestanforderungen nicht auskommen. So können Video-Übertragungen ihre Senderate nur in einem gewissen Rahmen mit verminderter Bildqualität anpassen, die aber unterhalb einer Mindestrate zusammenbricht. Wird eine Überlast bereits durch die Summe der Mindestraten gleichzeitig gewünschter Video-Übertragungen erreicht, so ist es besser, einen größtmöglichen Teil mit garantierter Mindestqualität zuzulassen, als alle an einer fairen Aufteilung von untragbar schlechter Qualität teilhaben zu lassen.

III) Granulierung: Dienstklassen ⇔ Verkehrsflüsse, Verbindungen

Eine Priorisierung oder Reservierung kann entweder durch die Einteilung in eine bestimmte Zahl von Verkehrsklassen (*Class / Type of Service*) differenzieren, oder Verkehrsflüsse individuell behandeln. Innerhalb einer Klasse ist auf *Fairness* zu achten, u.a. auf gleiche Anteile an der Übertragungskapazität. Bei verschiedenen Quellen, Zielen und Durchlaufzeiten im Netz reicht selbst eine Gleichbehandlung in allen Vermittlungsknoten dafür nicht aus.

- Reservierungen für eine Dienstklasse mit fairer Aufteilung bedeutet aber noch keine Reservierung für jede einzelne Anwendungen, sondern eine Abhängigkeit der QoS von der Anzahl der aktiven Teilnehmer in der Klasse. Sie ist daher nur effizient, wenn die Population in den Klassen keinen unkalkulierbaren Schwankungen ausgesetzt ist.

- Reservierungen für einzelne Verkehrsflüsse bzw. Verbindungen ermöglichen QoS-Garantien nach dem speziellen Bedarf jeder Anwendung, soweit im voraus bekannt. Sie bringen vor allem im Backbone-Bereich von Netzen, wo eine Vielzahl von Verkehrsflüssen überlagert werden, einen erheblichen Aufwand mit sich, da Informationen und Zustände pro aktivem Verkehrsfluß bereitzuhalten sind. Die Skalierbarkeit solcher Reservierungschemata in großen Netzen ist auf eine geeignete Aggregation von individuellen Verkehrsflüssen zu größeren Einheiten im Backbone angewiesen.

RSVP, integrierte und differenzierte Dienste

Für das Internet wird derzeit die Einführung von QoS-Eigenschaften unter den Stichworten *integrierte Dienste* in enger Verbindung mit dem *Ressourcen-Reservierungsprotokoll RSVP* sowie durch *differenzierte Dienste* erörtert [64, 95]. Parallel dazu läßt *Multi-Protocol Label Switching* (MPLS) Fortschritte durch kombinierte Routing- und Switching-Architekturen erwarten [55], siehe Absatz MPLS.

Das Ressourcen-Reservierungsprotokoll RSVP wurde 1997 als Standard vorgeschlagen, siehe [IETF] RFCs 2205-2210. Es ist ein Signalisierungsprotokoll, das nach einer ersten Nachricht vom Sender zu einem oder mehreren Empfängern auf dem Rückweg die Router veranlaßt, Bandbreite, Pufferspeicher oder Verzögerungseigenschaften bereitzustellen. Bei Ressourcen-Knappheit oder wenn die Berechtigung nicht verifizierbar ist, wird eine Reservierung mit Fehlermeldung abgewiesen.

Nur wenn alle Router auf dem Weg die Signalisierung akzeptieren, werden Ressourcen für den Verkehrsfluß bereitgehalten. Eine Fluß-Kennzeichnung wird durch Routingtabellen-Einträge vorbereitet, siehe entsprechendes Feld im IPv6-Header, Bild 3.7. Ein Fluß ist gemäß [IETF] RFC 2460 eine Folge von Paketen, die von einer bestimmten Quelle zu einem bestimmten (Uni-/Multicast-)Ziel gesendet wird, verbunden mit einer von der Quelle gewünschten Routing-Behandlung. Im Unterschied zu dementsprechenden Verbindungen in ATM-Netzen wird die Reservierung in RSVP über einen sogenannten *Soft State* aufrechterhalten, d.h. Reservierung sind in regelmäßigen Zeitabständen aufzufrischen; sonst werden sie aufgehoben.

Das Konzept *integrierter Dienste* im Internet baut auf eine Palette der zuvor genannten Kontrollmaßnahmen, insbesondere Zulassungskontrolle und Reservierung durch RSVP sowie Maßnahmen, welche die Paketbearbeitung in Puffern von Vermittlungsknoten beeinflußen. Ziel ist die Integration von Diensten vor allem mit strikten Verzögerungs- und Bandbreitenanforderungen, und zudem eine faire

Ressourcenaufteilung (*Load Balancing, Weighted Fair Queueing*), soweit dies für anspruchslosere *Best-Effort*-Dienste ausreicht, siehe [IETF] RFCs 1633, 2210-2212.

Die Granularität von RSVP bezieht sich auf einzelne Verkehrsflüsse. Allerdings ist die dafür notwendige Aggregation von Verkehrsflußinformationen im Backbone-Bereich für RSVP noch nicht standardisiert. Folglich bleibt die Skalierbarkeit der integrierten Dienste über RSVP vorerst beschränkt, siehe [IETF] RFC 2208. ATM-Netze lösen dasselbe Problem mit der einstufigen Hierarchie von virtuellen Pfaden und Kanälen. Mit MPLS wird eine vergleichbare Lösung für IP angestrebt.

Wegen der beschränkten Skalierbarkeit von RSVP wird derzeit unter der Bezeichnung *differenzierte Dienste* überlegt, inwieweit man in der groben Granularität von Verkehrsklassen einer QoS-Unterstützung näher kommen kann. Zur Differenzierung bieten sich im IPv4-Header das bisher vernachlässigte *Type-of-Service*-Feld an, dem das *Traffic-Class*-Feld in IPv6 entspricht. Derzeit ist für differenzierte Dienste nur die Aufteilung beider Felder im [IETF] RFC 2474 standardisiert.

MPLS: Multi-Protocol Label Switching

MPLS zielt auf eine Vereinigung von Routing- und Switching-Techniken, um die Leistungsfähigkeit der Vermittlung vor allem im Backbone-Bereich von IP-Netzen zu steigern, siehe [55]. Router und Switches werden aus ähnlichen Funktionseinheiten aufgebaut, siehe Bild 9.1, ohne Verbindungskontrolle und mit Software-basierter Vermittlung für klassische Router. Router in IP-Netzen sind im WAN-, MAN- und LAN-Bereich mit völlig verschiedenen Anforderungen konfrontiert. Während im MAN- und LAN-Bereich die Anpassungsfähigkeit an eine heterogene Protokollumgebung und Kosteneffizienz pro Ein-/Ausgangsport entscheidend sind, kommt es im WAN-Bereich auf hohe Durchsatzraten zur bestmöglichen Auslastung der meist teuren Hochgeschwindigkeitsverbindungen an.

Ein Router bestimmt den Ausgangsport für jedes Paket aus dem Tabelleneintrag mit dem längsten Prefix passend zur Zieladresse im Header. Doch selbst bei Optimierungen u.a. durch Cache-Verfahren bleibt der Durchsatz dabei beschränkt im Vergleich zur ATM-Vermittlung, die speziell auf hohen Datendurchsatz zugeschnitten ist. Neben der einheitlichen Paketgröße beschleunigt das als *Label-Switching* bezeichnete Prinzip, in Varianten auch Tag-, IP-, Layer-3-, ..., -Switching genannt, die Paketverarbeitung von ATM-Switches und modernen Routern.

Dabei werden Verkehrsflüsse bzw. Verbindungen eingerichtet und Pakete zugeordnet, abhängig von den Protokollen, der Sende- und Zieladresse oder sogar vom Verkehrsaufkommen. Kurze Kennummern (*Labels*) identifizieren die Pakete des Flusses bzw. der Verbindung auf einer Teilstrecke, z.B. als 16 bit VC-Identifier im ATM-Header oder als 20 bit Feld im IPv6-Header. Im Vergleich zur Präfix-Suche für Adressen auf Netzebene verlagert sich die Vermittlung auf die Leitungsebene und kann insbesondere mit Hardware-Unterstützung beschleunigt werden.

Damit Routing-Tabellen für Anschlußleitungen von hoher Kapazität mit vielen gleichzeitig aktiven Verbindungen nicht ausufern, werden Flüsse mit ähnlichen QoS-Anforderungen zu größeren Einheiten zusammengefaßt, z.B. zu virtuellen Pfaden in ATM-Netzen. Diese Pfade erhalten eigene *Labels* (VP-Identifier in ATM), die als alleinige Informationsbasis der Vermittlung im Backbone dienen. MPLS stellt Pfad-Kennungen in geschachtelten Zusatz-Headern den Paketen voran.

Dieses skalierbare Vermittlungsprinzip wurde zunächst mit ATM-Switches im Internet-Backbone verbreitet und in mehreren Varianten von Router-Herstellern aufgegriffen, die in der Standardisierung für MPLS zusammengeführt werden sollen. Der Trend geht dahin, die schnelle und fluß- bzw. verbindungsorientierte Switch-Technologie im Kern von IP-Backbone-Routern einzusetzen und mit einer Routing-Umgebung zu koppeln, die verbindungslosen IP-Verkehr auf Netzebene und die Einrichtung geeigneter Flüsse auf Leitungsebene steuern kann.

Interworking zwischen IP und ATM

Trotz unterschiedlicher Architektur strebt sowohl die IETF in einer Reihe von RFCs wie auch das ATM-Forum mit Standards zur LAN-Emulation und zu Multi-Protocol-over-ATM ein Zusammenwirken von IP und ATM an. Dabei wird ATM auf der zweiten Schicht unter dem Internet-Protokoll auf Netzebene angesiedelt.

Die LAN-Emulation erlaubt es, Endgeräte an ATM-Knoten anzubinden wie an ein lokales Netz, siehe [AF21]. Eine LANE Client-Software in den Endgeräten übernimmt zusammen mit LANE Servern die Funktionalität der 2. Schicht im ISO-OSI-Modell. Dabei wird auf der Anpassungsschicht AAL-Typ-5 aufgesetzt, siehe Abschnitt 6.7. *Multi-Protocol over ATM* setzt die LAN-Emulation auf der Netzebene fort. Hier wird auch die Funktionalität eines Routers über dem ATM-Protokoll nachgebildet, so daß Teilnetze angekoppelt werden können. Die MPOA-Client- und -Server-Software schließt die LAN-Emulation mit ein und kann sowohl Ethernet- wie auch IP-Datenverkehr abwickeln. In Erweiterung von LANE sind Adreßumsetzungen für beide Schichten vorzunehmen, sowie ATM-Verbindungen aufzubauen und zu pflegen, siehe [IETF] RFCs 2225 und 2333.

Das Zusammenwirken gestaltet sich nicht immer effizient, da viele ATM-Funktionen im darüber geführten TCP/IP ungenutzt bleiben. ATM ist verbindungsorientiert und erhält die Paketreihenfolge, was auf IP-Ebene nicht vorgesehen ist und auf der Transportschicht durch TCP erneut behandelt wird. Problematisch ist die Abstimmung der Flußkontrolle zwischen ATM und TCP. Auch das leistungsfähige Routing-Protokoll PNNI [AF56] von ATM kommt nicht zum Tragen.

Bessere Anpassungen eröffnen sich mit den viel näher an ATM liegenden Protokollstrukturen von RSVP und MPLS. Quality-of-Service-Parameter und der Aufbau von Verbindungen lassen sich zum Teil direkt zwischen ATM und RSVP bzw. MPLS abbilden, siehe [IETF] RFC 2382.

4 Dienste im B-ISDN

4.1 Übermittlungsdienste und Teledienste

Im ISDN werden Dienste je nach Umfang der Festlegungen der Kommunikationsfunktionen und -protokolle in Übermittlungsdienste (Bearer Services) und Teledienste (Teleservices) unterteilt, siehe [X.230] und [X.240].

Übermittlungsdienste

Übermittlungsdienste dienen der code- und anwendungsunabhängigen Datenübertragung. Die technischen Festlegungen dieser Dienste umfassen die für den Informationstransport erforderlichen Funktionen der Schichten 1 bis 3 des OSI-
Referenzmodells. Dies sind bei leitungsvermittelten Diensten die diesen Schichten
zugeordneten Funktionen zur Signalisierung zwischen Benutzer und Netz und die
Funktionen der Schicht 1 für die Übermittlung der Nutzinformation. Bei pake-
torientierten Übermittlungsdiensten sind zum Transport der Nutzinformationen
außerdem noch die Funktionen der Schicht 2 und 3 festgelegt. Ein Übermittlungsdienst stellt nur den Informationstransport im Bereich zwischen den jeweiligen
Benutzer-Netz-Schnittstellen sicher, d.h. die Kompatibilität der Kommunikationsfunktionen in den Endeinrichtungen liegt — im Unterschied zu den Telediensten
— in der Verantwortung der Betreiber dieser Endeinrichtungen, siehe Bild 4.1.

[I.230] definiert Übermittlungsdienste-Kategorien auf Grundlage einer Liste von
Attributen. Es wird unterschieden zwischen leitungsvermittelnden Übermittlungsdiensten (*Circuit-Mode Bearer Services Categories*) und paketvermittelnden Übermittlungsdiensten (*Packet-Mode Bearer Services Categories*). Folgende leitungsvermittelnde Übermittlungsdienste sind standardisiert:

- 64 kbit/s, unbeschränkt mit 8-kHz-Struktur [I.231.1]: Diese Dienstekategorie
  stellt unbeschränkte Informationsübermittlung für Sprache, 3,1-kHz-Audio,
  mehrere Subbitratenströme, die durch den Benutzer zu 64 kbit/s gemultiplext werden, sowie für transparenten Zugang zu einem öffentlichen X.25-
  Paketvermittlungsnetz zur Verfügung. Die Benutzerinformation wird über
  einen B-Kanal übermittelt. Die Signalisierung erfolgt über den D-Kanal.

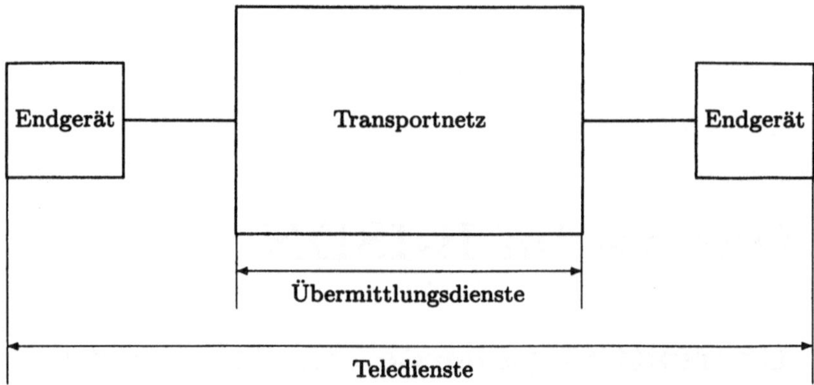

Bild 4.1: Definitionsbereich von Übermittlungs- und Telediensten

- 64 kbit/s, 8-kHz-Struktur, für die Übermittlung von Sprachinformation, siehe [I.231.2].

- 64 kbit/s, 8-kHz-Struktur, zur Übermittlung von 3,1-kHz-Audioinformationen [I.231.3]: Diese Kategorie unterstützt den in analogen Fernsprechnetzen bereitgestellten Dienst zur Übermittlung von 3,1-kHz-Audiosignalen.

- 64 kbit/s, alternierend für Sprache und unbeschränkte Daten mit 8-kHz-Struktur [I.231.4]: Diese Kategorie erlaubt die alternative Übermittlung von Sprache oder unbeschränkter digitaler Information in derselben Verbindung.

- 2 × 64 kbit/s, unbeschränkt, 8-kHz-Struktur [I.231.5]: Diese Kategorie unterstützt die unbeschränkte Übermittlung von zwei 64-kbit/s-Benutzerinformationsströmen über zwei B-Kanäle.

- 384 kbit/s, unbeschränkt, 8-kHz-Struktur [I.231.6]: Diese Kategorie unterstützt die unbeschränkte Übermittlung von 384-kbit/s-Benutzerinformation über einen H_0-Kanal.

- 1536 kbit/s, unbeschränkt, 8-kHz-Struktur [I.231.7]: Diese Kategorie unterstützt die unbeschränkte Übermittlung von 1536-kbit/s-Benutzerinformation über einen H_{11}-Kanal.

- 1920 kbit/s, unbeschränkt, 8-kHz-Struktur [I.231.8]: Diese Kategorie unterstützt die unbeschränkte Übermittlung von 1920-kbit/s-Benutzerinformation über einen H_{12}-Kanal.

Teledienste

Unter den Telediensten werden Dienste für die direkte Benutzer-Benutzer-Kommunikation mit Festlegung auch der Kommunikationsfunktion der Endeinrichtungen verstanden, siehe Bild 4.1. Die Kommunikationsfunktionen umfassen zum einen sämtliche Funktionen und Kommunikationsprotokolle der Schichten 1 bis 3, wie bei den Übermittlungsdiensten erwähnt. Zum anderen gehören dazu die Funktionen und Protokolle zur Steuerung der Kommunikationsprozesse ggf. für unterschiedliche Informationsarten, zur kommunikationsbedingten Be- und Verarbeitung der Informationen beim Sender und zu ihrer Darstellung bei der Reproduktion (Ausgabe) auf der Empfangsseite (Schichten 4 bis 7). Teledienste stellen durch ihre Festlegungen die Kompatibilität zwischen den für den jeweiligen Dienst zugelassenen Endeeinrichtungen sicher, also u.a. hinsichtlich der Codierung (Zeichensätze) und Strukturierung (Format) der zu übermittelnden Benutzerinformationen.

4.2 Klassifizierung breitbandiger ISDN-Dienste

Zur Klassifizierung der Dienste im B-ISDN werden in [I.211] Dienstklassen definiert, die abhängig von ihren Funktionen und Anwendungen, als Übermittlungsdienste oder Teledienste angeboten werden. Die Klassifizierung breitbandiger Dienste erfolgt unter dem Blickwinkel der Anforderungen an das Netz. Abhängig von den unterschiedlichen Formen zukünftiger Breitbandkommunikation und ihrer Anwendungen werden zwei Dienstekategorien unterschieden: die *Interaktiven Dienste* und die *Verteildienste*. Die Interaktiven Dienste werden unterteilt in die Dialogdienste, Speicherdienste und Abrufdienste. Die Verteildienste werden in Dienste mit oder ohne Möglichkeit für den Benutzer, die Informationsdarstellung individuell steuern zu können, unterteilt, siehe Bild 4.2.

Dialogdienste bieten in der Regel die Mittel zur bidirektionalen Dialogkommunikation mit direkter, zeitgetreuer Informationsübermittlung (ohne Zwischenspeicherung im Netz) zwischen Benutzern oder Benutzer und Rechnern (z.B. zur Datenverarbeitung). Hierbei kann der Informationsfluß bidirektional symmetrisch oder bidirektional asymmetrisch sein. In Ausnahmefällen kann bei speziellen Diensten, z.B. Überwachungsdiensten, der Informationsfluß auch auf eine Richtung begrenzt sein. Als Beispiele für breitbandige Dialogdienste seien Videotelefonie, Videokonferenz und hochratige Datenübertragungsdienste genannt.

Speicherdienste dienen der indirekten Kommunikation von Benutzer zu Benutzer mit Zwischenspeicherung der jeweiligen Informationen. Die Zwischenspeicherung kann in zentralen Einrichtungen erfolgen, die die Informationen nach vom Benutzer vorgegebenen Bedingungen (z.B. zur gebührengünstigen Zeit) automatisch an den Empfänger weiterleiten. Die Zwischenspeicherung kann aber auch in elektronischen Briefkästen, aus denen sie von den Adressaten abgerufen werden, oder in Informationsverarbeitungssystemen unter Nutzung spezieller Editier-,

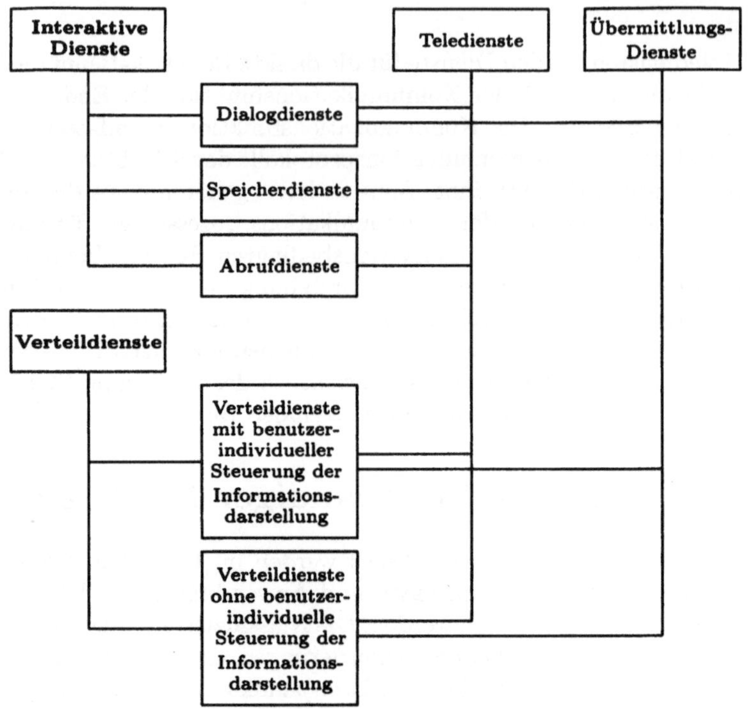

Bild 4.2: Klassifizierung von Breitband-Diensten

Be- und Verarbeitungsfunktionen erfolgen. Beispiele breitbandiger Speicherdienste sind Informationsverarbeitungsdienste und Mail-Dienste für bewegte Bilder (Filme), hochaufgelöste Bilder und Audioinformationen.

Abrufdienste ermöglichen dem Benutzer den Abruf von Informationen aus Informationszentren, die für die öffentliche uneingeschränkte Nutzung zugänglich sind. Die Informationen werden nur auf Anforderung und zu einem durch den Benutzer bestimmten Zeitpunkt übermittelt. Beispiele sind breitbandige Abrufdienste für Filme, hochaufgelöste Bilder, Audioinformationen und Archivinformationen.

Verteildienste mit oder ohne benutzerindividueller Steuerung der Informationsdarstellung können Informationen von einer zentralen Quelle zu einer unbegrenzten Anzahl zum Empfang berechtigter Benutzer verteilen. Verteildienste ohne benutzerindividueller Steuerung der Informationsdarstellung verteilen einen kontinuierlichen Informationsstrom. Der Benutzer kann diesen Informationsstrom jederzeit empfangen, jedoch dessen zeitlichen und inhaltlichen Ablauf nicht beeinflussen. So wird der Benutzer bei einem von der Informationsfolge zeitlich entkoppelten

Zu- oder Einschalten des Empfängers die Informationen im allgemeinen nicht von ihrem Beginn an vollständig empfangen. Beispiele sind Verteildienste für Fernseh- und Audioprogramme.

Verteildienste mit benutzerindividueller Steuerung der Darstellungsmöglichkeit der Informationen verteilen diese von einer zentralen Quelle an eine große Anzahl von Benutzern als eine Folge mit zyklischer Wiederholung von in sich abgeschlossenen Informationseinheiten. Durch einen besonderen Auswahl- und Zugriffsmechanismus kann der Benutzer den Empfang der Informationen derart steuern, daß er diese immer vollständig erhält. Ein Beispiel eines solchen Dienstes ist Vollkanalverteilvideographie.

Tabelle 4.1 enthält Beispiele möglicher Dienste, ihrer Anwendungen und einige mögliche Attribute, die die Hauptmerkmale der Dienste kennzeichnen, siehe [I.211].

4.3   Netzaspekte breitbandiger ISDN-Dienste

4.3.1   Bitrate

Dienste werden entsprechend ihrer Informationsbitrate unterteilt in, siehe [I.211]:

- Dienste mit konstanten Bitraten (Constant Bit Rate, CBR), die einen ununterbrochenen Informationsfluß zeigen,

- Dienste mit variabler Bitrate (Variable Bit Rate, VBR), die sich entweder durch eine Bitratenvariation im Informationsfluß während der Dauer einer Verbindung auszeichnen, oder dadurch, daß während der Dauer einer Verbindung Aktivitäts- und Ruhephasen alternieren, wobei innerhalb der Aktivitätsphase die Informationsübermittlung mit konstanter Bitrate und innerhalb der Ruhephase keine Informationsübermittlung stattfindet.

Konstante Informationsbitraten werden für vermittelte Dienste während der Verbindungsaufbauphase ausgehandelt. Dadurch wird erreicht, daß die benötigten Netzkapazitäten für die Gesamtdauer der Verbindung zur Verfügung stehen.

Konstante Dienstbitraten für permanente oder semipermanente Verbindungen werden entweder durch Signalisierung oder durch Absprachen mit dem Netzbetreiber festgelegt. Bestimmte konstante Dienstbitraten werden in Standards spezifiziert. Es handelt sich dabei um eine endliche Menge von Bitraten, z.B. die leitungsvermittelten $n \times 64$ Raten des auf 64-kbit/s-basierten ISDN und Raten der 1.544-Mbit/s- und 2.048-Mbit/s-Hierarchien, siehe [G.702]. Änderungen der Informationsbitraten während einer Verbindung sind möglich. Diese müssen durch Signalisierung ausgehandelt werden.

Tabelle 4.1: Beispiele möglicher Breitbanddienste im ISDN

Dienste-klasse	Informations-art	Breitband-Dienste	Anwendungen	Mögliche Attribute
Dialog-dienste	Bewegt-bilder (Video) und Ton	Breitband-Video-telefonie	Kommunikation zur Übermittlung von Sprache (Ton), Bewegtbildern und abgetasteten Video-Standbildern und Dokumenten zwischen zwei Orten (Person-zu-Person) - Tele-Education - Tele-Shopping - Tele-Working	- vermittelt/reserviert/permanent - Punkt-zu-Punkt/Mehrpunkt - Bidirektional symmetrisch/ bidirektional asymmetrisch
		Breitband-Video-konferenz	Mehrpunktkommunikation zur Übermittlung von Sprache (Ton), Bewegtbildern und abgetasteten Video-Standbildern und Dokumenten zwischen zwei oder mehreren Orten - Tele-Education - Tele-Shopping - Tele-Meeting	- Vermittelt/reserviert/permanent - Punkt-zu-Punkt/Mehrpunkt - Bidirektional symmetrisch/ bidirektional asymmetrisch
		Videoüber-wachung	- Gebäudesicherheit - Verkehrsüberwachung	- Vermittelt/reserviert/permanent - Punkt-zu-Punkt/Mehrpunkt - Bidirektional symmetrisch, unidirektional

Fortsetzung der Tabelle auf der nächsten Seite

Tabelle 4.1: Beispiele möglicher Breitbanddienste im ISDN, Fortsetzung 1

Dienste-klasse	Informations-art	Breitband-Dienste	Anwendungen	Mögliche Attribute
Dialog-dienste	Bewegt-bilder (Video) und Ton	Video/ Audioinformations-übermittlungsdienste	- TV-Signalübermittlung - Video/Audiodialog - Informations-verteilung	- Vermittelt/reserviert/permanent - Punkt-zu-Punkt/Mehrpunkt - Bidirektional symmetrisch/ bidirektional asymmetrisch
	Ton	Mehrfache Tonprogramm-signale	- Mehrsprachige Kommentarsignale - Mehrfache Programmübermittlung	- Vermittelt/reserviert/permanent - Punkt-zu-Punkt/Mehrpunkt - Bidirektional symmetrisch/ bidirektional asymmetrisch

	Daten	Dienste zur unbe-schränkten hochrati-gen Informati-onsüber-tragung	- Hochgeschwindigkeits-datenübermittlung
			  - LAN-Verbindungen
			  - MAN-Verbindungen
			  - Rechner-Rechner-Verbindung
			- Übermittlung von Video und anderen Informationsarten
				- Vermittelt/reserviert/permanent
				- Punkt-zu-Punkt/Mehrpunkt
				- Bidirektional symmetrisch, bidirektional asymmetrisch
				- Verbindungsorientiert/ verbindungslos

		Hoch-volumige Filetrans-ferdienste	- Filetransfer von Daten	- Vermittelt - Punkt-zu-Punkt/Mehrpunkt - Bidirektional symmetrisch/ bidirektional asymmetrisch

Fortsetzung der Tabelle auf der nächsten Seite

Tabelle 4.1: Beispiele möglicher Breitbanddienste im ISDN, Fortsetzung 2

Diensteklasse	Informationsart	BreitbandDienste	Anwendungen	Mögliche Attribute
Speicherdienste	Bewegtbilder (Video) und Ton	Videomaildienste	Elektronische Mailboxdienste für die Übermittlung von Bewegtbildern und begleitendem Ton	- Vermittelt - Punkt-zu-Punkt/Mehrpunkt - Bidirektional symmetrisch/ unidirektional
	Dokument	Dokumentenmaildienste	Elektronische Mailboxdienste für gemischte Dokumente	- Vermittelt - Punkt-zu-Punkt/Mehrpunkt - Bidirektional symmetrisch/ unidirektional
Abrufdienste	Text, Daten, Graphiken, Ton, Stand-, Bewegtbilder	Breitbandvideotext	- Videotext einschließlich bewegter Bilder - Tele-Education - Tele-Entertainment - Software-Distribution - Tele-Shopping - News-, Info-Abruf	- Vermittelt - Punkt-zu-Punkt - Bidirektional asymmetrisch
		Videoabrufdienste	- Tele-Entertainment - Tele-Education	- Vermittelt/reserviert - Punkt-zu-Punkt/Mehrpunkt - Bidirektional asymmetrisch
		Datenabrufdienste	Software-Distribution	

Fortsetzung der Tabelle auf der nächsten Seite

Tabelle 4.1: Beispiele möglicher Breitbanddienste im ISDN, Fortsetzung 3

Dienste-klasse	Informations-art	Breitband-Dienste	Anwendungen	Mögliche Attribute
Verteildienste ohne Kontrollmöglichkeit des Benutzers	Video	TV-Verteildienste mit existierender Qualität (PAL, SECAM, NTSC)	TV-Programmverteilung	- Vermittelt(Auswahl)/ permanent - Broadcast - Bidirektional symmetrisch/ unidirektional
		TV-Verteildienste mit verbesserter Qualität - TV mit verbesserter Auflösung - TV mit hoher Qualität	TV-Programmverteilung	- Vermittelt (Auswahl)/ permanent - Broadcast - Bidirektional asymmetrisch/ unidirektional
		Pay-TV (Pay-per-View, Pay-per-Channel)	TV-Programmverteilung	- Vermittelt (Auswahl)/ permanent - Broadcast/Mehrpunkt - Bidirektional asymmetrisch/ unidirektional

Abschluß der Tabelle auf der nächsten Seite

Tabelle 4.1: Beispiele möglicher Breitbanddienste im ISDN, Abschluß

Diensteklasse	Informationsart	BreitbandDienste	Anwendungen	Mögliche Attribute
Verteildienste mit Kontrollmöglichkeit des Benutzers	Text, Graphiken, Ton, Standbilder	Vollkanalbroadcastvideography	- Tele-Education - Tele-Entertainment - Info-Magazine - News-, Info-Abruf - Software-Distribution	- Permanent - Broadcast - Unidirektional

Variable Bitraten können durch eine Anzahl von Parametern gekennzeichnet werden, siehe Abschnitt 2.1. Diese Parameter werden für vermittelte Dienste während der Verbindungsaufbauphase ausgehandelt. Variable Informationsbitraten für permanente und semipermanente Verbindungen können durch Signalisierung oder durch Absprachen mit dem Netzbetreiber festgelegt werden. Änderungen der Parameter während einer bestehenden Verbindung sind möglich.

4.3.2 Dienstgüte und Netzgüte

Die Dienstgüte (QoS) ist in [E.800] definiert als *kollektive Auswirkung der Leistungsmerkmale eines Dienstes, die den Grad der Zufriedenheit eines Nutzers dieses Dienstes festlegt.* Diese Definition ist weitgefaßt und berührt mehrere Aspekte. Darunter fällt auch das subjektive Maß an Zufriedenheit des Benutzers. Weitere Aspekte der Dienstgüte beschränken sich auf die Identifikation von Parametern, die am Zugriffspunkt des Benutzers auf den Dienst beobachtet und gemessen werden und den Vergleich verschiedener Dienste ermöglichen, siehe [I.350].

Die Dienstgüte wird während der Verbindungsaufbauphase ausgehandelt. Für die standardisierten Dienste werden die relevanten QoS-Parameter spezifiziert. Aus Gründen des Netzbetriebes, des Zusammenarbeitens mit anderen Netzen (Interworking) und der Diensteentwicklung wird nur eine begrenzte Anzahl spezifischer Dienstgüten durch Standards festgeschrieben.

Zusätzlich besteht für einige Dienste die Notwendigkeit, für jede Zelle die Zellenverlustpriorität (CLP) zu markieren, damit in Überlastsituationen im Netz der Zellenverlust gesteuert werden kann. Damit wird der Benutzer in die Lage versetzt, zwei verschiedene Zellenverlustraten innerhalb einer ATM-Verbindung zu verwenden. Soll von dieser Möglichkeit Gebrauch gemacht werden, muß in der Verbindungsaufbauphase die beabsichtigte Verwendungshäufigkeit angegeben werden.

Während die Dienstgüte die Gesamtheit der Qualitätsmerkmale eines Dienstes aus der Sicht des Benutzers festlegt, ist die *Netzgüte (Network Performance, NP) ein Maß für die Fähigkeit des Netzes, die von einem Dienst gestellten Leistungsanforderungen zu erfüllen.* Die Netzgüte wird in Form von Parametern gemessen, die für den Netzbetreiber von Bedeutung sind, und die zum Systemdesign, zur Konfiguration, zum Betrieb und zur Wartung herangezogen werden. Die Netzgüte ist unabhängig von der Leistungsfähigkeit der Endgeräte und den Benutzeraktionen definiert. Die Netzgüte kann z.B. gekennzeichnet werden durch:

- die semantische Transparenz: Das ist die Fähigkeit eines Netzes, Information fehlerfrei zu übertragen. Die Zahl der Fehler Ende-zu-Ende soll so gering sein, daß sie für den jeweiligen Dienst akzeptabel ist und

- die zeitliche Transparenz: Das ist die Fähigkeit eines Netzes, die Information von der Quelle zur Senke über das Netz in der Zeit zu übertragen, die für einen Dienst akzeptabel ist. Kein Netz kann absolute zeitliche Transparenz gewährleisten, da alleine schon die Signallaufzeiten zwischen Senden und Empfangen dafür sorgen, daß die Informationen verzögert werden.

Parameter zur Kennzeichnung von Übertragungsfehlern sind:

- *Bitfehlerrate (Bit Error Ratio, BER)*: Verhältnis aus der Anzahl innerhalb eines Zeitintervalls geeigneter Dauer fehlerhaft empfangener Bits und der Gesamtanzahl übertragener Bits. Bei der Wahl der Dauer des Zeitintervalls muß darauf geachtet werden, daß vertrauenswürdige Werte ermittelt werden können. Zur Messung einer Bitfehlerrate von z.B. 10^{-4} sollten mindestens 10^6 bis 10^7 Bit beobachtet werden.

- *Zellenfehlerrate (Cell Error Ratio, CER)*:

  Im B-ISDN werden die Bits in Zellen gruppiert und verarbeitet. Treten die Bitfehler im Header einer Zelle auf, ergeben sich Zellenfehler. Die CER ist in diesem Fall definiert als das Verhältnis aus der Anzahl innerhalb eines Zeitintervalls geeigneter Dauer fehlerhaft empfangener Zellen und der Gesamtanzahl übertragener Zellen. Bitfehler im Informationsfeld einer Zelle haben auf die Übermittlung der Zelle im B-ISDN Ende-zu-Ende keinen Einfluß. Die CER muß genauer spezifiziert werden:

Zum einen gehen Zellen durch Fehlleiten oder begrenzter Kapazität an Betriebsmitteln (z.B. Speicherüberlauf) zu Verlust. In diesem Fall wird der *Zellenverlustanteil (Cell Loss Ratio, CLR)* als Verhältnis der Anzahl zu Verlust gegangener Zellen zur Gesamtanzahl übertragener Zellen definiert.

Zum anderen erreichen fehlgeleitete Zellen eine Station und werden als korrekt akzeptiert, obwohl sie nicht für diese Station bestimmt sind. In diesem Fall wird die *Zellenfehleinfügungsrate (Cell Misinsertion Ratio, CMR)* als die Anzahl innerhalb eines festgelegten Zeitintervalls fehlerhaft eingefügter Zellen bezogen auf die Dauer des Zeitintervalls definiert, siehe [2].

Parameter zur Kennzeichnung des erreichten Maßes an zeitlicher Transparenz sind:

- *Verzögerung (Delay)*: definiert als die Zeitdifferenz zwischen Senden der Information von der Quelle und Empfangen der Information an der Senke. Im B-ISDN wird die Information in Form von Zellen übermittelt. Im allgemeinen kann die Verzögerung für jede Zelle unterschiedlich sein, d.h. die Verzögerung ist eine Zufallsgröße mit einem Minimalwert und einem Maximalwert. Die Differenz dieser beiden Werte wird als

- *Verzögerungsschwankung (Delay Jitter)* bezeichnet.

  Die Verzögerungen der Zellen entstehen durch die Übermittlung über Knoten und während der Verarbeitung in Netzknoten:

  Übermittlungsverzögerungen (Transfer Delay) werden durch die Übermittlungsdauer der Zellen über alle Übertragungsleitungen zwischen Sender und Empfänger hervorgerufen.

  Verarbeitungsverzögerungen werden durch die Verarbeitungsdauern der Zellen in den Vermittlungsstellen und Multiplexern hervorgerufen.

Hinsichtlich der Empfindlichkeit der Dienste gegenüber zeitlicher Verzögerung und Verlust von Information lassen sich Dienste mit gegensätzlichen Anforderungen an die Netzgüte unterscheiden:

- Zum einen existieren Dienste, die sehr zeitkritisch sind. Sie erfordern eine Informationsübermittlung in Echtzeit. Diese Dienste können in gewissem Umfang Informationsverluste tolerieren. Zulässige Verzögerungen in heutigen digitalen Vermittlungsstellen für Sprache liegen bei etwa 0,45 ms mittlere Verzögerungsdauer bzw. unter 25 ms Ende-zu-Ende in einem geographisch weit ausgedehnten Netz. Diese Werte müssen auch im B-ISDN eingehalten werden (vgl. Ausführungen in Abschnitt 2.1).

- Die zweite Gruppe beinhaltet Dienste, die empfindlich gegenüber Informationsverlust sind und gleichzeitig toleranter hinsichtlich der Verzögerung der Information bei Übermittlung über das Netz. Diesen Diensten muß eine Bitfehlerrate garantiert werden, die in der Größenordnung $< 10^{-8}$ liegt.

4.3.3 Dienste für mehrere Informationsarten

Breitbanddienste, die mehr als eine Informationsart behandeln, werden als Multimedia-Dienste bezeichnet. Videotelefonie als Beispiel eines Multimedia-Dienstes beinhaltet die Informationsarten Audio, Video und möglicherweise die ein oder andere Form von Daten.

Das B-ISDN stellt unabhängige Ruf- und Verbindungskontrollmöglichkeiten zur Verfügung. Innerhalb eines einzelnen Rufes, der mit einem bestimmten Dienst verknüpft ist, erlaubt das B-ISDN den Aufbau mehrerer Verbindungen. Jede einzelne dieser Verbindung dient der Übermittlung einer speziellen Informationsart des jeweiligen Dienstes. Darüber hinaus erlaubt das B-ISDN das Hinzufügen oder Wegschalten optionaler Informationsarten eines Multimedia-Dienstes während einer bestehenden Verbindung.

4.3.4 Synchronisation des Empfängers

Isochrone Dienste erfordern die Synchronisation zwischen Sender und Empfänger. Die erforderlichen *Timing*-Funktionen unterscheiden sich sehr stark und können auf unterschiedliche Art und Weise zur Verfügung gestellt werden, z.B. durch Informationen, die von dem jeweiligen Dienst Ende-zu-Ende ausgetauscht werden, oder durch Einrichtungen innerhalb des Netzes. Einige der im ISDN bereitgestellten 64-kbit/s-Dienste erfordern die Übermittlung der Information Ende-zu-Ende in Form einer 8-kHz-Struktur, siehe [I.231.1] bis [I.231.8]. Diese strukturierte Informationsübermittlung ist im B-ISDN für CBR-Dienste verfügbar, siehe [I.363].

Manche Dienste benötigen die Ende-zu-Ende-Übermittlung der Taktfrequenz des Senders. Dafür stehen folgende Methoden zur Verfügung:

- *Synchronous-Residual-Time-Stamp-Methode (SRTS-Methode):* Der Sender mißt die Differenz zwischen dem lokalen Dienstetakt und dem Referenztakt im Netz. Diese Information wird als *Residual-Time-Stamp* kodiert zum Empfänger übermittelt. Der Empfänger rekonstruiert aus der Residual-Time-Stamp und dem Referenztakt des Netzes den lokalen Takt des Senders.

- *Adaptive-Takt-Methode:* Der Empfänger schreibt das empfangene Informationsfeld in einen Speicher und liest es mit seinem lokalen Takt aus. Die Frequenz des lokalen Taktes wird über den Speicherfüllstand gesteuert.

- *Verwendung von Synchronisationsmustern:* Der Sender trägt in das Informationsfeld ein explizites Synchronisationsmuster ein. Dieses wird vom Empfänger zur Synchronisierung des lokalen Taktes benutzt.

5 Funktionale Architektur des B-ISDN

Unter der funktionalen Architektur des B-ISDN wird die Beschreibung der Funktionen des B-ISDN, die Zuweisung der Funktionen zu den Elementen im Netz und die Anordnung der Elemente im Netz verstanden.

Die Beschreibung erfolgt anhand von Funktionsgruppen, Referenzpunkten und Referenzkonfigurationen. Funktionsgruppen fassen spezifische Funktionen zusammen. Sie enthalten Teilmengen der B-ISDN-Funktionen. Funktionsgruppen sind in den Elementen des Netzes enthalten. Referenzpunkte sind konzeptionelle Punkte, die Funktionsgruppen voneinander trennen. Referenzpunkte können in Einzelfällen mit einer physikalischen Schnittstelle zwischen Elementen im Netz übereinstimmen. Referenzkonfigurationen sind konzeptionelle Konfigurationen, die zur Festlegung verschiedener Anordnungen nützlich sind. Sie werden durch Funktionsgruppen und Referenzpunkte definiert.

Funktionale Architekturmodelle dienen dazu, verschiedene mögliche physikalische Anordnungen für die Realisierung des Netzes zu identifizieren.

5.1 Generelle Architektur des B-ISDN

Das B-ISDN ist in vielen Belangen eine Erweiterung des bestehenden ISDN. Viele Grunddefinitionen basieren auf ISDN-Festlegungen. Einige der B-ISDN-Funktionen werden innerhalb derselben Elemente implementiert, andere spezifische B-ISDN-Funktionen sind speziellen Elementen des Netzes zugewiesen. In Abhängigkeit nationaler Gegebenheiten werden verschiedene B-ISDN-Implementierungen realisiert.

Die Grundkomponente des B-ISDN ist ein Transportnetz mit Asynchronem-Transfer-Modus. Das ATM-Transportnetz ist in der Lage Ende-zu-Ende-Verbindungen mit konstanter und variabler Bitrate zu übermitteln (Breitbandübermittlung). Die

Verbindungen unterstützen die 64-kbit/s-ISDN-Dienste. Die Signalisierungsinformationen werden im B-ISDN in separaten virtuellen Kanal-Verbindungen übermittelt. Die Signalisierung kann im B-ISDN

- zwischen Benutzer und Netz,

- zwischen den Vermittlungsstellen im Netz und

- zwischen Benutzern

erfolgen. Bild 5.1 zeigt die Fähigkeiten des B-ISDN zur Übermittlung von Benutzer- und Signalisierungsinformationen, siehe [I.327]. Im Gegensatz zum ISDN wird zur Übermittlung von Signalisierungsinformationen im B-ISDN kein physikalisch eigenständiges Signalisierungsnetz benötigt. Das Signalisierungsnetz im B-ISDN ist ein logisches Netz innerhalb des ATM-Transportnetzes.

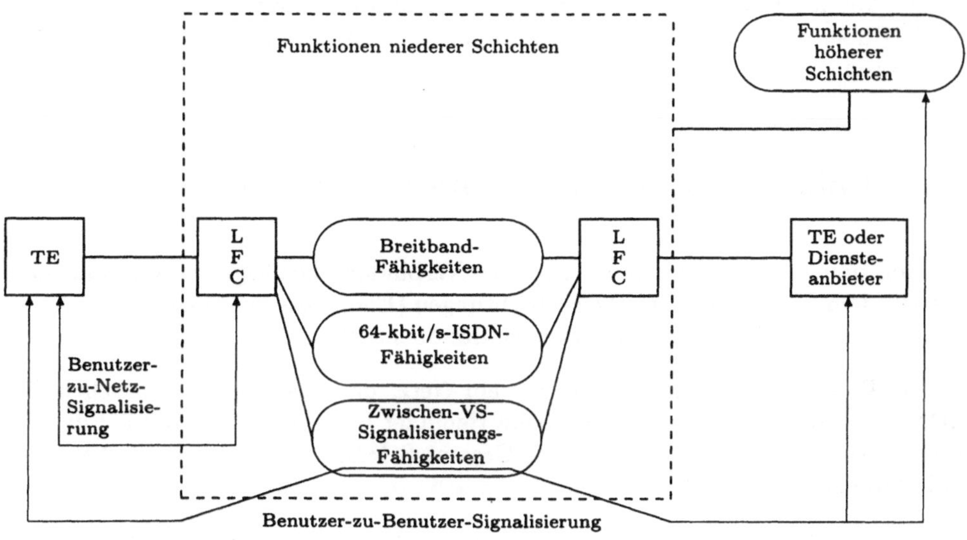

LFC   Local Function Capabilities   VS   Vermittlungsstelle
TE   Terminal Equipment

Bild 5.1: Basisarchitekturmodell des B-ISDN

Die Funktionen des B-ISDN sind auf verschiedene Schichten verteilt. Die logische Zuteilung der Funktionen zu den Schichten ist im B-ISDN-Protokoll-Referenzmodell beschrieben, siehe Abschnitt 5.5. Die Schichten können in niedere und höhere Schichten eingeteilt werden. Sie unterstützen Dienste innerhalb des B-ISDN und innerhalb anderer Netze, letztere durch Interworking mit dem B-ISDN.

5.1.1　Funktionen niederer Schichten

Zu den niederen Schichten gehören die Physikalische Schicht und die ATM-Schicht.
Die Funktionen beider Schichten sind in den Elementen im Netz und in den Endgeräten an der Benutzer-Netz-Schnittstelle vorhanden. Sie stellen die Breitbandübermittlung der Benutzer- und Signalisierungsinformationen mittels des ATM bereit.

5.1.2　Funktionen höherer Schichten

Im allgemeinen werden Funktionen der höheren Schichten nur in Endgeräten bereitgestellt. Zur Unterstützung einiger Dienste können diese aber auch in speziellen Knoten des B-ISDN, die zum öffentlichen Netz gehören, vorhanden sein. Die Knoten können von beliebigen Organisationen betrieben werden. Sie sind an das B-ISDN über die Benutzer-Netz-Schnittstelle oder die Netzknotenschnittstelle angeschlossen.

5.2　Lokation der Funktionen im B-ISDN

Die Funktionen, die zur Bereitstellung einer Verbindung benötigt werden, sind zum einen in dem Bereich der Benutzereinrichtungen (Endgeräte einschließlich privater Netze) und zum anderen in dem Bereich des öffentlichen B-ISDN lokalisiert.

Die B-ISDN-Referenzkonfiguration für ein Netz, das aus einem öffentlichen B-ISDN und einem privaten B-ISDN beim Benutzer besteht, ist im Bild 5.2 dargestellt. In diesem Fall erstreckt sich die Gesamt-B-ISDN-Verbindung zwischen den S_B-Referenzpunkten[1].

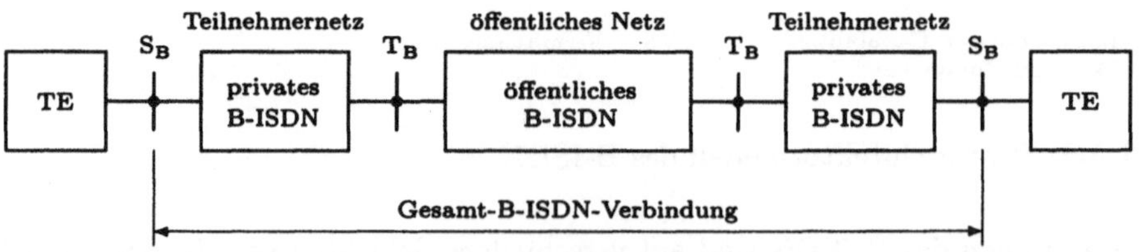

Bild 5.2: Referenzkonfiguration für öffentliches und privates B-ISDN

---

[1]Die Referenzpunkte S_B und T_B werden in Abschnitt 5.3 erläutert

5.2.1 Aufteilung der Funktionen einer Verbindung

Die Aufteilung der Funktionen innerhalb einer B-ISDN-Verbindung erfolgt anhand von Verbindungselementen, deren Grundkomponenten und anhand von Referenzpunkten.

B-ISDN-Verbindungselemente

Die B-ISDN-Verbindung läßt sich in Verbindungselemente aufteilen, die durch Referenzpunkte voneinander getrennt sind. Bild 5.3 identifiziert für eine B-ISDN-Verbindung, die sich über ein privates und öffentliches B-ISDN erstreckt, fünf unterschiedliche Verbindungselemente:

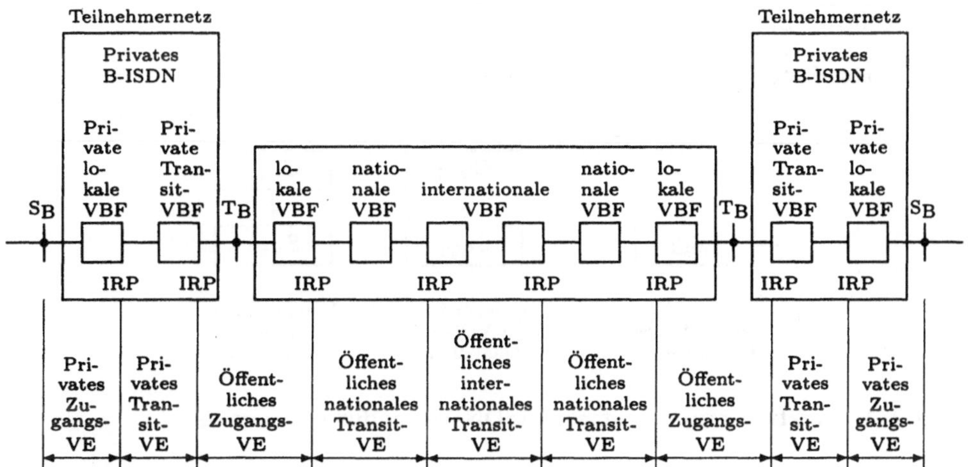

IRP Interner Referenzpunkt VE Verbindungselement
VBF Verbindungsbezogene Funktionen

Bild 5.3: Verbindungselemente einer B-ISDN-Verbindung

- das Verbindungselement (VE) für den privaten Zugang,

- das Verbindungselement für den privaten Transit,

- das Verbindungselement für den öffentlichen Zugang,

- das Verbindungselement für den öffentlichen nationalen Transit und

- das Verbindungselement für den öffentlichen internationalen Transit.

Funktionsgruppen des B-ISDN-Verbindungselementes

Im B-ISDN existieren virtuelle Kanal-Verbindungen und virtuelle Pfad-Verbindungen, die abschnittsweise durch VCIs und VPIs gekennzeichnet sind. In den Verbindungselementen sind beide ATM-Verbindungstypen durch entsprechende Vermittlungskomponenten berücksichtigt, die durch je eine eigene Kontrollkomponente gesteuert werden. Das B-ISDN-Verbindungselement wird demzufolge durch fünf Funktionsgruppen beschrieben in Form einer:

1. Vermittlungskomponente für VPI (S_{VPI});

2. Kontrollkomponente für VPI (C_{VPI});

3. Vermittlungskomponente für VCI (S_{VCI});

4. Kontrollkomponente für VCI (C_{VCI}) und

5. Verbindungskomponente (Link), siehe Bild 5.4.

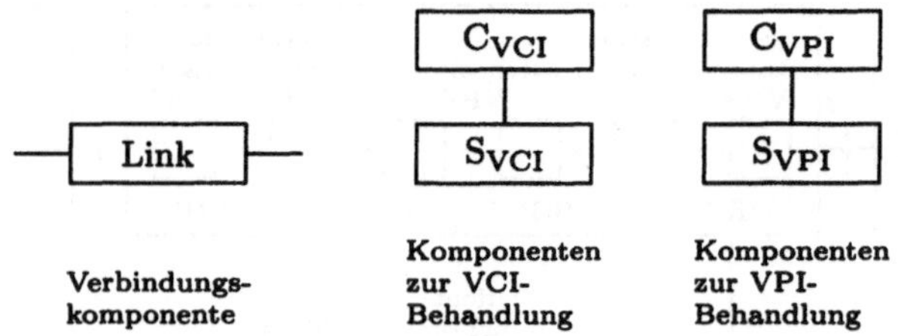

Bild 5.4: Funktionsgruppen eines B-ISDN-Verbindungselementes

Die Verbindungskomponente beinhaltet die Funktionen der Physikalischen Schicht. Es können verschiedene Verbindungskomponenten unterschieden werden, z.B. Verbindungskomponenten für den Zugang (Access-Link) und Verbindungskomponenten für den Transit (Transit-Link).

In der Referenzkonfiguration einer speziellen B-ISDN-Verbindung kann nur eine Untermenge dieser fünf Funktionsgruppen enthalten sein, z.B. zur Beschreibung eines Netzes, in dem nur virtuelle Pfade vermittelt werden.

Aufbau eines B-ISDN-Verbindungselementes

Der Aufbau des B-ISDN-Verbindungselementes ist im Bild 5.5 gezeigt. Es stellt die Zusammenhänge zwischen den fünf Funktionsgruppen, die die Verbindungen unterstützen, und zusätzlichen Funktionsgruppen zur Kontrolle der Verbindungen dar. Die Verbindungen werden von den Verbindungskomponenten und den Vermittlungskomponenten S_{VPI} und S_{VCI} unterstützt. Die Verbindungen werden von den Kontrollkomponenten C_{VPI} und C_{VCI} gesteuert. Die Kontrollkomponenten sind auf der Benutzerseite eines Verbindungselementes für den öffentlichen Zugang mit dem Benutzer-Netz-Signalisierungssystem und auf der Netzseite mit dem Netzknoten-Netzknoten-Signalisierungssystem verbunden. Zur Kontrolle von semipermanenten Verbindungen, sind die Kontrollkomponenten an die Funktionsgruppen des Netzmanagements angeschlossen.

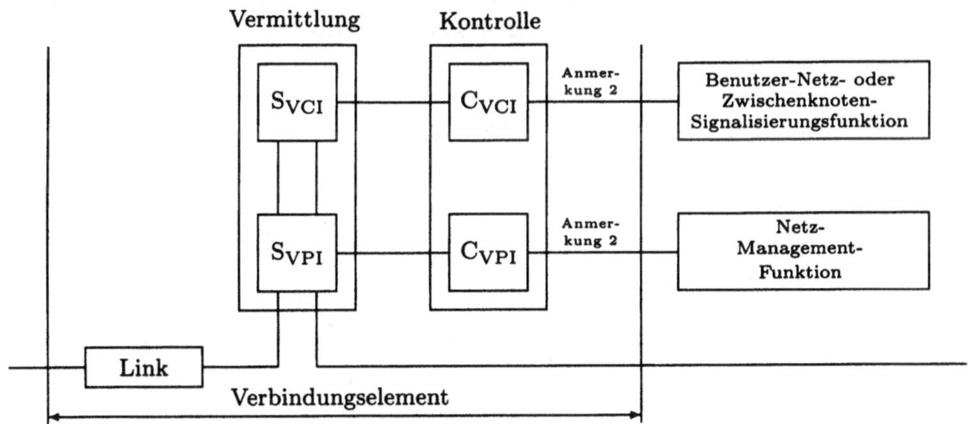

Anmerkungen:
1 Die Abbildung repräsentiert ein generisches Verbindungselement. Die Funktionskomponenten können in einer einzigen Einheit zusammengefaßt werden.
2 Die Zusammenarbeit der Kontrollkomponente zur VPI-Behandlung mit den Signalisierungs- und Netzmanagementfunktionen bedarf weiterer Festlegungen.

Bild 5.5: Aufbau des B-ISDN-Verbindungselementes

5.2.2 Beispiele für B-ISDN-Architekturmodelle

Bereitstellung eines verbindungslosen Datendienstes

Obwohl ATM verbindungsorientiert ist, wird allen Diensten, einschließlich den verbindungslosen Diensten, eine flexible Übermittlungsmöglichkeit zur Verfügung gestellt.

[I.211] beschreibt die Aspekte verbindungsloser Datendienste im B-ISDN. Der Transport der verbindungslosen Dateneinheiten im B-ISDN erfolgt über transparente ATM-Verbindungen zwischen speziellen Funktionsgruppen (Connectionless

Services Functions, CLSF), die in der Lage sind, das verbindungslose Protokoll zu verstehen und die Anpassung der verbindungslosen Dateneinheiten an den verbindungsorientierten Zellentransport auf der ATM-Schicht zu realisieren. Die CLS-Funktionsgruppen können außerhalb des B-ISDN in einem privaten Netz oder bei einem speziellen Diensteanbieter, oder innerhalb des öffentlichen B-ISDN lokalisiert sein.

Verbindungslose Dienste können im B-ISDN auf zwei Arten unterstützt werden:

- *Indirekt durch einen verbindungsorientierten B-ISDN-Dienst (Fall A):* In diesem Fall wird eine transparente Verbindung der ATM-Schicht — permant, reserviert oder vermittelt — zwischen zwei B-ISDN-Schnittstellen eingesetzt. Der verbindungslose Dienst und die Anpaßfunktionen sind außerhalb des B-ISDN implementiert. Das B-ISDN stellt keine Einschränkungen an das verbindungslose Protokoll, siehe Bild 5.6.

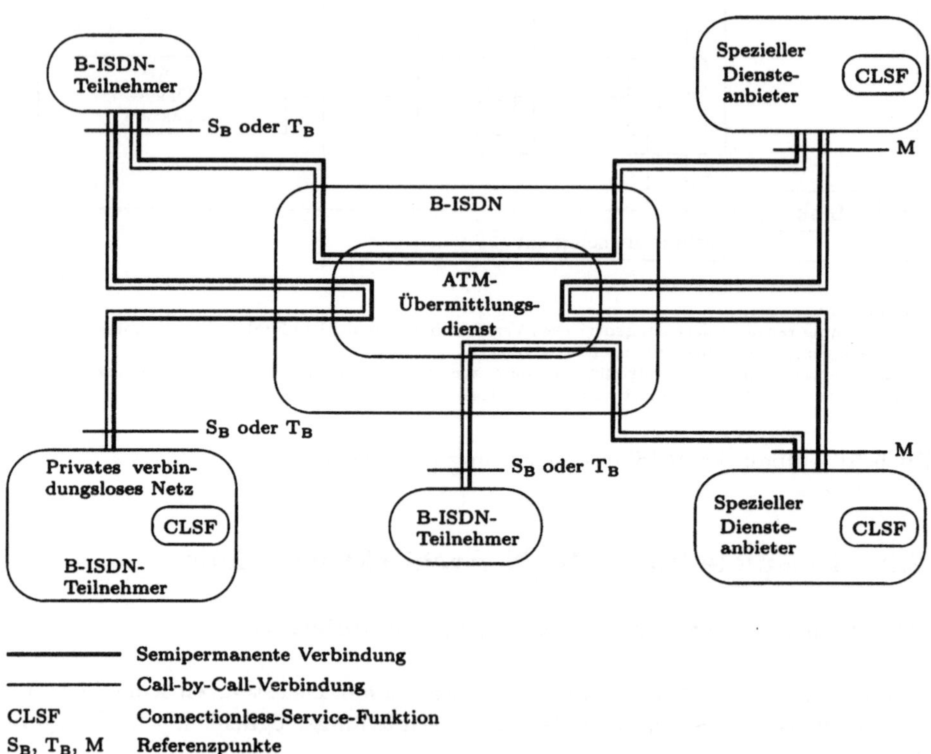

Bild 5.6: Indirekte Bereitstellung eines verbindungslosen Datendienstes

- *Direkt durch einen verbindungslosen B-ISDN-Dienst (Fall B):* In diesem Fall
  wird die CLS-Funktionsgruppe innerhalb des B-ISDN bereitgestellt. Sie verarbeitet verbindungslose Protokolle und leitet die Daten entsprechend der
  in den Benutzerdaten enthaltenen Wegeinformationen (Routing-Informatio-
  nen) zum gewünschten Ziel. In diesem Fall wird im Netz ein verbindungsloser
  Dienst oberhalb der ATM-Schicht zur Verfügung gestellt, siehe Bild 5.7.

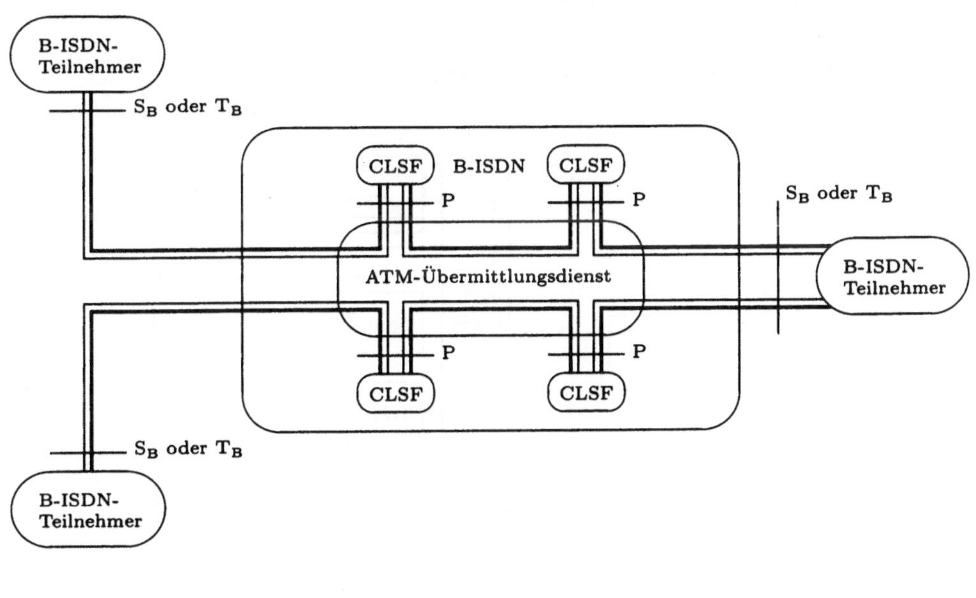

Bild 5.7: Direkte Bereitstellung eines verbindungslosen Datendienstes

Die Koexistenz beider Fälle ist möglich.

Die indirekte Bereitstellung eines verbindungslosen Dienstes kann zu einem inef-
fizienten Ausnutzen der virtuellen Verbindungen der Benutzer-Netz-Schnittstelle
und der Netzknoten-Schnittstelle führen, wenn permanente oder reservierte Verbindungen zwischen Benutzern konfiguriert werden. Die transparente Ende-zu-
Ende-Verbindung kann auch nach Bedarf aufgebaut werden. Dieses verursacht
Verbindungsaufbauverzögerungen und zusätzliche Verkehrslast in Form von Signalisierungsinformationen innerhalb des Netzes.

Im Fall B müssen zwischen Benutzer und der CLS-Funktionsgruppe und zwischen den CLS-Funktionsgruppen ATM-Verbindungen aufgebaut werden. Dafür gibt es zwei Optionen. Option eins besteht darin, vorkonfigurierte oder semipermanente virtuelle Verbindungen zwischen Benutzern und den CLS-Funktionsgruppen zu verwenden. Option zwei besteht darin, virtuelle Verbindungen zu Beginn der Sitzung eines verbindungslosen Dienstes aufzubauen. Die CLS-Funktionsgruppe schließt das verbindunglose Protokoll ab und leitet die verbindungslosen Dateneinheiten entsprechend ihrer Adreßinformation zum Ziel.

Beispiele für B-ISDN-Zugangsarchitekturen

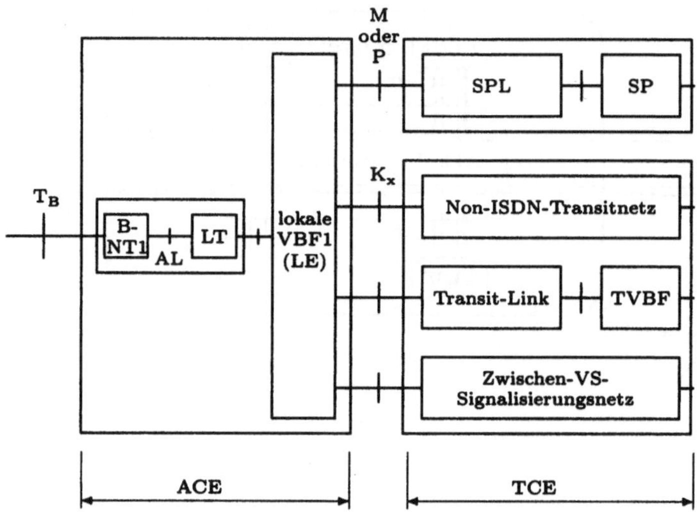

Bild 5.8: Architekturmodell mit einer sternförmigen ACE

Für den Zugang zum B-ISDN existieren mehrere unterschiedliche funktionale Architekturmodelle:

- Die Sternstruktur mit direkten individuellen Verbindungskomponenten vom Benutzer zur lokalen Vermittlungskomponente (Local Exchange, LE). Bild 5.8 zeigt den Aufbau der Verbindungselemente für den öffentlichen Zugang und den öffentlichen nationalen Transit, für Abkürzungen siehe Bild 5.10.

- Die Multisternstruktur mit einer Remote-Einheit (Remote Unit, RU) zwischen Benutzer und der lokalen Vermittlungskomponente. Es handelt sich um ein zweistufiges Netz, wobei jede Stufe Sternstruktur besitzt. Die Vermittlungsfunktionen sind auf die Remote-Einheit und die lokale Vermittlungskomponente verteilt, siehe Bild 5.9.

- Die Multisternstruktur, die für die Verteilkommunikation zwischen der lokalen Vermittlungskomponente und der Remote-Einheit baumartig ausgebildet ist, siehe Bild 5.10.

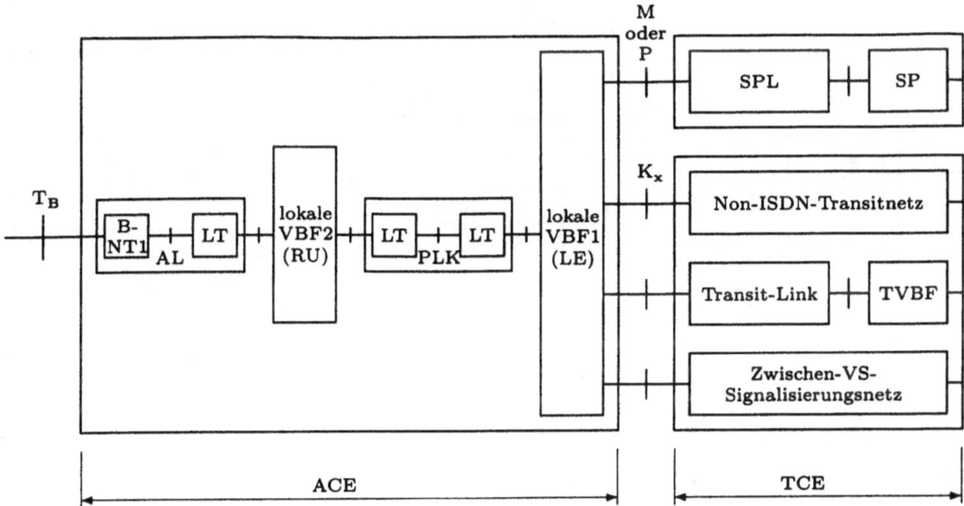

Bild 5.9: Architekturmodell mit einer multisternförmigen ACE

Andere funktionale Architekturmodelle, wie z.B. Metropolitan-Area-Networks und Zugangstechnologien in Form passiver optischer Netze bedürfen weiterer Festlegungen. Das logische Konzept des Metropolitan-Area-Network basiert auf einer verteilten lokalen Vermittlungsfunktion. Die Benutzer haben Zugang zum Netz über ein gemeinsam benutztes Medium in verschiedenen topologischen Ausprägungsmöglichkeiten. Das passive optische Netzkonzept besteht aus einem gemeinsam genutzten Medium mit Baumtopologie, das die Verbindungen mehrerer Benutzer mit der lokalen Vermittlungskomponente unter Verwendung desselben Mediums erlaubt.

5.3 Die Benutzer-Netz-Schnittstelle

Die B-ISDN-Referenzkonfiguration für ein öffentliches und privates Netz ist im Bild 5.2 dargestellt. Die B-ISDN-Verbindung erstreckt sich in diesem Fall zwischen den beiden S_B-Referenzpunkten. Das öffentliche B-ISDN ist durch den Referenzpunkt T_B von dem privaten B-ISDN getrennt. An dem Referenzpunkt T_B befindet sich die Benutzer-Netz-Schnittstelle. Das tiefgestellte B in der Bezeichnung der Referenzpunkte weist auf die Breitbandfähigkeit hin.

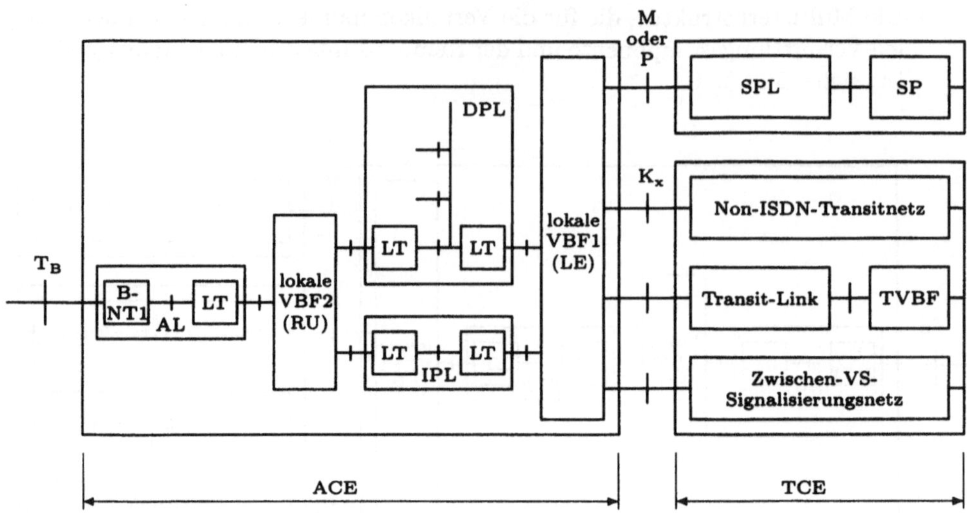

ACE	Access-Connection-Element
AL	Access-Link
VBF	Verbindungsbezogene Funktionen
DPL	Primär-Link für Verteildienste
IPL	Primär-Link für Interaktive Dienste
LT	Line-Termination
RU	Remote-Unit
B-NT1	Network-Termination-1 für B-ISDN
PLK	Primär-Link
SP	Service-Provider
SPL	Service-Provider-Link
TCE	Transit-Connection-Element
K_x, M, P	Zwischen-/Innennetz-Referenzpunkte
TVBF	Transitverbindungsbezogene Funktionen
LE	Local-Exchange (lokale Vermittlungsstelle)
VS	Vermittlungsstelle

Anmerkungen:
AL: Access-Link. Hier können Multiplexer vorhanden sein. In diesem Fall müssen spezifische Referenzpunkte definiert werden, die in dieser Abbildung nicht dargestellt sind.
SPL: Service-Provider-Link. Diese Verbindungskomponente kann als ein Transit-Link oder als Teil eines speziellen Verbindungselementes betrachtet werden.
VBF1 und VBF2 führen dieselben globalen Funktionen aus wie in dem Fall, in dem nur eine VBF-Komponente existieren würde.

Bild 5.10: Multisternförmige ACE mit baumartiger Verteilkommunikation

Bild 5.11 zeigt die B-ISDN-Referenzkonfiguration der Benutzer-Netz-Schnittstelle. Sie enthält die Referenzpunkte R, S_B und T_B und die Funktionsgruppen B-NT1, B-NT2, B-TE1, B-TE2 und B-TA.

Die Referenzkonfiguration für die Benutzer-Netz-Schnittstelle des B-ISDN ist aus der Referenzkonfiguration des ISDN abgeleitet. Diese ergibt sich aus Bild 5.11

durch Weglassen des tiefgestellten B bei den Referenzpunkten und des vorange-
stellten B bei den Funktionsgruppen).

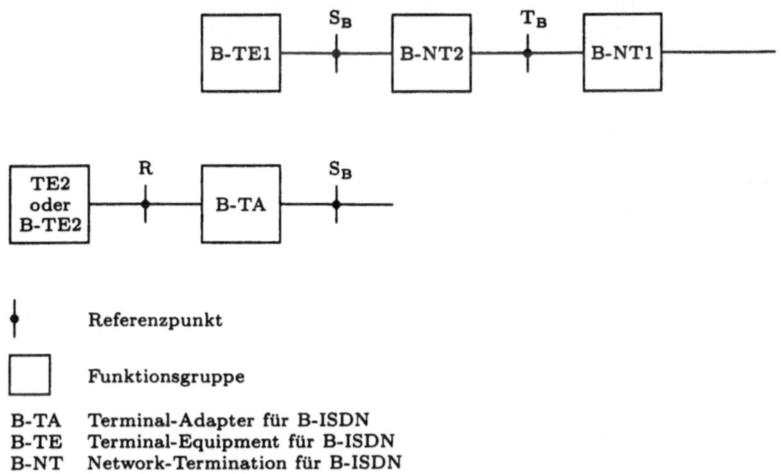

Bild 5.11: B-ISDN-Referenzkonfiguration der Benutzer-Netz-Schnittstelle

Bild 5.12 zeigt Beispiele für mögliche physikalische Konfigurationen an der Benutzer-Netz-Schnittstelle mit physikalischen Schnittstellen an verschiedenen Referenzpunkten. Bild 5.12 a) und b) zeigt getrennte Schnittstellen an den Referenzpunkten
S_B und T_B. Bild 5.12 c) und d) zeigt eine Schnittstelle am Referenzpunkt S_B und
keine an T_B. Im Bild 5.12 e) und f) ist es gerade umgekehrt. Hier fällt die Schnittstelle mit dem Referenzpunkt T_B zusammen und am Referenzpunkt S_B existiert
keine Schnittstelle. Bild 5.12 g) und h) zeigt separate Schnittstellen an den Referenzpunkten S, S_B und T_B. Im Bild 5.12 i) und j) fallen die Schnittstellen mit den
Referenzpunkten S_B und T_B zusammen.

5.3.1 Schnittstellen an den Referenzpunkten

Die Schnittstellen an den Referenzpunkten S_B und T_B sind für die Bitraten 155,520
Mbit/s und 622,080 Mbit/s standardisiert.

Grundmerkmale der Schnittstellen mit 155,520 Mbit/s

Der Bitstrom an den Referenzpunkten S_B und T_B kann in Form von Zellen oder als
Synchrones-Transport-Modul (STM) der Synchronen-Digitalen-Hierarchie (SDH)
strukturiert sein.

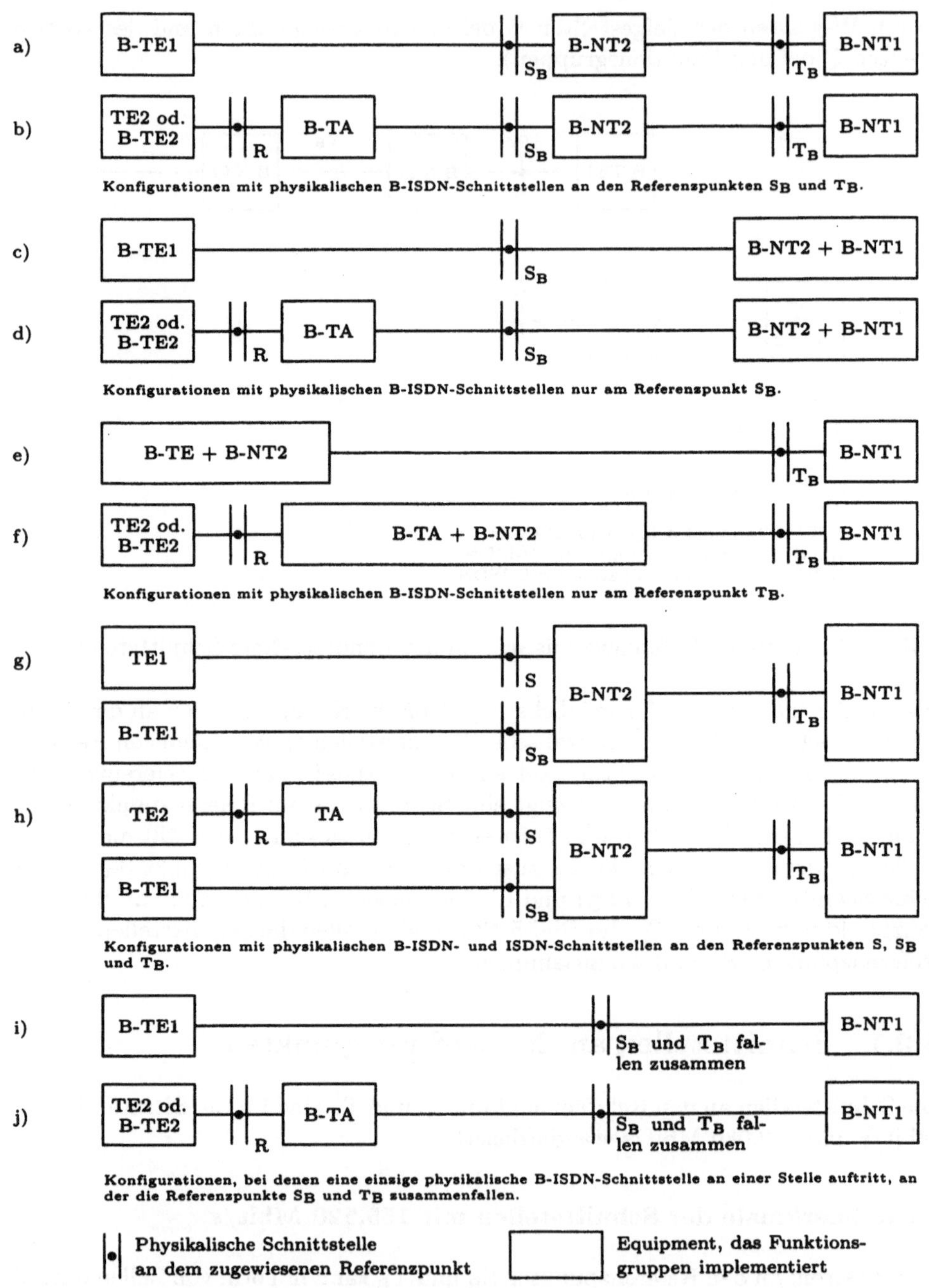

Bild 5.12: Physikalische Konfigurationen der Benutzer-Netz-Schnittstelle

An der Funktionsgruppe B-NT2 können eine oder mehrere Schnittstellen am Referenzpunkt S_B vorhanden sein. Physikalisch ist die Schnittstelle eine Punkt-zu-Punkt-Schnittstelle in dem Sinn, daß Sender und Empfänger immer paarweise vorhanden sind. Logisch kann die Schnittstelle Punkt-zu-Mehrpunkt sein. Die Funktionen dazu werden in höheren Schichten bereitgestellt.

An der Funktionsgruppe B-NT1 kann am Referenzpunkt T_B nur eine Schnittstelle vorhanden sein, die physikalisch eine Punkt-zu-Punkt-Schnittstelle darstellt.

Im Bild 5.12 i) und j) fallen die Schnittstellen an den Referenzpunkten S_B und T_B zusammen. Daraus ergibt sich, daß die Spezifikationen der Schnittstellen an den beiden Referenzpunkten einen hohen Grad an Übereinstimmung aufweisen müssen, so daß die Endgeräte auch direkt an die Schnittstelle am Referenzpunkt T_B angeschlossen werden können.

Grundmerkmale der Schnittstellen mit 622,080 Mbit/s

Die Schnittstelle mit 622,080 Mbit/s ist bisher nur für den Referenzpunkt T_B spezifiziert.

Der Bitstrom an der Schnittstelle kann auch hier rein in Form von Zellen oder als Synchrones-Transport-Modul der Synchronen-Digitalen-Hierarchie strukturiert sein.

An der Funktionsgruppe B-NT1 kann am Referenzpunkt T_B nur eine Schnittstelle vorhanden sein, die physikalisch eine Punkt-zu-Punkt-Schnittstelle darstellt.

5.3.2 Funktionsgruppen

Netzabschluß 1 für das B-ISDN

Die Funktionsgruppe Netzabschluß 1 (B-NT1) stellt den Netzabschluß seitens des Netzbetreibers dar und schließt Funktionen ein, die weitgehend äquivalent mit den Schicht-1-Funktionen des Referenzmodells für die Kommunikation in offenen Systemen sind. Als Beispiel können Funktionen zum Abschluß der Übertragungsleitung, zum Betrieb der Übertragungsschnittstelle und OAM-Funktionen genannt werden.

Netzabschluß 2 für das B-ISDN

Die Funktionsgruppe Netzabschluß 2 (B-NT2) wird weniger als Netzabschluß, sondern vielmehr als privates Netz angesehen, das zwischen den Referenzpunkten S_B

und T_B liegt. Sie umfaßt Funktionen der Schicht 1 und höherer Schichten des OSI-Referenzmodells.

Zu den B-NT2-Funktionen gehören unter anderem Anpassungsfunktionen an unterschiedliche Medien und Topologien, Funktionen für einen verteilten Netzabschluß 2, Erkennen der Zellen im Übertragungsbitstrom, Multiplexer/Demultiplexer-Funktionen, Vermittlungsfunktionen für interne Verbindungen, Kontrolle der Verbindungsparameter und Betriebs- und Wartungsfunktionen.

Die Funktionsgruppe B-NT2 läßt konzentrierte oder verteilte physikalische Anordnungen mit Bus-, Stern- oder Ring-Topologie zu. Sie kann bei Kompatibilität zwischen T_B und S_B auch ganz entfallen.

Endgeräte für das B-ISDN

Die Funktionsgruppe für Endgeräte (B-TE) enthält Funktionen der Schicht 1 und höherer Schichten des Referenzmodells für offene Systeme. Mögliche B-TE-Funktionen sind Funktionen zum Benutzer/Benutzer-Dialog oder zum Benutzer/Maschine-Dialog, physikalischer Abschluß der Endgeräteschnittstelle oder OAM-Funktionen.

Es werden zwei Arten von Endgeräten unterschieden:

- Endgeräte vom Typ 1 (B-TE1) besitzen eine Schnittstelle nach S_B- und/oder T_B-Schnittstellen-Empfehlungen.

- Endgeräte vom Typ 2 (B-TE2) haben eine Breitband-Schnittstelle, die durch andere Empfehlungen spezifiziert ist.

Anpassung von Endgeräten für das B-ISDN

Zur Anpassung von Endgeräten vom Typ 2 an die Schnittstellen, die an den Referenzpunkten S_B oder T_B spezifiziert sind, ist die Funktionsgruppe B-TA erforderlich. Sie beinhaltet Funktionen der Schicht 1 und höherer Schichten des Referenzmodells für die Kommunikation in offenen Systemen. Durch die Funktionsgruppe B-TA ist es möglich, Endgeräte vom Typ B-TE2 an der Benutzer-Netz-Schnittstelle zu betreiben.

5.4   Netzaspekte des B-ISDN

[I.311] beschreibt die allgemeinen Netzaspekte des B-ISDN. Der Fokus liegt speziell auf der Beschreibung des ATM-Transportnetzes, der Anwendungen von virtuellen Kanal- und Pfad-Verbindungen und der Grundlagen der Signalisierung.

5.4.1   ATM-Transportnetz

Das ATM-Transportnetz ist hierarchisch strukturiert. Es besteht aus der ATM-Schicht und der Physikalischen Schicht, siehe Bild 5.13.

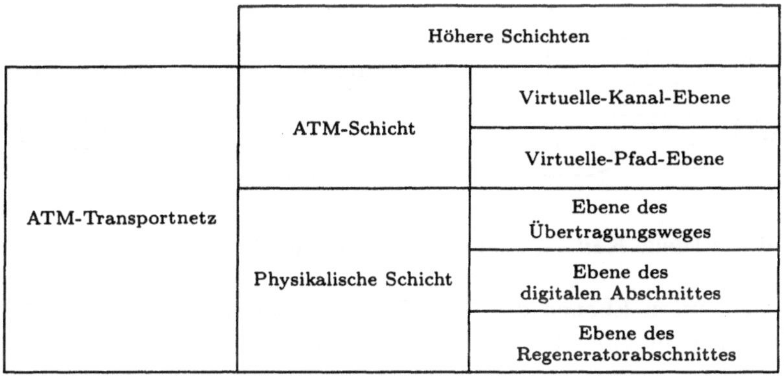

ATM-Transportnetz		Höhere Schichten	
	ATM-Schicht	Virtuelle-Kanal-Ebene
		Virtuelle-Pfad-Ebene
	Physikalische Schicht	Ebene des Übertragungsweges
		Ebene des digitalen Abschnittes
		Ebene des Regeneratorabschnittes

Bild 5.13: Hierarchie des ATM-Transportnetzes

Die Transportfunktionen der ATM-Schicht sind in die Ebene der virtuellen Kanäle (VC-Level) und die Ebene der virtuellen Pfade (VP-Level) unterteilt. Zur Definition und Kennzeichnung von virtuellen Kanälen, virtuellen Kanal-Abschnitten, virtuellen Kanal-Verbindungen, virtuellen Pfaden, virtuellen Pfad-Abschnitten und virtuellen Pfad-Verbindungen sei auf Abschnitt 2.3.2 verwiesen.

Die Transportfunktionen der Physikalischen Schicht sind in insgesamt drei Ebenen unterteilt. Im einzelnen handelt es sich um die Ebene des Übertragungsweges (Transmission Path Level), des digitalen Abschnittes (Digital Section Level) und des Regeneratorabschnittes (Regenerator Section Level). Der Übertragungsweg erstreckt sich zwischen Netzelementen, die das Nutzinformationsfeld eines Übertragungssystems senderseitig zusammensetzen und empfangsseitig rekonstruieren. Am Endpunkt jedes Übertragungsweges werden Funktionen zur Erkennung der Zellengrenzen und zur Fehlerkontrolle des Headers der Zellen benötigt. Der Digitale Abschnitt erstreckt sich zwischen Netzelementen, die kontinuierliche Bit- oder Byteströme zusammensetzen oder voneinander trennen. Der Regenerator-Abschnitt ist Teil eines digitalen Abschnittes und erstreckt sich zwischen zwei benachbarten Regeneratoren. Regeneratoren frischen die Signale auf langen Übertragungswegen physikalisch auf (Verstärkung des Signalpegels, Auffrischen von Flankenwechsel in der Signalform, etc.).

Die Transportfunktionen der ATM-Schicht sind von der Implementierungsform der Physikalischen Schicht unabhängig. Bild 5.14 zeigt den Zusammenhang zwischen

virtuellem Kanal, virtuellem Pfad und dem Übertragungsweg. Ein Übertragungsweg kann mehrere virtuelle Pfade umfassen, jeder virtuelle Pfad führt wiederum
mehrere virtuelle Verbindungen.

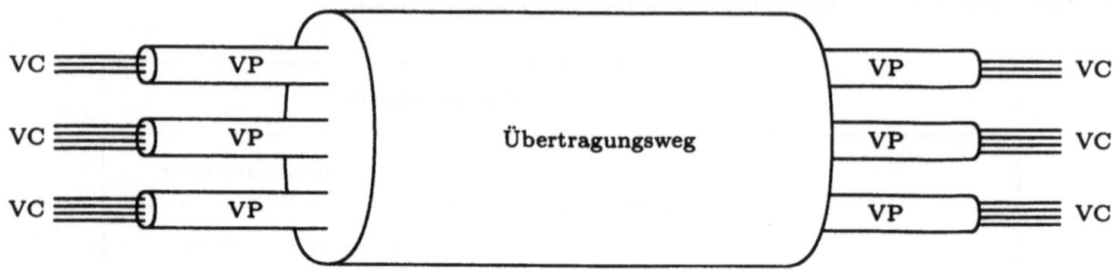

Bild 5.14: Virtuelle Kanäle, Pfade und Übertragungswege

Jede der genannten Ebenen des ATM-Transportnetzes, siehe Bild 5.15, besteht
aus den vier folgenden Architekturkomponenten:

- *Verbindungsendpunkt:* Der Verbindungsendpunkt befindet sich an der Grenze
  zwischen zwei Ebenen (z.B. zwischen VC-Level und VP-Level). Der Verbindungsendpunkt stellt Funktionen zum Verbindungsabschluß zur Verfügung.

- *Verbindungspunkt:* Der Verbindungspunkt verbindet zwei benachbarte Ver-
  bindungsabschnitte. Er befindet sich innerhalb der Ebene, in der die Information transparent weitergeleitet wird. Der Verbindungspunkt stellt Verbindungsfunktionen zur Verfügung.

- *Verbindung:* Eine Verbindung ermöglicht die Informationsübermittlung zwischen Endpunkten. Sie stellt den Zusammenhang zwischen den Endpunkten
  her und versorgt diese mit zusätzlichen Informationen, die zur Übermitt-
  lungsintegrität benötigt werden.

- *Abschnitt:* Ein Abschnitt erlaubt die transparente Informationsübermittlung.
  Er stellt die Verbindung zwischen benachbarten Verbindungspunkten oder
  zwischen einem Endpunkt und seinem benachbarten Verbindungspunkt her.

Bild 5.16 zeigt den Aufbau eines auf SDH basierenden ATM-Transportnetzes. In
der ATM-Schicht sind einige der im B-ISDN zur Übermittlung von Benutzer-
Informationen vorhanden Netzelemente gezeigt. An dieser Stelle werden diese kurz
erläutert:

- *VP-Cross-Connector:* Ein VP-Cross-Connector verbindet VP-Abschnitte. Er
  übersetzt VPI-Werte (keine VCI-Werte) und wird von den Netzmanagementfunktionen gesteuert.

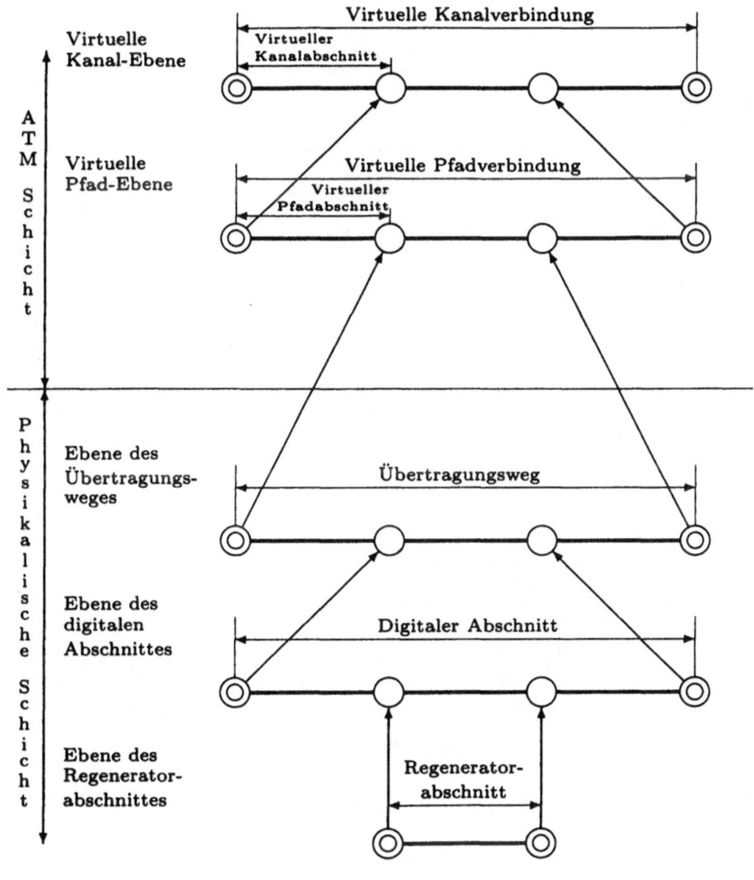

Bild 5.15: Zusammenhang der Ebenen des ATM-Transportnetzes

- *VC-Cross-Connector:* Ein VC-Cross-Connector verbindet VC-Abschnitte. Er schließt virtuelle Pfad-Verbindungen ab, übersetzt VCI-Werte und wird von den Netzmanagementfunktionen gesteuert.

- *VP-VC-Cross-Connector:* Ein VP-VC-Cross-Connector arbeitet sowohl als VP- als auch als VC-Cross-Connector. Er wird von den Netzmanagementfunktionen gesteuert.

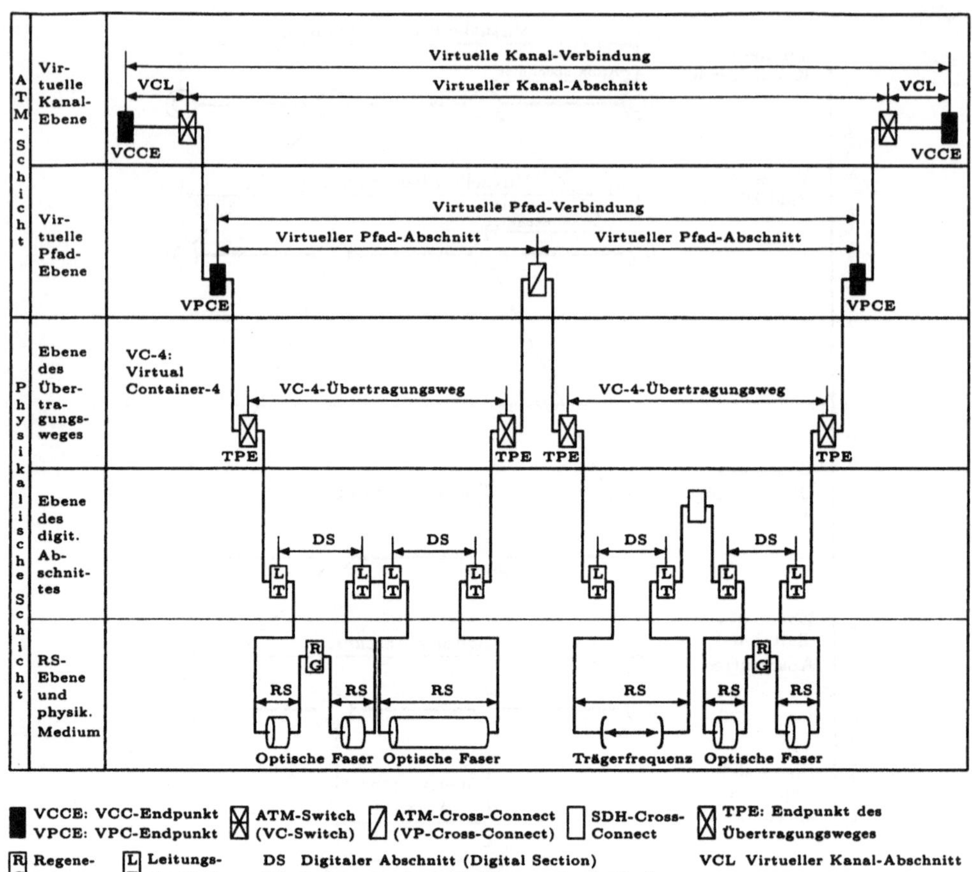

Bild 5.16: Hierarchische Struktur eines ATM-Transportnetzes auf SDH

- *VP-Vermittlungsstelle:* Eine VP-Vermittlungsstelle verbindet VP-Abschnitte. Sie übersetzt VPI-Werte (keine VCI-Werte) und wird von den Signalisierungsfunktionen gesteuert.

- *VC-Vermittlungsstelle:* Eine VC-Vermittlungsstelle verbindet VC-Abschnitte. Sie schließt virtuelle Pfad-Verbindungen ab, übersetzt VCI-Werte und wird von den Signalisierungsfunktionen gesteuert.

- *VP-VC-Vermittlungsstelle:* Eine VP-VC-Vermittlungsstelle arbeitet sowohl als VP- als auch als VC-Vermittlungsstelle. Sie wird von den Signalisierungsfunktionen gesteuert.

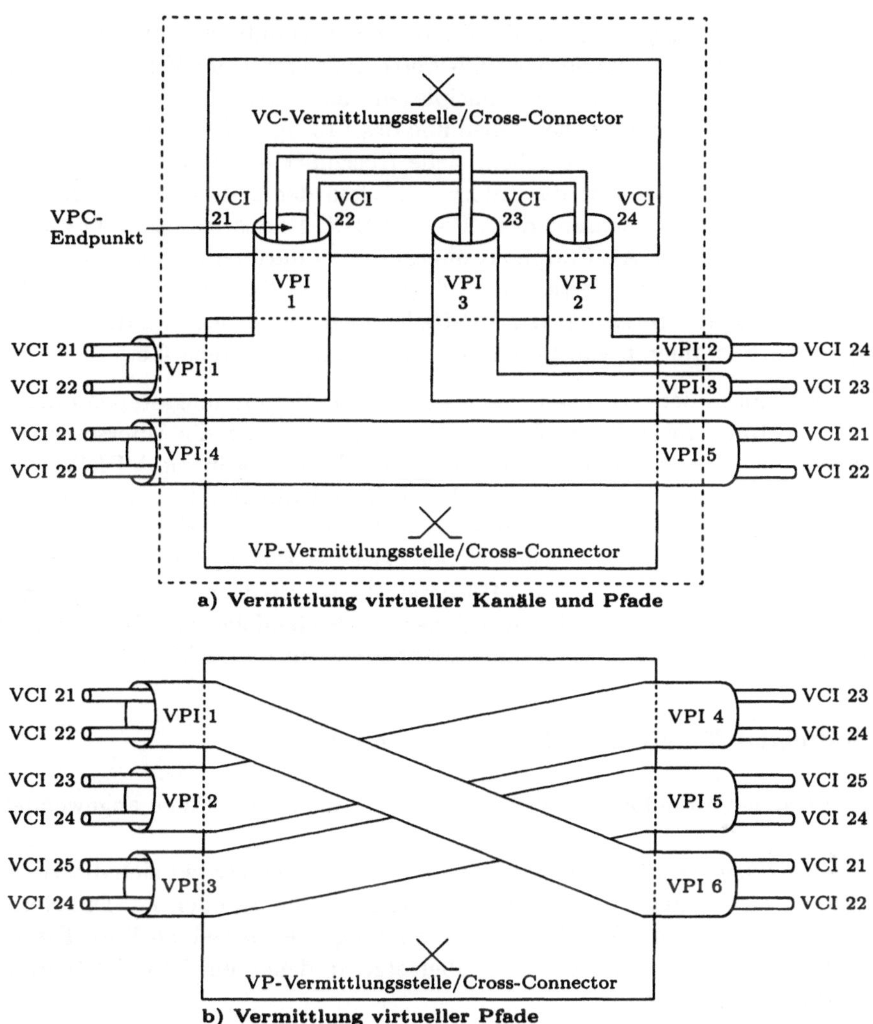

a) Vermittlung virtueller Kanäle und Pfade

b) Vermittlung virtueller Pfade

Bild 5.17: VC- und VP-Vermittlung

Bild 5.17 zeigt die Vermittlungshierarchie für virtuelle Pfade und virtuelle Kanäle in einem ATM-Transportnetz.

Die Vermittlung der virtuellen Kanäle erfolgt in VC-Vermittlungsstellen oder VC-Cross-Connectoren. Die Wegesuche besteht aus der Übersetzung der VCI-Werte der einkommenden virtuellen Kanal-Abschnitte in die VCI-Werte der abgehenden virtuellen Kanal-Abschnitte. In VC-Vermittlungsstellen oder VC-Cross-Connectoren liegen Verbindungspunkte der VC-Ebene oder Verbindungsendpunkte der VP-Ebene. Neben der Übersetzung der VCI-Werte übernimmt der Verbindungspunkt der VC-Ebene das Multiplexen/Demultiplexen von Zellen, die Sicherstellung der Integrität der VC-Reihenfolge der Zellen und das Erzeugen, Einfügen, Überwachen und Extrahieren von F5-OAM-Zellen, siehe Abschnitt 5.6. Der Verbindungsendpunkt der VC-Ebene tauscht das Informationsfeld der Zelle und den Inhalt des Headers der Zelle mit Ausnahme des VPI- und HEC-Feldes[2] transparent zwischen VP- und VC-Ebene aus. Als Endpunkt übernimmt er darüber hinaus das Erzeugen und Extrahieren der VPI-Werte, das Multiplexen und Demultiplexen von Zellen, die Sicherstellung der Integrität der VP-Reihenfolge der Zellen und das Erzeugen, Einfügen und Extrahieren von F4-OAM-Zellen, siehe Abschnitt 5.6.

Das Durchschalten der virtuellen Pfade wird in VP-Vermittlungsstellen oder VP-Cross-Connectoren ausgeführt. Zum Durchschalten gehört die Übersetzung der VPI-Werte der einkommenden virtuellen Pfad-Abschnitte in die VPI-Werte der abgehenden virtuellen Pfad-Abschnitte. In VP-Vermittlungsstellen oder VP-Cross-Connectoren liegen Verbindungspunkte der VP-Ebene oder Verbindungsendpunkte der Ebene des Übertragungsweges. Neben der Übersetzung der VPI-Werte übernimmt der Verbindungspunkt der VP-Ebene das Multiplexen/Demultiplexen von Zellen, die Sicherstellung der Integrität der VP-Reihenfolge der Zellen und das Erzeugen, Einfügen, Überwachen und Extrahieren von F4-OAM-Zellen.

Anwendungen für virtuelle Kanal-Verbindungen

Virtuelle Kanal-Verbindungen (VCCs) werden in folgenden Fällen angewendet:

1) *Benutzer-zu-Benutzer-VCC:* In dieser Anwendung erstreckt sich die virtuelle Kanal-Verbindung zwischen den Referenzpunkten S_B oder T_B. Die Netzelemente übertragen alle Zellen der Verbindung über denselben Weg. Die VCI-Werte werden in Netzelementen übersetzt, in denen ein VPC-Verbindungsendpunkt enthalten ist.

2) *Benutzer-zu-Netzknoten-VCC:* In dieser Anwendung erstreckt sich die virtuelle Kanal-Verbindung zwischen einem Referenzpunkt S_B oder T_B und einem Netzknoten. Diese Art der Verbindung kann zum direkten Anschluß eines Benutzer-Endgerätes an ein Netzelement dienen.

3) *Netzknoten-zu-Netzknoten-VCC:* In dieser Anwendung erstreckt sich die virtuelle Kanal-Verbindung zwischen zwei Netzknoten. Sie wird zum Austausch von Informationen zum Verkehrsmanagement im Netz und zur Wegelenkung eingesetzt.

---

[2]Header-Error-Control-Feld ist acht Bits lang und enthält eine Kontrollsequenz zum Schutz der Informationen des Headers.

Anwendungen für virtuelle Pfad-Verbindungen

Virtuelle Pfad-Verbindungen kommen in folgenden Fällen zur Anwendung:

1) *Benutzer-zu-Benutzer-VPC:* In dieser Anwendung erstreckt sich die virtuelle Pfad-Verbindung zwischen den Referenzpunkten S_B oder T_B. Die Anwendung stellt Benutzern virtuelle Pfad-Verbindungen zur Verfügung. Die Netzelemente übertragen alle Zellen der Verbindung über denselben Weg. Die VPI-Werte werden in Netzelementen mit Vermittlungs- oder Cross-Connect-Funktionen übersetzt.

2) *Benutzer-zu-Netzknoten-VPC:* In dieser Anwendung erstreckt sich die virtuelle Pfad-Verbindung zwischen einem Referenzpunkt S_B oder T_B und einem Netzknoten. Diese Art der Verbindung kann für den gesamten Verkehr eines Benutzer-Endgerätes (Verkehr mehrerer virtueller Kanäle) eingesetzt werden, der zu einem Netzelement geführt werden soll.

3) *Netzknoten-zu-Netzknoten-VPC:* In dieser Anwendung erstreckt sich die virtuelle Pfad-Verbindung zwischen zwei Netzknoten. Sie wird zum Austausch von Informationen zum Verkehrsmanagement im Netz und zur Wegelenkung eingesetzt. An den Netzknoten, an denen die virtuelle Pfad-Verbindung abgeschlossen wird, werden die in dem virtuellen Pfad geführten virtuellen Kanäle zu virtuellen Kanälen in anderen virtuellen Pfaden vermittelt.

5.4.2 Grundlagen der Signalisierung

Im ISDN erfolgt die Signalisierung für den Auf- und Abbau von 64-kbit/s-Nutzkanalverbindungen zwischen Benutzer und Netz über den D-Kanal. Der Austausch der Signalisierungsinformation zwischen ISDN-Vermittlungsstellen erfolgt im Rahmen des Signalisierungssystems Nr. 7.

Das Signalisierungssystem Nr. 7 ist ein *Zentralkanalsystem.* Das bedeutet, daß die Signalisierungsinformation getrennt von den Nutzkanälen, auf die sie sich bezieht, in speziellen, für viele Nutzkanäle gemeinsam benutzten 64-kbit/s–Signalisierungskanälen übermittelt wird. Die auch als zentrale Zeichenkanäle (ZZK) bezeichneten Signalisierungskanäle zwischen den ISDN-Vermittlungsstellen bilden zusammen ein eigenständiges, Netz, das von dem Nutzkanal-Durchschaltenetzes getrennt ist.

Der Einsatz des Asynchronen-Transfer-Modus erlaubt die logische Trennung der Signalisierungsinformationen von den Benutzerinformationen. Als Folge davon wird im B-ISDN kein separates physikalisches Signalisierungsnetz benötigt. Das Signalisierungsnetz im B-ISDN ist ein logisches Netz desselben physikalischen ATM-Transportnetzes, das zum Austausch von Benutzerinformationen eingesetzt wird.

Das Signalisierungsnetz im B-ISDN besteht aus der Menge der virtuellen Kanäle, über die die Signalisierungsinformationen zwischen den Signalisierungsinstanzen (z.B. Endgeräte oder Vermittlungsstelle) übermittelt werden. Das B-ISDN realisiert Außer-Band-Signalisierung über eigene virtuelle Signalisierungskanäle (Signalling Virtual Channels).

Die Signalisierung im B-ISDN wird zur Kontrolle der virtuellen Kanal- und Pfad-Verbindungen für die Übermittlung von Benutzerinformationen eingesetzt. Sie unterstützt zudem eine Kommunikationsbeziehung mit mehreren Verbindungen, 64-kbit/s-ISDN-Diensten und die Zusammenarbeit mit anderen Signalisierungsnetzen.

Zu den Kontrollmöglichkeiten von virtuellen Kanal- und Pfad-Verbindungen für Benutzerinformationen gehören Verbindungsauf- und -abbau, Aushandeln der Verkehrsparameter einer Verbindung beim Verbindungsaufbau und das Neuverhandeln der Parameter einer bestehenden Verbindung. Die Unterstützung einer Kommunikationsbeziehung mit mehreren Verbindungen umfaßt symmetrische wie auch asymmetrische Kommunikationsbeziehungen, den gleichzeitigen Auf- und Abbau mehrerer Verbindungen der Kommunikationsbeziehung und das Hinzunehmen und Entfernen einzelner Verbindung der Kommunikationsbeziehung. Asymmetrische Kommunikationsbeziehungen sind durch unterschiedliche Informationsbitraten in den beiden Übertragungsrichtungen gekennzeichnet. Ein bekanntes Verfahren mit einer asymmetrischen Kommunikationsbeziehung stellt das ADSL (Asymmetrical Digital Subscriber Line) dar, siehe Abschnitt 3.4.

Signalisierungskanäle

Im B-ISDN werden verschiedene Signalisierungskanäle bereitgestellt. Sie können eine Punkt-zu-Punkt- oder Punkt-zu-Mehrpunkt-Konfiguration haben. Bei der Punkt-zu-Punkt-Konfiguration steht eine Signalisierungsinstanz mit genau einer anderen in Beziehung. Im Fall einer Punkt-zu-Mehrpunkt-Konfiguration agiert eine Signalisierungsinstanz mit mehreren anderen. Beide Konfigurationenarten sind an der Benutzer-Netz-Schnittstelle und bei direkter Benutzer-zu-Benutzersignalisierung möglich. Die Signalisierung zwischen Netzknoten erfolgt nur Punkt-zu-Punkt.

Die Punkt-zu-Punkt-Signalisierung zwischen zwei Signalisierungsinstanzen benötigt je eine virtuelle Kanal-Verbindung in jeder Richtung. In beiden Richtungen werden dieselben VCI/VPI-Werte benutzt. Der VCI-Wert einer Punkt-zu-Punkt-Signalisierungsverbindung (*Punkt-zu-Punkt-SVC*) ist standardisiert.

Für die Punkt-zu-Mehrpunkt-Signalisierung werden folgende virtuellen Signalisierungskanäle bereitgestellt:

- *General-Broadcast-SVCs:* Die Broadcast-SVCs sind unidirektional vom Netz zum Benutzer. Sie werden für Signalisierungsinformationen zu allen oder einer Auswahl von Signlisierungsinstanzen verwendet.

- *Selective-Broadcast-SVCs:* Selektive-Broadcast-SVCs werden optional bereitgestellt, um alle Endgeräte, die zur selben Dienst-Kategorie gehören, ansprechen zu können.

Meta-Signalisierung

Zum Aufbau und Abbau eines virtuellen Signalisierungskanals wird ein spezieller virtueller Kanal, der sogenannte Meta-Signalisierungskanal (Meta-Signalling Virtual Channel, MSVC), verwendet. Dieser besitzt an der Benutzer-Netz-Schnittstelle fest zugewiesene VCI/VPI-Werte. In VPI=0 ist der Meta-Signalisierungskanal mit einem standardisierten VCI-Wert in beiden Richtungen stets vorhanden.

Die Meta-Signalisierungsprozedur umfaßt in erster Linie den Auf- und Abbau von virtuellen Signalisierungskanälen, die Aushandlung ihrer VCI/VPI-Werte und ihrer erforderlichen Bandbreite.

Konfigurationen

Bild 5.18 zeigt drei mögliche Signalisierungskonfigurationen. Im Fall A setzt der Benutzer zum Aufbau von virtuellen Kanal-Verbindungen zu anderen Benutzern Signalisierungsprozeduren ein. Der Meta-Signalisierungskanal wird zum Aufbau eines Signalisierungskanals zwischen den Endgeräten des Benutzers und der lokalen Vermittlungsstelle benutzt. Die lokale Vermittlungsstelle stellt eine Vermittlungsfunktion auf Grundlage der VPI- und VIC-Werte im Header der ATM-Zellen zur Verfügung.

Im Fall B bestehen zwischen den Benutzern virtuelle Pfad-Verbindungen über die lokale Vermittlungsstelle hinaus. Diese virtuelle Pfad-Verbindungen können ohne oder unter Verwendung von Signalisierungsprozeduren auf Anforderung aufgebaut werden. Im letztgenannten Fall wird der Meta-Signalisierungskanal im Endgerät des Benutzers zum Aufbau eines Signalisierungskanals zwischen Endgerät und lokaler Vermittlungsstelle eingesetzt, über den die virtuelle Pfad-Verbindung eingerichtet wird. Die in einer virtuellen Pfad-Verbindung geführten virtuellen Kanäle werden durch Signalisierungsprozeduren zwischen dem Endgerät und dem Knoten, der die virtuelle Pfad-Verbindung abschließt, auf- und abgebaut.

Im Fall C besteht zwischen dem Benutzer und einem anderen Benutzer und zwischen dem Benutzer und der lokalen Vermittlungsstelle je eine virtuelle Pfad-Verbindung. In diesem Fall setzt der Benutzer den zwischen seinem Endgerät und der lokalen Vermittlungsstelle existierenden Meta-Signalisierungskanal dazu ein,

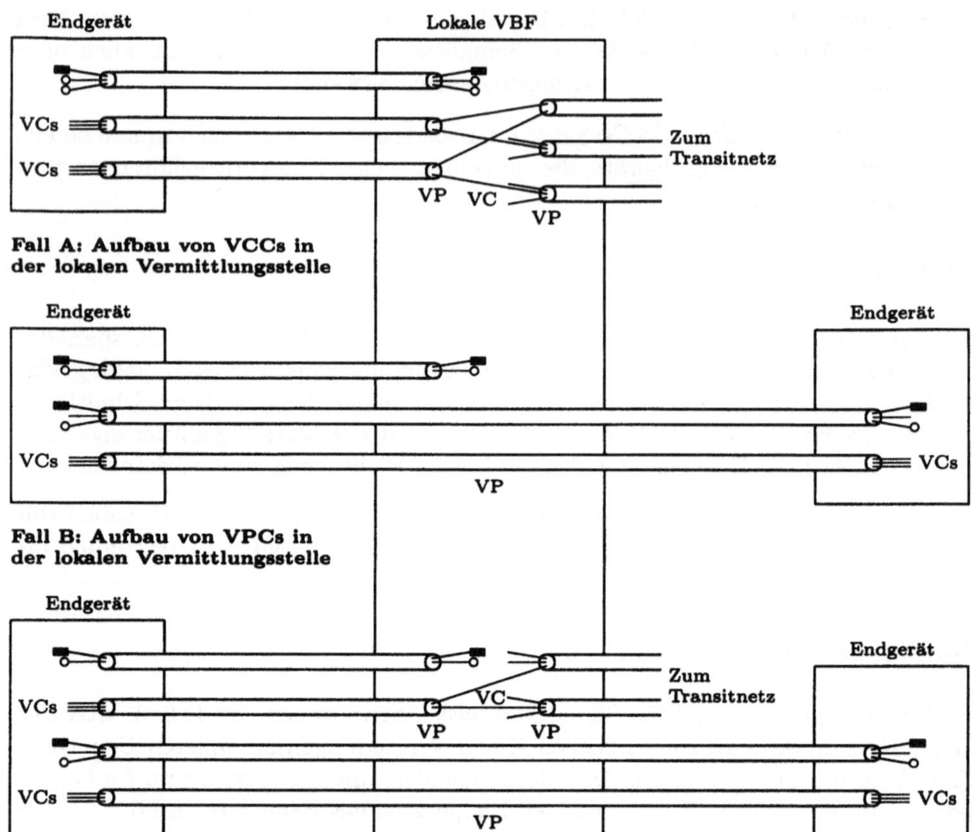

Bild 5.18: Signalisierungskonfigurationen

einen Signalisierungskanal zu errichten, der zum Aufbau weiterer virtueller Kanal-
Verbindungen für Signalisierungsinformationen zu anderen Netzknoten benutzt
wird. Die lokale Vermittlungsstelle stellt eine Vermittlungsfunktion auf Grundlage der VPI-Werte im Header der ATM-Zellen für diejenigen virtuellen Pfad-
Verbindungen zur Verfügung, die nicht an der lokalen Vermittlungsstelle enden.
Für die virtuellen Pfad-Verbindungen, die in der lokalen Vermittlungsstellen ab-
schließen, stellt die lokale Vermittlungsstelle eine Vermittlungsfunktion auf Grundlage der VPI- und VCI-Werte bereit.

5.5   B-ISDN-Protokoll-Referenzmodell

Die gleiche logische hierarchische Architektur, die zur Beschreibung der Kommunikation in offenen Systemen herangezogen wird, wird für das B-ISDN in [I.321] verwendet. Das B-ISDN-Referenzmodell berücksichtigt die Prinzipen des OSI-Referenzmodells, wenn auch nicht in allen Fällen die Unabhängigkeit der Schichten gewährleistet ist und einige Funktionen sich nicht auf die bekannten Schichtendefinitionen des OSI-Referenzmodell abbilden lassen. Neben der Schicht 1 (Bitübertragungsschicht) sind im B-ISDN-Protokoll-Referenzmodell zwei sehr spezifische Schichten definiert: die ATM-Schicht und die ATM-Anpassungsschicht. Das B-ISDN-Protokoll-Referenzmodell ist im Bild 5.19 dargestellt.

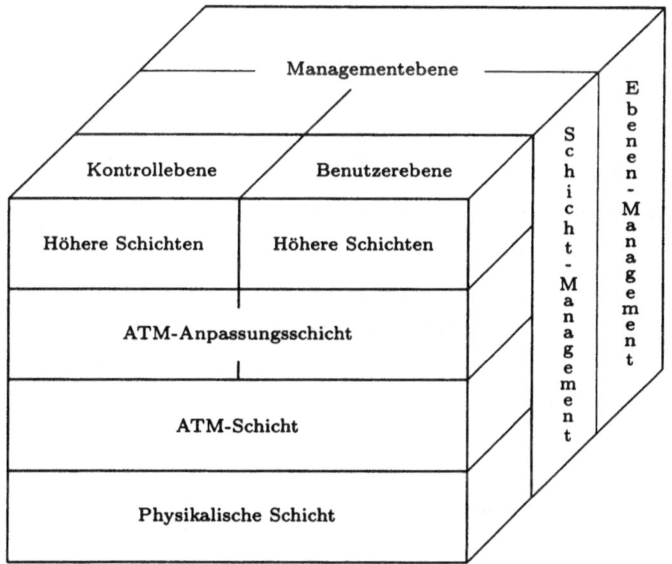

Bild 5.19: B-ISDN-Protokoll-Referenzmodel

Im B-ISDN-Protokoll-Referenzmodell wird das Konzept getrennter Ebenen zur Abgrenzung der Benutzer-, Kontroll- und Managementfunktionen verwendet. Die *Benutzerebene* mit ihrer geschichteten Struktur stellt alle Funktionen zur Übermittlung von Benutzerinformationen bereit, verbunden mit den dazu notwendigen Funktionen zur Fluß- und Fehlerkontrolle, zur Verifikation und zur eventuell erforderlichen Wiederholung der Übertragung von Benutzerinformation. Die *Kontrollebene* umfaßt Funktionen zum Umgang mit Rufkontroll- und Verbindungskontrollinformationen. Sie regelt den Zeichengabefluß, der zum Einrichten, zum Verändern der Parameter und zum Beenden einer Verbindung notwendig ist.

Die *Managementebene* ist zweigeteilt in Ebenen- und Schicht-Management-Funktionen. Das *Ebenen-Management* ist nicht geschichtet, enthält sämtliche Funktionen, die das System als Ganzes betreffen und stellt die Koordination zwischen allen Ebenen her.

Das *Schicht-Management* erledigt Funktionen, die zur Verwaltung der Netz-Ressourcen und zum Betrieb und zur Wartung des Netzes notwendig sind (OAM-Funktionen). Bild 5.20 zeigt die Funktionen der einzelnen Schichten des B-ISDN-Protokoll-Referenzmodells im Überblick.

	Funktionen höherer Schichten	Höhere Schichten	
S c h i c h t - M a n a g e m e n t	Konvergenz	CS	AAL
	Segmentierung und Zusammensetzen	SAR	
	Generische Flußkontrolle Erzeugung/Extraktion des Headers Übersetzung der VPI-/VCI-Werte Zellen-Multiplex und -Demultiplex	ATM	
	Entkopplung der Zellenrate Erzeugung/Verifizierung der HEC-Sequenz Erkennen der Zellengrenzen Anpassung an den Übertragungsrahmen Erzeugung/Erkennung des Übertragungsrahmens	TC	PL
	Bit-Timing Physikalisches Medium	PM	

CS   Convergence Sublayer
PM   Physical Medium
SAR Segmentation and Reassembly Sublayer
TC   Transmission Convergence

Bild 5.20: Funktionen der Schichten des B-ISDN-Protokoll-Referenzmodells

5.5.1   Niedere Schichten

Die Physikalische Schicht ist vom Übertragungsmedium abhängig. Sie ist unterteilt in die *Übertragungskonvergenz-Teilschicht* und die *Teilschicht des Physikalischen Mediums*. Die Übertragungskonvergenz-Teilschicht führt Funktionen zur Transformation des zu übertragenden Zellenstromes in einen über das physikalische Medium übertragbaren Bitstrom aus. Die mediumabhängigen Funktionen zur Bitübertragung wie z.B. Signalform und Leitungskodierung sind in der Teilschicht des Physikalischen Mediums definiert.

Die ATM-Schicht erbringt den Zellenübermittlungsdienst. In ihr sind die Funktionen des Headers der Zellen festgelegt.

Die ATM-Anpassungsschicht übernimmt die Anpassung der zu übermittelnden Informationen, wie sie von höheren Schichten angeboten werden, in Form von Zellen.

Die Funktionen der Physikalischen Schicht und der ATM-Schicht sind für Benutzer- und Kontrollebene gleich. Unterschiedliche Funktionen können in der ATM-Anpassungsschicht und in höheren Schichten bestehen. Die detaillierte Beschreibung der Funktionen erfolgt in Kapitel 6.

Der Begriff Zelle

Es ist notwendig, den Begriff *Zelle* zu klären, da dieser Begriff in der ATM-Schicht und der Physikalischen Schicht verwendet wird. Der Begriff Zelle ist wesentlich für das B-ISDN und in [I.113] definiert als *ein Block fester Länge, der durch einen Label in der ATM-Schicht des B-ISDN-Protokoll-Referenzmodells gekennzeichnet ist*. Definitionen für unterschiedliche Arten von Zellen sind in [I.321] zu finden.

Bei den Zellen der Physikalischen Schicht handelt es sich um:

- *Leerzelle (Idle Cell)*: Eine Zelle, die in der Physikalischen Schicht ein- und ausgefügt wird, um die Zellenflußrate an der Schnittstelle zwischen der ATM-Schicht und der Physikalischen Schicht an die verfügbare Übertragungsbitrate des verwendeten Übertragungssystems anzupassen.

- *Gültige Zelle (Valid Cell)*: Eine Zelle, deren Header keine Fehler enthält oder deren Header von Fehlern befreit wurde.

- *Ungültige Zelle (Invalid Cell)*: Eine Zelle mit Fehlern im Header. Sie wird in der Physikalischen Schicht verworfen.

- *Physical-Layer-OAM-Zelle (PLOAM-Cell)*: Eine Zelle mit OAM-Informationen der Physikalischen Schicht.

Auf der ATM-Schicht werden folgende Zellen unterschieden:

- *Zugewiesene Zelle (Assigned Cell)* (ATM-Schicht): Eine Zelle, die einer Anwendung den ATM-Schicht-Dienst bereitstellt. Eine zugewiesene Zelle enthält im Informationsfeld Benutzerinformationen.

- *Nicht zugewiesene Zelle (Unassigned Cell)* (ATM-Schicht): Eine Zelle der ATM-Schicht, die keine Benutzerinformationen enthält. Nicht zugewiesene Zellen werden zur Übermittlung von OAM-Informationen der ATM-Schicht benötigt und können mit den PLOAM-Zellen der Physikalischen Schicht verglichen werden.

Die Zellen der Physikalischen Schicht enthalten keine Information für die ATM-
Schicht und für höhere Schichten und werden deshalb nur in der Physikalischen
Schicht verarbeitet.

5.5.2 Höhere Schichten

Benutzerebene

Die höheren Schichten der Benutzerebene umfassen alle dienstespezifischen Protokolle, die für die Ende-zu-Ende-Kommunikation notwendig sind. Die Protokolle
höherer Schichten sollten unabhängig von denen darunterliegender Schichten sein.

In einigen Fällen können die existierenden Protokolle höherer Schichten für einige Anwendungen vereinfacht werden, da Funktionen höherer Schichten bereits
von der ATM- oder der ATM-Anpassungsschicht übernommen werden. In anderen Fällen kann die Erweiterung existierender Protokolle notwendig sein. Auf lange
Sicht müssen neue optimierte Protokolle entwickelt werden, um das auf ATM ba-
sierende B-ISDN am effizientesten nutzen zu können.

Kontrollebene

Die Kontrollebene höherer Schichten stellt Möglichkeiten zur Übermittlung von Signalisierungsinformationen und zur Verbindungs- und Rufkontrolle zur Verfügung.
In einem ersten Schritt können diese Kontrollfunktionen an der Benutzer-Netz-
Schnittstelle auf existierenden Protokollen zur Benutzer-Netz-Signalisierung beruhen. Einige Modifikationen sind notwendig oder vorteilhaft:

- Schicht-2-Funktionen, die bereits von der ATM- und der ATM-Anpassungsschicht bereitgestellt werden, müssen nicht länger in Schicht 2 ausgeführt
  werden. Beispielsweise erfolgen die Adressierung durch VPI und VCI in der
  ATM-Schicht und das Segmentieren und die Rekonstruktion der Informationen in der ATM-Anpassungsschicht.

- Schicht-3-Funktionen müssen um neue Informationselemente zur Kennzeichnung von ATM-Verbindungen erweitert werden. Zum Auf- und Abbau von
  Punkt-zu-Punkt-VCCs müssen die Zuweisung und Kennzeichnung der VCIs
  realisiert werden. Der Aufbau von VPCs kann mittels ATM-Schicht-Mana-
  gement-Prozeduren oder auf Abonnement-Basis erfolgen, wozu eine Schicht-
  3-Unterstützung nicht notwendigerweise erforderlich ist.

Auf ähnliche Weise kann die Zeichengabe zwischen Vermittlungsstellen im B-ISDN
auf dem zentralen Signalisierungssystem Nr. 7 (SS7) des ISDN beruhen. Spezielle

Erweiterungen sind zur Unterstützung von ATM-Verbindungen notwendig (z.B. VCI-Zuweisung/-Kennzeichnung). Das existierende SS7-Netz kann zur Übertragung der Signalisierungsinformationen mit verwendet werden.

Die Signalisierung im B-ISDN strebt komplett überarbeitete Protokolle an, die nicht nur Breitbandaspekte berücksichtigen, sondern auch Multimedia-Dienste oder Möglichkeiten des Intelligenten Netzes.

5.6 Betrieb und Wartung im B-ISDN

Es werden nun die Funktionen beschrieben, die zum Betrieb und zur Wartung (Operation and Maintenance, OAM) der Physikalischen und der ATM-Schicht des B-ISDN erforderlich sind. Sie beziehen sich auf permanente, semipermanente, reservierte und vermittelte virtuelle Pfad- und Kanal-Verbindungen, siehe [I.610]. OAM-Funktionen oberhalb der ATM-Schicht werden nicht betrachtet.

5.6.1 Grundlagen

Der Betrieb und die Wartung im B-ISDN basiert auf kontrollierter Instandhaltung, d.h. aus Überwachung, Test und Performance-Beobachtung zur Minimierung und Reduzierung präventiver und korrektiver Maßnahmen.

Die OAM-Funktionen im B-ISDN orientieren sich an folgenden Leitsätzen:

- *Performance-Monitoring:* Performance-Monitoring ist eine Funktion, die die Benutzer-Informationen so verarbeitet, daß spezifische Instandhaltungsinformationen generiert werden. Die Instandhaltungsinformationen werden am Anfangspunkt einer Verbindung oder eines Abschnittes zu der Benutzerinformation addiert und am Endpunkt einer Verbindung oder eines Abschnittes extrahiert. Die extrahierte Instandhaltungsinformation wird an die zuständigen OAM-Einheiten übermittelt, die diese Information für die langzeitige Systemauswertung, kurzeitige Dienstequalitätsüberprüfung oder für präventive Maßnahmen nutzen.

- *Defekt- und Ausfallserkennung:* Durch kontinuierliches Prüfen der Funktionen ergeben sich Instandhaltungsinformationen und Alarme, so daß Ausfälle erkannt werden können. Im Fehlerfall werden notwendige Maßnahmen zur Lokalisierung des Fehlers eingeleitet.

- *Systemschutz:* Bei Fehlererkennung kann die fehlerhafte Einheit aus dem Betrieb genommen werden, um die Fehlerauswirkung zu minimieren.

- *Defektinformation:* Bei Ausfall einer Einheit werden weitere Management-Einheiten durch Austausch von Alarmen und Status-Informationen unterrichtet.

- *Lokalisierung des Fehlers:* Interne oder externe Testsysteme werden zur Lokalisierung der fehlerhaften Einheit herangezogen, wenn die Defektinformationen nicht ausreichen.

5.6.2   OAM-Ebenen im B-ISDN

Die OAM-Funktionen im B-ISDN werden gemäß der geschichteten Struktur des ATM-Transportnetzes in fünf Ebenen organisiert. Sie resultieren in fünf als OAM-Flüsse bezeichneten bidirektionalen Informationsflüssen:

- F5: VC-Level,

- F4: VP-Level,

- F3: Transmission-Path-Level,

- F2: Digital-Section-Level,

- F1: Regenerator-Section-Level.

Die OAM-Flüsse und ihre Relation zu den Ebenen des ATM-Transportnetzes sind im Bild 5.21 gezeigt, in dem zu erkennen ist, daß zwei OAM-Ebenen mit den OAM-Flüssen F5 und F4 in der ATM-Schicht und drei OAM-Ebenen mit den OAM-Flüssen F3, F2 und F1 in der Physikalischen Schicht definiert sind.

Nicht jeder Netzknoten muß alle OAM-Ebenen unterstützen. In diesem Fall werden die relevanten OAM-Funktionen in einer höheren Ebene ausgeführt.

Die OAM-Funktionen liegen in dem Schicht-Management des B-ISDN-Protokoll-Referenzmodells. Innerhalb einer Schicht sind sie unabhängig von OAM-Funktionen anderer Schichten.

Die Mechanismen zur Bereitstellung von OAM-Funktionen und die dazugehörigen Informationsflüsse hängen von der jeweiligen Schicht ab.

In der Physikalischen Schicht sind die OAM-Informationsflüsse (F1, F2, F3) von der Art des Übertragungssystems abhängig. Bei plesiochronen Übertragungssystemen wird die Bitfehlerrate pro Abschnitt mittels CRC überwacht, indem die Anzahl der Code-Verletzungen gezählt wird. In Übertragungssystemen der Synchronen-Digitalen-Hierarchie enthalten spezielle Bytes des Section-Overhead (SOH)

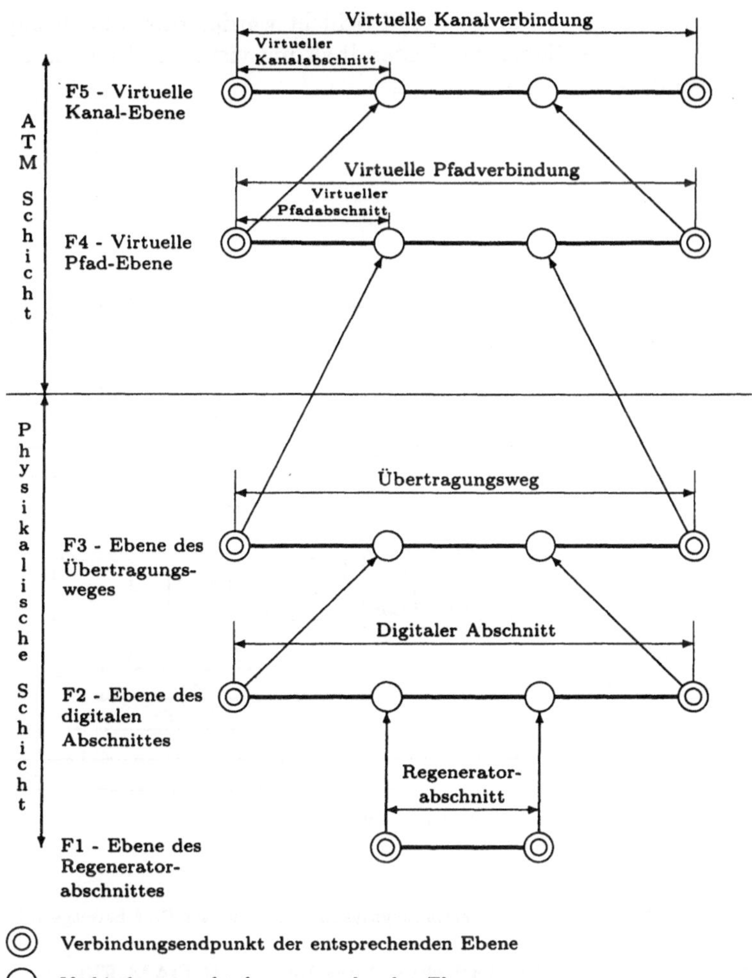

Bild 5.21: Hierarchische OAM-Ebenen

und des Path-Overhead (POH)[3] Fehlermeß-Codes wie BIP-8 (Bit Interleaved Parity). In einem auf Zellen basierenden Übertragungssystem werden die OAM-Flüsse F1, F2 und F3 durch die PLOAM-Zellen realisiert.

---

[3]Die Begriffe *Section* und *Path* haben innerhalb der SDH eine andere Bedeutung als innerhalb eines ATM-Transportnetzes.

Die OAM-Flüsse F4 und F5 in der ATM-Schicht werden durch nicht zugewiesene
Zellen bereitgestellt. Sie dienen der Instandhaltung virtueller Pfad- und virtueller
Kanal-Verbindungen.

Beispiel

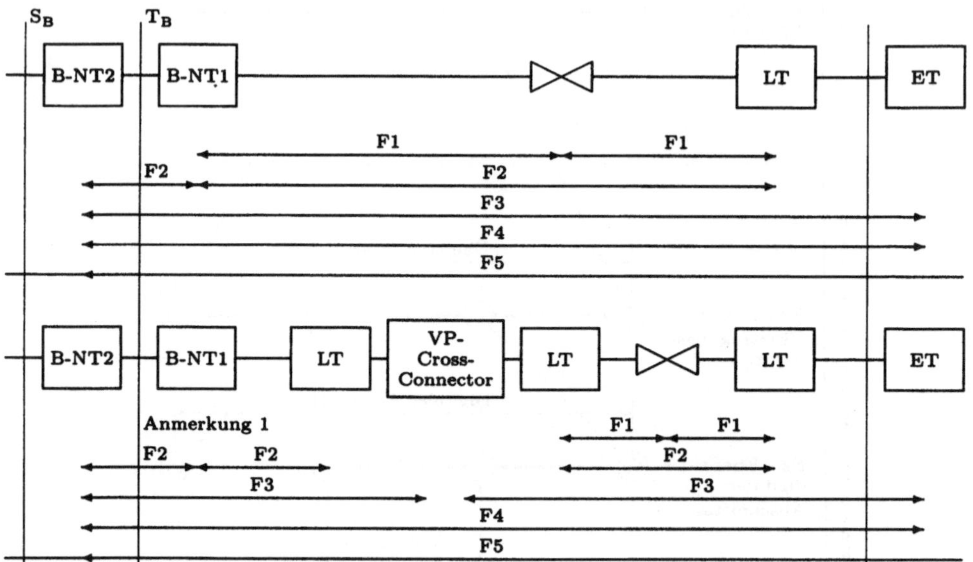

ET   Abschluß der Vermittlungsstelle (Exchange Termination)
LT   Leitungsabschluß (Line Termination)
STM Synchroner Transfer-Modus

Anmerkung:
1 Im Fall eines auf Zellen basierenden Übertragungssystems wird ein F1-Fluß bereitgestellt.

Bild 5.22: Beispiel einer physikalischen Anordnung mit OAM-Flüssen

Bild 5.22 zeigt die OAM-Flüsse einer physikalischen Konfiguration des Benutzer-
Zugangs zum B-ISDN. In einem auf SDH basierenden Übertragungssystem können
folgende Fehlerfälle erkannt werden:

F1, F2:

- Rahmenverlust: Die SDH-Rahmensynchronisierung geht verloren.

- Herabgesetzte Fehler-Performance: Die Bitfehlerrate des empfangenen
  Bitstromes ist zu hoch. Das kann z.B. durch ein zu schwaches Eingangs-
  signal verursacht werden.

F3:

- Verlust der Erkennung der Zellengrenzen: Der Algorithmus zur Erkennung der Zellengrenzen ist nicht länger im SYNC-Zustand.

- Nicht korrigierbare Header: Ein Header hat mehr Fehler als korrigiert werden können.

- Herabgesetzte Headerfehler-Performance: Die Fehlerhäufigkeit für Bits in den Headern ist zu groß.

- Verlust des AU4-Zeigers: Der AU4-Zeiger des Section-Overhead, siehe Bild 6.3, wird nicht erkannt.

- Herabgesetzte Fehler-Performance: Die Qualität ist nicht länger akzeptabel. Dies kann z.B. durch speziell eingefügte OAM-Zellen gemessen werden, indem ein BIP-8 über die vorausgehenden Zellen berechnet wird, oder durch ein spezielles Muster im Informationsfeld von nicht zugewiesenen Zellen.

- Fehler beim Einfügen und Unterdrücken von Leerzellen: Treffen zu viele Leerzellen ein, kann keine Nutzinformation übermittelt werden.

In einem auf Zellen basierenden Übertragungssystem können die folgenden Fehler entdeckt werden:

F1, F2:

- Verlust der PLOAM-Zellen-Erkennung: Der Empfänger erkennt keine PLOAM-Zellen mehr. Somit kann kein Performance-Monitoring mehr durchgeführt werden.

F3:

- Herabgesetzte Fehler-Performance: wie oben.
- Verlust der Erkennung von Zellengrenzen.
- Nicht korrigierbare Fehler im Header der Zelle.
- Herabgesetzte Headerfehler-Performance.
- Fehler beim Einfügen und Unterdrücken von Leerzellen.

Zwei Fehlerfälle, die in der ATM-Schicht auftreten können, sind:

F4:

- Virtueller Pfad nicht verfügbar: In diesem Fall kann der virtuelle Pfad nicht garantiert werden und erfordert Systemschutzmaßnahmen.

F4, F5:

- Herabgesetzte Performance: Die ankommenden ATM-Zellen haben keine ausreichende Performance. Die verringerte Performance kann durch Zellenverlust, Einfügen von Zellen, zu hoher Fehlerrate im Informationsfeld etc. verursacht werden.

5.7   Interworking zwischen B-ISDN und ISDN

Interworking bezeichnet allgemein die Zusammenarbeit von Netzen mit unterschiedlichen Übermittlungsarten. Im folgenden sollen Anordnungen, Grundgedanken und Funktionen zur Zusammenarbeit zwischen dem B-ISDN und dem 64-kbit/s-ISDN betrachtet werden. Die Betrachtungen konzentrieren sich auf die Bereitstellung der 64-kbit/s-ISDN-Übermittlungsdienste, die nach Abschnitt 4.1 in leitungs- und paketvermittelnde Übermittlungsdienste unterteilt werden.

Es lassen sich folgende Interworking-Szenarien zwischen dem B-ISDN und dem 64-kbit/s-ISDN aufstellen, siehe [I.580]:

- Szenario I: Verbindung zwischen B-ISDN und 64-kbit/s-ISDN. In diesem Fall können die Übermittlungsdienste des 64-kbit/s-ISDN zwischen Benutzern verfügbar gemacht werden, die einerseits an das B-ISDN und andererseits an das 64-kbit/s-ISDN angeschlossen sind.

- Szenario II: Verbindung von zwei 64-kbit/s-ISDN via eines B-ISDN. Dieses Szenario ist in der Migrationsphase des 64-kbit/s-ISDN zum B-ISDN wichtig, in der im Fernbereich der ATM-Teil und im Zugangsbereich die Nicht-ATM-Teile des Netzes zusammenarbeiten.

- Szenario III: Verbindung von zwei B-ISDN via eines 64-kbit/s-ISDN. Dieser Fall ist in der Einführungsphase des B-ISDN wichtig, in der B-ISDN-Inseln über das 64-kbit/s-ISDN verbunden sind. In der vorliegenden Konfiguration können nur diejenigen B-ISDN-Dienste unterstützt werden, die ein Äquivalent im 64-kbit/s-ISDN besitzen.

Die Referenzkonfigurationen der Szenarien I, II und III sind im Bild 5.23 dargestellt. Die Interworking-Funktionen werden im Netzadapter (Network Adaptor, NA) bereitgestellt.

Die Funktionen, die für die Zusammenarbeit zwischen dem B-ISDN und dem 64-kbit/s-ISDN zur Nutzung der leitungsvermittelnden Übermittlungsdiensten in den

Szenario I

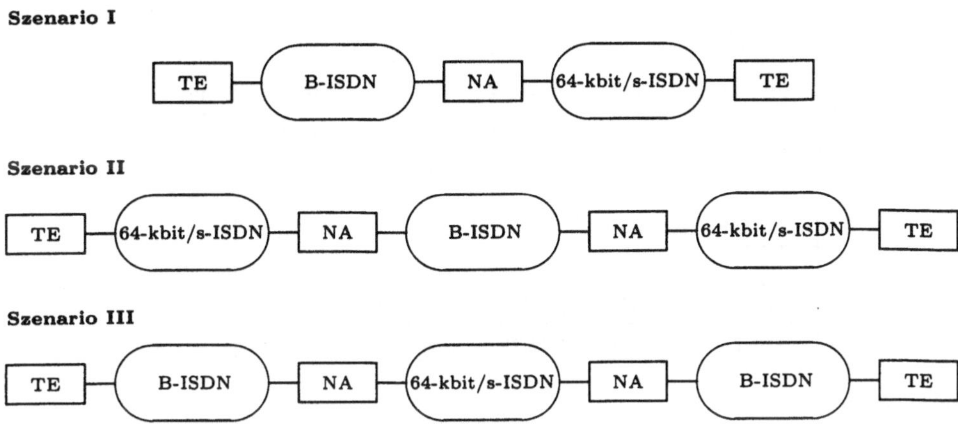

Bild 5.23: Referenzkonfigurationen der Interworking-Szenarien

drei genannten Szenarien erforderlich sind, werden nicht explizit angegeben sondern in Form der erforderlichen Protokollschichten in den jeweiligen Funktionsgruppen beschrieben, siehe Bild 5.24. Die Zusammenarbeit erfolgt durch Nutzung
des *B-ISDN-Circuit-Emulation-Dienstes*, siehe Abschnitte 6.3 und 6.4, in den B-
ISDN-Abschnitten der Szenarien I, II und III.

Auf die Beschreibung der Funktionen zur Zusammenarbeit zwischen dem B-ISDN
und dem 64-kbit/s-ISDN zur Nutzung der paketvermittelnden Übermittlungsdienste wird an dieser Stelle verzichtet und auf [I.580] verwiesen.

Es bleibt zu bemerken, daß die Standardisierung des Breitband-ISDN auf der Basis
des Asynchronen-Transfer-Modus zunächst im Hinblick auf Telekommunikationsnetze eingeführt worden ist, aber durch Anpassungen an alle wichtigen Protokolle
auch im Anschlußbereich und für lokale Netze in jedem Entfernungsbereich in
Frage kommt.

In lokalen Netzen wird Switch-Technolgie vermehrt eingesetzt, wobei Netzknoten und -segmente sternförmig zum Switch angebunden werden, der gleichzeitig
als Gateway zu Backbone-Netzen dient. Dies wird durch einen Trend zu virtuellen lokalen Netzen (VLAN) beschleunigt, die eine flexible Aufteilung in mehrere
Benutzergruppen und die Aufspaltung der zu den Gruppen gehörigen Verkehrsflüsse über VLAN-Switches erreichen. Der Zugang zu ATM-Netzen wird durch
die Switch-Technolgie erleichtert. Gleichzeitig hat sich Ethernet als wichtigster
LAN-Standard ebenfalls zur Einbeziehung von Switch-Topologie und von hohen
Übertragungsraten weiterentwickelt, siehe Abschnitt 3.1.

Szenario I

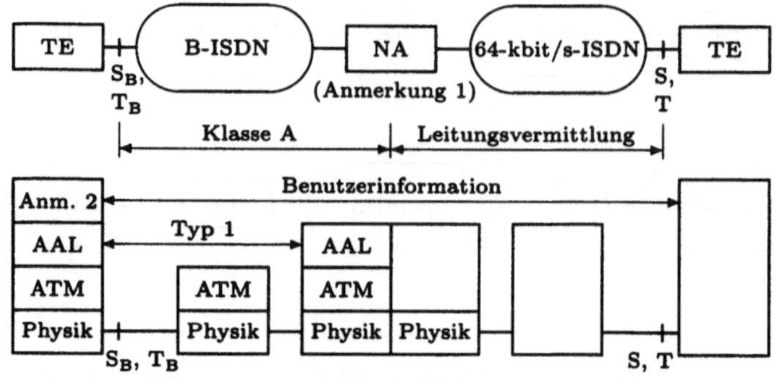

Szenario II

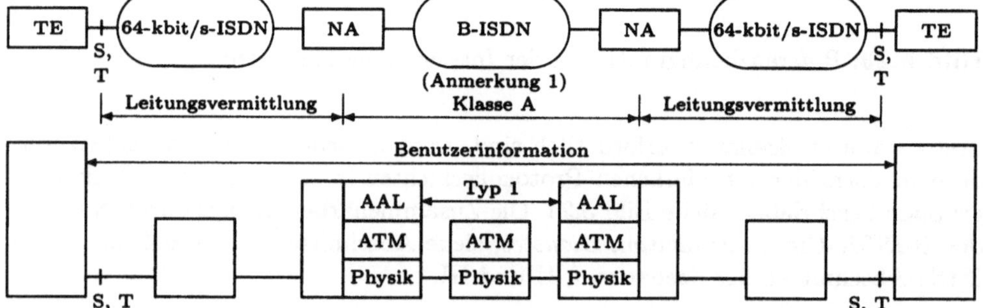

Szenario III

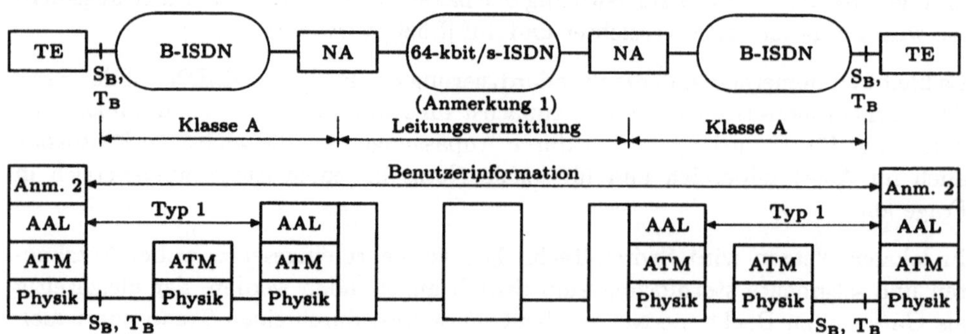

Anmerkungen:

1 In der Benutzerebene stellt das 64-kbit/s-ISDN eine leitungsvermittelte Verbindung bereit, über die jedes Protokoll übermittelt werden kann. Aus diesem Grund werden die entsprechenden Protokollschichten der 64-kbit/s-ISDN-Seite des NA nicht näher bezeichnet.
2 Abhängig von der Anwendung

Bild 5.24: Interworking-Funktionen für leitungsvermittelnde Dienste

Im lokalen Netz ist statistisches Multiplexing weniger wirkungsvoll als im Telekommunikationsbereich. Die Anforderungen an das Verkehrsvolumen, die Zahl gleichzeitiger aufgebauter Verbindungen, die Flußkontrolle etc. spielt sich in anderen Größenordnungen ab, und weitere Aspekte, darunter flexible Möglichkeiten zu Konfigurationsänderungen sind anders zu bewerten.

Eine Einführung von Breitband-ISDN-Netzen kann wie schon die Einführung des Schmalband-ISDN nur in einer Migrationsphase Schritt für Schnitt mit den hier genannten Alternativen des Interworking erfolgen. Wichtig sind dabei klare Schnittstellen an den Netzzugängen und -übergängen.

Erste Testnetze in ATM-Technik waren auf wenige Knoten und Grundfunktionalitäten beschränkt, bevor größere und schließlich Telekommunikationsnetze mit der neuen Vermittlungstechnik ausgerüstet wurden. Inzwischen hat sich die Umsetzbarkeit des ATM-Konzepts und seine Skalierbarkeit im Telekommunikationsbereich weltweit bewährt, auch in zahlreichen Projekten bis in lokale Netze hinein. Die Unterstützung von hohen QoS-Anforderungen inclusive der immer wichtiger werdenden Verfügbarkeit und Ausfallsicherheit durch automatisches Rerouting innerhalb von Millisekunden wird derzeit nur in dieser Technologie angeboten. Neue Technologien im Anschlußbereich wie ADSL und VDSL, siehe Abschnitt 3.4, können in beliebiger Bandbreite an ATM-Netze angekoppelt werden.

Die mit dem Breitband-ISDN und ATM-Netzen erstmals angelegte Möglichkeit, alle Telekommunikations-Dienste auf eine einheitliche Netzplattform zu bringen, wird allerdings selbst von großen Netzbetreibern kaum wahrgenommen. So werden derzeit etablierte Plattformen für Datenübertragung von TCP/IP bis Frame Relay weiter ausgebaut, so daß ATM als eine zusätzliche Plattform mit diversen Interworking-Schnittstellen zu allen anderen die Komplexität und Heterogenität für die Netzbetreiber bisher nur weiter erhöht.

6 Spezifikationen

6.1 Physikalische Schicht an der Benutzer-Netz-Schnittstelle (UNI)

[I.432] definiert die Physikalische Schicht an den Referenzpunkten S_B und T_B der B-ISDN-Benutzer-Netz-Schnittstelle mit 155,520 Mbit/s und 622,080 Mbit/s. Bevor die Spezifikationen der Schnittstelle für die beiden Übertragungsbitraten dargestellt werden, erfolgt zunächst die Beschreibung der Funktionen der Physikalischen Schicht des B-ISDN-Protokoll-Referenzmodells im Überblick.

6.1.1 Funktionen der Physikalischen Schicht

Die Physikalische Schicht ist unterteilt in die *Physikalisches Medium* (Physical Medium, PM) und die *Übertragungskonvergenz-Teilschicht* (Transmission Convergence, TC), siehe Bild 6.1.

Die PM-Teilschicht ist die unterste Schicht. Sie führt Funktionen aus, die vom physikalischen Medium abhängig sind. Sie stellt die Bitübertragungsmöglichkeiten einschließlich der Bitzuweisung zur Verfügung. Des weiteren wird die Leitungscodierung und falls notwendig die elektro-optische Umwandlung vorgenommen. Zu den Funktionen der Bitsynchronisation gehören die Generierung und der Empfang der Signalform, die für das Medium geeignet ist, das Einfügen und die Extraktion der Bitsynchronisierungsinformationen und die Wahl des Leitungscodes.

Die TC-Teilschicht übernimmt fünf Funktionen. Die unterste Funktion ist die Erzeugung und die Erkennung des Übertragungsrahmens[1]. Die Funktion zur Anpassung an den Übertragungsrahmen ist verantwortlich für alle Aktionen, die zur Anpassung des Zellenstromes an die verwendete Rahmenstruktur des Übertragungssystems im Sender notwendig sind. Im Empfänger wird der Zellenstrom

---

[1] Gemeint ist die Erzeugung und Erkennung der logischen Strukturierung des übertragenen Bitstromes.

aus dem Übertragungsrahmen (Bitstrom) extrahiert. Die bisher erwähnten Funktionen sind spezifisch für den gewählten Übertragungsrahmen. Die weiteren Funktionen der TC-Teilschicht sind allen Übertragungsrahmen — basierend auf der Synchronen-Digitalen-Hierarchie oder basierend auf Zellen — gemeinsam.

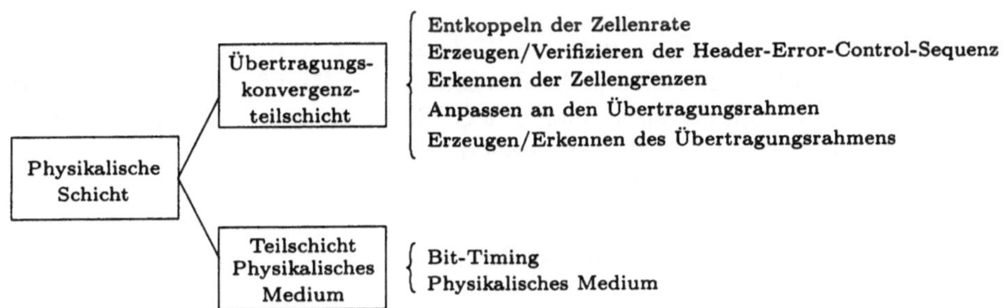

Bild 6.1: Struktur der Physikalischen Schicht

Die Funktion *Cell Delineation* ist für das Erkennen von Anfang und Ende der Zellen verantwortlich. Eine weitere Funktion dieser Teilschicht besteht im Sichern des Headers gegen Übertragungsfehler. Dazu gehört die Erzeugung der HEC-Sequenz in Übertragungsrichtung und das Prüfen auf Empfangsseite. Wenn möglich werden Fehler korrigiert, fehlerhafte Zellen werden verworfen.

In Senderichtung übernimmt die Funktion zur Entkopplung von Zellenrate des Dienstes und Übertragungsrate des physikalischen Mediums das Einfügen von Leerzellen zur Anpassung der Dienstebitrate der ATM-Zellen an die Übertragungsbitrate des Übertragungssystems. Auf Empfangsseite entfernt dieser Mechanismus alle Leerzellen.

6.1.2 PM-Teilschicht der UNI mit 155,520 Mbit/s

Die Merkmale des physikalischen Mediums sind bisher nur an der Schnittstelle am T_B- und nicht am S_B-Referenzpunkt spezifiziert. Die Schnittstelle ist als elektrische und als optische Schnittstelle spezifiziert. In beiden Fällen handelt es sich um eine symmetrische Schnittstelle mit derselben Übertragungsbitrate in beiden Übertragungsrichtungen. Die Bitrate der Schnittstelle beträgt 155,520 Mbit/s mit einer Toleranz von ± 20 ppm.

Merkmale der elektrischen Schnittstelle

Der maximale Bereich, der an der Schnittstelle überbrückt werden kann, hängt sehr stark von dem jeweiligen Dämpfungsverhalten des eingesetzen Übertragungsmediums ab. Bei Einsatz von Mikrokoaxialkabeln mit 4 mm Durchmesser können etwa 100 m zwischen B-NT2 und B-NT1 überbrückt werden. Der Überbrückungsbereich bei Einsatz von CATV-Koaxialkabel mit 7 mm beträgt etwa 200 m.

Für jede Übertragungsrichtung wird ein Koaxialkabel verwendet. Die Verdrahtungskonfiguration ist Punkt-zu-Punkt.

Die Impedanz beträgt 75 Ohm mit einer Toleranz von ± 5 Prozent in dem Frequenzbereich von 50 MHz bis 200 MHz. Die Einfügungsdämpfung bei 155,520 MHz beträgt 20 dB. Das digitale Signal muß mit G.703 konform sein. Als Leitungscode wird Coded-Mark-Inversion (CMI) eingesetzt.

Merkmale der optischen Schnittstelle

Als Übertragungsmedium werden zwei Single-Mode-Fasern, eine je Übertragungsrichtung, verwandt. Die Fasern müssen G.652 entsprechen. Die optische Wellenlänge beträgt 1310 nm, die optischen Parameter entsprechen den in G.957 festgelegten Werten. Als Leitungscode wird Non-Return-To-Zero (NRZ) eingesetzt, womit die Lichtintensität moduliert wird. Der logischen 1 entspricht das Aussenden von Licht, der logischen 0 das Nicht-Aussenden von Licht.

6.1.3 PM-Teilschicht der UNI mit 622,080 Mbit/s

Die Merkmale des physikalischen Mediums sind bisher nur an der Schnittstelle am T_B- und nicht am S_B-Referenzpunkt spezifiziert. Die Schnittstelle ist als optische Schnittstelle spezifiziert. Es handelt es sich um eine Schnittstelle mit einer Übertragungsbitrate von 622,080Mbit/s ± 20 ppm in wenigstens einer Übertragungsrichtung. Die Schnittstelle kann symmetrisch mit 622,080 Mbit/s in beiden Übertragungsrichtungen oder asymmetrisch mit 155,520 Mbit/s in der verbleibenden Übertragungsrichtung sein. Die Merkmale der optischen Schnittstelle entsprechen denjenigen der optischen Schnittstelle mit 155,520 Mbit/s.

6.1.4 TC-Teilschicht der UNI

Nominelle Übertragungsbitraten

Die physikalische Bitrate der B-ISDN-Benutzer-Netz-Schnittstelle beträgt entweder 155,520 Mbit/s oder 622,080 Mbit/s. Von der physikalischen Bitrate ist die nominelle Übertragungsbitrate der Schnittstelle zu unterscheiden, die als die Bitrate definiert ist, die für Zellen mit Benutzerinformationen, Signalisierungsinformationen und OAM-Zellen der ATM-Schicht und höherer Schichten ohne Berücksichtigung der Rahmenstruktur-Oktetts und der Zellen der Physikalischen Schicht zur Verfügung steht.

Die nominelle Bitrate der 155,520-Mbit/s-Schnittstelle beträgt 149,760 Mbit/s. Die nominelle Bitrate der 622,080-Mbit/s-Schnittstelle beträgt 599,040 Mbit/s.

Struktur des Bitübertragungsrahmens

Im folgenden werden die Anpassung der ATM-Zellen an die Struktur des Bitübertragungsrahmens der Physikalischen Schicht beschrieben. Nach Abschnitt 5.3.1 kann der Bitstrom der 155,520-Mbit/s- und der 622,080-Mbit/s-Schnittstelle in Form von Zellen oder als Synchrones-Transport-Modul der Synchronen-Digitalen-Hierarchie strukturiert sein.

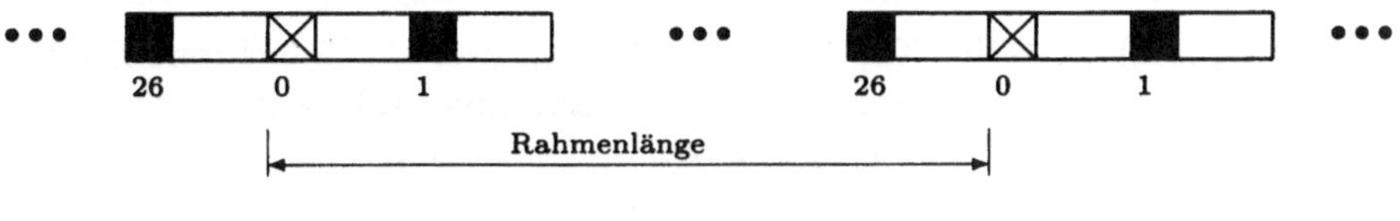

PLOAM Physical Layer Operation And Maintenance
PLOAM-Zelle

Bild 6.2: Zellenstrukturierter Bitstrom

1. Der zellenstrukturierte Bitübertragungsrahmen:

Die Struktur des Bitstromes besteht aus einem kontinuierlichen Strom von Zellen, siehe Bild 6.2. Der maximale Abstand zwischen aufeinanderfolgenden Zellen der Physikalischen Schicht beträgt 26 ATM-Zellen. Das bedeutet, daß nach 26 übertragenen ATM-Zellen eine Zelle der Physikalischen Schicht zur Anpassung an die nominelle Übertragungsbitrate eingefügt wird. Zellen der Physikalischen Schicht werden auch dann in den Bitstrom eingefügt, wenn keine Zellen der ATM-Schicht verfügbar sind.

Bei den eingefügten Zellen der Physikalischen Schicht handelt es sich entweder um Leerzellen oder um PLOAM-Zellen. PLOAM-Zellen sind durch ein festgelegtes Bitmuster im Header gekennzeichnet, siehe Tabelle 6.1.

Diese Bitkombinationen werden in der ATM-Schicht in den entsprechenden Feldern des Headers nicht benutzt.

Tabelle 6.1: Header für PLOAM-Zellen

Fluß	Oktett 1	Oktett 2	Oktett 3	Oktett 4	Oktett 5
F1	00000000	00000000	00000000	00000011	01011100
F3	00000000	00000000	00000000	00001001	01101010

Die Häufigkeit, mit der PLOAM-Zellen eingefügt werden, hängt von den
Erfordernissen des Betriebes und der Wartung des Netzes ab. So können
mehr als eine PLOAM-Zelle innerhalb von 27 aufeinanderfolgenden Zellen
auftreten. PLOAM-Zellen müssen jedoch für jeden OAM-Fluß innerhalb von
513 aufeinanderfolgender Zellen einmal auftreten.

F1-PLOAM-Zellen enthalten die OAM-Informationen des Regenerator-Ab-
schnittes. F2-PLOAM-Zellen werden nicht verwendet. Die entsprechenden
F2-OAM-Funktionen werden von dem F3-OAM-Fluß mit übernommen. F3-
PLOAM-Zellen enthalten die OAM-Informationen des Übertragungsweges.

2. Die Struktur des auf SDH-basierten Übertragungsrahmens:

Die Empfehlungen [G.707] bis [G.709] definieren die Synchrone-Digitale-
Hierarchie (SDH). Die Struktur des Übertragungsrahmens ist in [G.709]
festgelegt. Der Bitübertragungsrahmen im Falle der 155,520-Mbit/s-Schnitt-
stelle ist das Synchrone-Transport-Modul-1 (STM-1) und im Falle der der
622,080-Mbit/s-Schnittstelle das Synchrone-Transport-Modul-4 (STM-4).

2.1 Schnittstelle mit 155,520 Mbit/s:

Der Übertragungsrahmen ist im Bild 6.3 dargestellt. Der Rahmen ist oktettstrukturiert und besteht aus 9 Zeilen und 270 Spalten. Die Rahmenwiederholfrequenz beträgt 8 kHz (9×270 Oktett $\times$ 8 kHz = 155,520
Mbit/s). Die ersten 9 Spalten enthalten den Section-Overhead (SOH)
und den AU-4-Zeiger. Eine weitere 9 Oktetts enthaltende Spalte ist für
den Path-Overhead (POH) vorgesehen. Der AU-4-Zeiger des STM-1
wird zum Auffinden des ersten Oktetts des VC-4-Containers benutzt.
Das Schnittstellensignals wird wie folgt gebildet: Zuerst wird der ATM-
Zellenstrom in den C-4-Container abgebildet. Der C-4-Container besteht aus 9 Zeilen und 260 Spalten. Dies entspricht einer Übertragungsbitrate von 149,760 Mbit/s. Der um den Path-Overhead erweiterte C-4-
Container wird als virtueller C-4-Container (VC-4-Container) bezeichnet. Die Zellengrenzen werden nach den Oktettgrenzen des STM-1 ausgerichtet. Da die C-4-Kapazität (2340 Oktetts) kein ganzzahliges Vielfaches der Zellenlänge (53 Oktetts) ist und die gesamte C-4-Kapazität
zur Übertragung von Zellen verwendet wird, überschreitet eine Zelle die
Grenze des C-4-Containers. Der virtuelle Container wird in den 9×270-
Oktett-Rahmen, das STM-1, abgebildet.

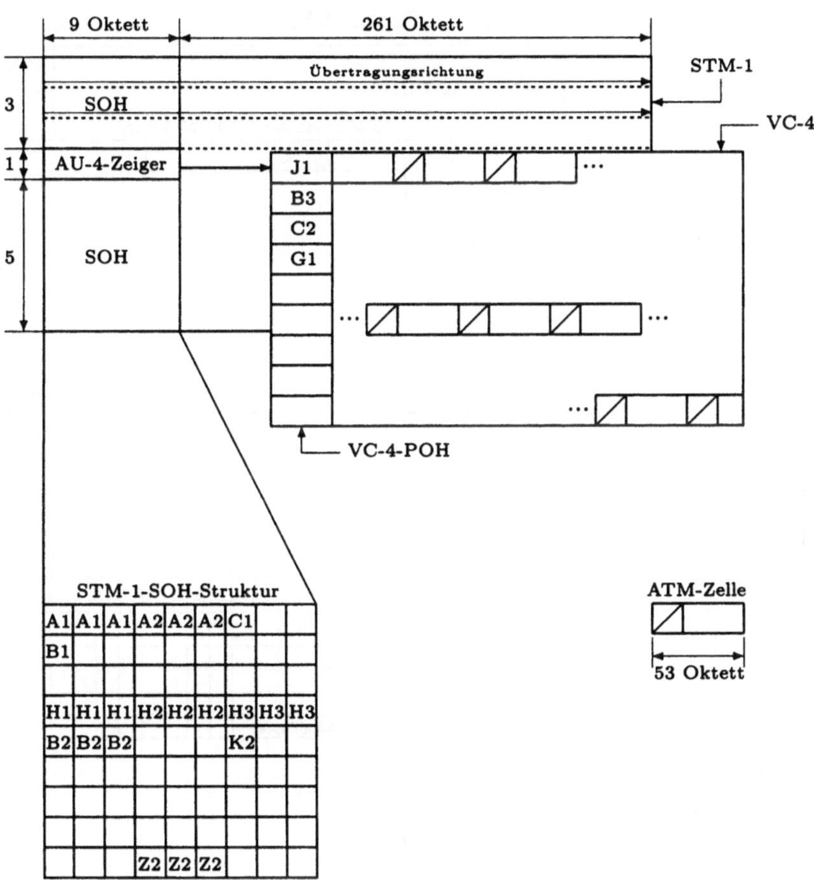

Bild 6.3: Struktur des 155,520-Mbit/s-Bitübertragungsrahmens für SDH

2.2 Schnittstelle mit 622,080 Mbit/s:

Der Übertragungsrahmen ist im Bild 6.4 dargestellt. Der Rahmen ist oktettstrukturiert und besteht aus 9 Zeilen und 4 × 270 Spalten. Die Rahmenwiederholfrequenz beträgt 8 kHz (9 × 4 × 270 Oktett × 8 kHz = 622,080 Mbit/s). Die ersten 4 × 9 Spalten enthalten den Section-Overhead (SOH) und den AU-4-Zeiger. Eine weitere 9 Oktetts enthaltende Spalte ist für den Path-Overhead (POH) vorgesehen. Drei weitere 9 Oktetts enthaltende Spalten sind reserviert.

Die Bildung des Schnittstellensignals geschieht wie folgt: Zuerst wird der ATM-Zellenstrom in den C-4-4c-Container abgebildet. Der C-4-4c-Container besteht aus 9 Zeilen und 4 × 260 Spalten. Dies ent-

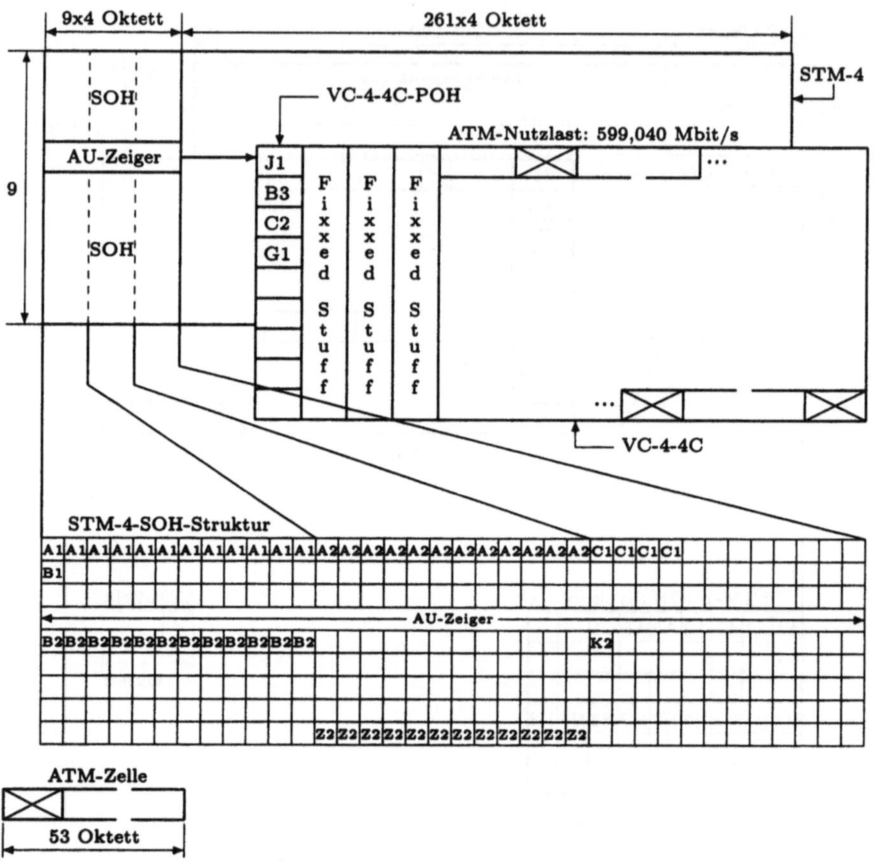

Bild 6.4: Struktur des 622,080-Mbit/s-Bitübertragungsrahmens für SDH

spricht einer Übertragungsbitrate von 599,040 Mbit/s. Der um den Path-Overhead und drei weitere Spalten erweiterte C-4-4c-Container wird zum virtuellen C-4-4c-Container (VC-4-4c-Container).

Die ATM-Zellengrenzen werden nach den Oktettgrenzen des STM-4 ausgerichtet. Da die C-4-4c-Kapazität (9360 Oktetts) kein ganzzahliges Vielfaches der Zellenlänge (53 Oktetts) ist und die gesamte C-4-4c-Kapazität zur Übertragung von Zellen verwendet wird, überschreitet eine Zelle die Grenze des C-4-4c-Containers. Der virtuelle Container wird in den 9×4×270-Oktett-Rahmen, das STM-4, abgebildet.

Der AU-4-Zeiger des STM-4 wird zum Auffinden des ersten Oktetts des VC-4-4c-Containers benutzt.

Fehlerkontrolle im Header

Die Fehlerkontrolle (Header Error Control, HEC) im Header schützt die gesamten Headerbits. Der Algorithmus (HEC-Algorithmus) ist für die Benutzer-Netz-Schnittstelle festgelegt. Er kann universell im gesamten Netz Anwendung finden. Der Algorithmus erlaubt die Korrektur eines einzigen Bitfehlers und das Erkennen mehrerer Bitfehler.

Der Sender berechnet den HEC-Kontrollteil aus den 4 ersten Oktetts des Headers und fügt das Ergebnis in das fünfte Oktett (HEC-Feld) ein. Die Berechnung erfolgt auf Basis eines zyklischen Codes mit dem Generator $x^8 + x^2 + x + 1$, siehe Abschnitt 6.4.2. Zusätzlich wird als sogenannter *Coset-Wert* das Muster 01 01 01 01 bitweise modulo-2 auf das HEC-Kontrollfeld addiert. Damit wird das Erkennen von Anfang und Ende einer Zelle unterstützt, insbesondere auch für Leerzellen, deren fünftes Oktett im Header statt des Null-Wertes den Coset-Wert annimmt. Der Empfänger muß demzufolge zuerst den Coset-Wert von den 8 HEC-Bits subtrahieren, ehe das Syndrom des Headers berechnet werden kann. Das Zustandsdiagramm des Empfängers ist im Bild 6.5 gezeigt.

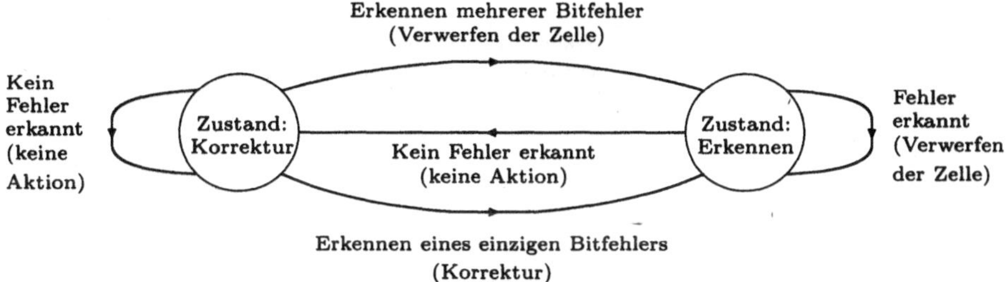

Bild 6.5: HEC-Algorithmus (Empfänger)

Nach der Initialisierung ist der Empfänger im *Korrekturmodus*. Ein einzelner Bitfehler wird korrigiert. *Mehrere* Bitfehler führen zum Verwerfen der Zelle. In beiden Fällen findet ein Übergang in den *Erkennen-Modus* statt. In diesem Zustand wird jede Zelle mit fehlerhaftem Header verworfen. Nachdem ein fehlerfreier Header erkannt wird, geht der Empfänger in den Korrekturmodus zurück.

Der HEC-Mechanismus wurde unter Berücksichtigung der Fehlereigenschaften optischer Übertragungssysteme gewählt. Die Fehler in optischen Fasern bestehen aus einem Mix von einzelnen Bitfehlern und relativ langen Fehlerbursts. Mit dem spezifizierten HEC-Mechanismus ist es möglich, einzelne Bitfehler zu korrigieren und die Wahrscheinlichkeit für fehlerhafte Header unter bursthaften Fehlerbedingungen gering zu halten.

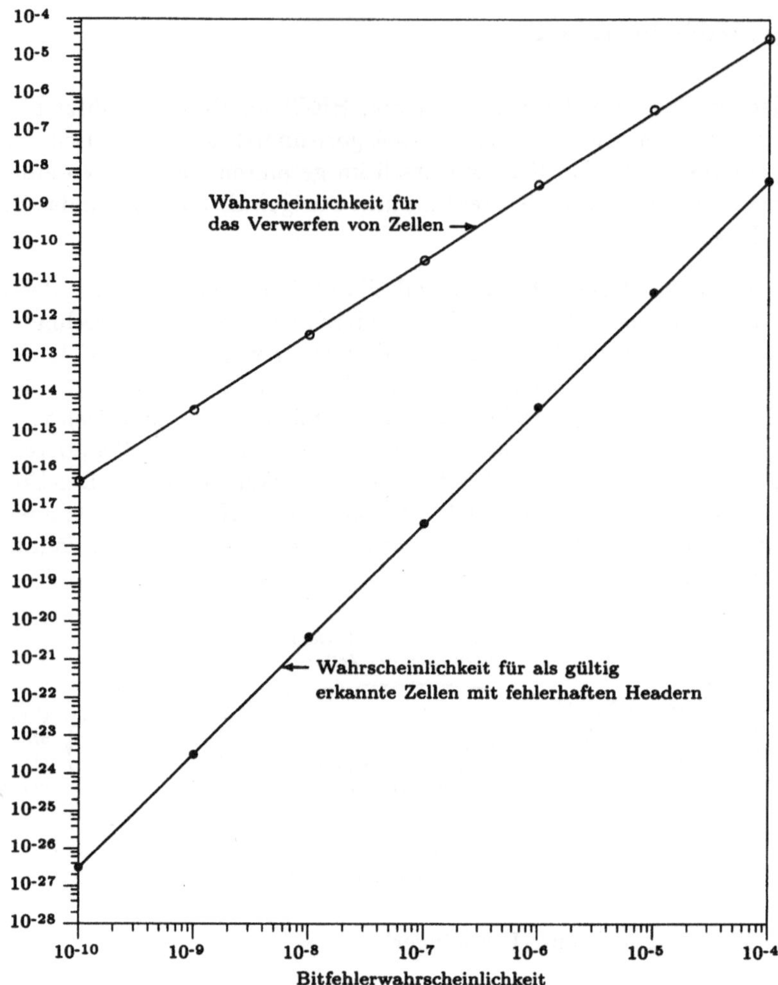

Bild 6.6: HEC-Leistungsfähigkeit

Bild 6.6 zeigt die Leistungsfähigkeit dieses Algorithmus als Funktion der Bitfehlerwahrscheinlichkeit. Bei einer Bitfehlerwahrscheinlichkeit von z.B. 10^{-8} beträgt die Wahrscheinlichkeit für das Verwerfen von Zellen — aufgrund erkannter und nicht korrigierbarer Fehler im Header — ungefähr 10^{-13}, und die Wahrscheinlichkeit für fehlerhafte Zellen, die als fehlerfrei erkannt werden, ungefähr 10^{-20}.

Entkopplung der Dienstebitrate von der Übertragungsbitrate

Die Entkopplung der Dienstebitrate von der Übertragungsbitrate der Schnittstelle erfolgt durch Einfügen von Leerzellen. Auf der Empfangsseite werden diese wieder verworfen. Leerzellen lösen im Empfänger keine weiteren Aktionen aus. Sie unterstützen das Erkennen der Zellengrenzen und die HEC-Verifikation und sind durch ein standardisiertes Muster im Header gekennzeichnet, siehe Tabelle 6.2.

Tabelle 6.2: Muster des Headers zur Kennzeichnung von Leerzellen

Oktett 1	Oktett 2	Oktett 3	Oktett 4	Oktett 5
00000000	00000000	00000000	00000001	01010010

Dieses Muster wird zur Kennzeichnung von Leerzellen im gesamten Netz verwendet. Jedes Oktett des Informationsfeldes einer Leerzelle ist mit 01101010 gefüllt.

Erkennen der Zellengrenzen

Nach [I.432] wird unter *Cell Delineation* der Prozeß verstanden, der das Erkennen der Zellengrenzen erlaubt. Die dazu notwendigen Informationen sind selbstunterstützend in dem Sinn, daß sie unabhängig vom verwendeten Übertragungsrahmen transparent an jeder Netzschnittstelle übertragen werden.

Die festgelegte Methode beruht auf der Korrelation zwischen den zu schützenden Headerbits — die vier ersten Oktetts des Headers — und den relevanten Kontrollbits — Bits des ein Oktett langen HEC-Feldes. Das Zustandsdiagramm ist im Bild 6.7 gezeigt.

Im HUNT-Zustand wird ein Bit-für-Bit-Check vorgenommen. Nach Erkennen eines korrekten Kontrollbytes (das Syndrom ist gleich 0), findet ein Übergang in den PRESYNCH-Zustand statt. Im PRESYNCH-Zustand wird die Überprüfung der HEC-Korrelation Zelle für Zelle durchgeführt. Werden in δ aufeinanderfolgenden Zellen korrekte Kontrollbytes erkannt, erfolgt der Übergang in den SYNCH-Zustand. Ansonsten findet ein Übergang zurück in den HUNT-Zustand statt. Der SYNCH-Zustand wird verlassen (Übergang in den HUNT-Zustand), wenn α aufeinanderfolgende unkorrekte HEC-Felder erkannt werden.

Die Werte für α und δ beeinflussen die Leistungsfähigkeit des beschrieben Verfahrens. Die Werte $\alpha = 7$ und $\delta = 6$ werden als günstig für die Schnittstelle mit SDH-strukturiertem Bitübertragungsrahmen angesehen. Für die Schnittstelle mit zellenstrukturiertem Bitübertragungsrahmen werden die Werte $\alpha = 7$ und $\delta = 8$ als günstig angenommen.

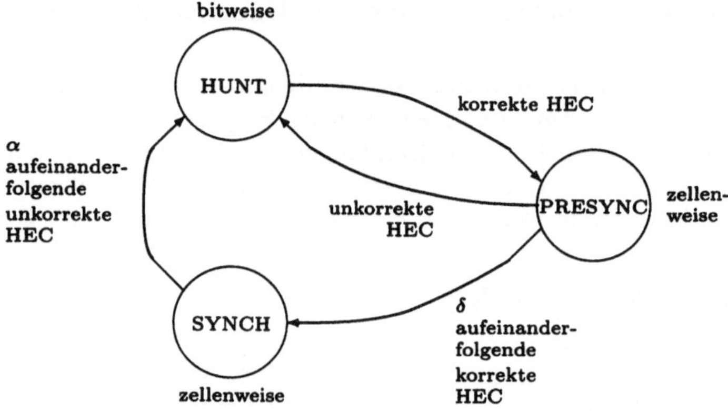

Bild 6.7: Zustandsdiagramm zur Zellen-Delineation

Mit $\alpha = 7$ ist ein 155,520-Mbit/s-ATM-System im Mittel für mehr als ein Jahr im SYNCH-Zustand, wenn die Bitfehlerwahrscheinlichkeit $< 10^{-4}$ ist. Mit $\delta = 6$ benötigt dasselbe System mit derselben Bitfehlerwahrscheinlichkeit ca. 10 Zellen oder 28 μs um nach Verlust der Zellensynchronisation wieder in den SYNCH-Zustand zu gelangen.

Die beschriebene Methode versagt, wenn eine korrekte Prüfsumme im Informationsfeld der Zelle erkannt wird. Zur Umgehung dieser Schwierigkeiten, wird der Inhalt des Informationsfeldes verwürfelt. Die Verwürfelung erfolgt im PRESYNCH- und SYNCH-Zustand. Die spezifierten Algorithmen sind für beide Strukturen des Bitübertragungsrahmens unterschiedlich. Ihre Beschreibung kann in [I.432] nachgelesen werden.

6.1.5 Leistungsversorgung

Die Bereitstellung der Leistungsversorgung des B-NT1 über die Benutzer-Netz-Schnittstelle ist optional. Bei Leistungsversorgung des B-NT1 über die Schnittstelle müssen folgende Bedingungen beachtet werden: Die Leistungsversorgung des B-NT1 erfolgt mittels eines eigenen Adernpaares.

Die Leistungssenke wird gespeist:

- entweder durch eine Quelle, die im Verantwortungsbereich des Benutzers liegt; und das immer dann, wenn dies vom Netzbetreiber gefordert wird,

- oder durch eine Leistungsversorgungseinheit, die im Verantwortungsbereich des Netzbetreibers liegt, die mit dem Spannungsversorgungsnetz des Teilnehmers verbunden ist.

Wenn die Leistungsversorgung vom Benutzer bereitgestellt wird, kann die Leistungsquelle integraler Bestandteil des B-NT2 oder des B-TE oder physikalisch getrennt von beiden Funktionsgruppen als eigenständige Einheit ausgebildet sein. Die Leistung, die am B-NT1 über die Benutzer-Netz-Schnittstelle verfügbar ist, sollte mindestens 15 W betragen und die Versorgungsspannung sollte in einem Bereich von -20 V bis -57 V, bezogen auf Masse, liegen. Die Leistungsquelle muß gegen Kurzschluß und Überlastung geschützt werden. Die Leistungssenken des B-NT1 dürfen bei Vertauschen der Adern keinen Schaden nehmen.

6.2 ATM-Schicht

Die funktionalen Merkmale der ATM-Schicht sind in [I.150] enthalten. Die Spezifikationen werden in [I.361] angegeben.

6.2.1 Funktionen der ATM-Schicht

Die ATM-Schicht ist vom physikalischen Medium unabängig. Zwischen der ATM-Schicht und der ATM-Anpassungsschicht werden die Informationsfelder der Zellen ausgetauscht. Die ATM-Schicht übernimmt das Erzeugen und Extrahieren der Header.

Hauptaufgabe der ATM-Schicht ist die Zuweisung der VPI- und VCI-Werte: In Senderichtung werden die VPI- und VCI-Werte anhand des SAP-Identifier ermittelt. In Empfangsrichtung wird aus den VPI- und VCI-Werten der richtige SAP-Identifier gefunden. Die Übersetzung der VPI- und VCI-Werte von Verbindungsabschnitt zu Verbindungsabschnitt ist ebenfalls Aufgabe der ATM-Schicht.

Des weiteren befinden sich in der ATM-Schicht Funktionen zum Multiplexen und Demultiplexen von Zellen: In Senderichtung faßt die Multiplexfunktion Zellen einzelner virtueller Verbindungen in einen nicht zeitsynchronen Strom von Zellen zusammen, der an die Physikalische Schicht weitergegeben wird. Auf Empfangsseite werden die Zellen entsprechend den jeweiligen virtuellen Verbindungen getrennt. Die Integrität der Zellenfolge einer Verbindung wird durch die ATM-Schicht gewährleistet.

Die ATM-Schicht führt zudem noch Funktionen zur allgemeinen Flußkontrolle (Generic Flow Control, GFC) aus. Die GFC-Funktion ist nur an der Benutzer-Netz-Schnittstelle definiert. Sie unterstützt sowohl Punkt-zu-Punkt- als auch Punkt-zu-Mehrpunkt-Konfigurationen.

Innerhalb des GFC-Feldes existieren zwei Mengen von Prozeduren: *unkontrollierte Übertragungsprozeduren* und *kontrollierte Übertragungsprozeduren*. Die unkontrollierten Übertragungsprozeduren können über Schnittstellen an den Referenzpunkten S_B und T_B zur Anwendungung kommen, nicht aber in Konfigurationen mit einem gemeinsam genutzten Medium. Die kontrollierten Übertragungsprozeduren sind an der Schnittstelle am S_B-Referenzpunkt erlaubt. Sie genügen den folgenden Anforderungen:

a) Die Flußkontrolle an der Benutzer-Netz-Schnittstelle wird vom Header unterstützt. Das GFC-Feld wird zur Bereitstellung dieser Funktion benutzt. Sie mindert kurzeitige Überlastsituationen an der Schnittstelle des Referenzpunktes S_B.

b) Der GFC-Mechanismus unterstützt die Bereitstellung verschiedener Dienstgüten innerhalb des privaten Netzes des Benutzers.

c) Der GFC-Mechanismus führt keine Flußkontrolle des vom öffentlichen Netz kommenden Verkehrs durch.

d) Der GFC-Mechanismus ist in der ATM-Schicht enthalten und unabhängig von der Physikalischen Schicht.

e) Der GFC-Mechanismus muß sicherstellen, daß die einer Verbindung zugesicherte Bandbreite für Dienste mit konstanter und variabler Bitrate erreicht wird. Darüber hinaus muß gewährleistet sein, daß im Falle von Diensten mit variabler Bitrate die Bandbreite oberhalb der garantierten Werte effizient und fair unter allen aktiven Verbindungen aufgeteilt wird.

6.2.2 Struktur der Zelle

Eine Zelle besteht aus einem 5-Oktett-Headerfeld und einem 48-Oktett-Informationsfeld, siehe Bild 6.8.

Die folgenden Vereinbarung hinsichtlich der Numerierung sind in [I.361] definiert:

- Oktetts werden in aufsteigender Folge, beginnend mit dem ersten Oktett, übertragen. Deshalb wird zuerst der Header, gefolgt vom Informationsfeld, gesendet.

- Bits innerhalb eines Oktetts werden in absteigender Folge, beginnend mit Bit 8, übertragen.

- Für alle Felder ist das erste gesendete Bit das *Most Significant Bit* (MSB), das letzte das Least Significant Bit (LSB).

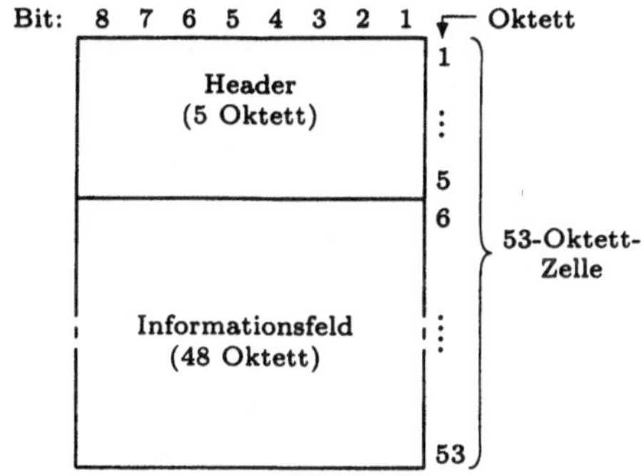

Bild 6.8: Struktur der Zelle

6.2.3   Format und Codierungen des Headers an der UNI

Bild 6.9 zeigt das Format des Headers an der Benutzer-Netz-Schnittstelle.

Bit 8	Bit 7	Bit 6	Bit 5	Bit 4	Bit 3	Bit 2	Bit 1	
GFC				VPI				Oktett 1
VPI				VCI				Oktett 2
VCI								Oktett 3
VCI				PT			CLP	Oktett 4
HEC								Oktett 5

CLP	Cell Loss Priority	HEC	Header Error Control
GFC	Generic Flow Control	VPI	Virtual Path Identifier
PT	Payload Type	VCI	Virtual Channel Identifier

Bild 6.9: Format des Headers an der Benutzer-Netz-Schnittstelle

Werte des Headers für Zellen der Physikalischen Schicht

Zur Unterscheidung der Zellen der ATM-Schicht von Zellen der Physikalischen
Schicht sind für Zellen der Physikalischen Schicht vordefinierte Werte des Headers
vereinbart, die in Tabelle 6.3 gezeigt sind. Alle anderen Werte können von Zellen
der ATM-Schicht benutzt werden.

GFC-Feld

Das GFC-Feld enthält vier Bits. Die Bits sind auf 0000 gesetzt, wenn die GFC-
Funktion nicht benutzt wird. Alle sonstigen Werte sind für den GFC-Mechanismus
zulässig. Sie sind noch nicht definiert.

Tabelle 6.3: Vordefinierte Werte des Headers an der UNI für Zellen der Physikalischen Schicht

	Oktett 1	Oktett 2	Oktett 3	Oktett 4
Leerzellen	00000000	00000000	00000000	00000001
PLOAM-Zellen	00000000	00000000	00000000	00001001
Reserviert für die Physikalische Schicht	PPPP0000	00000000	00000000	0000PPP1
P zeigt an, daß das Bit in der Physikalischen Schicht benutzt werden kann.				

Verbindungskennung (VPI- und VCI-Feld)

An der Benutzer-Netz-Schnittstelle sind für die Wegsuche 24 Bits verfügbar: 8 Bits für den VPI und 16 Bits für den VCI. Vordefinierte Kombinationen von VPI- und VCI-Werten sind in Tabelle 6.4 gezeigt.

Die Anzahl tatsächlich verwendeter Bits wird zwischen Benutzer und Netz ausgehandelt. Die Forderungen des Benutzers oder des Netzes legen die Anzahl aktiver Wegsuche-Bits fest. Zur Festlegung der Position aktiver Wegsuche-Bits innerhalb des VPI- und VCI-Feldes sind folgende Regeln zu beachten:

- Die verwendeten Bits innerhalb des VPI-Feldes und des VCI-Feldes müssen benachbart sein.

- Die Bitzuweisung beginnt immer mit den LSB des jeweiligen Feldes.

- Nicht benötigte Bits werden auf 0 gesetzt.

Art der Nutzlast (PT-Feld)

Drei Bits im Header (PT-Feld) werden zur Kennzeichnung der Art der Nutzlast eingesetzt. Tabelle 6.5 zeigt die Codierung des Payload-Type-Identifiers.

Für Benutzerdaten wird das erste Bit auf '0' gesetzt. In diesem Fall registriert das zweite Bit Überlastsituationen, und kann dazu von überlasteten Vermittlungsknoten auf '1' gesetzt werden. Das dritte Bit kann von den ATM-Endknoten einer Verbindung als Kontrollinformation für verschiedene Zwecke genutzt werden. Die ATM-Anpassungsschicht vom Typ 5 zeigt damit z.B. das Ende der an sie übergebenen Datenblöcke an.

Priorität für Verlust von Zellen (CLP-Feld)

Das CLP-Feld (Cell Loss Priority) besteht aus einem Bit zur Kennzeichnung der Priorität hinsichtlich des Verlustes von Zellen innerhalb einer Verbindung. So kann man für eine Anwendung unverzichtbare Daten, die Basisfunktionen sicherstellen, mit höherer Priorität versehen als andere Daten, mit denen die volle Funktionalität und bestmögliche Qualität des Dienstes erreicht wird. Wenn Daten mehrstellige Binärwerte representieren, z.B. für die Farbintensitäten einer Bildübertragung, so wäre es denkbar, höherwertige Bits in Zellen mit höherer Priorität zu übertragen.

Ist das CLP-Bit auf '1' gesetzt, kann die Zelle in Abhängigkeit des Netzzustandes verworfen werden. Die vereinbarte Dienstgüte darf dadurch aber nicht verletzt werden. Mit dem CLP-Bit '0' hat die Zelle hohe Priorität, und deshalb müssen

Tabelle 6.4: Kombinationen vordefinierter Werte des Headers an der UNI

Gebrauch	VPI	VCI	PT	CLP
Meta-Signalisierung	XXXXXXXX Anmerkung 1	00000000 00000001 Anmerkung 5	0A0	C
General-Broadcast- Signalisierung	XXXXXXXX Anmerkung 1	00000000 00000010 Anmerkung 5	0AA	C
Punkt-zu-Punkt- Signalisierung	XXXXXXXX Anmerkung 1	00000000 00000101 Anmerkung 5	0AA	C
Segment-OAM-F4-Fluß- Zelle	YYYYYYYY Anmerkung 2	00000000 00000100 Anmerkung 4	0A0	A
Ende-zu-Ende-OAM-F4- Fluß-Zelle	YYYYYYYY Anmerkung 2	00000000 00000011 Anmerkung 4	0A0	A
Segment-OAM-F5-Fluß- Zelle	YYYYYYYY Anmerkung 2	ZZZZZZZZ ZZZZZZZZ Anmerkung 3	100	A
Ende-zu-Ende-OAM-F5- Fluß-Zelle	YYYYYYYY Anmerkung 2	ZZZZZZZZ ZZZZZZZZ Anmerkung 3	101	A
Zelle zum Ressourcen- management	YYYYYYYY Anmerkung 2	ZZZZZZZZ ZZZZZZZZ Anmerkung 3	110	A
Nicht zugewiesene Zelle	00000000 Anmerkung 2	00000000 00000000 Anmerkung 3	BBB	0

Das GFC-Feld kann mit jeder Kombination eingesetzt werden.

A zeigt an, daß das Bit 0 oder 1 sein kann und der entsprechenden ATM-Schicht-Funktion zur Verfügung steht.

B zeigt an, daß das Bit ein *Don't-care*-Bit ist.

C zeigt an, daß die initiierende Signalisierungsinstanz das CLP-Bit auf 0 setzt. Der Wert kann im Netz verändert werden.

Anmerkungen:

1: XXXXXXXX heißt irgendein VPI-Wert.

2: YYYYYYYY heißt irgendein VPI-Wert.

3: ZZZZZZZZ ZZZZZZZZ heißt irgendein VCI-Wert ungleich 0.

4: Die Transparenz ist für den OAM-F4-Fluß in einem Benutzer-zu-Benutzer-VP nicht garantiert.

5: Die VCI-Werte sind in jeder VPC an der UNI vordefiniert.

Tabelle 6.5: Codierung des Payload-Type-Identifiers

PTI-Kodierung	Bedeutung
000	Zelle mit Benutzerinformationen, die in keine Überlastsituation im Netz geraten ist; AUU = 0
001	Zelle mit Benutzerinformationen, die in keine Überlastsituation im Netz geraten ist; AUU = 1
010	Zelle mit Benutzerinformationen, die in eine Überlastsituation im Netz geraten ist; AUU = 0
011	Zelle mit Benutzerinformationen, die in eine Überlastsituation im Netz geraten ist; AUU = 1
100	OAM-F5-Zelle gültig für ein Segment
101	OAM-F5-Zelle gültig Ende-zu-Ende
110	Zelle zum Ressourcenmanagement
111	Reserviert für künftige Funktionen
AUU: ATM-Benutzer-zu-ATM-Benutzer-Indikator	

für diese Zelle ausreichende Netzressourcen bereitgestellt werden. Das CLP-Bit kann vom Benutzer oder vom Diensteanbieter gesetzt werden. Zellen einer CBR-Verbindung haben immer hohe Priorität.

Fehlerkontrolle im Header (HEC-Feld)

Das HEC-Feld besteht aus 8 Bits und ist Teil des Headers. Es wird von der ATM-Schicht nicht ausgewertet. Es enthält die HEC-Folge, die in der Physikalischen Schicht behandelt wird.

6.2.4   Format und Codierungen des Headers an der NNI

Bild 6.10 zeigt das Format des Headers an der Netzknotenschnittstelle.

Bit 8	Bit 7	Bit 6	Bit 5	Bit 4	Bit 3	Bit 2	Bit 1	
VPI								Oktett 1
VPI				VCI				Oktett 2
VCI								Oktett 3
VCI					PT		CLP	Oktett 4
HEC								Oktett 5

Bild 6.10: Format des Headers an der Netzknotenschnittstelle

Werte des Headers für Zellen der Physikalischen Schicht

Zur Unterscheidung der Zellen der ATM-Schicht von Zellen der Physikalischen Schicht sind für Zellen der Physikalischen Schicht vordefinierte Werte des Headers vereinbart, die in Tabelle 6.6 gezeigt sind. Alle anderen Werte können von Zellen der ATM-Schicht benutzt werden.

Tabelle 6.6: Vordefinierte Werte des Headers an der NNI für Zellen der Physikalischen Schicht

	Oktett 1	Oktett 2	Oktett 3	Oktett 4
Leerzellen	00000000	00000000	00000000	00000001
PLOAM-Zellen	00000000	00000000	00000000	00001001
Reserviert für die Physikalische Schicht	00000000	00000000	00000000	0000PPP1
P zeigt an, daß das Bit in der Physikalischen Schicht benutzt werden kann.				

Verbindungskennung (VPI- und VCI-Feld)

An der Netzknotenschnittstelle sind für die Wegsuche 28 Bits verfügbar: 12 Bits für den VPI und 16 Bits für den VCI.

Nichtzugewiesene Zellen werden anhand folgender vordefinierter Werte gekennzeichnet: VPI=0, VCI=0 und CLP=0. Das PT-Feld ist unbenutzt.

Zwei vordefinierte VCI-Werte sind zur Unterscheidung von F4-OAM-Flüssen festgelegt:

- VCI=4: Ende-zu-Ende-F4-OAM-Fluß,

- VCI=5: segmentorientierter F4-OAM-Fluß.

Der Wert VCI=5 ist an der Netzknotenschnittstelle für Signalisierung vordefiniert.

Art der Nutzlast (PT-Feld)

Drei Bits im Header (PT-Feld) werden zur Kennzeichnung der Art der Nutzlast eingesetzt. Tabelle 6.5 zeigt die Codierung des Payload-Type-Identifiers.

CLP- und HEC-Feld

Für das CLP- und HEC-Feld gelten dieselben Vereinbarungen wie für die Benutzer-Netz-Schnittstelle.

6.3   AAL: ATM-Anpassungsschicht

Die ATM-Anpassungsschicht - im folgenden AAL genannt - trennt die höheren
Schichten von den spezifischen Merkmalen der ATM-Schicht durch Abbilden der
Protokolldateneinheiten der höhren Schichten in das Informationsfeld der ATM-
Zelle und umgekehrt. Zur Unterstützung der AAL-Funktionen tauschen die Peer-
AAL-Instanzen Informationen aus. Der Zugriff der höheren Schichten auf die Dien-
ste der AAL erfolgt über Dienste-Zugriffspunkte (Service Access Points, SAPs),
die als AAL-SAPs bezeichnet werden. AAL und ATM-Schicht tauschen die Infor-
mation in Form von 48-Oktett-ATM-Service-Dateneinheiten (ATM Service Data
Units, ATM-SDUs) aus.

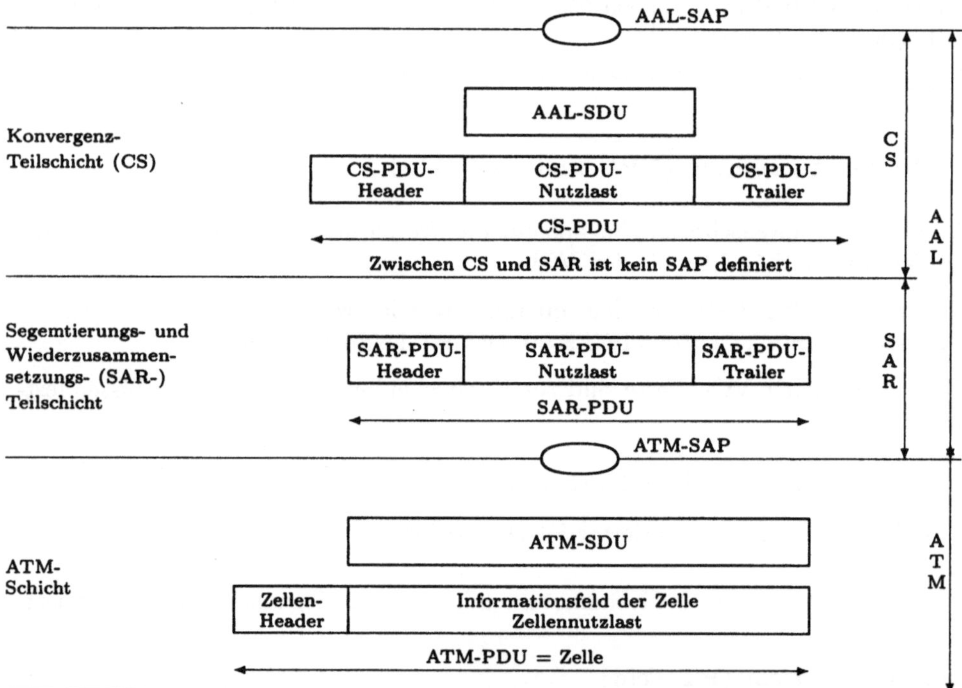

Bild 6.11: Allgemeine Namenskonventionen für Dateneinheiten der AAL

Zur Unterstützung der Dienste höherer Schichten müssen in der AAL Funktionen
ausgeführt werden, die von der Benutzer-, Kontroll- und Managementebene gefordert werden und die zum Teil voneinander abhängig sind. Diese Funktionen hängen
von den Anforderungen der höheren Schicht ab und sind auf zwei logische Teilschichten, der Konvergenz-Teilschicht (Convergence Sublayer, CS) und der SAR-

Teilschicht (Segmentation And Reassembly Sublayer), aufgeteilt. Die Teilschichten können weiter unterteilt sein.

Die Hauptfunktionen der SAR-Teilschicht sind:

- Aufteilung der Informationen in den Dateneinheiten der höheren Schicht in Blöcke der Länge des Informationsfeldes einer ATM-Zelle in Senderichtung.

- Rekonstruieren der Informationsfeldinhalte von ATM-Zellen in die Informationen der Dateneinheiten der höheren Schicht in Senderichtung.

Die Hauptfunktion der Konvergenz-Teilschicht ist:

- die Bereitstellung des AAL-Dienstes am AAL-SAP. Diese Teilschicht ist diensteabhängig.

Dienste-Zugangspunkte (SAPs) sind zwischen den Teilschichten nicht definiert. Verschiedene Kombinationen von SAR und CS führen zur Bereitstellung verschiedener SAPs für die Schicht oberhalb der AAL. Für einige Anwendungen können die SAR- und/oder die Konvergenz-Teilschicht ohne Funktion sein.

Im Bild 6.11 sind die allgemeinen Namenskonventionen für die Dateneinheiten der AAL dargestellt, siehe [I.363] Anhang A. Tabelle 6.7 enthält die in [I.363], Anhang D, verwendeten Abkürzungen.

Die AAL unterstützt zur Erfüllung der Bedürfnisse der verschiedenen AAL-Dienste-Nutzer eine Vielzahl von Protokollen. Um die Anzahl der AAL-Protokolle zu begrenzen hat die ITU-T eine Diensteeinteilung nach folgenden Kriterien vorgeschlagen, siehe [I.362]:

- Zeitbeziehung zwischen Quelle und Senke: Einige Dienste haben eine Zeitbeziehung zwischen Quelle und Senke, andere Dienste nicht.

- Bitrate: Einige Dienste haben eine konstante, andere eine variable Bitrate.

- Verbindungsmodus: Dienste können entweder verbindungslos oder verbindungsorientiert sein.

Nur vier der acht möglichen Kombinationen dieser drei Kriterien sind sinnvoll, so daß nach [I.362] vier Dienste-Klassen unterschieden werden, siehe Tabelle 6.8.

Für Dienste der Klasse A besteht eine Zeitbeziehung zwischen Quelle und Senke, die Bitrate ist konstant und der Dienst verbindungsorientiert. Ein Vertreter eines Dienstes der Klasse A ist Fernsprechen mit 64 kbit/s. Circuit Emulation ist die Nachbildung eines leitungsvermittelten Dienstes in einem ATM-Netz.

Tabelle 6.7: Verwendete Abkürzungen

AAL	ATM adaptation layer	M	More data bit
AAL-IDU	AAL interface data unit	MID	Multiplexing identification
AAL-SDU	AAL service data unit	MSB	Most significant bit
ATM-SDU	ATM service data unit	OAM	Operation and maintenance
BOM	Beginning of message	RTS	Residual time stamp
COM	Continuation of message	SAP	Service access point
CPCS	Common part convergence sublayer	SAR	Segmentation and reassembly sublayer
CPCS-PDU	CPCS protocol data unit	SAR-PDU	SAR protocol data unit
CPCS-SDU	CPCS service data unit	SAR-SDU	SAR service data unit
CRC	Cyclic redundancy check	SDT	Structure data transfer
CS	Convergence sublayer	SNP	Sequence number protection
CS-PDU	CS protocol data unit	SRTS	Synchronous residual time stamp
CSI	Convergence sublayer indication	SSCS	Service specific convergence sublayer
EOM	End of message	SSCS-PDU	SSCS protocol data unit
FEC	Forward error correction	SSM	Single segment message
LSB	Least significant bit		

Bei Diensten der Klasse B besteht eine Zeitbeziehung zwischen Quelle und Senke.
Die Dienste-Bitrate ist variabel und der Informationaustausch verbindungsorientiert. Video-Dienste mit variabler Bitrate sind Vertreter der Klasse B.

Bei Diensten der Klasse C besteht keine Zeitbeziehung zwischen Quelle und Senke,
die Dienste-Bitrate ist variabel und der Dienst verbindungsorientiert. Beispiel für
Vertreter der Klasse C sind verbindungsorientierte Datenübertragungsdienste.

Dienste der Klasse D unterscheiden sich von Diensten der Klasse C lediglich durch
den verbindungslosen Austausch der Information, wie es bei den auf dem Internet
Protocol (IP) basierten Datendiensten üblich ist.

In der AAL sind für Dienste der beschriebenen Klassen A bis D der AAL-Typ 1,
der AAL-Typ 2, der AAL-Typ 3/4 und der AAL-Typ 5 spezifiziert. Die Zuordnung
der AAL-Typen zu den Dienste-Klassen kann Tabelle 6.8 entnommen werden.

Es fällt auf, daß die Anpassungsschicht auf einen eigenen Typ für verbindungslose
Datenübertragung verzichtet, nachdem der zunächst dafür vorgesehene AAL-Typ
4 mit AAL-Typ 3 verschmolzen wurde zum AAL-Typ 3/4. Der AAL-Typ 5 wurde

Tabelle 6.8: Dienste-Einteilung für die ATM-Anpassungsschicht

	Klasse A	**Klasse B**	**Klasse C**	**Klasse D**
Zeitbezug	zeitkontinuierlich		nicht zeitkontinuierlich	
Bitrate	konstant	variabel		
Verbindungs-typ	verbindungsorientiert			verbindungslos
Beispiele	Circuit Emulation	Video	Daten-übermittlung	Daten-übermittlung
AAL-Typ	AAL-Typ 1 oder AAL-Typ 2		AAL-Typ 3/4 oder AAL-Typ 5	

in Vereinfachung von AAL-Typ 3/4 für verbindungsorientierte Datenübertragung hinzugenommen.

Der Standard ist andererseits ausdrücklich offen für weitere AAL-Typen, um Dienste mit neuartigen Anforderungen einzubeziehen, die möglicherweise zukünftig bedeutsam werden.

6.4 AAL-Typ 1

Der AAL-Typ 1 behandelt Übertragungen mit zeitlich konstanter Bitrate, die insbesondere für leitungsvermittelnde Sprachnetze (Schmalband-ISDN) typisch sind. Damit sind die Quality-of-Service-Parameter für unkomprimierte Sprach- und Video-Übertragung entsprechend Tabelle 2.1 maßgebend, für beliebige Übertragungsraten.

Den AAL-Nutzern werden durch den AAL-Typ 1 folgende Dienste zur Verfügung gestellt:

- Übermittlung von Service-Dateneinheiten mit einer konstanten Bitrate und Ausspielen der Service-Dateneinheiten mit derselben Bitrate;

- Übermittlung von Timing-Informationen zwischen Quelle und Ziel;

- Übermittlung von Struktur-Informationen zwischen Quelle und Ziel;

- Anzeigen (Indication) von Informationsverlust und von fehlerhaften Informationen. In beiden Fällen werden die Informationen vom AAL-Typ 1 nicht wiederhergestellt.

Die Benutzerebene übergibt an die Managementebene folgende Informationen, die als *Indications* bezeichnet werden:

- Fehler in der Übertragung von Benutzerinformation;

- Verlust von Zellen und fehlerhaft eingefügte Zellen;

- Zellen mit fehlerhafter Protokoll-Kontroll-Information (AAL-PCI);

- Verlust des Timings und der Synchronität;

- Leerlauf und Überlauf des Speichers zum Ausgleich der Verzögerungsschwankungen der Zellen einer Verbindung.

Die Indications der Benutzerebene an die Kontrollebene sind noch nicht spezifiziert. Die den AAL-Nutzern zur Verfügung gestellten Dienste basieren auf der Ausführung folgender Funktionen:

a) Segmentierung und Wiederzusammensetzen der Nutzinformationen[2];

b) Behandlung von Verzögerungsschwankungen der Zellen;

c) Behandlung der Verzögerungen beim Bilden der Nutzlast[2] der Zellen;

d) Behandlung von Zellenverlust und fehlerhaft eingefügten Zellen;

e) Rückgewinnung der Sende-Taktfrequenz im Empfänger;

f) Rückgewinnung der gesendeten Datenstruktur im Empfänger;

g) Bitfehler-Überwachung der AAL-PCI;

h) Behandlung von Bitfehlern in der AAL-PCI;

i) Bitfehler-Überwachung der Nutzinformationen und korrektive Maßnahmen.

6.4.1 SAR-Teilschicht: Segmentation and Reassembly

Funktionen der SAR-Teilschicht

Die folgenden Funktionen der SAR-Teilschicht werden auf Basis einer ATM-Service-Dateneinheit (ATM-SDU) ausgeführt:

---

[2]Unter Nutzinformationen oder Nutzlast werden nachfolgend die Daten im Informationsfeld einer Dateneinheit verstanden.

a) *Zuordnung zwischen CS-PDU und SAR-PDU:* Die SAR-Teilschicht auf Sendeseite akzeptiert einen Datenblock mit 47 Oktetts von der Konvergenz-
   Teilschicht und fügt zur Fertigstellung der SAR-PDU einen ein Oktett großen
   SAR-PDU-Header an.

   Die SAR-Teilschicht auf Empfangsseite empfängt den 48 Oktetts großen Datenblock von der ATM-Schicht und trennt davon den SAR-PDU-Header ab.
   Die verbleibende 47 Oktetts große SAR-PDU-Nutzlast wird an die Konvergenz-Teilschicht weitergereicht.

b) *Funktionen in der Konvergenz-Teilschicht (CS-Indication, CSI):* Die SAR-
   Teilschicht hat die Möglichkeit, die Existenz einer CS-Funktion anzuzeigen.
   Zusammen mit jeder 47 Oktetts großen SAR-PDU-Nutzlast empfängt sie
   dieses Anzeigebit (Indication) von der Konvergenz-Teilschicht und überträgt
   es zur entsprechenden Peer-CS-Einheit. Der Gebrauch des CS-Indication ist
   optional.

c) *Folgenummer (Sequence Numbering):* Zusammen mit jeder SAR-PDU-Nutzlast empfängt die SAR-Teilschicht den Wert einer Folgenummer von der
   Konvergenz-Teilschicht. Auf Empfangsseite wird der Wert der Folgenummer zur Konvergenz-Teilschicht weitergereicht. Diese kann die Folgenummer
   dazu verwenden, zu Verlust gegangene oder fehlerhaft eingefügte SAR-PDU-
   Nutzlast zu erkennen.

d) *Fehlerschutz:* Die SAR-Teilschicht schützt den Wert der Folgenummer und
   die CS-Indication gegen Bitfehler. Im Empfänger informiert sie die Konvergenz-Unterschicht, wenn der Wert der Folgenummer und die CS-Indication
   fehlerhaft sind und nicht korrigiert werden können.

SAR-Protokoll

SAR-PDU-Header und SAR-PDU-Nutzlast bilden zusammen die 48 Oktetts große
ATM-SDU als Informationsfeld einer Zelle. Größe und Position der Felder in der
SAR-PDU sind im Bild 6.12 dargestellt.

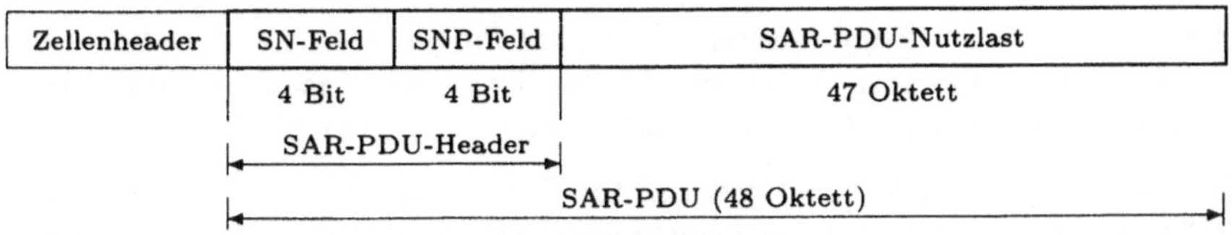

Zellenheader	SN-Feld	SNP-Feld	SAR-PDU-Nutzlast
	4 Bit	4 Bit	47 Oktett

Bild 6.12: Format der SAR-PDU des AAL-Types 1

Folgenummer (Sequence Number, SN):   Das SN-Feld ist in zwei Felder unterteilt, siehe Bild 6.13. Das Feld für die Folgenummer enthält den Wert der Folgenummer, der von der Konvergenz-Teilschicht bereitgestellt wird. Das CSI-Bit enthält die CS-Indication, die ebenfalls von der Konvergenz-Teilschicht bereitgestellt wird. Der Default-Wert des CSI-Bits ist 0.

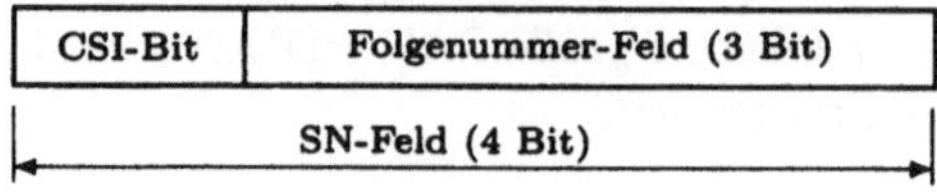

Bild 6.13: Format des SN-Feldes

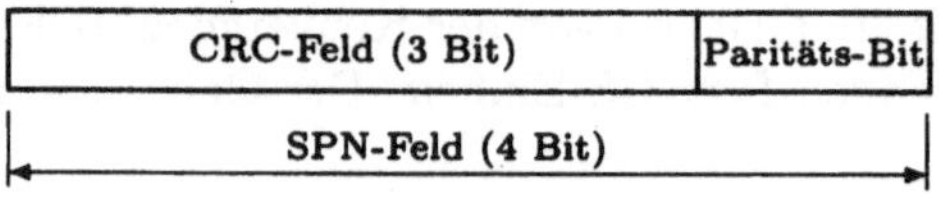

Bild 6.14: Format des SNP-Feldes

Schutz der Folgenummer (Sequence Number Protection, SNP):   Das SNP-Feld enthält Bits zur Fehlererkennung und -korrektur des SAR-PDU-Headers. Das Format dieses Feldes ist im Bild 6.14 dargestellt. Zum Schutz ist ein Vorgehen in zwei Schritten festgelegt:

1) Das SN-Feld wird durch ein 3 bit großes CRC-Kontroll-Feld gesichert.

2) Das so entstehende 7 bit lange CRC-Codewort wird durch ein Paritätsbit für gerade Parität auf der letzten Stelle ergänzt.

Der Empfänger erkennt anhand des Kontrollcodes, ob die Anzahl falsch übertragener Bits gerade oder ungerade ist und kann einen einzelnen Bitfehler korrigieren.

a) *Operationen auf Sendeseite:* Der Sender berechnet zum SN-Feld des SAR-PDU-Headers ein 3-Bit-CRC-Kontrollfeld, siehe Abschnitt 6.4.2. Abschließend setzt der Sender ein Paritätsbit hinzu, so daß das Byte aus SN-Feld und Kontrollbits insgesamt eine gerade Zahl von Einsen aufweist.

b) *Operationen auf Empfangsseite:* Der Empfänger handelt zustandsabhängig im *Korrektur-* oder im *Erkennen-Modus.* Das SNP-Zustandsdiagramm ist in Bild 6.15 dargestellt. Initialzustand ist der Korrektur-Modus.

   Der Empfänger untersucht jeden SAR-PDU-Header durch Überprüfung der CRC-Kontroll-Bits und des Paritätsbits. Die Aktionen beim Erkennen eines Fehlers richten sich nach dem Zustand, in dem sich der Empfänger befindet. Im Korrektur-Zustand kann ein falsch übertragenes Bit korrigiert werden.

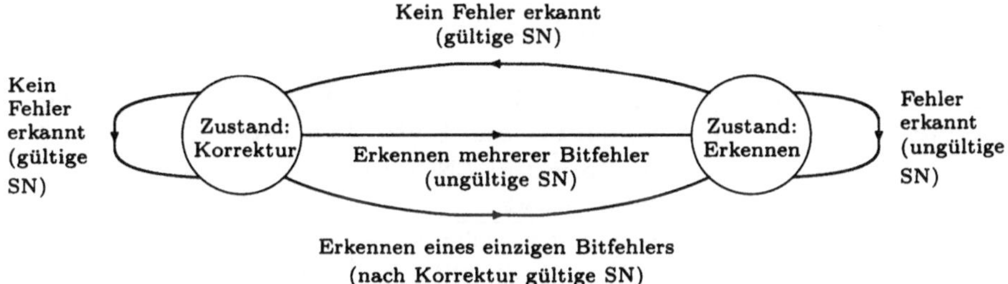

Bild 6.15: SNP-Zustandsdiagramm des Empfängers

Es findet ein Übergang in den Erkennen-Zustand statt. Im Erkennen-Zustand
werden alle SAR-PDU-Header, deren Kontrollbits einen Fehler erkennen lassen, lediglich als fehlerhaft registriert. Wird kein Fehler erkannt, findet ein
Übergang in den Korrektur-Zustand statt.

Die Tabellen 6.9 und 6.10 verdeutlichen die Operationen des Empfängers im
Korrektur- und Erkennen-Zustand. Sie beruhen auf der Kombination von
CRC- und Paritätskontrolle. Der Empfänger überträgt die Folgenummer,
die CS-Anzeige und den Fehler-Status zur Konvergenz-Teilschicht.

6.4.2 CRC: Fehlerkontrolle mit zyklischen Codes

Die Notation zur Bildung des *Cyclic Redundancy Check* (CRC) basiert auf zyklischen Codes, siehe z.B. [8, 91]. Wenn ein Datenfeld $b_1, \cdots, b_k$ aus k Bits $b_i \in$
$\{0, 1\}$ durch ein CRC-Kontrollfeld $c_1, \cdots, c_m$ aus m Bits gesichert wird, so bildet
die gesamte Folge $C = b_1, \cdots, b_k, c_1, \cdots, c_m$ ein Codewort des zyklischen Codes.
Zur Berechnung des CRC wird eine binäre Zeichenfolge C in Polynomdarstellung
$P_C(x)$ gebracht, die durch $P_C(x) = b_1\, x^{k+m-1} + \cdots + b_k\, x^m + c_1\, x^{m-1} + \cdots + c_m$
gegeben ist, d.h. in einem $n = (m + k)$-stelligen Binärwort tritt das j-te Bit als
Koeffizient von x^{n-j} auf.

Ein zyklischer Code ist durch sein Generatorpolynom $G(x)$ bestimmt, das für m
Kontrollstellen den Grad m hat. Ein Codewort C ist dadurch ausgezeichnet, daß
es durch das Generatorpolynom ohne Rest teilbar ist: $P_C(x) \bmod G(x) = 0$. Der
CRC-Kontrollteil $c_1, \cdots, c_m$ wird berechnet als Rest der Polynomdivision

$$b_1\, x^{k+m-1} + \cdots + b_k\, x^m \bmod G(x) = c_1\, x^{m-1} + \cdots + c_m.$$

Am Beispiel des SN-Feldes wird der Generator $G(x) = x^3 + x + 1$ zur Bildung
des 3-stelligen CRC genutzt. Wenn das SN-Feld das Binärwort $b_1, \cdots, b_4 = 1\,0\,1\,0$
enthält, so ergibt die Division $\quad x^6 + x^4 \bmod x^3 + x + 1 = x + 1\quad$ und man erhält
$c_1, \cdots, c_3 = 0\,1\,1$. Das entstehende Codewort $C = 1\,0\,1\,0\,0\,1\,1$ ist als Vielfaches
des Generators ohne Rest darstellbar $P_C(x) = x^6 + x^4 + x + 1 = (x^3 + 1)\, G(x)$. Die

Tabelle 6.9: Operationen im Korrektur-Zustand

CRC-Syndrom	Parität	Maßnahmen bzgl. der aktuellen SN und SNP	Maßnahmen bzgl. der nächsten SN und SNP
Null	Keine Verletzung	Keine Korrektur; SN wird als gültig erklärt	Verbleib im Korrektur-Zustand
Ungleich Null	Verletzung	Korrektur des fehlerhaften Bit; SN wird als gültig erklärt	Übergang in den Erkennen-Zustand
Null	Verletzung	Korrektur des Paritätsbit; SN wird als gültig erklärt	Übergang in den Erkennen-Zustand
Ungleich Null	Keine Verletzung	Keine Korrektur; mehrere Bitfehler können nicht korrigiert werden; SN wird als ungültig erklärt	Übergang in den Erkennen-Zustand
SN: Sequenze Number; SNP: Sequence Number Protection			

Tabelle 6.10: Operationen im Erkennen-Zustand

CRC-Syndrom	Parität	Maßnahmen bzgl. der aktuellen SN und SNP	Maßnahmen bzgl. der nächsten SN und SNP
Null	Keine Verletzung	Keine Korrektur; SN wird als gültig erklärt	Übergang in den Korrektur-Zustand
Ungleich Null	Verletzung	Keine Korrektur; SN wird als ungültig erklärt	Verbleib im Erkennen-Zustand
Null	Verletzung	Keine Korrektur; SN wird als ungültig erklärt	Verbleib im Erkennen-Zustand
Ungleich Null	Keine Verletzung	Keine Korrektur; SN wird als ungültig erklärt	Verbleib im Erkennen-Zustand
SN: Sequenze Number; SNP: Sequence Number Protection			

Addition der binären Koeffizienten der Polynome erfolgt in modulo-2 Rechnung.

Ein m-stelliges CRC-Kontrollfeld ist geeignet, um ein Datenfeld bis zur Länge $2^m - m - 1$ abzusichern. Der Empfänger ist dann in der Lage, alle Fehler, die nicht mehr als 2 Bits betreffen, zu erkennen und kann sogar einen aufgetretenen Bitfehler korrigieren. Wird wie im Fall des SN-Feldes noch ein Parity-Bit hinzugenommen, so sind alle Übertragungsfeher mit bis zu 3 gestörten Bits erkennbar. Ein Fehlermuster ist nicht erkennbar, wenn es selbst ein Codewort darstellt. Treten alle Fehlermuster in zufälliger und gleichverteilter Weise auf, so wird ein Fehlermuster mit Wahrscheinlichkeit 2^{-m} nicht entdeckt. Man kann also den relativ häufigen Mustern mit bis zu 3 Fehlerbits sowie durch lange CRC-Felder auch den zufälligen Störungsmustern wirkungsvoll begegnen.

6.4.3 Konvergenz-Teilschicht

Funktionen der CS

Die Konvergenz-Teilschicht kann die nachfolgend aufgeführten Funktionen enthalten. Zur Ausführung einiger Funktionen benötigt die Konvergenz-Teilschicht einen Takt, der von der Schnittstelle an den Referenzpunkten S_B oder T_B abgeleitet wird.

a) Verzögerungsschwankungen von Zellen werden ausgeglichen, um die AAL-SDUs an den AAL-Nutzer mit einer konstanten Bitrate auszuspielen.

b) Die Folgenummer wird in dieser Teilschicht bearbeitet. Der Wert der Folgenummer und deren Fehlerüberprüfung, die von der SAR-Teilschicht durchgeführt wird, kann von der Konvergenz-Teilschicht dazu benutzt werden, Zellenverlust und Fehleinfügen von Zellen zu erkennen.

Anhand des Vergleichs der Sequenznummer S_i einer Zelle mit denen ihres Vorgängers (S_{i-1}) und ihres Nachfolgers (S_{i+1}) wird entschieden, ob die Reihenfolge eingehalten ist, d.h. $S_i = (S_{i-1} + 1) \bmod 8$ und $S_{i+1} = (S_i + 1) \bmod 8$. Ansonsten wird entweder angenommen, daß ein Zellenverlust aufgetreten ist, wenn $S_i = (S_{i-1}+2) \bmod 8$ und $S_{i+1} = (S_i+1) \bmod 8$, oder daß eine z.B. durch Fehler im Header fehlgeleitete Zelle aus einer anderen Verbindung vorliegt, wenn $S_i \neq (S_{i-1} + 1) \bmod 8$ und $S_{i+1} = (S_{i-1} + 1) \bmod 8$.

Die weitere Behandlung von verlorenen und fehlerhaft eingefügten Zellen wird ebenfalls in dieser Teilschicht vorgenommen. Als Reaktion kann eine Füllzelle eingefügt werden, oder im zweiten Fall die Zelle entfernt werden.

c) Die Konvergenz-Teilschicht kann die CS-Indication benutzen, um Funktionen der CS für einige AAL-Nutzer zu unterstützen. Das CSI-Bit unterstützt die nachfogend unter d) und e) beschriebenen Funktionen.

d) Für AAL-Nutzer, die am Ziel die Taktfrequenz des Senders benötigen, ist ein Mechanismus zur Übertragung von Synchronisationsinformation nutzbar.

e) Für AAL-Nutzer stellt diese Teilschicht die Übermittlung von Strukturinformationen zwischen Quelle und Ziel zur Verfügung.

f) Für die Übertragung von Videosignalen und Tonsignalen hoher Qualität kann zum Schutz gegen Bitfehler eine Fehlerkorrektur durchgeführt werden.

g) Die Konvergenz-Teilschicht generiert Berichte mit Statusangaben über die Ende-zu-Ende-Performanz. Die Leistungsmeßgrößen basieren darin auf

   - Ereignissen mit Zellenverlust und Fehleinfügen von Zellen;

   - Leerlauf und Überlauf von Speichern;

   - Ereignissen mit Bitfehlern.

Die Funktionen der Konvergenz-Teilschicht für leitungsvermittelte Übertragung,
für die Übertragung von Videosignalen und von Sprachbandsignalen können in
[I.363] nachgelesen werden.

CS-Protokoll

Im folgenden werden Prozeduren zur Implementierung der CS-Funktionen beschrieben. Der Einsatz der Prozeduren hängt von den erforderlichen CS-Funktionen ab. Im einzelnen werden Operationen zum Zählen der Folgenummern, Methoden zur Rückgewinnung der Sendetaktfrequenz und Methoden zum Transfer
strukturierter Daten betrachtet.

I   Operationen zum Zählen der Folgenummern

I-1 Operationen auf Sendeseite: Auf Sendeseite übergibt die Konvergenz-
Teilschicht der SAR-Teilschicht mit jeder SAR-PDU-Nutzlast einen Wert für die
Folgenummer und ein CS-Indication-Bit. Der Wert startet mit 0 und wird fortlau-
fend inkrementiert. Die Zählweise ist modulo 8.

I-2 Operationen auf Empfangsseite: Die Konvergenz-Teilschicht empfängt
von der SAR-Teilschicht mit jeder SAR-PDU-Nutzlast folgende Informationen:

- Folgenummer;

- CS-Indication;

- Status der Fehlerüberprüfung für Folgenummer und CS-Indication.

Der Gebrauch der Werte der Folgenummer und der CS-Indication wird auf dienste-
spezifischer Basis festgelegt.

Die Verarbeitungsfunktionen der Konvergenz-Teilschicht auf Empfangsseite führen
zur Identifikation von verlorener und falsch eingefügter SAR-PDU-Nutzlast. Dies
ist für viele CBR-Dienste nützlich. Folgende Bedingungen werden unterschieden:

- Reihenfolge der SAR-PDU-Nutzlast richtig;

- Verlust von SAR-PDU-Nutzlast;

- Fehleinfügte SAR-PDU-Nutzlast.

Die Verarbeitung der Folgenummern kann zusätzlich Informationen liefern zur

- Lokalisierung der verlorenen SAR-PDU-Nutzlast;

- Anzahl aufeinanderfolgend verlorener SAR-PDU-Nutzlast;

- Identifizierung fehleingefügter SAR-PDU-Nutzlast.

II   Methoden zur Rückgewinnung der Sendetaktfrequenz

II-1 Synchronous-Residual-Time-Stamp- (SRTS-) Verfahren: Das Verfahren verwendet eine Rest-Zeitmarke (Residual Time Stamp, RTS) zur Messung und Übertragung von Information über die Frequenz-Differenz zwischen einem Sender und Empfänger gemeinsamen Referenztakt, der aus dem Netztakt und dem Diensttakt abgeleitet wird. Ist der Referenztakt nicht am Ort des Senders und des Empfängers gemeinsam verfügbar, ist das Verfahren asynchron und in einem an plesiochrone Netze angepaßten Arbeitszustand. Die asynchrone Arbeitsweise ist nicht standardisiert, sollte jedoch zu Taktschwankungen führen, die in den Empfehlungen [G.823] und [G.824] für G.702-Signale festgelegt sind. Das SRTS-Verfahren erfüllt die in den Empfehlungen [G.823] (2048-kbit/s-Hierarchie) und [G.824] (1544-kbit/s-Hierarchie) geforderten Taktschwankungen.

Zur Beschreibung des SRTS-Verfahrens wird folgende Notation verwandt:

f_s: Frequenz des Diensttaktes;

f_n: Frequenz des Netztaktes, z.B. 155,520 Mhz;

f_{nx}: Frequenz des abgeleiteten Netztaktes, $f_{nx} = f_n/x$, wobei x eine ganze Zahl ist, die jeweilig festzulegen ist;

N: Periode der RTS in Zyklen des Diensttaktes mit Fequenz f_s;

T: Periodendauer der RTS in Sekunden;

M: Anzahl von Zyklen des abgeleiteten Netztaktes mit Frequenz f_{nx} innerhalb einer RTS-Periode;

M_{nom}: Anzahl von Zyklen des abgeleiteten Netztaktes mit Frequenz f_{nx} innerhalb einer nominellen RTS-Periode;

M_{max}: Anzahl von Zyklen des abgeleiteten Netztaktes mit Frequenz f_{nx} innerhalb einer maximalen RTS-Periode;

M_{min}: Anzahl von Zyklen des abgeleiteten Netztaktes mit Frequenz f_{nx} innerhalb einer minimalen RTS -Periode;

M_q: Größte ganze Zahl, die kleiner oder gleich M ist.

Das SRTS-Konzept im Bild 6.16 dargestellt.

Im Sender wird während einer festen Dauer T, die durch N Zyklen des Diensttaktes ausgedrückt wird, die Anzahl M_q der abgeleiteten Netztaktzyklen ermittelt. Wenn M_q zum Empfänger übertragen wird, kann der Diensttakt der Quelle im Empfänger rekonstruiert werden, da er dann die benötigten Informationen f_{nx}, M_q und N kennt. M_q besteht aus einem nominellen und einem restlichen Anteil.

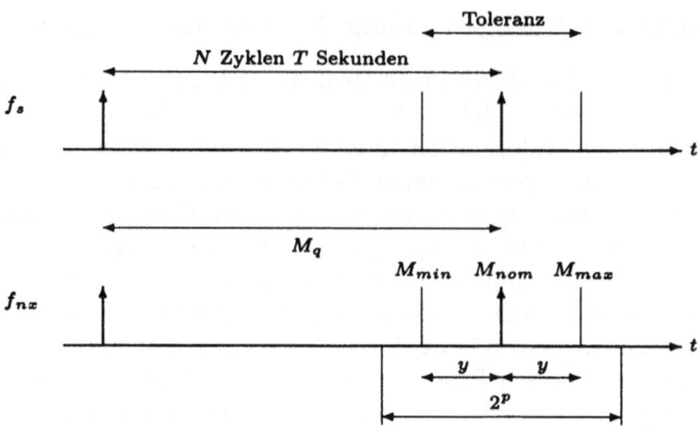

Bild 6.16: SRTS-Konzept

Der nominelle Anteil M_{nom} entspricht der nominellen Anzahl von Zyklen des abgeleiteten Netztaktes (mit der Frequenz f_{nx}) innerhalb von T Sekunden. Er ist für den Dienst fest vorgegeben. Der Restanteil enthält einerseits Informationen über die Frequenzdifferenz und andererseits über die Auswirkung der Quantisierung, so daß der Restanteil variieren kann. Da der nominelle Anteil von M_q konstant ist, kann davon ausgegangen werden, daß er beim Empfänger verfügbar ist. Es wird deswegen nur der Restanteil von M_q zum Empfänger übertragen.

Ein einfacher Weg der Darstellung des Restanteils von M_q ist in Form einer RTS gegeben, deren Erzeugung im Bild 6.17 dargestellt ist. Der Zähler C_t ist ein P-Bit-Zähler, der durch den abgeleiteten Netztakt gesteuert ist. Der Ausgang des Zählers C_t wird alle N Diensttaktzyklen abgetastet. Der P-Bit-Abtatstwert ist die RTS.

Bei Kenntnis der RTS und des nominellen Anteils von M_q im Empfänger ist M_q vollständig bestimmt. M_q wird zur Erzeugung eines Referenzsignals für einen Phase-Lock-Loop (PLL) benutzt, um den Diensttakt zu erhalten.

Die Größe der RTS ist auf vier Bits festgelegt, siehe [I.363]. Die RTS-Periode ist definiert für eine feste Anzahl von SAR-PDUs. Der Transport der 4-Bit-RTS erfolgt in Form eines seriellen Bitstromes mittels des CSI-Bits in aufeinanderfolgenden SAR-PDU-Headern. Die modulo-8-Folgenummer stellt die Rahmenstruktur für acht Bits in einem seriellen Bitstrom bereit. Vier der acht Bits dieser Rahmenstruktur werden zur Übertragung den RTS-Bits zugewiesen. Die restlichen vier Bits sind für andere Funktionen vergesehen und werden auf 0 gesetzt, falls sie nicht benötigt werden. Die SAR-PDU-Header mit den ungeraden Werten 1, 3, 5 und 7 der Folgenummer werden zum Transport der RTS genutzt. Das MSB der RTS ist im CSI-Bit des SAR-PDU-Headers mit Folgenummer 1 enthalten.

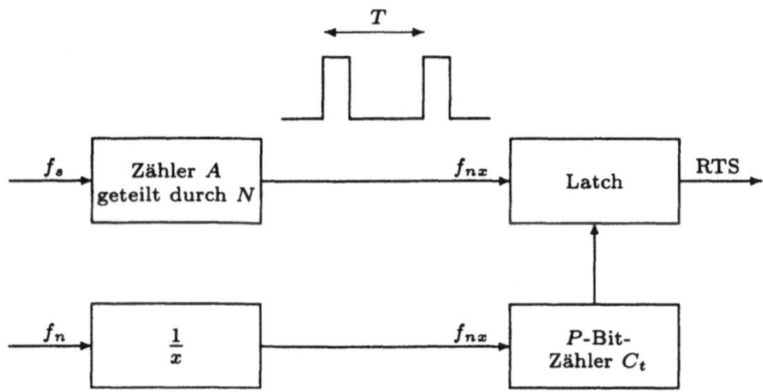

Bild 6.17: RTS-Erzeugung

II-2 Adaptiv-Takt-Methode: Der Empfänger schreibt die empfangene Information in einen Speicher, den er anschließend mit dem lokalen Takt ausliest. Der Füllstand des Speichers wird zur Steuerung der lokalen Taktfrequenz benutzt. Die Steuerung basiert auf der fortlaufenden Messung des Füllstandes, der sich um den Wert der halben Speicherkapazität bewegen soll. Der Meßwert des Füllstandes wird zur Steuerung eines PLL verwandt, der den lokalen Takt bereitstellt.

III   Transfer strukturierter Daten (Structured Data Transfer, SDT)

III-1 SDT ohne SRTS: Die CS-Prozedur zum Transfer strukturierter Daten verwendet einen Pointer, der auf die Strukturgrenzen – Anfang bzw. Ende der Datenstruktur – zeigt. Die Prozedur unterstützt feste, oktettbasierte Strukturen, wie die im Abschnitt 4.1 beschriebenen leitungsvermittelnden Übermittlungsdienste.

Die hier gegebene Beschreibung der Prozedur bezieht sich auf Datenübertragungen ohne SRTS-Verfahren. Da SDT und SRTS das CSI-Bit in alternierender SAR-PDU-Nutzlast verwenden, können beide Verfahren gleichzeitig zur Übertragung strukturierter Daten und zur Taktrückgewinnung eingesetzt werden, siehe III-2.

Die 47-Oktett-SAR-PDU-Nutzlast, die in der Konvergenz-Teilschicht zur Übertragung strukturierter Daten verwendet wird, hat zwei Formate, das Non-P-Format und das P-Format, siehe Bild 6.18.

a) **Operationen bei Non-P-Format:** Im Non-P-Format wird die gesamte CS-PDU mit Nutzinformation gefüllt.

b) **Operationen bei P-Format:** Im P-Format ist das erste Oktett der SAR-PDU-Nutzlast das Pointer-Feld. Der Rest wird mit Nutzinformation gefüllt. Dieses Format kann nur benutzt werden, wenn der Wert der Folgenummer im SAR-PDU-Header gerade ist.

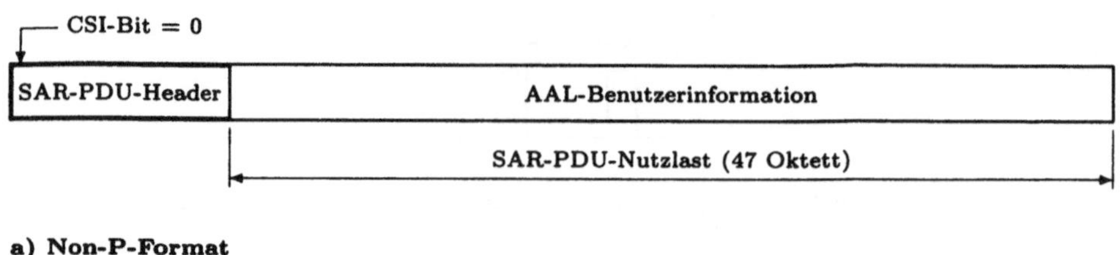

a) Non-P-Format

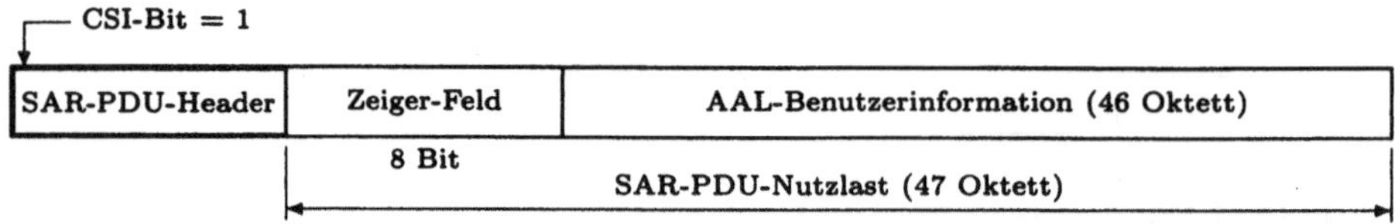

b) P-Format

Bild 6.18: SAR-PDU-Nutzlast bei Übertragung strukturierter Daten

Reserviertes Bit	Offset-Feld (7 Bit)
Zeiger-Feld (8 Bit)	

Bild 6.19: Format des Pointer-Feldes

Das Format des Pointer-Feldes ist im Bild 6.19 gezeigt. Das Pointer-Feld enthält den binären Wert des Offsets, angegeben in Oktetts, zwischen dem Ende des Pointer-Feldes und dem ersten Anfang des strukturierten Datenblockes in der 93 Oktetts umfassenden Nutzlast, die aus den restlichen 46 Oktetts dieser SAR-PDU-Nutzlast und den 47 Oktetts der nächsten SAR-PDU-Nutzlast besteht. Dieser Offset liegt im Bereich zwischen 0 und 92 einschließlich. Darüber hinaus bedeutet der Offset-Wert 93, daß das Ende des strukturierten Datenblockes mit dem Ende der 93-Oktett-Nutzlast zusammenfällt. Der Beginn des Datenblockes liegt nicht innerhalb der 93-Oktett-Nutzlast.

Das erste Bit des Pointer-Feldes ist für zukünftige Festlegungen reserviert und wird nicht für den Offset benutzt; das Bit ist auf 0 gesetzt. Das Pointer-Feld sollte wo immer möglich benutzt werden, damit die Wiedererkennung der Datenstruktur sichergestellt ist.

Die Übertragung eines strukturierten Datenblockes beginnt im zweiten Oktett der SAR-PDU-Nutzlast mit dem P-Format und der Folgenummer Null.

Teilweise gefüllte Zellen: Die SAR-PDU-Nutzlast kann nur teilweise mit Nutzdaten gefüllt sein, um die Paketierungsverzögerung (PD) zu verkürzen. In diesem Fall ist die Anzahl der ersten für Nutzinformationen genutzten Oktetts (ausschließlich Pointer-Feld) konstant und richtet sich nach der zulässigen PD. Der Rest der SAR-PDU-Nutzlast besteht aus Dummy-Oktetts.

Der Offset-Wert des Pointer-Feldes schließt alle Oktetts der SAR-PDU-Nutzlast ein, ungeachtet der Tatsache, daß die Oktetts für Nutzinformation verwendet werden oder nicht.

III-2 SDT mit SRTS: Die CS-Prozedur zur Unterstützung der Übertragung strukturierter Daten mit Rückgewinnung des Sendetaktes im Empfänger basiert auf der Kombination der beiden CS-Prozeduren (II-1) und (III-1). Die 47-Oktett-SAR-PDU-Nutzlast verwendet das Non-P-Format und das P-Format.

a) **Operationen bei Non-P-Format:** Das Non-P-Format wird verwendet bei den Folgenummern 1, 3, 5 und 7. Die CSI-Bits übertragen den RTS-Wert. Die 47 Oktetts der SAR-PDU-Nutzlast werden mit Nutzinformation gefüllt.

b) **Operationen bei P-Format:** Das P-Format wird bei den Folgenummern 0, 2, 4 und 6 verwendet. Das erste Oktett der SAR-PDU-Nutzlast ist das Pointer-Feld und der Rest wird mit Nutzinformation gefüllt.

   Wird der Pointer nicht zur Anzeige der Strukturgrenze des Datenblockes benötigt, der in dieser oder in der nächsten SAR-PDU-Nutzlast enthalten ist, wird jedes der sieben Offset-Bits im Pointer-Feld auf den Dummy-Wert 1 gesetzt. Das CSI-Bit wird auf 1 gesetzt, da das Pointer-Feld vorhanden ist.

   Der erste zu übertragende strukturierte Datenblock verwendet das P-Format mit einem Wert der Folgenummer im SAR-PDU-Header gleich Null und mit dem ersten Oktett des strukturierten Datenblockes im zweiten Oktett der SAR-PDU-Nutzlast.

6.5   AAL-Typ 2

Die Spezifikationen für den AAL-Typ 2 wurden erst 1997 verabschiedet, siehe [I.363]. Darin sind die Protokolldateneinheiten für die bandbreiteneffektive Übertragung von niedrigratigen, kurzen Paketen und Paketen variabler Länge in verzögerungsempfindlichen Applikationen festgelegt. Sie unterstützen das Multiplexen und Demultiplexen mehrerer AAL-Typ-2-Informationsströme in eine einzige ATM-Verbindung. Die Struktur der Pakete erlaubt das Ein- und Auspacken in eine oder mehrere ATM-Zellen. Auf die wesentlichen Inhalte wird im folgenden Bezug genommen.

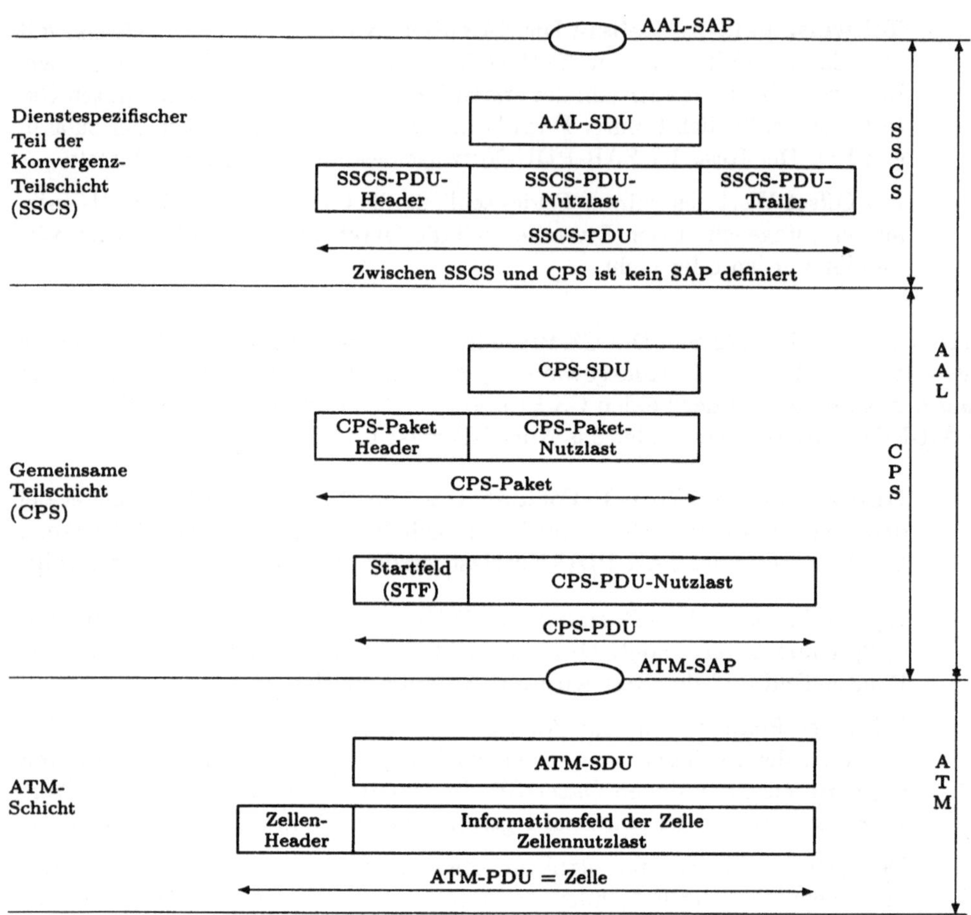

Bild 6.20: AAL-Typs 2 mit Namenskonventionen für die Dateneinheiten

Der AAL-Typ 2 und die ATM-Schicht tauschen die Informationen in Form einer
48 Oktetts langen ATM-SDU aus. Abweichend von der im Bild 6.11 dargestell-
ten allgemeinen Aufteilung der AAL-Schicht in Konvergenz-Teilschicht und SAR-
Teilschicht hat der AAL-Typ 2 die im Bild 6.20 gezeigte Struktur mit den ent-
sprechenden Namenskonventionen für die verwendeten Dateneinheiten. Die AAL-
Schicht des Typs 2 ist unterteilt in eine allen Diensten gemeinsame Teilschicht
(Common Part Sublayer, CPS) und eine dienstespezifische Konvergenz-Teilschicht
(Service Specific Convergence Sublayer, SSCS).

Das dienstespezifische Segmentieren und Rekonstruieren der Informationen wird in
der Konvergenz-Teilschicht vorgenommen, in der auch die dienstespezifische Über-

wachung von Übertragungsfehlern und Funktionen zur gesicherten Datenübermittlung ausgeführt werden[3]. Zur Unterstützung von AAL-Typ-2-Benutzerdiensten oder Gruppen von Diensten werden in eigenen ITU-T-Empfehlungen verschiedene SSCS-Protokolle definiert. Die SSCS kann leer sein. In diesem Fall erfolgt das direkte Durchreichen der über den AAL-SAP von der höheren Schicht gelieferten Dateneinheiten zur CPS und umgekehrt.

Der AAL-Typ 2 stellt die Funktionen zur Übermittlung von AAL-SDUs zwischen zwei AAL-SAPs über ein ATM-Netz zur Verfügung, siehe Bild 6.21. Punkt-zu-Mehrpunkt-AAL-Typ-2-Verbindungen sind noch nicht spezifiziert.

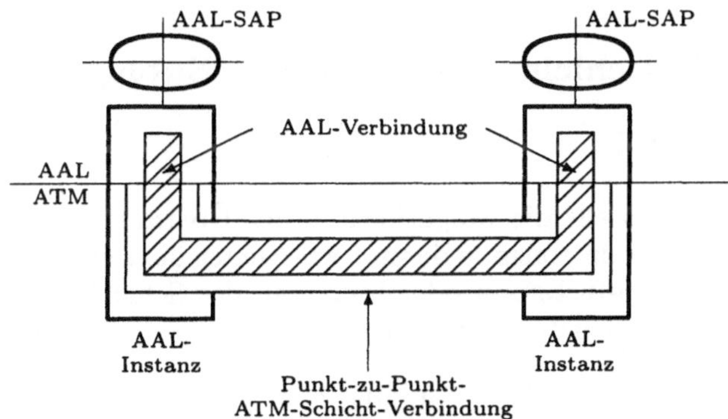

Bild 6.21: Punkt-zu-Punkt-AAL-Typ-2-Verbindung

Die AAL-Typ-2-Nutzer haben die Möglichkeit, einen gegebenen AAL-SAP mit der geforderten Dienstgüte auszuwählen und die AAL-SDU zu übertragen (z.B. verzögerungs- und verlustsensitive Dienstgüte).

Der AAL-Typ 2 bedient sich der Dienste der darunterliegenden ATM-Schicht, siehe Bild 6.22. Mehrere AAL-Verbindungen können zu einer ATM-Schicht-Verbindung gehören, so daß das Multiplexen in der AAL erlaubt ist. Das Multiplexen wird bei dem AAL-Typ 2 in der CPS ausgeführt. Der AAL-Nutzer wählt die Dienstgüte, die von der AAL bereitgestellt wird, durch die Wahl des für die Datenübermittlung benutzten AAL-SAP.

Das Abbilden der Dienstgüte am AAL-SAP in die Dienstgüte am ATM-SAP ist bei Verwendung des AAL-Typ-2-Multiplexens noch nicht spezifiziert.

---

[3]Die genaue Bezeichnung der dienstespezifischen Konvergenz-Teilschicht ist *Segmentation and Reassembly Service Specific Convergence Sublayer (SAR-SSCS)*. Sie besteht ihrerseits aus drei Teilschichten, deren unterste die *Service-Specific-Segmentation-and-Reassembly-Teilschicht (SSSAR-Teilschicht)*, darüber die *Service-Specific-Transmission-Error-Detection-Teilschicht (SSTED-Teilschicht)* und als oberste die *Service-Specific-Assured-Data-Transfer-Teilschicht (SSADT-Teilschicht)* darstellt, siehe [I.363].

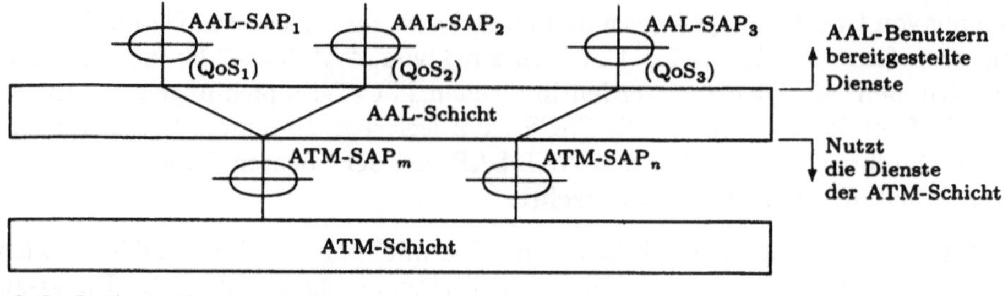

QoS   Quality of Service

Bild 6.22: Zusammenhang zwischen AAL-SAP und ATM-SAP

6.5.1   CPS-Teilschicht: Common Part Sublayer

Funktionen der CPS

Die AAL-Typ-2-CPS stellt die Möglichkeiten der Übermittlung von CPS-SDUs von einem CPS-Nutzer zu einem anderen CPS-Nutzer über ein ATM-Netz bereit. CPS-Nutzer sind SSCS-Instanzen oder Instanzen des Schicht-Mamagement. Der Dienst umfaßt dabei folgende Operationen:

- Übermittlung von CPS-SDUs standardmäßig bis zu 45 Oktetts Länge oder maximal bis zu 64 Oktetts Länge.

- Multiplexen und Demultiplexen mehrerer AAL-Typ-2-Kanäle.

- Gewährleistung der Integrität der CPS-SDU-Folge für jeden AAL-Typ-2-Kanal.

Der beschriebene Dienst ist nicht gesichert. Das bedeutet, daß eine CPS-SDU nur als Ganzes ausgeliefert wird oder zu Verlust geht und in diesem Fall nicht durch erneute Übertragung korrigiert wird.

Die AAL-Typ-2-CPS besitzt die folgenden Eigenschaften:

- Die AAL-Typ-2-CPS-Verbindung ist Ende-zu-Ende definiert als eine Verkettung von AAL-Typ-2-Kanälen. Dies erfordert eine Relais-Funktion innerhalb der CPS.

- Der AAL-Typ-2-Kanal ist ein bidirektionaler virtueller Kanal. Für beide Übermittlungsrichtungen sollte derselbe Wert des Kanal-Identifiers benutzt werden.

- Die AAL-Typ-2-Kanäle werden basierend auf einer permanenten oder vermittelten virtuellen Verbindung der ATM-Schicht aufgebaut.

CPS-Protokoll

Im vorliegenden Abschnitt werden das Format und die Codierung der CPS-Pakete
und das Verpacken der CPS-Pakete in die AAL-Typ-2-CPS-Protokolldateneinhei-
ten beschrieben.

Ein CPS-Paket besteht aus einem drei Oktetts langen CPS-Paket-Header (CPS-
PH), gefolgt von einem CPS-Paket-Nutzlastfeld (CPS-PP). Die Größe und Position
der Felder eines CPS-Paketes sind im Bild 6.23 dargestellt.

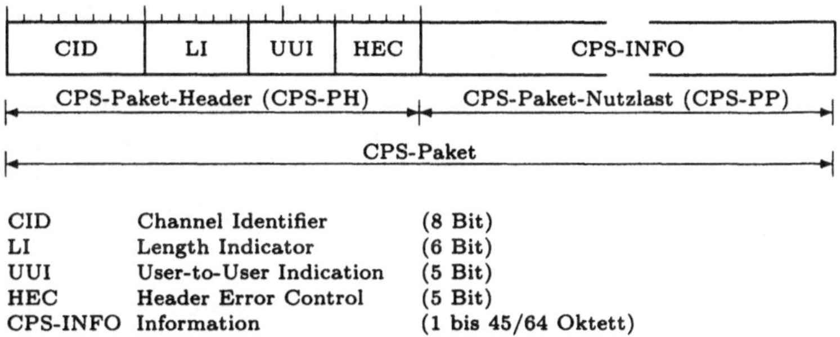

Bild 6.23: Format des AAL-Typ-2-CPS-Paketes

Der CPS-Paket-Header besteht aus vier Feldern:

a) *Channel Identifier (CID):* Der Wert des CID kennzeichnet den AAL-Typ-
   2-Nutzer des Kanals. Der AAL-Typ-2-Kanal ist bidirektional. Für beide
   Übertragungsrichtungen sollte derselbe Wert zur Kanal-Identifizierung verwendet werden. Der Wert "0" wird nicht zur Kanalkennzeichnung benutzt,
   da das Null-Oktett für die später beschriebene Füllfunktion (Padding) verwendet wird. Die Werte "1" bis "7" sind für Prozeduren innerhalb des
   AAL-Typs 2 reserviert. Die Werte "8" bis "255" werden zur Kennzeichnung
   der Nutzer der AAL-Typ-2-CPS eingesetzt. Die Unterscheidung der SSCS-
   Instanzen und der Instanzen des Schicht-Management, die wie oben erwähnt
   die beiden Arten von AAL-Typ-2-Nutzern darstellen, erfolgt anhand des
   UUI-Feldes, siehe nachfolgenden Punkt c).

b) *Längen-Indikator (LI):* Das LI-Feld ist mit dem Wert binär codiert, der um
   eins kleiner ist als die Anzahl der Oktetts im Nutzlastfeld des CPS-Paketes.
   Die standardmäßig maximale Länge der CPS-Paket-Nutzlast beträgt 45 Oktetts. Sie kann auf den Wert 64 hoch gesetzt werden. Die maximale Länge
   ist kanalspezifisch. Sie muß nicht für alle AAL-Typ-2-Kanäle gleich sein. Andererseits müssen jedoch für einen vorliegenden CID-Wert die Längen der
   CPS-Paket-Nutzlastfelder konform zu einem gemeinsamen maximalen Wert

sein. Der Wert der maximalen Länge wird mittels Signalisierung oder über Managementprozeduren festgelegt. Ist die maximale Länge auf den Standardwert von 45 Oktetts festgesetzt, sind die Werte "45" bis "63" für das LI-Feld nicht zulässig.

c) *User-to-User-Indication (UUI):* Das UUI-Feld dient

- der transparenten Übertragung spezifischer Informationen zwischen den CPS-Nutzern, also zwischen SSCS-Instanzen oder zwischen Instanzen des Schicht-Managements, und

- der Unterscheidung zwischen den SSCS-Instanzen und den Nutzern des Schicht-Managements der CPS.

Das fünf Bit lange UUI-Feld stellt die 32 Codewörter "0" bis "31" zur Verfügung. Die Codewörter "0" bis "27" sind für die SSCS-Instanzen vorgesehen, die Codewörter "30"und "31" sind für die Instanzen des Schicht-Management reserviert. Die Codewörter "28" und "29" sind für zukünftige Festlegungen reserviert.

d) *Header Error Control (HEC):* Die in a) - c) genannten Felder werden durch ein 5-stelliges HEC-Kontroll-Feld gegen Übertragungsfehler geschützt. Der Sender ergänzt damit die ersten 3 Byte zu einem Codewort des zyklischen Codes mit Generatorpolynom $x^5 + x^2 + 1$, siehe Abschnitt 6.4.2. Der Empfänger benutzt den Inhalt des HEC-Feldes, um Fehler im Header zu erkennen. Alle Übertragungsfehler, die nicht mehr als 2 Bits verfälschen, sind erkennbar.

Die CPS-PDU besteht aus einem ein Oktett langen Startfeld und einem 47 Oktetts langen Nutzlastfeld. Die Größe und die Positionen der Felder der CPS-PDU sind in Bild 6.24 gezeigt.

Der CPS-PDU-Header wird als das Startfeld (STF) bezeichnet. Das Startfeld besteht aus den folgenden Teilfeldern:

a) *Offset-Feld (OSF):* Dieses Feld enthält den Binärwert des Versatzes (Offset), gemessen in der Anzahl von Oktetts, zwischen dem Ende des Startfeldes und dem ersten Beginn eines CPS-Paketes oder, in Abwesenheit des ersten Beginnes eines CPS-Paketes, dem Beginn des Füllfeldes (PAD-Feldes). Der Wert "47"zeigt an, daß innerhalb des CPS-PDU-Nutzlastfeldes keine Beginngrenze existiert. Werte größer als "47" sind nicht zulässig.

b) *Sequence Number (SN):* Dieses Bit wird zur modulo 2 Numerierung des Stromes der CPS-PDUs benutzt.

c) *Parität (P):* Das Paritätsbit wird vom Empfänger zur Erkennung von Übertragungsfehlern im Startfeld benutzt. Der Sender setzt den Wert des Bits so, daß die Parität über das acht Bits breite Startfeld ungerade ist.

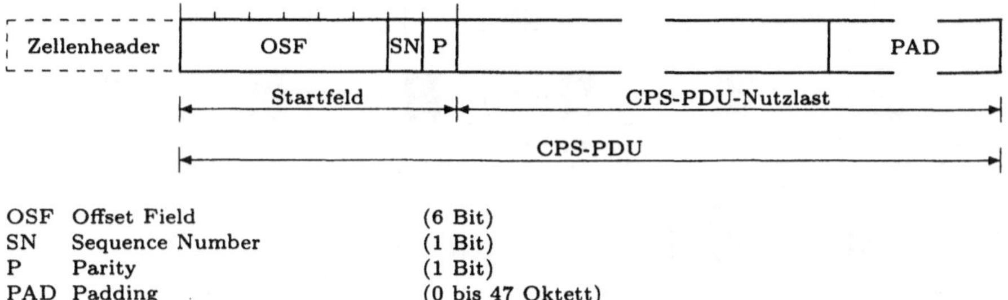

OSF	Offset Field	(6 Bit)
SN	Sequence Number	(1 Bit)
P	Parity	(1 Bit)
PAD	Padding	(0 bis 47 Oktett)

Bild 6.24: Format der CPS-PDU

Das Nutzlastfeld der CPS-PDU kann kein oder ein CPS-Paket oder mehrere vollständige oder Teile von CPS-Paketen enthalten. Nicht benutzte Nutzlastfelder werden mit Oktetts aufgefüllt (Padding-Oktetts), deren Wert mit Null codiert ist. Ein CPS-Paket kann eine oder zwei ATM-Zellengrenzen überlappen. Der Aufteilungspunkt des CPS-Paketes kann an einer beliebigen Stelle, einschließlich des CPS-Paket-Headers, innerhalb des CPS-Paketes liegen. Ein Beispiel für das Einpacken der CPS-Pakete in die CPS-PDUs ist in Bild 6.25 dargestellt.

6.5.2   Die dienstespezifische Konvergenz-Teilschicht

In der dienstespezifischen Konvergenz-Teilschicht sind die Funktionen zur bandbreiteeffizienten Übermittlung von niederratigen und kurzen Paketen sowie von Paketen mit variabler Länge in verzögerungsempfindlichen Applikationen festgelegt. Hierzu gehören neben dem Segmentieren und dem Rekonstruieren der Dateneinheiten höherer Schichten auch die Prozeduren zur optionalen Fehlererkennung und zum gesicherten Datentransfer.

Wie bereits auf Seite 153 erwähnt, wird die dienstespezifische Konvergenz-Teilschicht des AAL-Types 2 in diesem Fall als *Segmentation and Reassembly Service Specific Convergence Sublayer (SAR-SSCS)* bezeichnet. Sie ist unterteilt in

- die *Service Specific Segmentation and Reassembly (SSSAR-)Teilschicht,*

- die *Service Specific Transmission Detection (SSTED-)Teilschicht,*

- und die *Service Specific Assured Data Transfer (SSADT-)Teilschicht.*

Die SAR-SSCS ist entsprechend Bild 6.26 strukturiert. Durch Wahl des entsprechenden Dienstezugangspunktes kann der jeweilige Funktionsumfang innerhalb der SAR-SSCS ausgewählt werden.

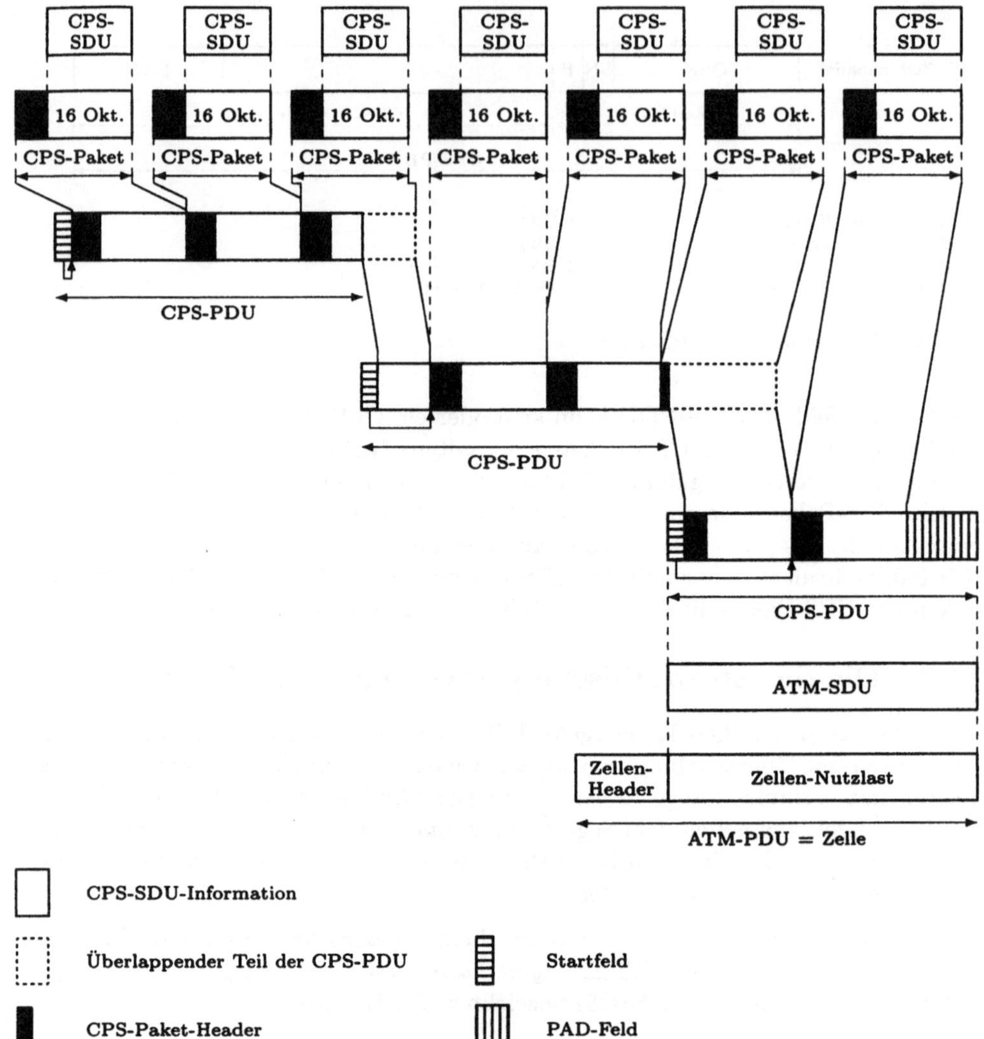

Bild 6.25: Multiplexen und Einpacken von CPS-Paketen in CPS-PDUs

Der minimale von der SAR-SSCS bereitgestellte Dienst ist die Funktion des Segmentierens und Rekonstruierens. Optional kann auf einen Mechanismus zum Erkennen von Übertragungsfehlern zugegriffen werden. Beim Erkennen von Übertragungsfehlern wird die Service-Dateneinheit dem Nutzer nicht übergeben. Des weiteren kann der Nutzer des Mechanismus zum Erkennen von Übertragungsfehlern optional auf einen Mechnanismus zur gesicherten Datenübertragung zurückgreifen.

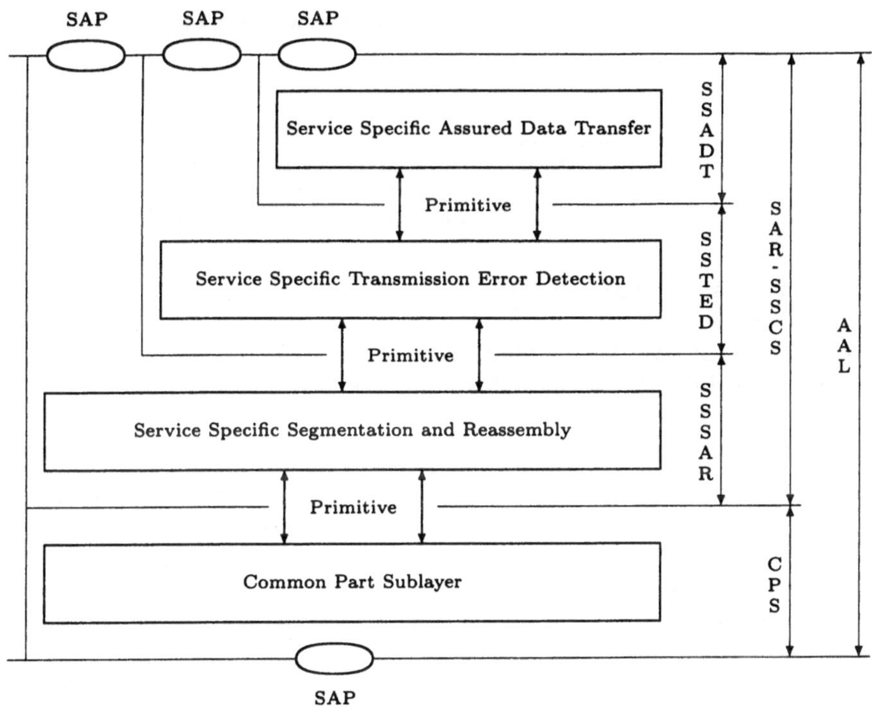

AAL	ATM Adaptation Layer
CPS	Common Part Sublayer
SAP	Service Access Point
SSADT	Service Specific Assured Data Transfer
SSTED	Service Specific Transmission Error Detection
SSSAR	Service Specific Segmentation and Reassembly
SAR-SSCS	Segmentation and Reassembly Service Specific Convergence Sublayer

Bild 6.26: Struktur der SAR-SSCS

Die SSSAR-Teilschicht

Die AAL-Typ-2-SSSAR-Teilschicht stellt die Möglichkeiten zur Übermittlung von
SSSAR-SDUs zwischen zwei SSSAR-Nutzern unter Zuhilfenahme der CPS zur
Verfügung. Der Dienst unterstützt die Übermittlung von SSSAR-SDUs mit einer
Länge bis zu 65543 Oktetts.

Die Integrität der Reihenfolge der SSSAR-SDUs ist aufgrund des Zurückgreifens
auf die CPS gewährleistet. Die Übermittlung der Service-Dateneinheiten erfolgt
ungesichert. Das bedeutet, daß die SSSAR-Teilschicht lediglich Fehler erkennen
kann, die während des Rekonstruierens einer SSSAR-SDU auftreten. In diesem Fall
wird die vollständige Service-Dateneinheit verworfen. Der Verlust vollständiger

SSSAR-SDUs während der Übermittlung wird ebensowenig erkannt wie fehlerhafte Dateneinheiten.

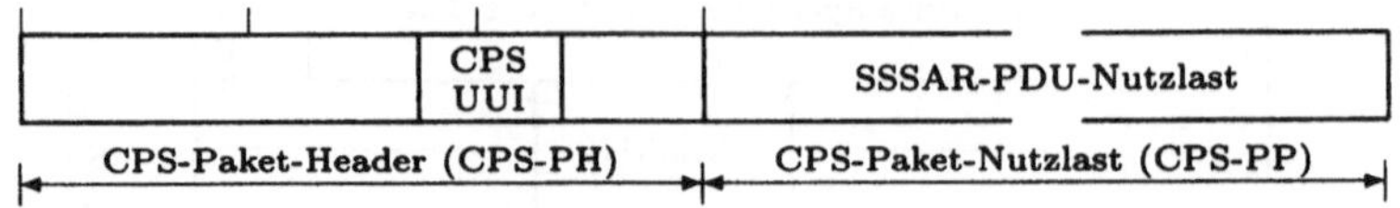

Bild 6.27: Format der SSSAR-PDU

Eine AAL-Typ-2-SSSAR-Verbindung benutzt die Verbindungen der AAL-Typ-2-CPS. Demzufolge besitzt eine SSSAR-Verbindung dieselben Eigenschaften wie eine CPS-Verbindung, siehe Seite 154.

Das Format der SSSAR-PDU ist im Bild 6.27 gezeigt. Die CPS-UUI wird als *More Data Bit (M)* verwandt. Der CPS-UUI-Wert "27" zeigt an, daß zum Abschluß des Rekonstruierens einer SSSAR-SDU mehr Daten notwendig sind. Jeder andere Wert zwischen "0" und "26" bedeutet, daß das Ende der Daten einer SSSAR-SDU empfangen worden ist.

Die SSTED-Teilschicht

Die AAL-Typ-2-SSTED-Teilschicht stellt die Möglichkeiten zur Übermittlung von SSTED-SDUs zwischen zwei SSTED-Nutzern unter Zuhilfenahme der CPS zur Verfügung. Der Dienst unterstützt die Übermittlung von SSTED-SDUs von einer Länge bis zu 65535 Oktetts. Die Integrität der Reihenfolge der SSTED-SDUs ist aufgrund des Zurückgreifens auf die SSSAR gewährleistet.

Die Übermittlung der Service-Dateneinheiten erfolgt ungesichert. Das bedeutet, daß vollständige SSTED-SDUs übergeben werden, zu Verlust gehen oder fehlerhaft sind. Fehlerhafte SSTED-SDUs werden erkannt und nicht an den SSTED-Nutzer übergeben. Es wird weder korrigiert noch erneut übermittelt.

Eine AAL-Typ-2-SSTED-Verbindung benutzt die Verbindungen der AAL-Typ-2-CPS und erbt deren Eigenschaften, siehe Seite 154.

Eine SSTED-PDU besteht aus einem Nutzlastfeld und einen Trailer. Die Größe und die Position der Felder der SSTED-PDU sind im Bild 6.28 dargestellt.

Die SSTED-PDU besteht aus insgesamt fünf Feldern:

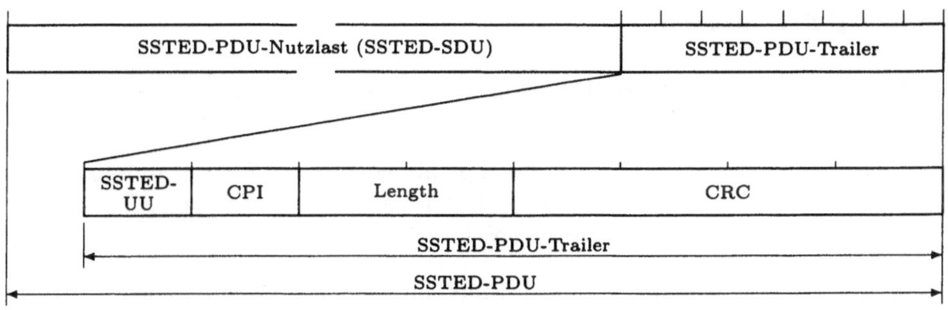

SSTED-UU	SSTED-Benutzer-zu-Benutzer-Indication	(1 Oktett)
CPI	Common Part Indicator	(1 Oktett)
Length	Länge der SSTED-SDU	(2 Oktett)
CRC	Cyclic Redundancy Check	(4 Oktett)

Bild 6.28: Format der SSTED-PDU

a) *SSTED-PDU-Nutzlast:* Das SSTED-PDU-Nutzlast-Feld enthält die SSTED-SDU.

b) *Common Part Indicator (CPI):* Das CPI-Feld ist aus Gründen der Kompatibilität mit der Struktur der Protokolldateneinheit des gemeinsamen Teils der Konvergenz-Teilschicht des AAL-Types 5 vorhanden. Es wird als Null codiert.

c) *SSTED User-to-User-Indication (SSTED-UU):* Das SSTED-UU-Feld wird zur transparenten Übermittlung von Informationen zwischen SSTED-Nutzern benutzt.

d) *Length:* Das Längenfeld enthält die binär codierte Länge des SSTED-PDU-Nutzlastfeldes gemessen in Oktetts. Das Längenfeld dient im Empfänger auch dazu, den Verlust oder den Zugewinn von Informationsblöcken zu erkennen.

e) *Cyclic Redundancy Check (CRC):* Das CRC-Feld wird zum Erkennen von Bitfehlern innerhalb der SSTED-PDU verwendet, siehe Abschnitt 6.4.2. Es sichert die gesamte SSTED-PDU ab. Die Berechnung erfolgt im Einer-Komplement der Binärdarstellung, d.h. mit vertauschten Werten 0 bzw. 1 für jedes Bit der einbezogenen Daten. Der Generator des CRC-Codes ist

$$G(x) = x^{32} + x^{26} + x^{23} + x^{22} + x^{16} + x^{12} + x^{11} + x^{10} + x^8 + x^7 + x^5 + x^4 + x^2 + x + 1.$$

Die SSADT-Teilschicht

Für die SSADT-Teilschicht sind zwei optionale Prozeduren spezifiziert:

a) Die Prozedur, die in der ITU-T-Empfehlung [Q.2110] für verbindungsorientierte Protokolle definiert ist *(SSADT-Teilschicht mit SSCOP (Service Specific Connection Oriented Protocol))*.

b) Die Prozedur, die in der ITU-T-Empfehlung [Q.921] definiert ist *(SSADT-Teilschicht mit LAPD)*.

Die AAL-Typ-2-SSADT-Teilschicht stellt die Möglichkeiten zur Übermittlung von SSADT-SDUs zwischen zwei SSADT-Nutzern unter Zuhilfenahme der CPS zur Verfügung. Der Dienst unterstützt die Übermittlung von SSADT-SDUs von einer Länge bis zu 65531 Oktetts bei Verwendung von SSCOP und einer Länge bis zu 66532 Oktetts bei Verwendung von LAPD. Die Integrität der Reihenfolge der SSADT-SDUs ist aufgrund des Zurückgreifens auf die SSTED gewährleistet.

Die Übermittlung der Service-Dateneinheiten kann sowohl gesichert als auch ungesichert erfolgen.

Bei ungesicherter Übermittlung bedeutet dies, daß eine vollständige SSADT-SDU übergeben wird, zu Verlust gehen oder fehlerhaft sein kann. SSADT-SDUs, die als fehlerhaft erkannt werden, werden nicht an einen SSADT-Nutzer übergeben. Fehlerhafte oder zu Verlust gegangene SSADT-SDUs werden weder korrigiert noch erneut übermittelt.

Bei gesicherter Übermittlung wird eine SSADT-SDU so übermittelt wie sie an die SSADT-Teilschicht übergeben wurde. Fehlerhafte SSADT-SDUs werden erkannt und nicht an den SSADT-Nutzer übergeben. Durch einen Folgenummernmechanismus kann die empfangende SSADT-Instanz fehlende SSADT-SDUs erkennen. Zu Verlust gegangene und fehlerhafte SSADT-SDUs werden durch erneute, selektive Übermittlung korrigiert. Ein Flußkontrollmechanismus erlaubt einem SSADT-Empfänger die Rate, mit der die zugehörige SSADT-Empfängerinstanz die Informationen sendet, zu steuern. Ein *Keep-Alive-Mechanismus* sorgt dafür, daß beide an einer Verbindung beteiligten Peer-SSADT-Instanzen selbst in Zeiten lang anhaltender Abwesenheit von Datenübermittlungen im Verbindungsmodus verbleiben.

Eine AAL-Typ-2-SSADT-Verbindung benutzt die Verbindungen der AAL-Typ-2-CPS und erbt deren Eigenschaften, siehe Seite 154.

Zum Format und zur Codierung der SSADT-Dateneinheiten sei bei Einsatz der SSADT-Teilschicht mit SSCOP auf [Q.2110] und im Fall der SSADT-Unterschicht mit LAPD auf [Q.921] verwiesen.

6.6   AAL-Typ 3/4

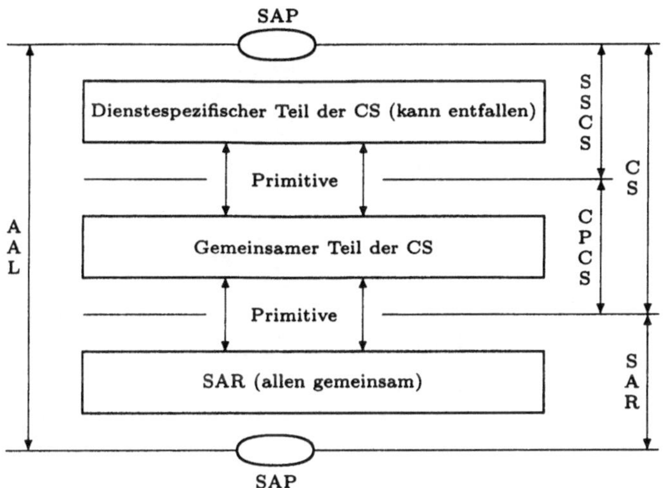

CS	Convergence Sublayer
CPCS	Common Part Convergence Sublayer
SAR	Segmentation and Reassembly Sublayer
SAP	Service Access Point
SSCS	Service Specific Convergence Sublayer

Bild 6.29: Struktur des AAL-Types 3/4

Die Anpassungsschicht behandelt im AAL-Typ 3/4 Datenverkehr ohne Echtzeit-Bedingungen zwischen Senden und Empfangen, aber mit variabler Bitrate. Die Bezeichnung verrät, daß zwei ursprünglich getrennte Typen zum AAL-Typ 3/4 zusammengefaßt wurden, nämlich AAL-Typ 3 für verbindungsorientierte Dienste und AAL-Typ 4 für verbindungslose Dienste.

Im Gegensatz zu den AAL-Typen 1 und 2 ist beim AAL-Typ 3/4 die Konvergenz-Teilschicht in zwei weitere Teile unterteilt. Der obere Teil – die dienstespezifische Konvergenz-Teilschicht (Service Specific Convergence Sublayer, SSCS) – enthält die für den anzupassenden Dienst benötigten spezifischen Funktionen. Der untere Teil – der gemeinsame Teil der Konvergenz-Teilschicht (Common Part Convergence Sublayer, CPCS) – enthält Funktionen, die für alle Dienste, die den AAL-Typ 3/4 nutzen, gemeinsam sind, siehe Bilder 6.29 und 6.30.

Es können verschiedene SSCS-Protokolle zur Unterstützung spezifischer Dienste oder einer Gruppe von Diensten für AAL-Nutzer definiert werden. Die SSCS kann aber auch leer sein in dem Sinne, daß ein direktes Durchreichen der Dateneinheiten der nächst höheren Schicht zur CPCS stattfindet.

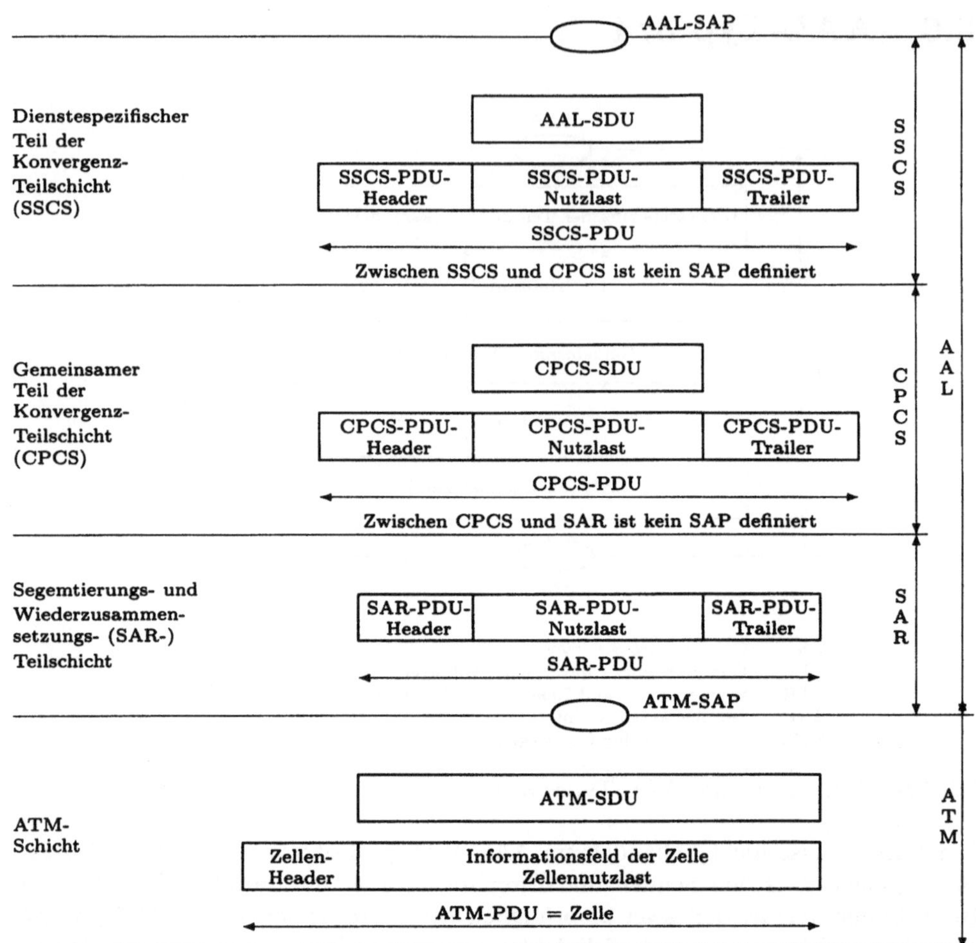

Bild 6.30: Namenskonventionen für die Dateneinheiten des AAL-Types 3/4

Im folgenden werden die Formate der Protokoll-Dateneinheiten der SAR-Teilschicht und der CPCS beschrieben. Auf die Beschreibung der Funktionen der SSCS wird verzichtet. Die Funktionen und Formate der SSCS bei Anpassung beispielsweise von Frame-Relay-Diensten können in [I.365.1] nachgelesen werden.

Das Segmentieren einer Nachricht in der SAR-Teilschicht ist im Bild 6.31 dargestellt. Die SAR-Service-Dateneinheit wird in einzelne Segmente unterteilt, die den Beginn der Dateneinheit (Beginning of Message, BOM), Fortsetzungsteile der Dateneinheit (Continuation of Message, COM) oder das Ende der Dateneinheit (End of Message, EOM) enthalten können.

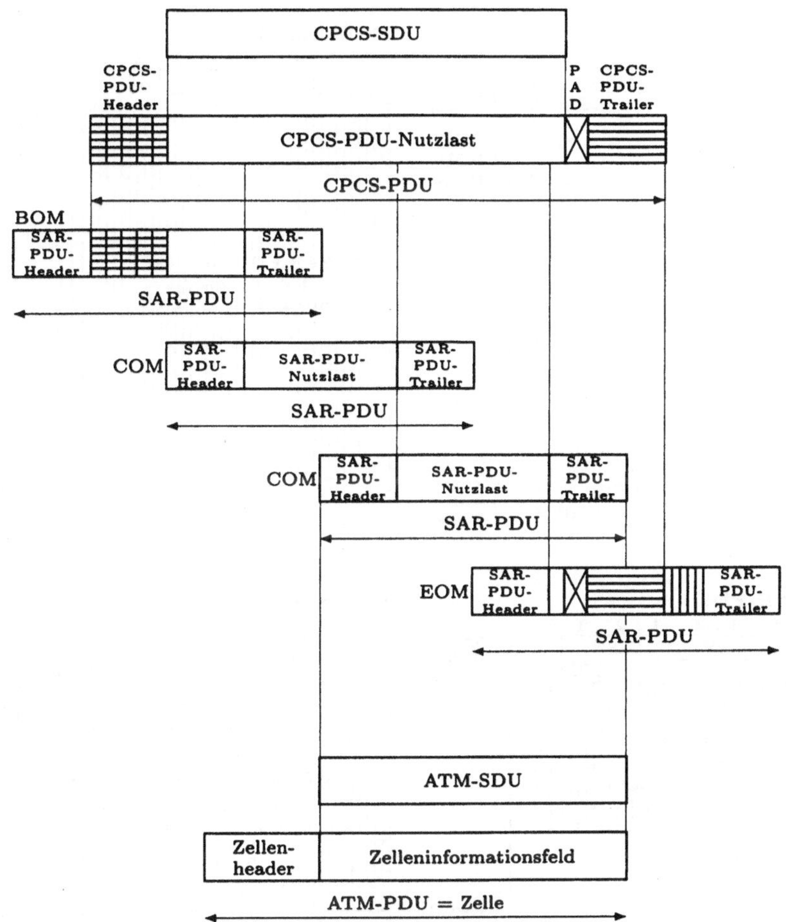

Bild 6.31: Header, Trailer und Terminologie der Protokoll-Dateneinheiten

Kurze Dateneinheiten werden als einzelnes Segment (Single Segment Message, SSM) behandelt.

Die SAR-Service-Dateneinheit ist identisch mit der Protokoll-Dateneinheit der CPCS. Diese enthält die Protokoll-Dateneinheit der SSCS oder, falls diese keine Funktionen enthält, direkt die AAL-Service-Dateneinheit, die identisch mit der Protokoll-Dateneinheit der darüberliegenden Schicht ist. Bild 6.32 zeigt die SAR- und CPCS-PDU-Formate detailliert.

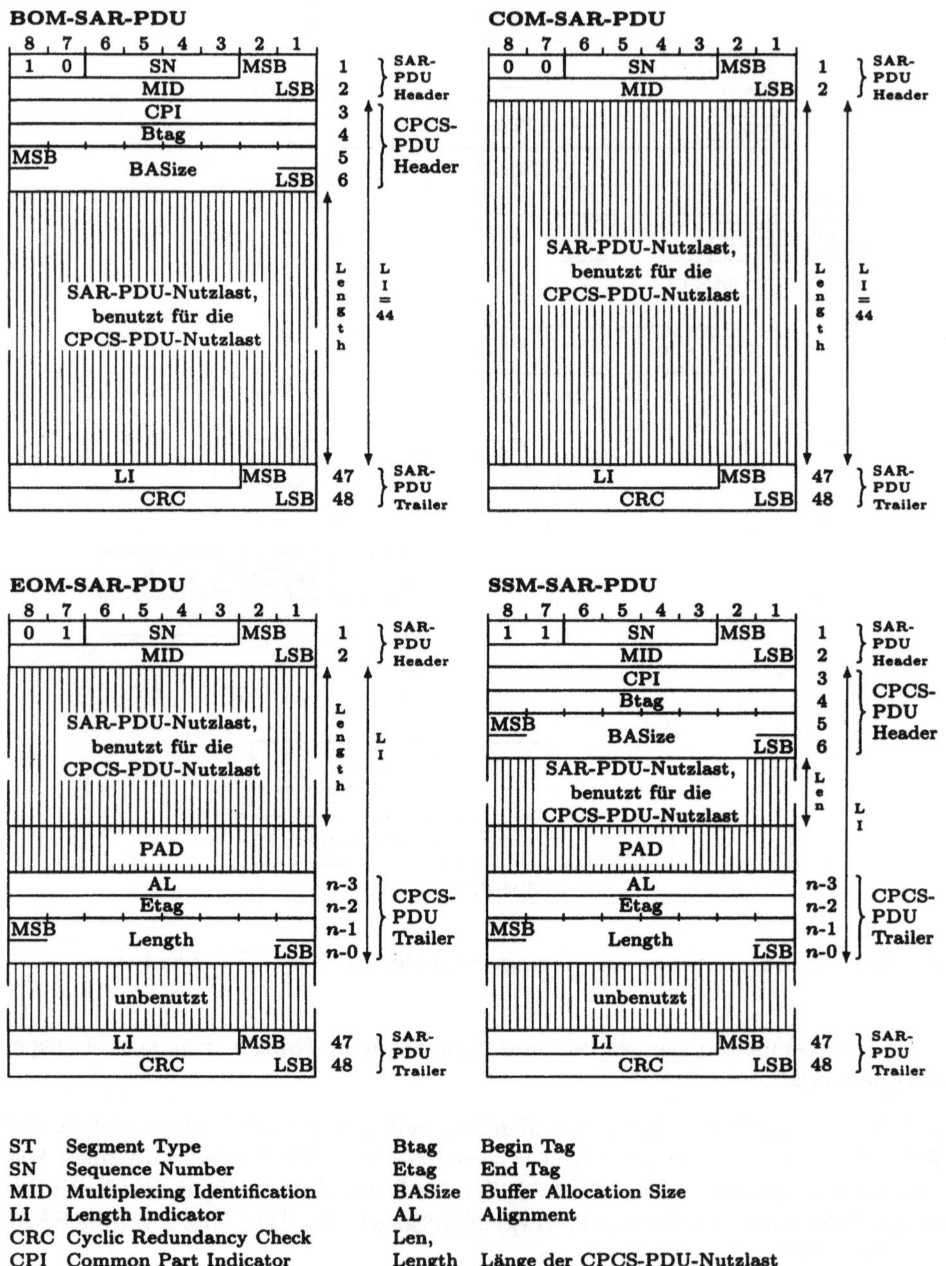

ST	Segment Type	Btag	Begin Tag
SN	Sequence Number	Etag	End Tag
MID	Multiplexing Identification	BASize	Buffer Allocation Size
LI	Length Indicator	AL	Alignment
CRC	Cyclic Redundancy Check	Len,	
CPI	Common Part Indicator	Length	Länge der CPCS-PDU-Nutzlast

Bild 6.32: Gemeinsame Darstellung der SAR- und CPCS-PDU-Formate

6.6.1 Bereitgestellte Dienste

Der AAL-Typ 3/4 gewährleistet die Übertragung der AAL-SDU eines Benutzers
zu einem anderen AAL-Nutzer über ein ATM-Netz. Es werden zwei Dienstarten
unterschieden: *Message-Mode-Service* und *Streaming-Mode-Service*.

a) Message-Mode-Service, siehe Bild 6.33: Im Message-Mode-Service überquert
   die AAL-Service-Dateneinheit die AAL-Schnittstelle als *eine* AAL-Interface-
   Dateneinheit (AAL-IDU), siehe Bild 6.33 a). Der Dienst gewährleistet den
   Transport von AAL-SDUs fester oder variabler Länge. Die AAL-SDU wird
   erst nach vollständiger Bearbeitung durch die nächst höhere Schicht der AAL
   zur Verfügung gestellt.

   (i) Im Falle kurzer AAL-Service-Dateneinheiten mit fester Länge kann in
       der SSCS eine interne Blockbildung angewandt werden, die zum Trans-
       port einer oder mehrerer AAL-SDUs fester Länge in einer SSCS-PDU
       führt, siehe Bild 6.33 b).

   (ii) Im Falle von AAL-Service-Dateneinheiten variabler Länge kann in der
        SSCS eine interne Segmentierungs- und Rekonstruktionsfunktion (SAR-
        Funktion) auf die AAL-SDU-Nachricht angewandt werden. Eine einzige
        AAL-SDU wird in diesem Fall in einer SSCS-Protokoll-Dateneinheit
        oder mehreren SSCS-Protokoll-Dateneinheiten übertragen, siehe Bild
        6.33 c).

   (iii) Werden die erwähnten Optionen nicht genutzt, wird eine einzelne AAL-
         SDU in einer SSCS-PDU übermittelt. Enthält die SSCS keine Funktio-
         nen, wird die AAL-SDU in eine CPCS-SDU abgebildet.

b) Streaming-Mode-Service, siehe Bild 6.34: Im Streaming-Mode-Service über-
   quert die AAL-Service-Dateneinheit die AAL-Schnittstelle als eine AAL-
   Interface-Dateneinheit oder als mehrere AAL-Interface-Dateneinheiten, siehe
   Bild 6.34 d). Die AAL-IDUs können die AAL-Schnittstelle zeitlich nachein-
   ander überqueren. Der Dienst gewährleistet den Transport von AAL-Service-
   Dateneinheiten variabler Länge. Der Streaming-Mode-Service stellt einen
   Abbruch-Dienst bereit, durch den das Verwerfen einer AAL-SDU erforderlich
   sein kann, die die AAL-Schnittstelle teilweise durchlaufen hat.

   (i) In der SSCS kann eine interne SAR-Funktion auf die AAL-SDU ange-
       wandt werden. In diesem Fall werden alle AAL-IDUs, die zur selben
       AAL-SDU gehören, in einer oder mehreren SSCS-PDUs übermittelt,
       siehe Bild 6.34 e).

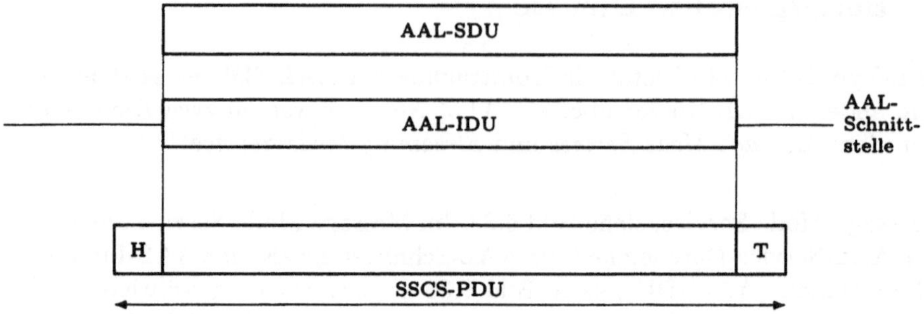

a) Message-Mode-Service

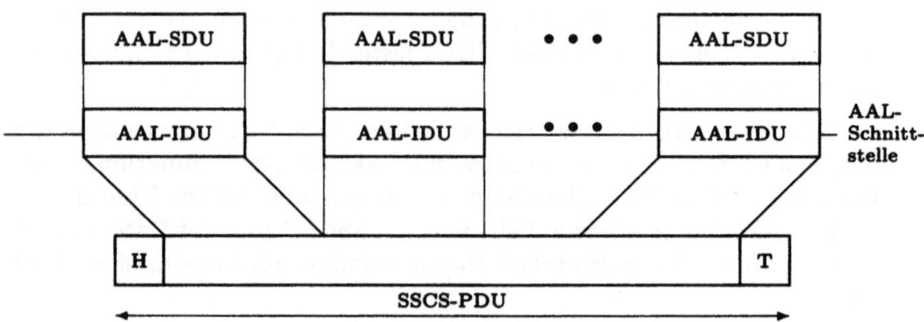

b) Message-Mode-Service mit interner Blockbildung

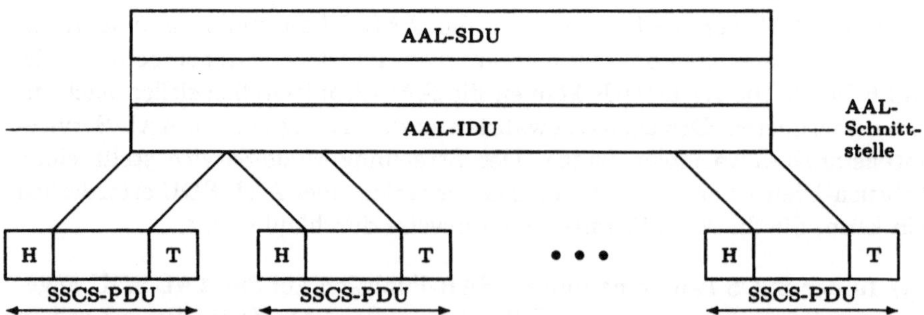

c) Message-Mode-Service mit interner Segmentierung und Rekonstruktion

Bild 6.33: Message-Mode-Service

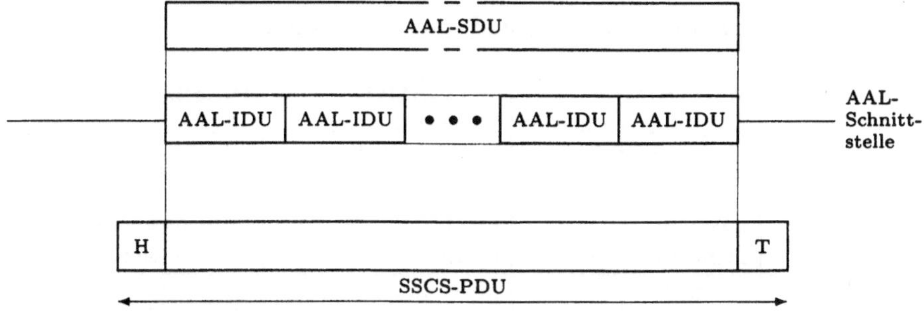

d) Streaming-Mode-Service

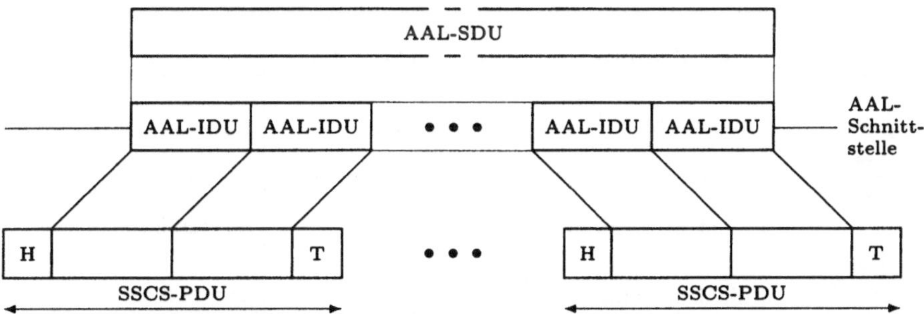

e) Streaming-Mode-Service mit internem Segmentieren und Rekonstruieren

Bild 6.34: Streaming-Mode-Service

(ii) Eine interne Pipelining-Funktion kann angewandt werden. In diesem Fall initiiert die sendende AAL-Instanz den Transfer bevor sie die vollständige AAL-SDU vorliegen hat.

(iii) Wenn Opition (i) nicht benutzt wird, werden alle AAL-IDUs, die zur selben AAL-SDU gehören, in einer SSCS-PDU übertragen. Enthält die SSCS keine Funktionen, werden die AAL-IDUs, die zur selben AAL-SDU gehören, in eine CPCS-SDU abgebildet.

Eine Zusammenstellung der Optionen der beiden beschriebenen Dienstarten sind in den Tabellen 6.11 und 6.12 zu finden. Beide Dienstarten bieten die folgenden Peer-zu-Peer-Prozeduren an:

Tabelle 6.11: Kombination Dienstart und interne Funktion

	AAL-SDU-Segmentierung in der SSCS	AAL-SDU-Blockbildung in der SSCS	Pipelining
Message-Mode Option 1	optional	nicht anwendbar	nicht anwendbar
Option 2	nicht anwendbar	optional	nicht anwendbar
Streaming-Mode	optional	nicht anwendbar	optional
Option 1: Lange SDUs mit variabler Länge		Option 2: Kurze SDUs mit fester Länge	

Tabelle 6.12: Kombination der Dienstarten beim Sender und Empfänger

Empfänger	Sender		
	Message Mode Blockbildung	**Message Mode Segmentierung**	**Streaming Mode**
Message Mode Auflösung der Blockbildung	anwendbar	nicht anwendbar	nicht anwendbar
Message Mode Auflösung der Segmentierung	nicht anwendbar	anwendbar	anwendbar
Streaming Mode	nicht anwendbar	anwendbar	anwendbar

- *Gesicherte Arbeitsweise (Assured operations):* Jede AAL-SDU wird mit genau dem Dateninhalt ausgeliefert, den der Nutzer gesendet hat. Der gesicherte Dienst wird durch erneute Übertragung von vermißten oder beschädigten SSCS-PDUs gewährleistet. Die gesicherte Arbeitsweise ist auf Punkt-zu-Punkt-Verbindungen beschränkt.

- *Ungesicherte Arbeitsweise (Non-assured operations):* Vollständige AAL-Service-Dateneinheiten können zu Verlust gehen oder zerstört werden. Verlorene oder zerstörte AAL-SDUs werden nicht durch erneute Übertragung korrigiert. Optional kann das Weiterleiten von zerstörten AAL-SDUs an den Nutzer erlaubt sein. Flußkontrolle wird als Option angeboten.

Beschreibung der AAL-Verbindungen

Der AAL-Typ 3/4 ermöglicht es, die AAL-SDU von einem AAL-SAP (AAL-Dienstzugangspunkt) zu einem oder mehreren AAL-SAPs über ein ATM-Netz zu übermitteln, siehe Bilder 6.35 und 6.36. Die AAL-Nutzer können einen gegebenen AAL-SAP mit der geforderten Dienstgüte auswählen, um die AAL-SDU zu übertragen (z.B. verzögerungs- und verlustsensitive Dienstgüte).

Der AAL-Typ 3/4 bedient sich der Dienste der darunterliegenden ATM-Schicht, siehe Bild 6.22. Mehrere AAL-Verbindungen können zu einer ATM-Schicht-Verbindung gehören, so daß SAR-PDU-Multiplexen in der AAL erlaubt ist. Der AAL-Nutzer wählt die Dienstgüte, die von der AAL bereitgestellt wird, durch den für die Datenübermittlung benutzten AAL-SAP. Die Zusammenarbeit der Benutzer-Ebene mit der Management- und der Kontroll-Ebene ist noch offen.

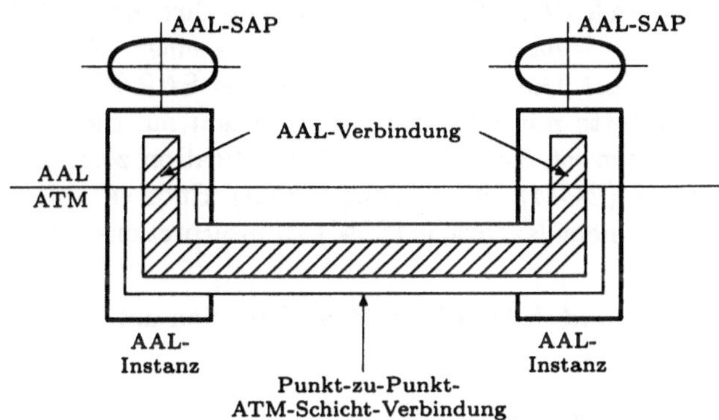

Bild 6.35: Punkt-zu-Punkt-AAL-Verbindung

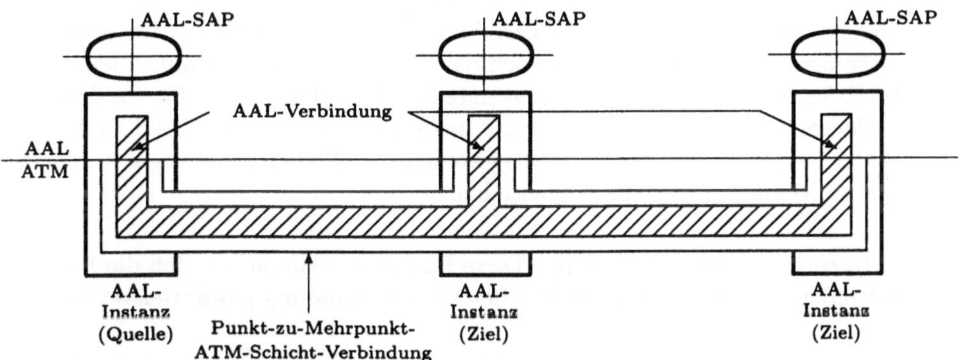

Bild 6.36: Punkt-zu-Mehrpunkt-AAL-Verbindung

6.6.2 SAR-Teilschicht

Funktionen der SAR-Teilschicht

Die Funktionen der SAR-Teilschicht werden auf Basis einer SAR-PDU ausgeführt. Die SAR-Teilschicht akzeptiert von der Konvergenz-Teilschicht SAR-Service-

Dateneinheiten (SAR-SDUs) variabler Länge und generiert daraus SAR-PDUs, die bis zu 44 Oktetts der SAR-SDU enthalten.

Die Funktionen der SAR-Teilschicht stellen die Mittel für die Übermittlung mehrerer SAR-SDUs variabler Länge zwischen AAL-Instanzen bereit. Die AAL-SDUs können gleichzeitig über eine einzige ATM-Schicht-Verbindung geführt werden.

a) *Erhaltung der SAR-SDU:* Diese Funktion bewahrt die SAR-SDU durch Bereitstellung einer *Segment-Typ-Indication* und einer *Längen-Indication der SAR-PDU-Nutzlast.* Die Längen-Indication der SAR-PDU-Nutzlast gibt die Anzahl der Oktetts mit SAR-SDU-Information an, die in der SAR-PDU-Nutzlast enthalten ist. Die Segment-Typ-Indication zeigt an, ob eine SAR-PDU als Beginn (BOM), Fortsetzung (COM), Ende (EOM) einer Nachricht oder als Ein-Segment-Nachricht (SSM) zu interpretieren ist.

b) *Fehlererkennung und -behandlung:* Diese Funktion unterstützt das Erkennen und Behandeln von

- Bitfehlern in der SAR-PDU;
- Verlust oder Fehleinfügen von SAR-PDUs.

SAR-PDUs mit Bitfehlern werden verworfen. Als Option könnte das Ausspielen fehlerhafter SAR-PDUs an die CPCS bereitgestellt werden (optionale Fehlerausspielung). Wird jedoch das Multiplexen und Demultiplexen von SAR-Verbindungen ausgeführt, könnte das Ausspielen dazu führen, daß eine fehlerhafte SAR-SDU an die falsche Instanz übergeben wird. SAR-SDUs mit verlorenen oder fehlerhaft dazu gewonnenen SAR-PDUs werden verworfen oder optional an die CPCS übergeben.

c) *Integrität der SAR-SDU-Folge:* Diese Funktion stellt sicher, daß die Reihenfolge der SAR-SDUs innerhalb einer SAR-Verbindung gewährleistet ist.

d) *Multiplexen und Demultiplexen:* Diese Funktion stellt optional das Multiplexen und Demultiplexen mehrerer SAR-Verbindungen zur Verfügung. Die Anzahl der über eine ATM-Verbindung geführten SAR-Verbindungen wird beim Verbindungsaufbau ausgehandelt. Standardmäßig wird eine CPCS-Verbindung in einer ATM-Verbindung geführt. Innerhalb einer SAR-Verbindung ist die Integrität der Reihenfolge gewährleistet.

e) *Abbruch (Abort):* Diese Funktion erzwingt den Abbruch einer teilweise übertragenen SAR-SDU.

Struktur und Codierung der SAR-PDU

Die Funktionen der SAR-Teilschicht erfordern einen zwei Oktetts großen SAR-PDU-Header und einen zwei Oktetts großen SAR-PDU-Trailer. SAR-PDU-Header und -Trailer bilden zusammen mit den 44 Oktetts der SAR-PDU-Nutzlast die 48 Oktetts große ATM-SDU (Informationfeld der Zelle). Größe und Position der Felder für die SAR-PDU-Struktur sind im Bild 6.37 dargestellt.

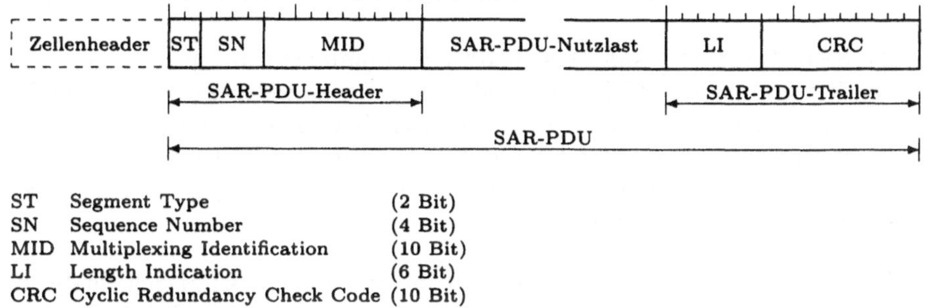

Bild 6.37: Format der SAR-PDU des AAL-Typs 3/4

Es gibt zwei SAR-PDU-Arten: *Daten-SAR-PDUs* und *Abbruch-SAR-PDUs*.

I   Codierung der Daten-SAR-PDUs:

a) *Segment-Typ-Feld (Segment Type (ST) Field):* Die Segment-Typ-Indication zeigt an, ob eine SAR-PDU den Beginn (BOM), die Fortsetzung (COM), das Ende (EOM) einer Nachricht enthält oder eine Ein-Segment-Nachricht (SSM) ist. Die Codierung des ST-Feldes ist in Tabelle 6.13 dargestellt.

b) *Feld der Folgenummer (Sequence Number (SN) Field):* Das Feld mit der Folgenummer besteht aus vier Bits. Dadurch können die SAR-PDUs modulo 16 numeriert werden. Jede SAR-PDU einer jeweiligen SAR-SDU inkrementiert den Wert ihrer Folgenummer in Bezug zum Wert der ihr vorausgegangenen Folgenummer. Der Empfänger überprüft die Sequenz des Folgenummernfeldes der SAR-PDUs der jeweiligen SAR-SDU. Er überprüft nicht die Sequenz der übermittelten SAR-Service-Dateneinheiten. Aus diesem Grund kann der Sender den Wert im Folgenummernfeld zu Beginn der Übermittlung einer weiteren SAR-SDU auf jeden Wert zwischen 0 und 15 setzen.

c) *Multiplex-Identifikationsfeld (Multiplexing Identification (MID) Field):* Dieses Feld wird zum Multiplexen mehrerer SAR-Verbindungen in eine einzige ATM-Schicht-Verbindung benutzt. Beim Empfang geht die Zugehörigkeit von Daten zu einem Block aus der Multiplex-Identifikation hervor, welche alle aktuell in Übertragung befindlichen Blöcke eindeutig kennzeichnet.

Tabelle 6.13: Codierung des Segment-Typ-Feldes

Segment-Typ	Codierung	Anwendung
BOM	10	Beginn einer Nachricht
COM	00	Fortsetzung einer Nachricht
EOM	01	Ende einer Nachricht
SSM	11	Ein-Segment-Nachricht

Die SAR-Teilschicht kann bis zu 1024 Verbindungen für einzelne Blöcke auf eine Verbindung der ATM-Ebene abbilden. Bis zu welchem Grad dieses Multiplexpotential ausgenutzt wird, soll zwischen Sende- und Empfangsseite dynamisch ausgehandelt oder durch Signalisierung bestimmt werden. Ohne Multiplexen werden die Werte des Feldes auf Null gesetzt. Es bestehen folgende Einschränkungen:

- Das Multiplexen/Demultiplexen in eine einzige ATM-Schicht-Verbindung unter Verwendung des MID-Feldes erfolgt nur für SAR-Verbindungen, die zwischen zwei Benutzern bestehen.

- Eine ATM-Schicht-Verbindung, die gemultiplexten AAL-Typ-3/4-Verkehr enthält, wird als eine Einheit behandelt.

In verbindungslosen und verbindungsorientierten Anwendungen haben die SAR-PDUs einer SAR-SDU denselben MID-Feld-Wert. Das MID-Feld wird zur Identifizierung der SAR-PDUs benutzt, die zu der jeweiligen SAR-SDU gehören.

d) *SAR-PDU-Nutzlast-Feld (SAR-PDU Payload Field):* Die SAR-SDU-Information ist innerhalb des SAR-PDU-Nutzlast-Feldes links ausgerichtet. Die ungenutzten Oktetts des SAR-PDU-Nutzlastfeldes werden auf 0 gesetzt und auf Empfangsseite ignoriert.

e) *Feld mit Längenhinweis (Length Indication (LI) Field):* Das LI-Feld enthält in binär codierter Form die Anzahl der Oktetts mit SAR-SDU-Information, die im SAR-PDU-Nutzlast-Feld enthalten sind. Zulässige Werte dieses Feldes sind für den jeweiligen Segment-Typ in Tabelle 6.14 dargestellt.

f) *CRC-Feld:* Das CRC-Feld besteht aus 10 Bits. Zur Berechnung wird der Inhalt der SAR-PDU — einschließlich SAR-PDU-Header, SAR-PDU-Nutzlast und LI-Feld des SAR-PDU-Trailers — in Polynomform dargestellt. Die Polynomdarstellung einer Bitfolge $B = (b_1, \cdots, b_n)$ ist $P_B(x) = b_1 x^{n-1} + \cdots + b_n$. Die Polynomdarstellung des CRC-Feldes ergibt sich als Rest aus der Division der Polnom-Darstellung der SAR-PDU geteilt durch das Generatorpolynom $G(x) = x^{10} + x^9 + x^5 + x^4 + x + 1$. Das Ergebnis wird in das CRC-Feld

Tabelle 6.14: Zulässige Werte für das LI-Feld

Segment-Typ	Zulässige Werte
BOM	44
COM	44
EOM	4 bis 44, (63 für Abbruch-SAR-PDU)
SSM	8 bis 44

eingefügt, wobei das LSB rechts ausgerichtet ist. Das CRC-Feld wird zur Erkennung von Bitfehlern in der SAR-PDU eingesetzt.

Codierung der Abbruch-SAR-PDUs:

Die Codierung der Abbruch-SAR-PDUs ist konform mit der Struktur und der Codierung der Daten-SAR-PDUs mit end Ausnahmen, daß

1) das Segment-Typ-Feld als EOM codiert wird,

2) das Nutzlastfeld auf Null gesetzt und im Empfänger ignoriert wird und

3) das Längen-Indikations-Feld auf 63 gesetzt wird.

6.6.3 Konvergenz-Teilschicht

Dienste-Merkmale der CPCS

Die CPCS besitzt die folgenden Dienste-Merkmale:

- Nicht gesicherte Übermittlung von Rahmen mit Nutzer-Daten, deren Länge zwischen einem und 65535 Oktetts liegt. Es besteht die Möglichkeit die Länge der Rahmen zukünftig zu erweitern.

- Eine oder mehrere CPCS-Verbindungen können zwischen zwei CPCS-Peer-Instanzen aufgebaut werden, wobei kein Vermitteln der CPCS-Verbindungen unterstützt wird. Die maximale Anzahl der CPCS-Verbindungen wird vom Endgerät mit der kleinsten Kapazität bestimmt.

- Die CPCS-Verbindungen werden durch die Management- oder durch die Kontrollebene aufgebaut.

- Fehlererkennung und Fehleranzeige.

- Integrität der CPCS-SDU-Folge für jede CPCS-Verbindung.

Die CPCS besitzt die Basis-Funktionalität zur Unterstützung des Connectionless-Network-Access-Protocol- (CLNAP-) Layer in Klasse D und von Frame-Relay-Teledienste in Klasse C. Für den CLNAP-Layer in Klasse D wird keine dienstespezifische Konvergenz-Teilschicht benötigt.

Funktionen der CPCS

Die CPCS-Funktionen werden mit jeder CPCS-PDU durchgeführt. Die bereitgestellten Funktionen richten sich danach, ob der Message-Mode-Service oder der Streaming-Mode-Service eingesetzt wird.

i) *Message-Mode-Service:* Die CPCS-SDU wird in genau einer CPCS-IDU über die CPCS-Schnittstelle gereicht. Der Dienst stellt die Übermittlung einer CPCS-SDU in einer einzigen CPCS-PDU zur Verfügung.

ii) *Streaming-Mode-Service:* Die CPCS-SDU durchläuft die CPCS-Schnittstelle in einer CPCS-IDU oder in mehreren CPCS-IDUs. Das Durchreichen der CPCS-IDUs über die CPCS-Schnittstelle kann zeitlich nacheinander erfolgen. Der Dienst stellt den Transport aller CPCS-IDUs, die zu einer einzigen CPCS-SDU gehören, in *einer* CPCS-PDU zur Verfügung. Der Streaming-Mode-Service schließt einen Abbruch-Dienst ein, durch den das Verwerfen einer CPCS-SDU initiiert werden kann, die erst teilweise über die Schnittstelle übertragen worden ist.

Die in der CPCS implementierten Funktionen umfassen:

a) *Bewahrung der CPCS-SDU:* Die Funktion gewährleistet das Erkennen und die Transparenz der CPCS-SDUs.

b) *Fehlererkennung und -behandlung:* Die Funktion stellt die Fehlererkennung und -behandlung der CPCS-PDU zur Verfügung. Fehlerhafte CPCS-SDUs werden entweder verworfen oder optional an die SSCS übergeben. Die Prozeduren zum Ausspielen fehlerhafter CPCS-SDUs sind noch nicht festgelegt. Bei Auslieferung der fehlerhaften Information an den CPCS-Nutzer wird auch eine Fehleranzeige übergeben. Beispiele erkannter Fehler schließen ein: Btag/Etag-Abweichungen, Abweichungen zwischen empfangener Länge und Inhalt des CPCS-PDU-Längenfeldes, Speicherüberlauf, falsch formatierte CPCS-PDU und Fehler, die von der SAR-Teilschicht angezeigt werden.

c) *Größe des bereitzustellenden Speichers (Buffer Allocation Size):* Die Funktion gewährleistet, daß der empfangenden Peer-Instanz die maximalen Speicherplatzanforderungen zum Empfang der CPCS-PDU mitgeteilt werden.

d) *Abbruch (Abort):* Die Funktion ermöglicht den Abbruch einer teilweise übermittelten CPCS-SDU.

Struktur und Codierung der CPCS

Die CPCS-Funktionen erfordern einen vier Oktetts großen CPCS-PDU-Header und einen vier Oktetts großen CPCS-PDU-Trailer. Zusätzlich sorgt ein Füll-Feld (Padding Field) für eine 32-bit-Ausrichtung der CPCS-PDU-Nutzlast. CPCS-PDU-Header und -Trailer zusammen mit Füll-Feld und CPCS-PDU-Nutzlast bilden die CPCS-PDU. Größe und Positionen der Felder in der CPCS-PDU sind im Bild 6.38 gezeigt.

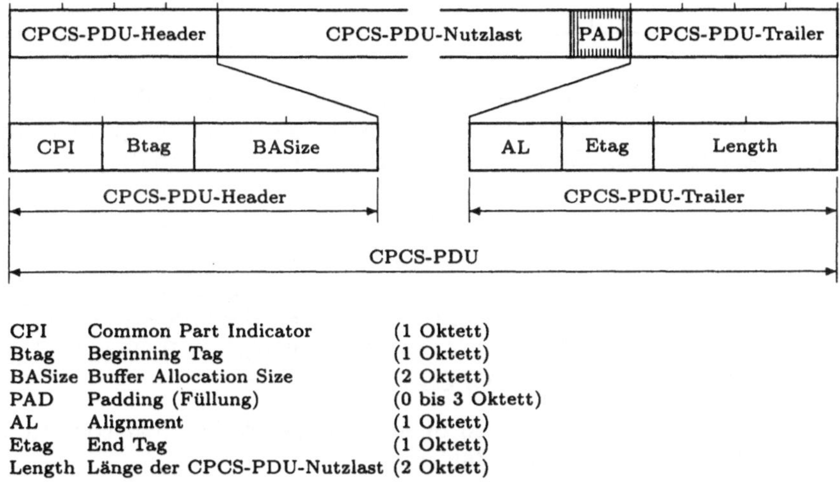

CPI   Common Part Indicator   (1 Oktett)
Btag   Beginning Tag   (1 Oktett)
BASize Buffer Allocation Size   (2 Oktett)
PAD   Padding (Füllung)   (0 bis 3 Oktett)
AL   Alignment   (1 Oktett)
Etag   End Tag   (1 Oktett)
Length Länge der CPCS-PDU-Nutzlast   (2 Oktett)

Bild 6.38: Format der CPCS-PDU des AAL-Types 3/4

a) *Common Part Indicator (CPI):* Das CPI-Feld wird zur Interpretation der Inhalte nachfolgender Felder im CPCS-Header und -Trailer herangezogen. Im CPI-Feld wird die Zähleinheit der Werte, die im BASize-Feld und im Längenfeld spezifiziert sind, angezeigt. Sonstige Funktionen des CPI-Feldes unterliegen weiteren Untersuchungen. Sie beschränken sich auf Layer-Management-Funktionen der CPCS und der SAR-Teilschicht, welche Performanz- und Fehler-Monitoring, MID-Zuweisung und Übermittlung von OAM-Informationen beinhalten können.

Tabelle 6.15 zeigt die festgelegte Codierung des CPI-Feldes und die zugehörige Semantik des BASize- und Längenfeldes.

b) *Beginning Tag (Btag):* Dieses Feld erlaubt die Herstellung einer Beziehung zwischen dem CPCS-Header und -Trailer. Der Sender fügt denselben Wert in das Btag-Feld des Headers und das Etag-Feld des Trailers einer vorliegenden CPCS-PDU und ändert den Wert für jede nachfolgende CPCS-PDU. Der

Tabelle 6.15: Codierung des CPI-Feldes

CPI-Codierung	Bedeutung des BASize-Feldes	Bedeutung des Längenfeldes
00000000	Speicherzuweisungs-anforderungen in Oktett	Länge gleich der Länge des Nutzlastfeldes der CPCS-PDU in Oktett
Andere Werte sind für zukünftige Funktionen reserviert	Unterliegt weiteren Untersuchungen	Unterliegt weiteren Untersuchungen

Empfänger vergleicht den Wert des Btag-Feldes im CPCS-PDU-Header mit
dem Wert des Etag-Feldes im CPCS-PDU-Trailer. Er überprüft nicht die
Folge der Btag/Etag-Werte aufeinanderfolgender CPCS-PDUs.

c) *Buffer Allocation Size Indication (BASize):* Das BASize-Feld zeigt der emp-
fangenden Peer-Instanz die maximalen Speicherplatzanforderungen, die zum
Empfang der CPCS-SDU benötigt werden, an. Im Message-Mode ist der
Werte im BASize-Feld gleich dem codierten Wert des CPCS-PDU-Nutzlast-
Feldes. Im Streaming-Mode, ist der codierte Werte im BASize-Feld gleich
oder größer als die Länge der CPCS-PDU-Nutzlast.

Die Größe der zu reservierenden Speicherplätze ist die binär codierte Zahl
der im CPI-Feld vereinbarten Zähleinheit.

d) *Padding (PAD):* Zwischen dem Ende der CPCS-PDU-Nutzlast und dem
auf 32 bit ausgerichteten CPCS-PDU-Trailer, gibt es bis zu drei unbenutzte
Oktetts, die Padding-Feld genannt werden. Sie werden ausschließlich als Füll-
Oktetts benutzt und enthalten keine Informationen. Ihr Wert wird auf 0
gesetzt und auf Empfangsseite ignoriert. Das Padding-Feld erweitert das
CPCS-PDU-Nutzlastfeld auf ein ganzzahliges Vielfaches von vier Oktetts,
siehe Bild 6.39.

e) *Alignment (AL):* Die Funktion des Alignment-Feldes liegt in einer 32-bit-
Ausrichtung des CPCS-PDU-Trailers. Das Alignment-Feld dehnt den CPCS-
PDU-Trailer auf 32 Bits (4 Oktetts) aus. Das nicht benutzte Oktetts wird
ausschließlich als Füll-Oktetts eingesetzt und enthält keine Informationen.
Der Wert des Alignment-Feldes ist auf null gesetzt.

f) *End Tag (Etag):* Für eine vorliegende CPCS-PDU fügt der Sender densel-
ben Wert in das Etag-Feld des Trailers und das Btag-Feld des Headers ein.
Dadurch wird eine Zuordnung des CPCS-PDU-Headers zu dem CPCS-PDU-
Trailers erreicht.

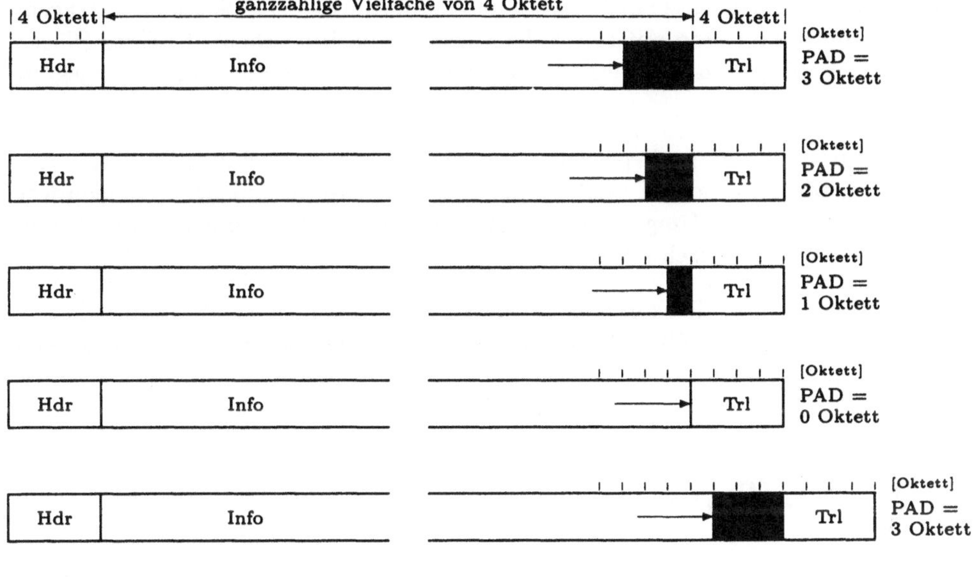

Bild 6.39: Funktion des Padding-Feldes

g) *Längenfeld (Length):* Das Längenfeld wird zur Codierung der Länge des CPCS-PDU-Nutzlast-Feldes benutzt. Der Inhalt des Längenfeldes wird vom Empfänger auch noch dazu benutzt, um den Verlust oder Zugewinn von Informationen zu erkennen. Die Länge ist die binär codierte Zahl der im CPI-Feld vereinbarten Zähleinheit.

Funktionen, Struktur und Codierung der SSCS

Die CPCS hat die Basisfunktionalität, sowohl eine verbindungslose Netzwerkschicht in Klasse D als auch einen Frame-Relay-Teledienst in Klasse C zu unterstützen. Für die verbindungslose Netzwerkschicht in Klasse D wird die SSCS nicht benötigt.

Mit Blick auf den Anteil an Kontrolldaten, kommt die SAR-Schicht des AAL-Typs 3/4 zusammen mit dem ATM-Header auf 9 Oktetts pro Zelle und damit auf 17%. Die CPCS-Kontrolldaten fallen demgegenüber kaum ins Gewicht, anders als die ungenutzten Teile in den letzten Zellen eines Blocks (EOM-Segment). So werden

Blöcke von 1024 Byte Daten in 24 Zellen und damit durch 1272 Oktetts übertragen, was den Kontrollaufwand auf 19.5% der Gesamtkapazität erhöht. Kürzere Blöcke sowie Zusatzaufwand in darüberliegenden Schichten können den Ausnutzungsgrad weiter reduzieren.

Wenn es darauf ankommt, begrenzte Übertragungskapazitäten möglichst voll aus-zuschöpfen, wie es in hohem Maße in der drahtlosen Kommunikation angefordert wird, so erscheint der Umgang mit Kontrolldaten in der Anpassung durch den AAL-Typ 3/4 recht verschwenderisch.

Dieser Umstand und die komplexere Funktionalität sind Gründe dafür, daß in Implementierungen der ATM-Anpassungsschicht der einfachere AAL-Typ 5 weit-gehend bevorzugt wird.

6.7 AAL-Typ 5

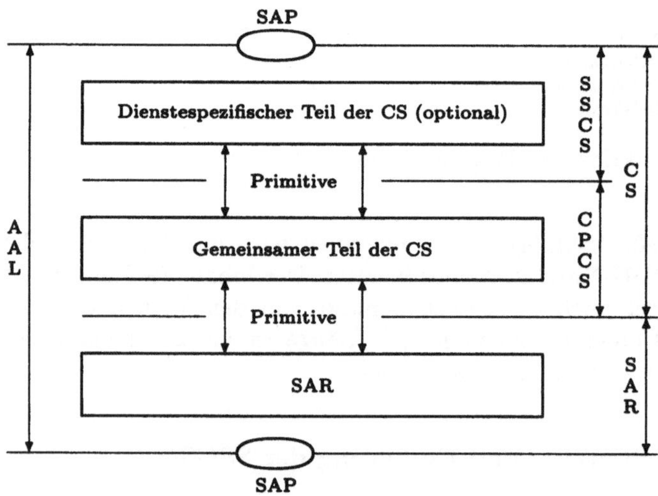

Bild 6.40: Struktur des AAL-Typs 5

Die Konvergenz-Teilschicht des AAL-Typs 5 unterteilt sich in die CPCS und die SSCS, siehe Bild 6.40. Die verwendeten Namenskonventionen für die Datenein-heiten des AAL-Typs 5 sind im Bild 6.41 dargestellt. Es können unterschiedli-che SSCS-Protokolle, die spezielle Dienste oder Gruppen von Diensten der AAL-Nutzern unterstützen, definiert werden. Die SSCS kann auch keine Funktionen enthalten. In diesem Fall wird die AAL-SDU direkt an die CPCS übergeben.

6.7.1 Bereitgestellte Dienste

Der AAL-Typ 5 gewährleistet die Übertragung der AAL-SDU eines Nutzers zu
einem anderen AAL-Nutzer über ein ATM-Netz. Wie beim AAL-Typ 3/4 wird
zwischen Message-Mode-Service, Streaming-Mode-Service, gesicherter und ungesicherter Arbeitsweise unterschieden:

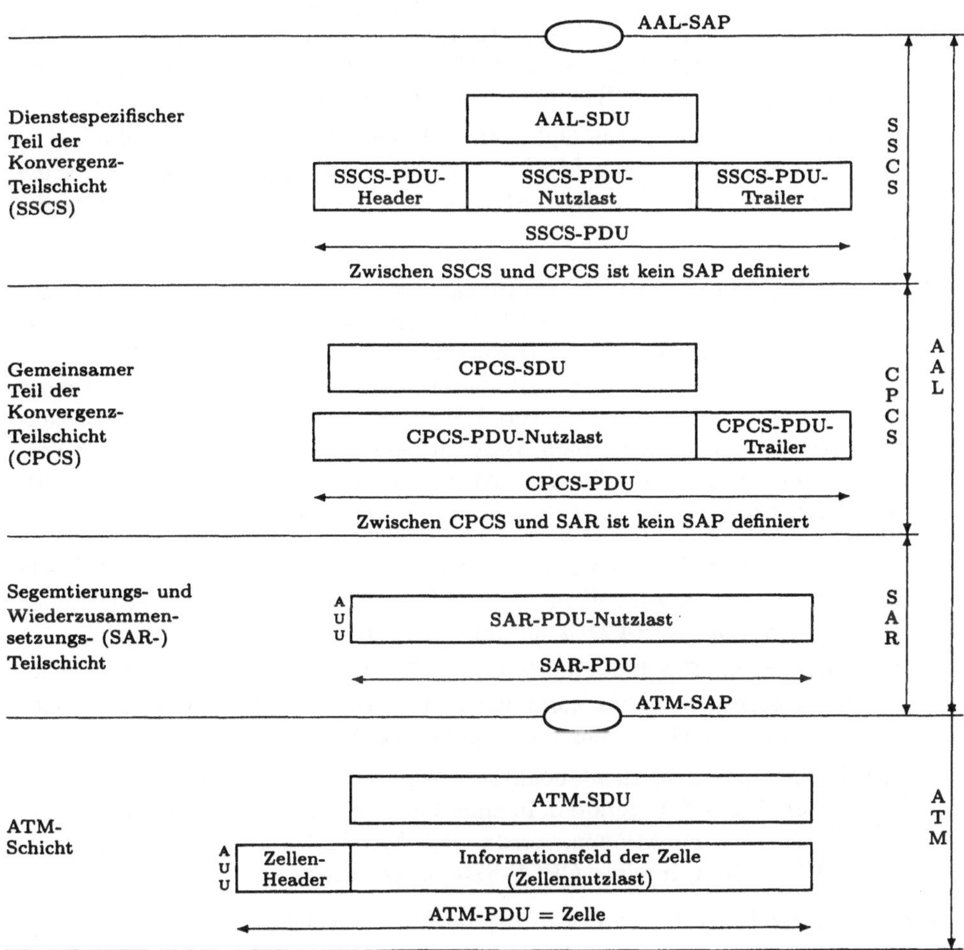

Bild 6.41: Namenskonventionen für die Dateneinheiten des AAL-Typs 5

a) **Message-Mode-Service:** Im Message-Mode-Service durchläuft die AAL-SDU die AAL-Schnittstelle in genau einer AAL-Interface-Dateneinheit. Die AAL-SDU kann eine feste oder variable Länge haben.

   (i) Im Falle kurzer AAL-SDUs mit fester Länge kann in der SSCS eine interne Blockbildung angewandt werden, die zur Übermittlung einer AAL-SDU oder mehrerer AAL-SDUs fester Länge in einer SSCS-PDU führt.

   (ii) Im Falle von AAL-SDUs variabler Länge kann in der SSCS eine interne Segmentierungs- und Rekonstruktionsfunktion (SAR-Funktion) auf die AAL-SDU angewandt werden. Eine einzige AAL-SDU wird in diesem Fall in einer SSCS-PDU oder in mehreren SSCS-PDUs übermittelt.

   (iii) Werden die erwähnten Optionen nicht genutzt, wird eine einzelne AAL-SDU in einer einzigen SSCS-PDU übermittelt. Enthält die SSCS keine Funktionen, wird die AAL-SDU in einer einzigen CPCS-SDU übermittelt.

b) **Streaming-Mode-Service:** Im Streaming-Mode-Service überschreitet die AAL-Service-Dateneinheit die AAL-Schnittstelle in einer AAL-Interface-Dateneinheit oder in mehreren AAL-Interface-Dateneinheiten. Die AAL-IDUs können die AAL-Schnittstelle zeitlich nacheinander überqueren. Der Dienst gewährleistet die Übermittlung von AAL-SDUs variabler Länge. Der Streaming-Mode-Service schließt einen Abbruch-Dienst mit ein, durch den das Verwerfen einer AAL-SDU, die die AAL-Schnittstelle teilweise überquert hat, ausgeführt wird.

   (i) In der SSCS kann eine interne SAR-Funktion dafür sorgen, daß alle AAL-IDUs, die zur selben AAL-SDU gehören, in einer SSCS-PDU oder in mehreren SSCS-PDUs übermittelt werden.

   (ii) Eine interne Pipeline-Funktion bewirkt, daß die sendende AAL-Instanz die Übermittlung zur empfangenden AAL-Einheit initiiert, bevor der sendenden AAL-Instanz die vollständige AAL-SDU vorliegt.

   (iii) Wenn Option (i) nicht benutzt wird, werden alle AAL-IDUs, die zur selben AAL-SDU gehören, in einer SSCS-PDU übermittelt. Enthält die SSCS keine Funktionen, werden die AAL-IDUs, die zur selben AAL-SDU gehören, in einer CPCS-SDU übermittelt.

Eine Zusammenstellung der Optionen der beiden beschriebenen Dienstarten sind in den Tabellen 6.11 und 6.12 zu finden. Beide Dienstarten bieten die folgenden Peer-zu-Peer-Prozeduren an:

- *Gesicherte Arbeitsweise (Assured operations):* Jede AAL-SDU wird mit genau dem Dateninhalt ausgeliefert, den der AAL-Nutzer übergeben hat. Dies wird durch erneute Übertragung von vermißten oder beschädigten SSCS-PDUs sichergestellt. Flußkontrolle ist dabei zwingend. Die gesicherte Arbeitsweise gilt nur für Punkt-zu-Punkt-Verbindungen.

- *Ungesicherte Arbeitsweise (Non-assured operations):* AAL-SDUs können zu Verlust gehen oder beschädigt werden. Verlorene oder beschädigte AAL-SDUs werden nicht durch erneute Übertragung korrigiert. Optional kann das Weiterleiten von beschädigten AAL-SDUs an den AAL-Nutzer erlaubt sein. Flußkontrolle wird als Option angeboten.

Beschreibung der AAL-Verbindungen

Der AAL-Typ 5 stellt die Möglichkeit zur Verfügung, die AAL-SDU von einem AAL-SAP zu einem anderen AAL-SAP zu übermitteln, siehe Bild 6.35. Die AAL-Nutzer haben die Möglichkeit, einen AAL-SAP mit der geforderten Dienstgüte auszuwählen.

Der AAL-Typ 5 in ungesicherter Arbeitsweise stellt die Möglichkeit zur Verfügung, AAL-SDUs von einem AAL-SAP zu mehr als einem anderen AAL-SAP über ein ATM-Netz zu übermitteln, siehe Bild 6.36.

Der AAL-Typ 5 greift auf die Dienste der ATM-Schicht zurück, siehe Bild 6.41. Mehrere AAL-Verbindungen können zu *einer einzigen* ATM-Schicht-Verbindung gehören. Das Multiplexen von SAR-PDUs in der SSCS ist erlaubt.

6.7.2 SAR-Teilschicht

Funktionen der SAR-Teilschicht

Die Funktionen der SAR-Teilschicht werden auf Basis der SAR-PDU ausgeführt. Die SAR-Teilschicht akzeptiert SAR-SDUs mit variabler Länge, die ein ganzzahliges Vielfaches von 48 Oktetts ist, und generiert daraus SAR-PDUs, die 48 Oktetts der SAR-SDU enthalten.

a) *Erhaltung der SAR-SDU:* Die Funktion bewahrt die SAR-SDU durch Kennzeichnung des Endes der SAR-SDU (Bereitstellung eines *End-of-SAR-SDU-Indication*).

b) *Behandlung von Congestion-Informationen:* Die Funktion stellt das Weiterleiten von Congestion-Informationen in beid.n Richtungen an die der SAR-Teilschicht benachbarten Schichten zur Verfügung.

c) *Behandlung von Information für Priorität hinsichtlich Verlust:* Die Funktion stellt das Weiterleiten von *Cell-Loss-Priority-Informationen* in beiden Richtungen an die zur SAR-Teilschicht benachbarten Schichten zur Verfügung.

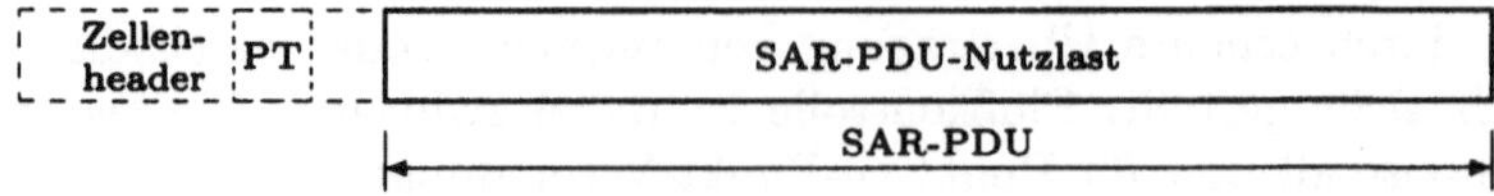

PT   Payload Type

Anmerkung: Das PT-Feld gehört zum ATM-Header. Es überträgt den Wert
des AUU-Parameters Ende-zu-Ende

Bild 6.42: Format der SAR-PDU des AAL-Typs 5

Struktur und Codierung der SAR-PDU

Die SAR-Teilschicht verwendet den AUU-Parameter der ATM-Schicht um anzuzeigen, daß eine SAR-PDU das Ende einer SAR-SDU enthält. Der AUU-Parameter
(ATM-Layer-User-zu-ATM-Layer-User) wird im Payload-Type-(PT-)Feld des Headers der ATM-Zelle codiert. Eine SAR-PDU, deren AUU-Parameter den Wert 1
hat, zeigt das Ende einer SAR-SDU an. Der Wert 0 zeigt den Beginn oder die
Fortsetzung einer SAR-PDU an. Die Struktur der SAR-PDU ist im Bild 6.42 gezeigt.

6.7.3   Konvergenz-Teilschicht

Dienste-Merkmale der CPCS

Die CPCS besitzt die folgenden Dienste-Merkmale:

- Nicht gesicherte Übermittlung von Rahmen mit Nutzer-Daten. Die Länge
  eines Rahmens liegt zwischen einem und 65535 Oktetts. Zusätzlich wird ein
  Oktett mit Nutzer-zu-Nutzer-Informationen pro Rahmen übermittelt.

- Die CPCS-Verbindungen werden durch die Management- oder durch die
  Kontrollebene aufgebaut.

- Fehlererkennung und Fehleranzeige.

- Integrität der CPCS-SDU-Folge für jede CPCS-Verbindung.

Funktionen der CPCS

Die CPCS-Funktionen werden mit jeder CPCS-PDU durchgeführt. Die bereitgestellten Funktionen richten sich danach, ob der Message-Mode-Service oder der
Streaming-Mode-Service eingesetzt wird.

i) *Message-Mode-Service:* Die CPCS-SDU wird in genau einer CPCS-IDU über die CPCS-Schnittstelle gereicht. Der Dienst stellt die Übermittlung einer einzigen CPCS-SDU in einer einzigen CPCS-PDU zur Verfügung.

ii) *Streaming-Mode-Service:* Die CPCS-SDU passiert die CPCS-Schnittstelle in einer CPCS-IDU oder in mehreren CPCS-IDUs. Die Übergabe der CPCS-IDUs kann zeitlich nacheinander erfolgen. Der Dienst stellt die Übermittlung aller CPCS-IDUs, die zu einer einzigen CPCS-SDU gehören, in einer CPCS-PDU zur Verfügung. Die interne Pipelining-Funktion kann dazu herangezogen werden, die Übermittlung an die empfangende CPCS-Instanz im Sender zu einem Zeitpunkt zu initiieren, an dem die sendende CPCS-Instanz die CPCS-SDU noch nicht vollständig vorliegen hat. Der Streaming-Mode-Service schließt einen Abbruch-Dienst ein, durch den das Verwerfen einer CPCS-SDU, die erst teilweise über die Schnittstelle übertragen worden ist, erzwungen werden kann.

Zu den in der CPCS implementierten Funktionen gehören:

a) *Erhaltung der CPCS-SDU:* Die Funktion gewährleistet das Erkennen der CPCS-SDU und die CPCS-SDU-Transparenz.

b) *Bewahrung von CPCS-Nutzer-zu-Nutzer-Information:* Die Funktion stellt die transparente Übermittlung von CPCS-Nutzer-zu-Nutzer-Informationen sicher.

c) *Fehlererkennung und -behandlung:* Die Funktion stellt die Fehlererkennung und -behandlung der CPCS-PDU bereit. Fehlerhafte CPCS-SDUs werden entweder verworfen oder optional an die SSCS ausgeliefert. Die Prozeduren zum Ausspielen fehlerhafter CPCS-SDUs sind noch nicht festgelegt und unterliegen weiteren Untersuchungen. Mit der Auslieferung der fehlerhaften Information an den CPCS-Nutzer erfolgt auch eine Auslieferung einer Fehleranzeige. Folgende Fehler werden erkannt: Abweichungen zwischen der empfangenen Länge der CPCS-PDU und dem Inhalt des CPCS-PDU-Längenfeldes, Speicherüberlauf, falsch formatierte CPCS-PDU und CPCS-CRC-Fehler.

d) *Abbruch (Abort):* Die Funktion ermöglicht Abbruch einer teilweise übermittelten CPCS-SDU.

e) *Padding:* Die Füll-Funktion stellt die 48-Oktett-Ausrichtung des CPCS-Trailers sicher.

f) *Behandlung von Congestion-Informationen:* Die Funktion gewährleistet das Weiterreichen von Überlast-Anzeigen in beiden Richtungen an die der CPCS benachbarten Schichten.

g) *Behandlung von Prioritätsinformation für Verlust (Loss Priority Information):* Die Funktion gewährleistet das Weiterleiten von Loss-Priority-Informa-
   tion in beiden Richtungen an die angrenzenden Schichten der CPCS.

Struktur und Codierung der CPCS

Die CPCS-Funktionen erfordern einen acht Oktetts großen CPCS-PDU-Trailer.
Der CPCS-PDU-Trailer ist immer in den letzten acht Oktetts der letzten SAR-
PDU, die zur CPCS-PDU gehört, enthalten. Deshalb sorgt ein Füll-Feld für eine
48-Oktett-Ausrichtung der CPCS-PDU. Trailer, Füll-Feld und Nutzlast-Feld bil-
den zusammen die CPCS-PDU. Größe und Positionen der Felder in der CPCS-
PDU sind in Bild 6.43 gezeigt.

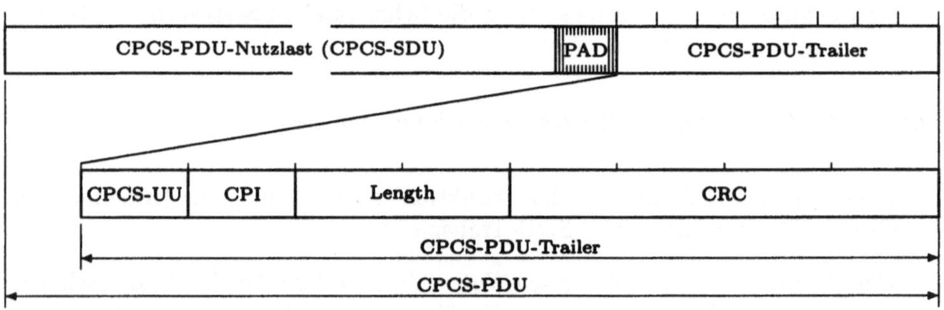

PAD	Padding	(0 bis 47 Oktett)
CPCS-UU	CPCS-Benutzer-zu-Benutzer-Indication	(1 Oktett)
CPI	Common Part Indicator	(1 Oktett)
Length	Länge der CPCS-SDU	(2 Oktett)
CRC	Cyclic Redundancy Check	(4 Oktett)

Bild 6.43: Format der CPCS-PDU des AAL-Typs 5

a) *CPCS-PDU-Nutzlast-Feld:* Das Nutzlast-Feld enthält die CPCS-SDU. Das
   Feld besitzt eine Länge zwischen einem und 65535 Oktetts.

b) *Padding (PAD-)Feld:* Zwischen dem Ende der CPCS-PDU-Nutzlast und dem
   CPCS-PDU-Trailer gibt es bis zu 47 nicht benutzte Oktetts, die das Padding-
   Feld bilden. Sie werden ausschließlich als Füll-Oktetts verwandt und enthal-
   ten keinerlei Informationen. Jede Codierung ist möglich. Das Padding-Feld
   erweitert die CPCS-PDU einschließlich CPCS-PDU-Nutzlast, Padding und
   CPCS-PDU-Trailer zu einem ganzzahligen Vielfachen von 48 Oktetts, siehe
   Bild 6.44.

c) *CPCS-Nutzer-zu-Nutzer-Indication-Feld (CPCS-UU-Feld):* Das Feld wird benutzt, um transparent CPCS-Nutzer-zu-Nutzer-Informationen zu übermitteln.

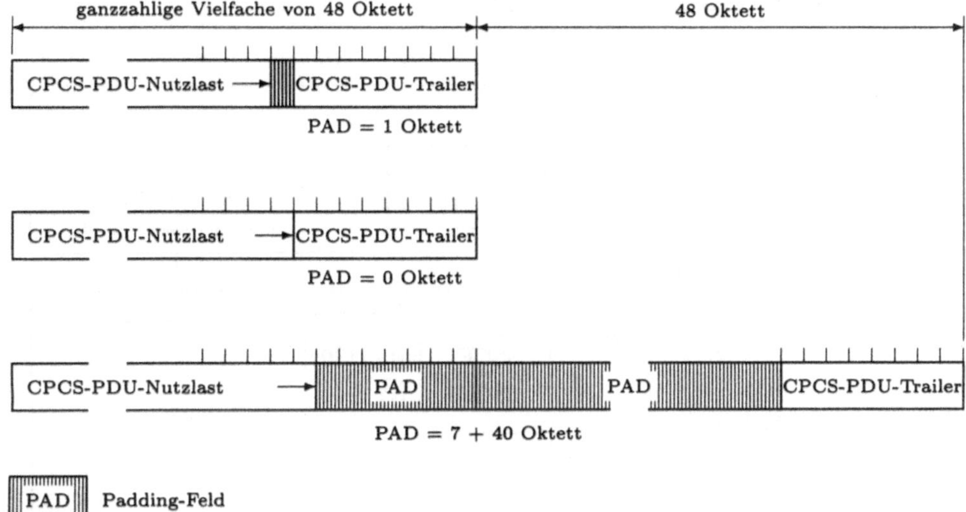

Bild 6.44: Beispiele für die Funktion des PAD-Feldes

d) *Common Part Indicator (CPI-)Feld:* Eine der Funktionen des CPI-Feldes ist die Ausrichtung des CPCS-Trailers auf 64 Bits. Zusätzliche Funktionen unterliegen weiteren Untersuchungen. Mögliche zusätzliche Funktionen können die Identifikation von Schicht-Management-Informationen einschließen. Die 64-bit-Alignment-Funktion ist als Null codiert.

e) *Längenfeld:* Das Längenfeld wird zur Codierung der Länge des CPCS-PDU-Nutzlast-Feldes benutzt. Der Wert des Längenfeldes wird im Empfänger auch zum Erkennen von Informationverlust oder -fehlleitung herangezogen. Die Länge ist die binär codierte Anzahl von Oktetts.

Die Abbruch-Funktion wird durch das als Null codierte Längenfeld realisiert.

f) *CRC-Feld:* Ein 32-bit-CRC wird zum Erkennen vom Bitfehlern in der CPCS-PDU benutzt, siehe Abschnitt 6.4.2. Das Generatorpolynom dazu lautet

$$G(x) = x^{32} + x^{26} + x^{23} + x^{22} + x^{16} + x^{12} + x^{11} + x^{10} + x^8 + x^7 + x^5 + x^4 + x^2 + x + 1.$$

Die CRC-Berechnung schließt den gesamten Inhalt der CPCS-PDU inclusive CPCS-PDU-Nutzlast-Feld, PAD-Feld und den ersten vier Oktetts des CPCS-PDU-Trailers ein. Die Berechnung erfolgt im Einer-Komplement der Binärdarstellung, d.h. mit vertauschten Werten 0 bzw. 1 für jedes Bit der einbezogenen Daten.

6.8 Signalisierungs-AAL

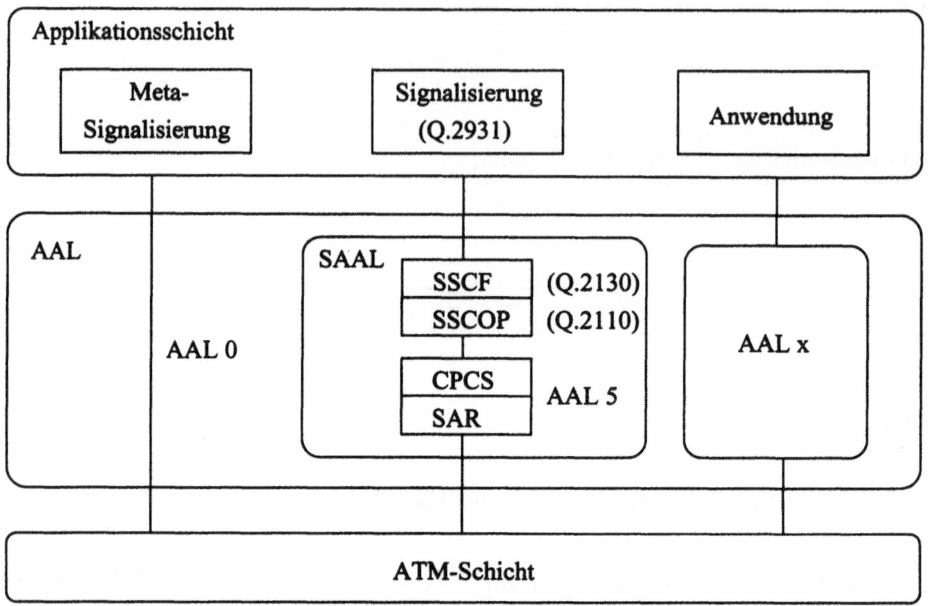

Bild 6.45: Protokollschichten für die Signalisierung im B-ISDN

Im Abschnitt 5.4.2 sind die Grundlagen der Signalisierung im B-ISDN beschrieben. Es kommt ein zweistufiges Signalisierungsverfahren zur Anwendung. Die erste Stufe wird als Meta-Signalisierung bezeichnet, die durch einen Meta-Signalisierungskanal realisiert ist. Der Meta-Signalisierungskanal ist der erste Kanal in allen ATM-Pfadverbindungen. Über diesen wird ein sehr einfaches Protokoll zur Anforderung des eigentlichen Signalsierungskanals transportiert. Es besteht aus dem Austausch von Informationen mit dem Umfang einer ATM-Zelle.

Nach Aufbau des Signalisierungskanals erfolgt in der zweiten Stufe der Austausch der Signalisierungsinformation. Die dazu im B-ISDN verwendete Signalisierungsprozedur ist an diejenige des ISDN angelehnt. Sie basiert auf dem Austausch von als *Nachrichten (Messages)* bezeichneten Dateneinheiten, deren Umfang die Größe des Informationsfeldes einer Zelle überschreiten kann. Die Übermittlung von Signalisierungsinformationen muß zuverlässig sein. In der ATM-Anpassungsschicht ist deswegen ein eigener Signalisierungstyp, die *Signalisierungs-AAL (SAAL)*, definiert, siehe Bild 6.45.

Die konkrete Anwendung, die den Aufbau einer ATM-Verbindung benötigt, bedient sich irgendeines zuvor beschriebenen AAL-Typs. Im Bild 6.45 ist dieser AAL-Typ mit AAL x bezeichnet. Die Meta-Signalisierungsinstanz in der Applikationsschicht benötigt auf Grund ihrer geringen Anforderungen keine Anpaßfunktionen. Sie kann direkt auf den Zellenübermittlungsdienst der ATM-Schicht zugreifen. Die leere AAL zur Meta-Signalisierung ist im Bild 6.45 als AAL 0 bezeichnet.

Nach Errichten des Signalisierungskanals beginnt die Signalisierungsinstanz in der Applikationsschicht mit dem Aufbau der von der Anwendung angeforderten Verbindung. Die Signalisierungsinstanz nutzt die *SAAL*, die ihrerseits auf dem AAL-Typ 5 basiert, jedoch um einige Funktionen erweitert wurde, die aus dem verbindungslosen und ungesicherten AAL-Typ-5-Übermittlungsdienst einen verbindungsorientierten und gesicherten Übermittlungsdienst machen. Diese Funktionen sind im *Service Specific Connection Oriented Protocol, SSCOP*, zusammengefaßt. Das SSCOP übernimmt im einzelnen folgende Funktionen:

- Auf- und Abbau von SSCOP-Verbindungen,

- Reihenfolgennumerierung der SSCOP-Dateneinheiten,

- Empfangsbestätigung für die SSCOP-Dateneinheiten und die Möglichkeit der selektiven Wiederholungsanforderung und

- Flußsteuerung zur Vermeidung von Informationsverlust.

7 Verkehrskontrolle und Überlaststeuerung im B-ISDN

7.1 Einführung

Das B-ISDN stellt den Benutzern eine Vielfalt unterschiedlicher Dienste mit unterschiedlichen Bitraten und Dienstgüten zur Verfügung. Der Benutzer kann die Dienstgüte aus einer Klasse von angebotenen Dienstgüten auswählen. Die Vereinbarung der Dienstgüte ist Bestandteil des Verkehrsvertrages, der beim Verbindungsaufbau zwischen Benutzer und Netzbetreiber geschlossen wird. In dem Verkehrsvertrag verpflichtet sich der Netzbetreiber zur Bereitstellung der gewünschten Dienstgüte, solange der Benutzer den Verkehrsvertrag einhält. Bei Verletzungen seitens des Benutzers ist der Netzbetreiber nicht mehr an den Verkehrsvertrag gebunden. Die Dienstgüte beschreibt die Qualität des von der *ATM-Schicht* bereitgestellten Zellenübermittlungsdienstes. Sie wird durch eine Menge von Parametern wie z.B. die Verzögerung von Zellen, die Empfindlichkeit bezüglich Verzögerungsschwankungen der Zellen einer Verbindung oder die Zellenverlustrate beschrieben.

Es gibt eine Reihe von Störeinflüssen, welche die Dienstgüte beeinträchtigen. Sie betreffen zunächst einzelne Übertragungsstrecken, Vermittlungs- und Endsysteme und summieren sich auf einer Verbindung über die Anzahl durchlaufener Elemente. Die wichtigsten Störfaktoren sind:

- **Bitfehler bei der Übertragung**

  Übertragungsmedien sind in unterschiedlichem Maße anfällig für zufallsbedingtes Hintergrundrauschen, welches das gesendete Signal verfälscht. Daraus resultiert eine Bitfehlerrate, die auf Glasfaser-Strecken typischerweise unter 10^{-10} liegt, aber bei Funk deutlich höher anzusetzen ist.

  Die Fehlerrate hängt von den Störabständen der Signale und von der Leitungscodierung ab, die bei der Umsetzung von Daten in Signale benutzt wird. Generell kann die Übertragungsrate durch Verfeinerung der Signalabstufung erhöht werden, während die Fehlerrate aufgrund der damit geringer werdenden Störabstände steigt. Die Verminderung der Fehlerrate und die Erhöhung der Übertragungsrate sind also konträre Anforderungen, zwischen welchen ein Kompromiß eingegangen wird.

- **Signalverzögerung, Latenzzeit**

  Die von einem Sender erzeugten Signale erscheinen beim Empfänger mit einer Verzögerung. Die Signalausbreitung erreicht über Glasfaser-, Funk- und andere Medien annähernd Lichtgeschwindigkeit, so daß die Länge der Übertragungsstrecke entscheidend für die Latenzzeit ist. Hinzu kommen die Mindestzeiten zum Durchlaufen von Vermittlungsknoten, die für *Cut-Through-Switching* durch eine Taktfrequenz des Switches bestimmt ist. Die Segmentierung und Zusammensetzung von Datenblöcken oberhalb der ATM-Schicht zählt nicht zur Latenzzeit. Für eine virtuelle Verbindung ist die Latenzzeit als konstante Verzögerung der Zellen vom Sender zum Empfänger anzusehen.

- **Verkehrsüberlastung in Vermittlungsknoten: Zellen-Blockierung**

  Bei der Vermittlung der Zellen von den Eingängen zu den Ausgängen eines Vermittlungsknotens können gegenseitige Blockierungen auftreten. Die Architektur des Knotens beeinflußt die Blockierungen. Zum Teil kann man sich blockierungsfreie Verteilnetzstrukturen zunutze machen. Wenn jedoch mehrere Ankünfte von verschiedenen Eingängen auf einen oder wenige Ausgänge zusteuern und dort zeitweilig für eine Überlastung der Ausgangsleitung sorgen, so ist eine Pufferung des sich bildenden Staus unvermeidbar. Dies führt zu variablen Zellenverzögerungen, die je nach Lastsituation unterschiedlich ausfallen.

- **Verkehrsüberlastung in Vermittlungsknoten: Pufferüberläufe**

  Die eben geschilderte Situation kann auch zu Zellenverlusten führen, wenn der Pufferspeicher im Vermittlungsknoten voll ist und keine ankommenden Zellen mehr aufnehmen kann.

- **Gegenseitige Beeinträchtigung von Verbindungen**

  Die Ressourcen des Netzes werden unter den Verbindungen aufgeteilt. Dabei kann eine Verbindung auf verschiedene Weise von anderen Verbindungen beeinflußt werden. Schon der Verbindungsaufbau kann mit Rücksicht auf die QoS-Parameter anderer Verbindungen abgelehnt werden. Während der Übertragung kann variables Verkehrsaufkommen in parallel laufenden Verbindungen zu Blockierungen und Verlusten von Zellen führen. Schließlich ist es denkbar, daß Bitfehler im Header einer Zelle dazu führen, daß die Zelle einer falschen Verbindung zugeordnet wird.

- **Ausfall von Übertragungs- und Vermittlungsressourcen**

  Natürlich ist bei allen Elementen auf einem Übertragungsweg mit gelegentlichen Funktionsstörungen und -ausfällen zu rechnen, die eine Reparatur oder den Austausch der betroffenen Systeme erfordern. Die Zuverlässigkeit von Übertragungs- und Vermittlungssystemen wird durch die Verfügbarkeit oder die *Mean Time between Failure* erfaßt. Unterbrechungen von Kabeltrassen bei Bauarbeiten und Austausch sowie Konfigurationsänderungen von Hard- und Software in Vermittlungsstellen sind typische Ursachen von Ausfällen.

Die im Netz vorhandenen Ressourcen (Netzelemente) werden im statistischen Multiplex entsprechend der gewählten Dienstgüte von allen zugelassenen Verbindungen gemeinsam genutzt. Überlast im Netz entsteht durch die nicht vorhersagbaren statistischen Schwankungen der Verkehrsflüsse der bestehenden Verbindungen oder infolge von Fehlerbedingungen im Netz. Eine mögliche Fehlerbedingung ist der Ausfall eines Netzelementes.

Überlast ist definiert als ein Zustand der Netzelemente (z.B. Vermittlungsstelle, Konzentratoren, Cross-Connectoren und Übertragungsleitungen), in dem das Netz nicht in der Lage ist, die vereinbarten Dienstgüten der bereits bestehenden Verbindungen oder neue Verbindungswünsche zu erfüllen. Überlast muß von einem Zustand der Netzelemente unterschieden werden, in dem es zwar zu Verlust von Zellen durch Speicherüberläufe kommt, die vereinbarten Dienstgüten aber dennoch eingehalten werden.

Im Breitband-ISDN findet in der ATM-Schicht eine Verkehrskontrolle statt, worunter die Menge der Aktionen des Netzes zu verstehen ist, die Überlastsituationen vermeiden sollen. Des weiteren erfolgt in der ATM-Schicht eine Überlaststeuerung. Darunter wird die Menge der Aktionen des Netzes verstanden, die zur Minimierung der Intensität, der Verbreitung im Netz und der Dauer der Überlast führen sollen. Die Aktionen werden bei Überlast in einem Netzelement oder in mehreren Netzelementen ausgelöst.

Die Verkehrskontrolle und Überlaststeuerung dienen in erster Linie zur Aufrechterhaltung der Dienstgüte von Verbindungen und darüber hinaus zu einer optimalen Ausnutzung der Ressourcen des Netzes. Im einzelnen werden im Breitband-ISDN mit der Verkehrskontrolle und der Überlaststeuerung in der ATM-Schicht die folgenden Ziele verfolgt, siehe [I.371]:

- Unterstützung zahlreicher Dienstgüteklassen;

- Unabhängigkeit der Mechanismen von den AAL-Protokollen;

- Minimierung der Netz- und Endgerätekomplexität bei gleichzeitiger Maximierung der Netzauslastung.

Die im folgenden zur Erreichung der genannten Ziele beschriebenen Grundfunktionen bilden den Rahmen für die Verkehrskontrolle und die Überlaststeuerung im Breitband-ISDN. Sie können in geeigneter Kombination eingesetzt werden:

- *Management der Netzressourcen (Network Resource Management, NRM):* Der Einsatz des NRM kann zur Zuweisung von Netzressourcen benutzt werden sowie, um die Verkehrsströme entsprechend ihrer Charakteristika zu separieren.

- *Zulassungskontrolle (Connection Admission Control, CAC):* Die CAC ist definiert als die Menge der Aktionen im Netz, die während der Verbindungsaufbauphase zur Entscheidung darüber führen, ob ein Verbindungswunsch nach dem Aufbau einer virtuellen Kanal- oder Pfad-Verbindung akzeptiert werden kann oder abgewiesen werden muß. Die Wegsuche ist Teil der CAC.

- *Rückkopplungssteuerung (Feedback Control):* Unter der Rückkopplungssteuerung werden die im Netz und die vom Benutzer ausgeführten Aktionen verstanden, die zur Regulierung des Verkehrsflusses von ATM-Verbindungen in Abhängigkeit des Zustands der Netzelemente führen.

- *Kontrolle der Parameter (Usage/Network Parameter Control, UPC/NPC):* Die UPC/NPC ist definiert als die Menge der Aktionen im Netz, die zur Überwachung und Steuerung des Verkehrs am Zugangspunkt eines Benutzers oder eines weiteren Netzes notwendig sind. Mit der UPC/NPC sollen die Netzressourcen vor mißbräuchlichem oder unbeabsichtigtem Fehlverhalten einer Verbindung geschützt werden. Das Fehlverhalten kann in der Verletzung der vereinbarten Dienstgüteparameter bestehen und zu einer Beeinträchtigung der Dienstgüten der restlichen Verbindungen führen. Die UPC/NPC erkennt die Verletzung der vereinbarten Dienstgüteparameter.

- *Prioritätskontrolle (Priority Control):* Ein Benutzer kann unter Verwendung des CLP-Bits im Header der Zelle innerhalb einer Verbindung Verkehr mit unterschiedlicher Priorität hinsichtlich des Verlustes von Zellen erzeugen. In Überlastsituationen kann ein Netzelement erforderlichenfalls selektiv Zellen mit niedriger Priorität verwerfen, um die Netzgüte für Zellen mit hoher Priorität so gut es geht zu schützen.

Bild 7.1 zeigt die im folgenden für die Beschreibung der Verkehrskontrolle und der Überlaststeuerung zugrundegelegte Referenzkonfiguration.

Tabelle 7.1 zeigt die Reaktionszeiten der unterschiedlichen Funktionen zur Verkehrskontrolle und Überlaststeuerung. Die Kontrollmaßnahmen werden nach ihrer zeitlichen Auswirkung in vier Bereiche auf der Zeitskala eingeordnet:

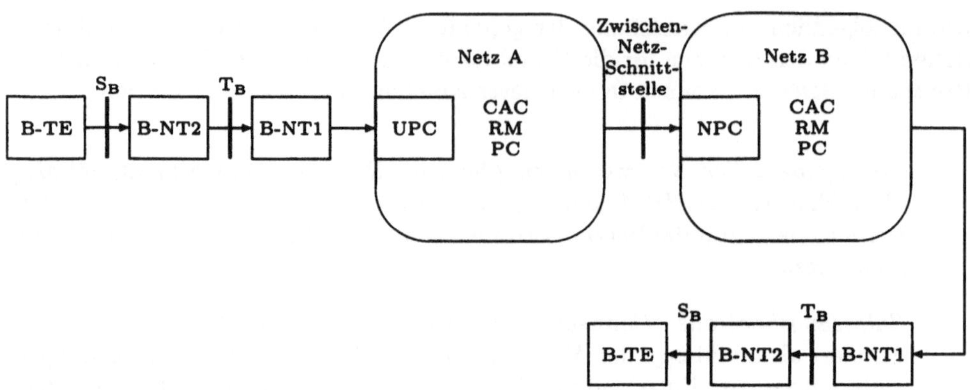

UPC   Usage Parameter Control
CAC   Connection Admission Control
PC   Priority Control
NPC   Network Parameter Control
RM   Ressourcen-Management

Bild 7.1: Referenzkonfiguration Verkehrskontrolle und Überlaststeuerung

- **Zellenabfertigung**

  Zellen werden je nach Übertragungsrate typischerweise im Mikrosekunden-Abstand erzeugt und weitervermittelt. Ebensoschnell müssen die Prüfung des Zellen-Headers auf Korrektheit und Entscheidungen über das Weiterleiten bzw. Verwerfen von Zellen vonstatten gehen, sowie Maßnahmen zur Verkehrsformung und Konformitätstests bezüglich der erlaubten Senderate.

- **Round-Trip-Übertragungsverzögerung**

  Die Übertragungszeit vom Sender zum Empfänger und zurück, die je nach Entfernung in der Größenordnung von Millisekunden liegt, ist für den Verbindungsaufbau und für die Flußkontrolle mit Rückkopplung maßgebend. Übertragungswiederholungen, die allerdings nicht auf ATM-Ebene vorgesehen sind, haben eine ähnliche Verzögerungszeit. Eine automatische Fehlerbehandlung durch Netwerk-Managementfunktionen wie das Routing über alternative Wege arbeitet auch in diesem Zeitbereich.

- **Verbindungsdauer**

  Eine Reihe von Kontrollmechanismen gehen mit dem Verbindungsaufbau einher, der Quality-of-Service-Parameter und die benötigten Netzressourcen für die Verbindungsdauer festlegt. Die Verbindungsdauer reicht vom Millisekunden-Bereich für kurze Datenübertragungen bis in den Langzzeit-Bereich für permanent eingerichtete Verbindungen. Allerdings sieht der ITU-T-Stan-

Tabelle 7.1: Reaktionszeiten der Verkehrskontrolle und Überlaststeuerung

Beispiele für Funktionen zur Verkehrskontrolle und Überlaststeuerung	Reaktionszeiten
Verwerfen von Zellen, Prioritätskontrolle, Speicherverwaltung und Abarbeitungsdisziplin der Warteschlange, Verkehrsformung, UPC	Zeitdauer, die für das Einfügen einer Zelle benötigt wird.
Rückkopplungskontrolle	Round-Trip-Propagation-Delay
Wegesuche, Verbindungsaufbau und Verbindungsannahmesteuerung, Zuweisung von Ressourcen	Zwischenabstandszeit von Verbindungen
Zentrales Netzmanagement Langzeit-Prozeduren der Netzentwicklung	

dard [I.371] dafür auch ein Neuverhandeln der Parameter für bestehende Verbindungen in gewissen Abständen vor.

- **Konfiguration, Auslegung und Planung von Netzressourcen**

  Auch langfristige Prozesse haben entscheidenden Einfluß auf die Netzkontrolle, angefangen von manuellen Umkonfigurationen zur Fehlerbehebung, über die Erneuerung von Soft- oder Hardwarekomponenten bis hin zur Netzplanung und Netzdimensionierung.

  Natürlich stehen die Kontrollmaßnahmen in verschiedenen Zeitbereichen in Wechselwirkung und sind untereinander abzustimmen. So wirkt sich etwa die Erweiterung der Übertragungskapazität auf Engpässe bei der Zulassung von Verbindungen aus, zumindest solange bis erhöhte Anforderungen oder neue Dienste für erneute Engpässe sorgen. In diesem Zusammenhang ist eine geeignete Netz-Überwachung wichtig, die Fehlersituationen lokalisieren und die Ressourcen-Auslastung protokollieren kann.

7.2   Deskriptoren und Verkehrsparameter

Die Verkehrsparameter beschreiben die Verkehrscharakteristik einer ATM-Verbindung. Ein einzelner Verkehrsparameter kennzeichnet quantitativ oder qualitativ einen Teilaspekt des Verkehrs. Beispiele für Verkehrsparameter sind Spitzenzellenrate, mittlere Zellenrate, Burstiness, Dauer der Verkehrsspitze oder Art der Verkehrsquelle. Einige der genannten Parameter sind voneinander abhängig.

Die Verkehrsparameter werden zu einer Gruppe von Deskriptoren der Verkehrsquelle zusammengefaßt. Ein ATM-Verkehrsdeskriptor ist die generische Liste der Verkehrsparameter, anhand derer die wesentlichen Merkmale des Verkehrs einer ATM-Verbindung beschrieben werden kann. Ein Deskriptor der Verkehrsquelle ist die Menge der Verkehrsparameter, die zu dem ATM-Verkehrsdeskriptor gehören und während der Verbindungsaufbauphase zwischen dem Benutzer und dem Netz ausgetauscht werden. Sie dienen als Entscheidungsgrundlage der CAC-Prozeduren. Die CAC-Prozeduren leiten aus den Deskriptoren der Verkehrsquelle Parameter für die UPC/NPC-Mechanismen ab.

7.2.1 Verkehrsvertrag zwischen Benutzer und Netz

Die CAC- und UPC/NPC-Prozeduren benötigen zur effektiven Arbeitsweise die Kenntnis gewisser Parameter. Zur Entscheidung über die Annahme einer neuen Verbindung werden der Deskriptor der Verkehrsquelle, die geforderte Dienstgüte inclusive der zulässigen Schwankung der Verzögerungsdauer von Zellen (Cell Delay Variation, CDV) herangezogen.

Der Deskriptor der Verkehrsquelle, die geforderte Dienstgüte der ATM-Verbindung und das Maximum der CDV definieren den Verkehrsvertrag am T_B-Referenzpunkt.

Die CAC- und die UPC/NPC-Prozeduren sind betreiberspezifisch. Nach Annahme der Verbindung werden die Werte der CAC- und UPC/NPC-Parameter auf Grundlage der Richtlinien des Netzbetreibers festgelegt.

Die Funktionen der ATM-Schicht (z.B. Multiplex von Zellen) können die Verkehrscharakteristik von ATM-Verbindungen durch Einführen von Verzögerungsschwankungen für die Zellen verändern. Im Bild 7.2 ist die Entstehung von Verzögerungsschwankungen an einem Beispiel dargestellt. Werden die Zellen von zwei oder mehr ATM-Verbindungen gemultiplext, können die Zellen einer ATM-Verbindung durch das Einfügen der Zellen einer anderen ATM-Verbindung im Ausgangsstrom des Multiplexers verzögert werden. In vergleichbarer Weise erleiden die Zellen einer ATM-Verbindung Verzögerungen durch das Einfügen von OAM-Zellen der ATM-Schicht oder von Zellen der Physikalischen Schicht. Das Zeitintervall zwischen dem Zeitpunkt, an dem die ATM-Zelle einer Verbindung die Forderung zur Übermittlung (Data Request) stellt und dem Zeitpunkt, an dem sie in den Multiplexstrom eingefügt und damit der UPC-Funktion angezeigt wird (Data Indication), ist mit einer gewissen Zufälligkeit behaftet.

Der UPC/NPC-Mechanismus darf die Zellen einer ATM-Verbindung im Fall, daß die Quelle sich konform zum Deskriptor der Verkehrsquelle verhält, weder verwerfen noch markieren. Die Beschränkung der CDV an dem Ort, an dem die UPC/NPC-Funktion ausgeführt wird, ist eine notwendige Voraussetzung für das Design eines geeigneten UPC/NPC-Mechanismus. Deswegen muß der maximal

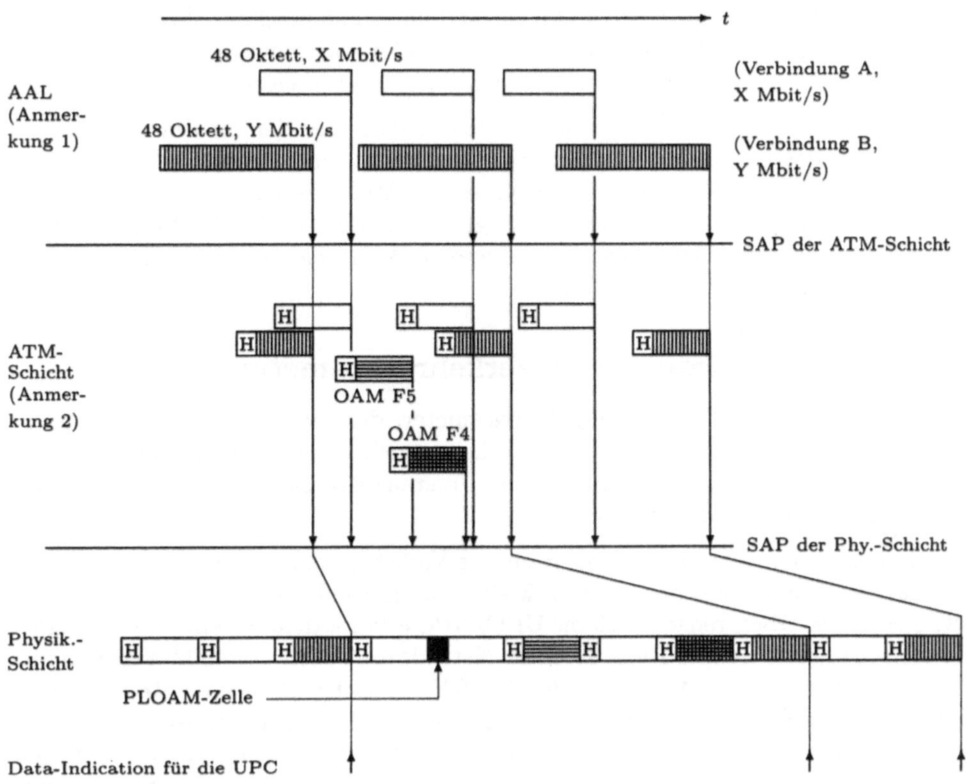

↑ Data-Indication, ↓ Data-Request

Anmerkungen:
1 ATM-SDUs werden mit der Dienstebitrate höherer Schichten gebildet. CDV kann durch
   durch AAL-Multiplexen entstehen.
2 GFC-Verzögerungen und -verzögerungsschwankungen sind Teil der Verzögerungen
   und Verzögerungsschwankungen, die in der ATM-Schicht entstehen.
CDV entsteht auch in den Netzelementen (Konzentratoren, Vermittlungsstellen
und Cross-Connectoren) durch zufällige Wartezeiten in den Zwischenspeichern.

Bild 7.2: Entstehung von Verzögerungsschwankungen für Zellen

zulässige Wert der CDV zwischen dem Endpunkt der ATM-Verbindung im Endgerät, dem T_B-Referenzpunkt sowie zwischen T_B und der Zwischennetz-Schnitt-
stelle und zwischen Zwischennetz-Schnittstellen spezifiziert werden, siehe Bild 7.1.

Durch Verkehrsformung *(Traffic Shaping)* können die Auswirkungen der CDV auf
die Spitzenzellenrate einer ATM-Verbindung teilweise kompensiert werden. Beispiele möglicher Mechanismen zur Verkehrsformung sind das Wiederherstellen des

Abstandes der Zellen einzelner ATM-Verbindungen entsprechend ihrer Spitzenzellenrate oder geeignete Bedienstrategien für logische Warteschlangen, aus denen die Zellen einer ATM-Verbindung zur Übermittlung ausgelesen werden.

Die Festlegung des Deskriptors der Verkehrsquelle und der maximal zulässigen CDV ist für das Netz alleine noch nicht ausreichend. Zur richtigen Zuweisung von Ressourcen muß das Netz den Worst-Case des Verkehrs zugrundelegen, der die UPC/NPC passiert, um Beeinträchtigungen für andere ATM-Verbindungen ausschließen zu können. Der Worst-Case dieses Verkehrs hängt von der spezifischen Implementierung der UPC/NPC ab.

7.2.2 Spezifikationen von Verkehrsparametern

Die Spitzenzellenrate ist ein Verkehrsparameter, der zwingend entweder explizit oder implizit in jedem Deskriptor der Verkehrsquelle angegeben werden muß. Vorgeschrieben ist außerdem die Angabe der Toleranz der CDV durch den Benutzer für die Zellen der ATM-Verbindung.

Die Spitzenzellenrate in dem Deskriptor der Verkehrsquelle spezifiziert eine Obergrenze des Verkehrs, der über eine ATM-Verbindung geführt werden kann. Das Erzwingen dieser Obergrenze durch die UPC/NPC erlaubt dem Netzbetreiber die Bereitstellung ausreichender Ressourcen im Netz für die Zellen der ATM-Verbindung. Dabei spielt es keine Rolle, ob von der ATM-Verbindung CBR- oder VBR-Dienste unterstützt werden. Die Spitzenzellenrate einer ATM-Verbindung ist definiert als der Reziprokwert des Minimums der Zwischenankunftszeit von zwei am SAP der Physikalischen Schicht zur Übermittlung bereiten ATM-Protokoll-Dateneinheiten, siehe Bild 7.3.

Manche Funktionen im Netz wie z.B. die UPC/NPC können nicht jeden Wert der Spitzenzellenrate verarbeiten, sondern nur eine beschränkte, diskrete und endliche Menge von Werten. Die geordnete Liste dieser Werte wird als Granularität der Spitzenzellenrate bezeichnet.

7.3 Dienstgüteklassen und Dienstgüteparameter

In [AF56] sind fünf Dienstgüteklassen für unterschiedliche Verkehrsarten genannt, siehe Tabelle 7.2. Jede Dienstgüteklasse verfügt über eigene Dienstgütemerkmale, die durch spezifische Parameter gekennzeichnet sind. Die für jede Dienstgüteklasse relevanten Dienstgüteparamter sind in Tabelle 7.3 aufgelistet. Im folgenden wird auf die einzelnen Dienstgüteparameter eingegangen.

- *Spitzenzellenrate (Peak Cell Rate, PCR):* Die Spitzenzellenrate ist in jeder Dienstgüteklasse als Dienstgüteparameter zu finden ist. Sie darf zu keinem Zeitpunkt überschritten werden. Die Dienstgüteklasse CBR und die

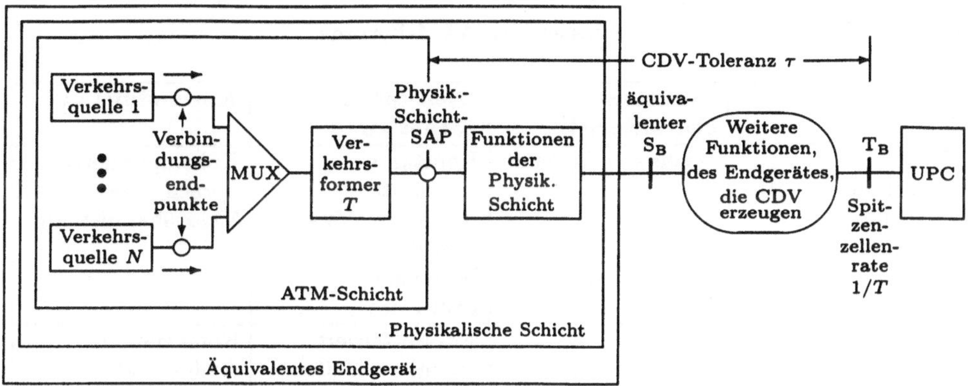

CDV   Zellenverzögerungsschwankungen (Cell Delay Variation)
$1/T$ Spitzenzellenrate einer ATM-Verbindung
τ Toleranz der Zellenverzögerungsschwankungen
⟶   ATM-PDU-Data-Request
UPC   Usage Parameter Control

Bild 7.3: Referenzkonfiguration der Spitzenzellrate einer ATM-Verbindung

Dienstgüteklasse UBR benötigen keine weiteren Parameter bezüglich der Zellenrate, da im ersten Fall die Spitzenzellenrate konstant verfügbar sein soll, während im letzteren Fall keinerlei Zusicherung gegeben wird.

- *Minimale Zellenrate (Minimum Cell Rate, MCR) und maximale Blockgröße (Maximum Burst Size):* Die Mindest-Zellenrate ist nur in der Dienstgüteklasse ABR von Bedeutung und sichert dem Sender ein garantiertes Minimum an Übermittlungskapazität zu. Die Dienstgüteklasse ABR zeichnet sich durch eine Rückkopplungssteuerung aus, der die Zellenrate des Senders über die Auslastung der Netzknoten beeinflußt.

- *Anhaltende Zellenrate (Sustainable Cell Rate, SCR):* Die Anhaltende Zellenrate ist die Zellenrate, die langfristig während der Dauer der Verbindung einzuhalten ist. Sie ist für VBR-Dienste von Bedeutung, deren Zellenrate um den zugesicherten Wert der SCR zeitlich schwankt. Kurzfristig darf die zugesicherte Zellenrate in begrenztem Umfang überschritten werden, wobei die Menge der Daten, die über die SCR hinaus zu übermitteln sind, durch die maximale Blockgröße beschränkt ist.

- *Maximale Zellenübermittlungsverzögerung (Maximum Cell Transfer Delay, maxCTD) und Toleranz der Zellenverzögerungsschwankungen (Cell Delay Variation Tolerance):* Die maximale Zellenübermittlungsverzögerung kennzeichnet die nicht zu überschreitenden Verzögerung von Zellen bei der Übermittlung zwischen Sender und Empfänger.

Tabelle 7.2: Die Dienstgüteklassen des ATM-Forums

Dienstgüte-klasse	Verkehrs-charakteristik	Dienstgüte-garantien	Anwendungen
CBR (Constant Bit Rate)	Isochroner Verkehr	Konstante Zellenrate; begrenzte Verzögerungen; begrenzte Fehlerrate	Unkomprimierte Sprach- und Videoübermittlung
rt-VBR (Real-Time Variable Bit Rate)	Realzeit-bedingungen; variable Zellenrate	Am Mittelwert orientierte Zellen-rate; begrenzte Verzögerungen; begrenzte Fehlerrate	Komprimierte Audio- und Videoübermittlung
nrt-VBR (Non-Real-Time Variable Bit Rate)	Keine Realzeit-bedingungen; variable Zellenrate	Am Mittelwert orientierte Zellen-rate; begrenzte Fehlerrate	Daten- und Bild-übermittlung ohne Zeitanforderungen
ABR (Available Bit Rate)	Keine Realzeit-bedingungen; Mindestzellenrate; Mitbenutzung freier Kapazitäten	Mindest-Zellenrate; fairer Anteil an unreservierter Kapazität; begrenzte Fehlerrate	Übermittlung großer Daten-mengen
UBR (Unspecified Bit Rate)	Sporadische Nutzung von Kapazitätslücken	Keinerlei Zusicherung	Übermittlungen ge-ringer Priorität und hoher Zeittoleranz

Die Toleranz der Zellenverzögerungsschwankungen bezieht sich auf die maximal zulässige Verzögerung zwischen dem Weiterreichen einer Zelle von der ATM-Schicht an die Physikalische Schicht und der Übertragung dieser Zelle über den T_B-Referenzpunkt, siehe Bild 7.3. Für die Dienstgüteklassen mit Echtzeitbedingungen sind beide Parameter von Bedeutung.

- *Zellenverlustanteil (Cell Loss Ratio, CLR):* Der Zellenverlustanteil ist definiert als das Verhältnis der zu Verlust gegangenen Zellen einer Verbindung und der insgesamt übermittelten Anzahl von Zellen.

Tabelle 7.3: Die Dienstgüteparameter der Dienstgüteklassen

		CBR	rt-VBR	nrt-VBR	ABR	UBR
PCR	Peak Cell Rate	+	+	+	+	+
MCR	Maximum Cell Rate				+	
SCR	Sustainable Cell Rate		+	+		
MBS	Maximum Burst Size		+	+		
maxCTD	Maximum Cell Transfer Delay	+	+			
CDVT	Cell Delay Variation Tolerance	+	+			
CLR	Cell Loss Ratio	+	+	+	+	

7.4 Funktionen

7.4.1 Funktionen zur Verkehrskontrolle

Auf folgende Funktionen zur Verkehrskontrolle wird im weiteren eingegangen:

- Management der Netzressourcen (NRM);
- Zulassungskontrolle (CAC);
- Kontrolle der Parameter (UPC/NPC);
- Prioritätenkontrolle und selektives Verwerfen von Zellen;
- Verkehrsformung (*Traffic Shaping*) und
- Schnelles Ressourcenmanagement.

Management der Netzressourcen

Virtuelle Pfade sind eine wichtige Komponente der Verkehrkontrolle im Breitband-ISDN. Sie werden eingesetzt für

- die Vereinfachung der Verbindungsannahmesteuerung.

- die Implementierung einer Prioritätensteuerung in der Form, daß Verkehrsströme mit unterschiedlicher Dienstgüte voneinander separiert werden.

- das effiziente Verteilen von Informationen, die für die korrekte Arbeitsweise der Verkehrskontrollverfahren benötigt werden.

- die Bündelung von Benutzer-zu-Benutzer-Diensten derart, daß die UPC/NPC auf den Gesamtverkehr angewandt werden kann.

Virtuelle Pfad-Verbindungen spielen beim Management der Netzressourcen ebenfalls eine wichtige Rolle. Durch das Reservieren von Kapazitäten innerhalb von
virtuellen Pfad-Verbindungen werden die Verfahren zum Aufbau einzelner virtueller Kanal-Verbindungen vereinfacht. Einzelne virtuelle Kanal-Verbindungen
können einfach durch die Entscheidung der Verbindungsannahme in den Knoten,
in denen die virtuellen Pfad-Verbindungen enden, zugelassen werden. Die Reser-
vierungsstrategie von Kapazitäten innerhalb virtueller Pfad-Verbindungen obliegt
dem Netzbetreiber. Sie stellt einen Kompromiß zwischen dem Anwachsen der Kosten für zunehmend reservierte Kapazität und der Reduzierung der Kosten durch
Vereinfachung der Verbindungsannahme dar.

Die Netzgüte einer gegebenen virtuellen Kanal-Verbindung ist von der Leistungsfähigkeit der aufeinanderfolgenden virtuellen Pfad-Verbindungen, die von der virtuellen Kanal-Verbindung benutzt wird, abhängig und davon, wie die virtuelle
Kanal-Verbindung in den VC-Vermittlungsstellen behandelt wird. Werden die virtuellen Kanal-Verbindungen in den VC-Vermittlungstellen gleich behandelt, ist
zu erwarten, daß die Netzgüte — z.B. ausgedrückt durch den Zellenverlustanteil,
die Übermittlungsverzögerung von Zellen und deren Schwankung — verschiedener virtueller Kanal-Verbindungen, die durch dieselbe Folge von virtuellen Pfad-
Verbindungen geführt werden, entlang dieses Wegstückes annähernd gleich ist.
Umgekehrt sollte die Netzgüte der virtuellen Pfad-Verbindung so gewählt werden, daß die anspruchsvollste Dienstgüte der in ihr geführten virtuellen Kanal-
Verbindungen garantiert werden kann.

Im Falle der auf Seite 101 beschriebenen Anwendungen von virtuellen Pfad-Verbindungen gilt folgendes:

1) Im Falle einer *Benutzer-zu-Benutzer-VPC* unterliegt es der Verantwortung
   der Benutzer, die für die virtuelle Pfad-Verbindung notwendige Dienstgüte zu
   bestimmen, da das Netz in diesem Falle keine Kenntnis über die Dienstgüten
   der innerhalb der virtuellen Pfad-Verbindung geführten virtuellen Kanal-
   Verbindungen besitzt.

2) Im Falle einer *Benutzer-zu-Netzknoten-VPC* kennt das Netz die Dienstgüten
   der virtuellen Kanal-Verbindungen. Es paßt die Dienstgüte der virtuellen
   Pfad-Verbindung entsprechend an.

3) Auch im Falle einer *Netzknoten-zu-Netzknoten-VPC* wird die Dienstgüte
   der virtuellen Pfad-Verbindung vom Netz an die Dienstgüten der virtuellen Kanal-Verbindungen angepaßt.

Das statistische Multiplexen von virtuellen Kanal-Abschnitten in eine virtuelle
Pfad-Verbindung ist in dem Fall, daß die Kapazität der virtuellen Pfad-Verbindung
in der Spitze von der Summe aller virtuellen Kanal-Abschnitte überschritten wird,

nur dann möglich, wenn alle virtuellen Kanal-Abschnitte innerhalb der virtuellen Pfad-Verbindung die Dienstgüte, die aus dem statistischen Multiplexen resultiert, akzeptieren können.

Verbindungsannahmesteuerung, Zulassungskontrolle

Auf der Basis der Verbindungsannahmesteuerung wird der Wunsch nach dem Aufbau einer Verbindung akzeptiert, wenn genügend Ressourcen entlang des Weges im Netz für die gewünschte Dienstgüte vorhanden sind und die den bereits bestehenden Verbindungen zugesicherten Dienstgüten nicht beeinträchtigt werden. Dies gilt auch in dem Fall, daß innerhalb einer bestehenden Verbindung die Parameter neu ausgehandelt werden.

Die Verbindungsannahmesteuerung im Breitband-ISDN trifft für jede neue virtuelle Kanal- und Pfad-Verbindung die Entscheidung zur Annahme, auch dann, wenn für die Nutzung eines Dienstes mehrere Verbindungen aufzubauen sind, beispielsweise im Falle von Multimediadiensten, die pro Informationsart eine eigene virtuelle Verbindung benötigen.

Im Falle von vermittelten Diensten wird bei Annahme des Verbindungswunsches die CAC von den Verbindungsaufbauprozeduren in die Lage versetzt, mindestens folgende Informationen abzuleiten:

- die Deskriptoren der Verkehrsquelle und

- die vereinbarte Dienstgüteklasse.

Im Falle von permanenten oder reservierten Diensten werden diese Informationen mit einer geeigneten OAM-Prozedur angezeigt.

Die CAC nutzt diese Informationen zur

- Entscheidung, ob die Verbindung angenommen werden kann oder nicht.

- Festlegung der Verkehrsparamter, die für die UPC benötigt werden.

- Wegesuche und Zuweisung von Netzressourcen.

Kontrolle der Parameter (UPC/NPC)

Die UPC und die NPC führen vergleichbare Funktionen an verschiedenen Schnittstellen aus: die Funktionen der UPC werden an der Benutzer-Netz-, die Funktionen der NPC an einer Zwischen-Netz-Schnittstelle ausgeführt. Der Einsatz der UPC wird empfohlen. Die Anwendung der NPC ist eine Option des Netzes.

Auf Seite 193 sind die Definitionen der UPC und NPC genannt. Das Überwachen umfaßt alle Verbindungen, die die Benutzer-Netz- oder eine Zwischen-Netz-

Schnittstelle überqueren. Die UPC und die NPC werden auf virtuelle Kanal- und virtuelle Pfad-Verbindungen ebenso angewandt wie auf virtuelle Signalisierungskanäle.

Die Überwachungsaufgabe der UPC und der NPC für virtuelle Kanal- und Pfad-Verbindungen wird durch folgende zwei Aktionen ausgeführt:

1. Die Überprüfung der Gültigkeit von VPI und VCI (d.h. ob VPI/VCI-Werte zugewiesen sind oder nicht) und die Überwachung des ins Netz eintretenden Verkehrs aktiver virtueller Kanal-Verbindungen, um sicherzustellen, daß die vereinbarten Parameter nicht verletzt werden.

2. Die Überprüfung der Gültigkeit des VPI (d.h. ob die VPI-Werte zugewiesen sind oder nicht) und die Überwachung des ins Netz eintretenden Verkehrs aktiver virtueller Pfad-Verbindungen, um sicherzustellen, daß die vereinbarten Parameter nicht verletzt werden.

Ein standardisierter UPC/NPC-Algorithmus ist bis dato nicht festgelegt. Anforderungen an einen solchen Algorithmus lassen sich wie folgt identifizieren:

- Die Fähigkeit, jede illegale Verkehrssituation zu erkennen.

- Die Selektivität über den gesamten Bereich der überprüften Parameter. Der Algorithmus sollte in der Lage sein zu entscheiden, ob das Benutzerverhalten innerhalb eines akzeptablen Bereiches liegt.

- Schnelle Reaktionszeiten bei Parameterverletzungen.

- Einfache Implementierung.

Bei der Festlegung der UPC und NPC und zur Beurteilung der Leistungsfähigkeit der Algorithmen müssen die Beeinträchtigung der Dienstgüte, die durch die UPC und NPC im Zellenstrom des Benutzers verursacht werden, und die Art und Weise wie der Schutz der Ressourcen des Netzes erreicht wird, betrachtet werden. Zwei Kenngrößen zur Beurteilung der Leistungsfähigkeit sind die Reaktionszeit und die Transparenz des UPC- und NPC-Algorithmus. Die Reaktionszeit ist die Zeitdauer, die der Algorithmus zum Erkennen einer vertragswidrigen Situation unter gegebenen Referenzbedingungen benötigt. Unter Transparenz wird die Genauigkeit verstanden, mit der die UPC und NPC unter denselben Referenzbedingungen geeignete Kontrollaktionen für eine vertragsbrüchige Verbindung einleitet und ungeeignete Kontrollfunktionen für eine vertragskonforme Verbindung unterläßt.

Die UPC wird für virtuelle Kanal- und Pfad-Verbindungen an dem Ort ausgeführt, an dem der erste virtuelle Pfad- oder Kanal-Abschnitt innerhalb des Netzes endet.

Es können drei mögliche Fälle unterschieden werden, siehe Bild 7.4:

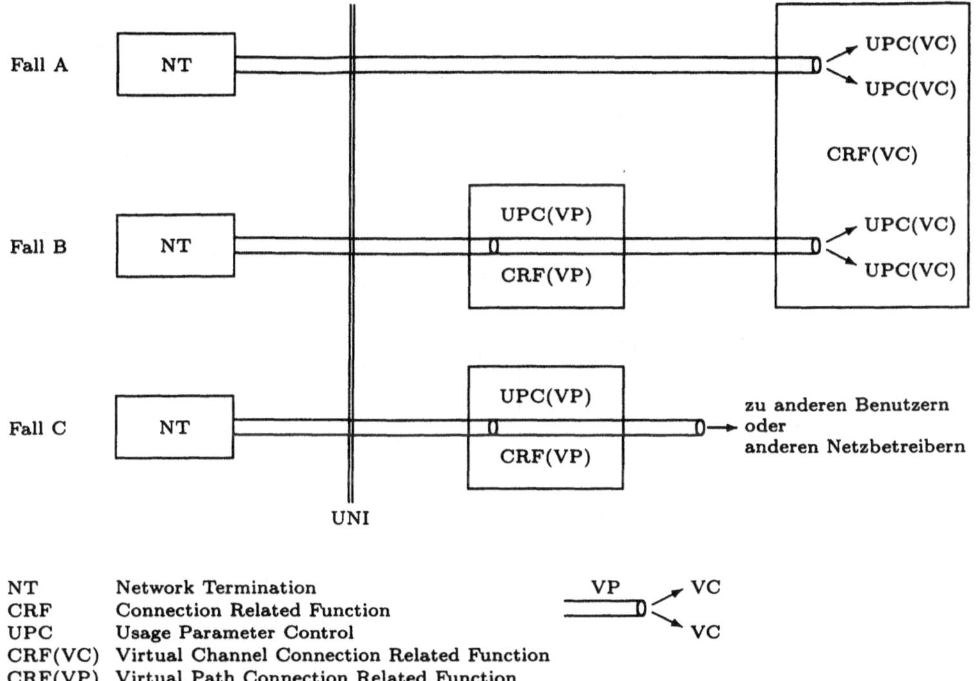

Bild 7.4: Lokation der UPC-Funktionen

- *Fall A:* Der Benutzer ist direkt an eine VC-Vermittlungsstelle angeschlossen. Die UPC-Funktion ist in der VC-Vermittlungsstelle lokalisiert und wird vor dem Vermitteln der Zellen für die virtuellen Kanal-Verbindungen ausgeführt.

- *Fall B:* Der Benutzer ist über eine VP-Vermittlungsstelle an die VC-Vermittlungsstelle angeschlossen. Die UPC-Funktion wird innerhalb der VP-Vermittlungsstelle für die virtuellen Pfad-Verbindungen und innerhalb der VC-Vermittlungsstelle für die virtuellen Kanal-Verbindungen ausgeführt.

- *Fall C:* Der Benutzer ist mit einem anderen Benutzer oder mit einem anderen Netzbetreiber über eine VP-Vermittlungsstelle verbunden. Die UPC-Funktion wird innerhalb der VP-Vermittlungsstelle nur für die virtuellen Pfad-Verbindungen ausgeführt. Die UPC für die virtuellen Kanal-Verbindungen wird von dem anderen Netzbetreiber, falls vorhanden, innerhalb einer VC-Vermittlungsstelle durchgeführt.

Die NPC wird für virtuellen Kanal- und Pfad-Verbindungen an dem Ort ausgeführt, an dem diese innerhalb des Netzes zum ersten Mal enden. Es können drei mögliche Fälle unterschieden werden, siehe Bild 7.5:

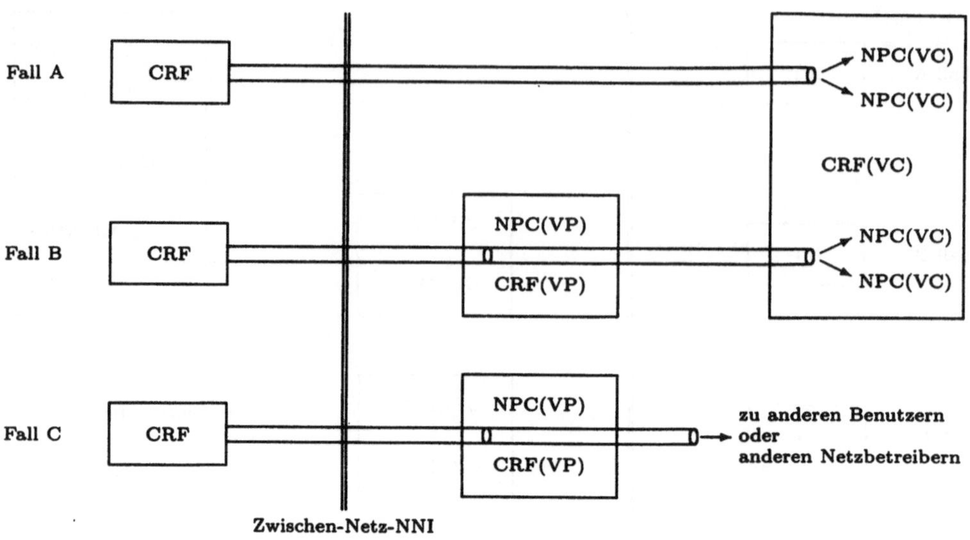

Bild 7.5: Lokation der NPC-Funktionen

- *Fall A:* Das den Verkehr generierende Netz ist direkt an eine VC-Vermittlungsstelle angeschlossen. Die NPC-Funktion ist in der VC-Vermittlungsstelle lokalisiert und wird vor dem Vermitteln der Zellen ausgeführt.

- *Fall B:* Das den Verkehr generierende Netz ist über eine VP-Vermittlungsstelle an eine VC-Vermittlungsstelle angeschlossen. Die NPC-Funktion wird innerhalb der VP-Vermittlungsstelle vor der Vermittlungsfunktion für die virtuellen Pfad-Verbindungen und innerhalb der VC-Vermittlungsstelle vor der Vermittlungsfunktion für die virtuellen Kanal-Verbindungen ausgeführt.

- *Fall C:* Das den Verkehr generierende Netz ist mit einem anderen Benutzer oder mit einem anderen Netzbetreiber über eine VP-Vermittlungsstelle verbunden. Die NPC-Funktion wird innerhalb der VP-Vermittlungsstelle nur für die virtuellen Pfad-Verbindungen ausgeführt. Die UPC für die virtuellen Kanal-Verbindungen wird von dem anderen Netzbetreiber, falls vorhanden, innerhalb einer VC-Vermittlungsstelle durchgeführt.

Von der UPC/NPC werden die Verkehrsparameter des Deskriptors der Verkehrsquelle kontrolliert. Ob dabei alle oder nur eine Teilmenge von Parametern überwacht werden, hängt von der Verbindungsannahmesteuerung und dem UPC- und NPC-Mechanismus ab. Die Spitzenzellenrate einer Verbindung muß in jedem Fall überwacht werden.

Ziel der UPC und NPC ist, den Benutzer nicht in der Lage zu versetzen, die vereinbarten Verkehrsparameter zu überschreiten. Auf Zellenebene gehören die folgenden Aktionen zum Umfang der UPC- und NPC-Funktion:

a) Durchlassen von Zellen.

b) Zeitliches Verschieben von Zellen in dem Fall, daß Verkehrsformung und UPC kombiniert eingesetzt werden.

c) Markieren von Zellen. Es werden nur die Zellen mit CLP=0 bearbeitet. Das CLP-Bit wird mit 1 überschrieben.

d) Verwerfen von Zellen.

Das Durchlassen von Zellen und das zeitliche Verschieben von Zellen wird an den Zellen durchgeführt, die den Verkehrsvertrag einhalten. Zellen, die den Verkehrsvertrag verletzen, werden markiert oder verworfen.

Neben den beschriebenen Aktionen, die auf der Zellenebene ausgeführt werden, kann eine weitere Aktion der UPC- und NPC-Funktion auf der Verbindungsebene ausgeführt werden. Es handelt sich um die Möglichkeit, die Verbindung abzubauen.

Prioritätskontrolle und selektives Verwerfen von Zellen

Die Netzelemente können Zellen niedriger Priorität (CLP=1) selektiv verwerfen. Die Dienstgüte für Zellen mit niedriger und hoher Priorität bleiben dabei aber gewährleistet.

Verkehrsformung

Verkehrsformung ist ein Mechanismus, der den Zellenstrom einer virtuellen Kanal- oder Pfad-Verbindung mit dem Ziel verändert, eine gewünschte Verkehrscharakteristik zu erreichen. Durch die Verkehrsformung darf die Integrität der Aufeinanderfolge der Zellen einer ATM-Verbindung nicht beeinflußt werden.

Die Modifikation der Verkehrscharakteristik kann beispielsweise zu einer Reduktion der Spitzenzellenrate oder zu einer Begrenzung der Burstlänge oder zu einer Reduktion der CDV durch geeignetes Strecken der zeitlichen Zellenabstände führen.

Des weiteren verändert die Wahl der Abarbeitungsdisziplin der in Warteschlangen zwischengespeicherten Zellen die Charakteristik des Zellenstromes.

Dem Netzbetreiber stehen im Zusammenhang mit der Verkehrsformung folgende Optionen zur Verfügung:

- Umformung des Verkehrs am Eintrittspunkt zum Netz und Zuweisung von Ressourcen, so daß sowohl die CDV als auch die Übermittlungsverzögerung im Netz eingehalten werden.

- Dimensionierung des Netzes, so daß die CDV am Eingang des Netzes angepaßt wird und Bereitstellung eines Verkehrsformers am Ausgang des Netzes.

- Dimensionierung des Netzes, so daß die CDV am Eingang des Netzes angepaßt wird und mit der CDV am Ausgang des Netzes ohne Verwendung von Verkehrsformern übereinstimmt.

Die Verkehrsformung kann auch innerhalb des Endgerätes durchgeführt werden. Sie sorgt dafür, daß der von der Quelle erzeugte Verkehr konform zum bestehenden Verkehrsvertrag ist. Verkehrsformung ist damit eine Option, die den Benutzern wie auch den Netzbetreibern zur Verfügung steht.

Schnelles Ressourcenmanagement

Die Funktionen des schnellen Ressourcenmanagements arbeiten auf der Zeitskala des Round-Trip-Propagation-Delay.

Eine mögliche Funktion des schnellen Ressourcenmanagements sieht vor, Netzressourcen wie Bandbreite und Speicherplätze für die Dauer eines Blocks von Zellen als Antwort auf die Anforderung eines Benutzers zur Übermittlung des Blocks zuzuweisen.

7.4.2   Funktionen zur Überlaststeuerung

Folgende Funktionen zur Überlaststeuerung werden beschrieben:

- Selektives Verwerfen von Zellen und

- Explizites Anzeigen von Überlastsituationen.

Selektives Verwerfen von Zellen

Ein überlastetes Netzelement kann selektiv Zellen verwerfen. Es sind dies Zellen, die entweder explizit als solche markiert werden, die zu ihren Verkehrsvertrag verletzenden ATM-Verbindungen gehören oder deren CLP-Bit niedrige Priorität anzeigt (CLP=1). Selektives Verwerfen ist die erste Maßnahme, die zum Schutz der Zellen mit CLP=0 in Überlastsituationen ergriffen wird.

Explizites Anzeigen von Überlastsituationen

Als weitere Maßnahme kann ein Benachrichtigungsverfahren zur Anzeige einer Überlastsituation eingesetzt werden. Der Mechanismus wird als *Explicit-Forward-Congestion-Indication (EFCI)* bezeichnet. Ein überlastetes Netzelement kann im Header der Zelle ein EFCI setzen. Das EFCI kann im Ziel-Endgerät ausgewertet werden und zur adaptiven Verkleinerung der Zellenrate herangezogen werden. Der Einsatz des EFCI-Mechanismus im Endgerät ist optional.

7.5   Verfahren und Mechanismen

In diesem Abschnitt werden einige Verfahren beschrieben, die für die Bereitstellung der genannten Funktionen zur Verkehrskontrolle implementiert werden können.

7.5.1   Leaky-Bucket- und Window-UPC-Mechanismen

Mechanismen zur Überwachung der Spitzenzellenrate

Es werden drei Verfahren zur Überwachung der Sitzenzellenrate beschrieben, die als *Window-Mechanismen* bekannt sind. Im einzelnen handelt es sich um den *Jumping-Window-*, den *Moving-Window-* und den *Exponentially-Weighted-Moving-Average-Mechanismus (EWMA-Mechanismus)*.

Unter Window wird ein Zeitfenster konstanter Dauer verstanden, das typischerweise aus einer Anzahl von Zeitschlitzen zur Übertragung einer Zelle über eine Leitung gegebener Übertragungsrate besteht. Das Ziel der Window-Mechanismen ist die Kontrolle der Anzahl an Zellen im Zeitfenster.

Jumping Window und Moving Window erfordern als Parameter die Fenstergröße W, angegeben als Anzahl von Zeiteinheiten, und die Anzahl M erlaubter Zellen im Zeitfenster. Treffen in einem Zeitfenster mehr Zellen als erlaubt ein, werden die zuletzt eintreffenden Zellen verworfen. Für beide Mechanismen gilt für die Anzahl erlaubter (*#legal*) und die Anzahl verworfener (*#discarded*) Zellen:

$$\#legal \;=\; \min\{\#arrivals, M\}, \tag{7.1}$$

$$\#discarded \;=\; \max\{0, \#arrivals - \#legal\}, \tag{7.2}$$

wobei $\#arrivals$ die Anzahl der im Zeitfenster eintreffenden Zellen bezeichnet.

Jumping-Window- und Moving-Window-Mechanismus unterscheiden sich in der Bewegung des Zeitfensters entlang der Zeitachse. Beim Jumping Window springt das Zeitfenster jeweils um die Fenstergröße W weiter, d.h. es erfolgt eine Überwachung in sich nicht überlappenden Zeitfenstern.

Beim Moving-Window-Mechanismus gleitet das Zeitfenster entlang der Zeitachse, wobei es jeweils um die Dauer der Übertragung einer Zelle weiterrutscht. Der Moving-Window-Mechanismus kann als Verlustsystem mit deterministischer Bediendauer und W Bedieneinrichtungen modelliert werden.

Beim EWMA-Mechanismus hängt die Anzahl akzeptierter Zellen im Zeitfenster von der Anzahl der akzeptierten Zellen im vorausgegangenen Zeitfenster ab. Aufeinanderfolgende Zeitfenster werden über eine gewichtete Summe mit exponentiell abklingendem Wichtungsfaktor kombiniert. Das Zeitfenster springt wie beim Jumping-Window-Mechanismus. Die Parameter des EWMA-Mechanismus sind Fenstergröße W, Gewichtungsfaktor α und die zulässige Summe S der gewichteten Zeitfenster, die auf zwei Arten definiert werden kann:

$$S_i \;=\; (1 - \alpha) \cdot X_i + \alpha \cdot S_{i-1} \quad \text{(Version 1)}, \tag{7.3}$$

$$\text{oder} \quad S_i \;=\; X_i + \alpha \cdot S_{i-1} \quad \text{(Version 2)}. \tag{7.4}$$

Dabei bedeuten X_i die Anzahl der Zellankünfte im i-ten Zeitfenster und S_i die gewichtete Summe im Zeitfenster i. S_i muß kleiner als S sein, ansonsten werden Zellen verworfen.

Die Berechnung der Anzahl erlaubter und verworfener Zellen bei Kenntnis der Anzahl der Zellankünfte X_i erfolgt für Version 1 nach den Gleichungen

$$\#legal \;=\; X_i - \#discarded, \tag{7.5}$$

$$\#discarded \;=\; \max\{0, round(((1 - \alpha) \cdot X_i + \alpha \cdot S_{i-1}) - S + 0,5)\} \tag{7.6}$$

und für Version 2 nach den Gleichungen

$$\#legal \;=\; X_i - \#discarded, \tag{7.7}$$

$$\#discarded \;=\; \max\{0, round((X_i + \alpha \cdot S_{i-1}) - S + 0,5)\}. \tag{7.8}$$

Beide Versionen des EWMA-Mechanismus gibt es auch mit gleitendem Zeitfenster.

Verfahren zur Überwachung der mittleren Zellenrate

Der bekannteste Mechanismus zur Überwachung der mittleren Zellenrate ist der
Leaky-Bucket-Mechanismus. Das Prinzip ähnelt dem eines tropfenden Eimers, der
mit Zellen der Verkehrsquelle gefüllt und mit konstanter Rate *durch ein Loch im
Boden* entleert wird. Auf diese Weise läßt sich eine mittlere Zellenrate garantieren,
siehe Bild 7.6.

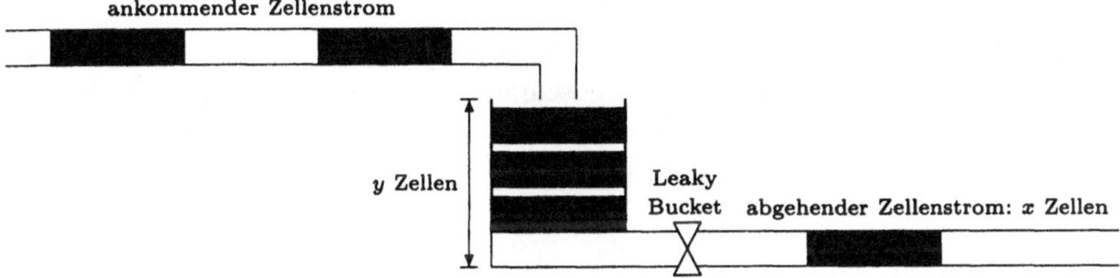

Bild 7.6: Leaky-Bucket-Mechanismus

Die Grundidee des Leaky-Bucket-Mechanismus besteht darin, den zu überwachen-
den Zellenstrom in einer logischen Warteschlange (Bucket) zu verwalten, die mit
fester Rate (Leak-Rate) abgearbeitet wird. Zellen, die die logische Warteschlange
zum Überlaufen bringen, werden verworfen.

Der Leaky-Bucket-Mechanismus, bei dem eine Verkehrsquelle und deren Zellenstrom als konform mit dem Verkehrsvertrag gelten, wenn bei dem beschriebenen
Mechanismus keine Zellen zu Verlust gehen, ist in [I.371] festgelegt. In [AF56] wird
das Prinzip des Leaky-Bucket unter der Bezeichnung *Generic Cell Rate Algorithm
(GCRA)* aufgegriffen.

Zum weiteren Verständnis wird das Prinzip des Leaky-Bucket zunächst in folgender
Form dargestellt:

Im Bild 7.7 ist eine VBR-Verkehrsquelle für ATM-Zellen, ein Zwischenspeicher für
L_{max} Zellen und eine Übertragungsstrecke, die pro Sekunde C Zellen übertragen
kann, gezeigt. Die Quelle erzeugt die Zellen mit variabler Zellenrate. Die Zellen
gelangen zunächst in den Zwischenspeicher. Von dort werden Zellen nacheinander
jeweils in der Zeit $1/C$ übertragen und anschließend entfernt. In der Zwischenzeit
werden neu ankommende Zellen im Zwischenspeicher gesammelt, bis der Zwischenspeicher mit L_{max} Zellen gefüllt ist. Zellen, die auf einen vollständig gefüllten Zwischenspeicher treffen, gehen zu Verlust. Ein Zellenstrom und eine Verkehrsquelle,
die den Zellenstrom erzeugt, gelten als zum Verkehrsvertrag konform, wenn in der
beschriebenen Anordnung keine Zelle zu Verlust gehen.

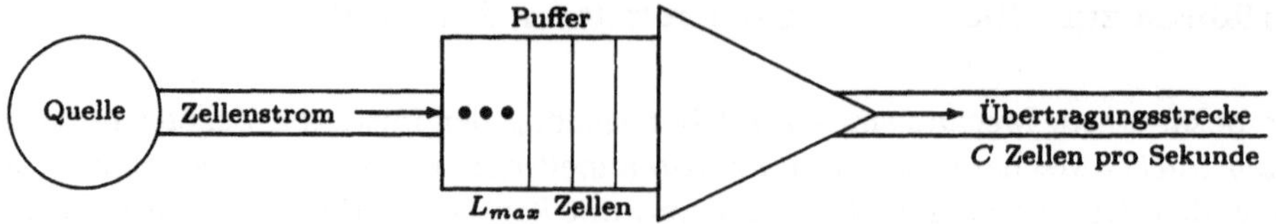

Bild 7.7: Das Prinzip des Leaky-Bucket

In zeitkontinuierlicher Version kann der Füllstand des Zwischenspeichers zur Zeit t durch eine reellwertige Variable $L(t)$ beschrieben werden. Die zeitliche Änderung des Füllstandes $L(t)$, also die zeitliche Ableitung $L'(t)$, läßt sich dann wie folgt in Abhängigkeit der aktuellen Zellenrate $S(t)$ der Verkehrsquelle ausdrücken:

$$L'(t) = \frac{dL(t)}{dt} = \begin{cases} 0 & \text{falls} \quad L(t) = L_{max} \quad \text{und} \quad S(t) \geq C, \\ & \text{oder} \quad L(t) = 0 \quad \text{und} \quad S(t) \leq C, \\ S(t) - C & \text{sonst.} \end{cases} \quad (7.9)$$

Bild 7.8 zeigt ein Beispiel für den Verlauf des Füllstandes $L(t)$ des Leaky-Bucket bei einer willkürlich angenommen Zellenrate $S(t)$.

Als $GRCA$-Algorithmus wird eine Variante des Leaky-Bucket-Prinzips eingeführt, die sich nicht an der Zellenrate sondern an den Ankunftszeitpunkten der Zellen orientiert. Der Zellenstrom einer Verkehrsquelle wird als $GRCA(I, BT)$-konform mit Inkrement I und Limit BT der Blocktoleranz bezeichnet — I und BT sind positive reelle Zahlen —, wenn die Variable $L(t)$ das Limit BT zu keinem Zeitpunkt überschreitet. $L(t)$ wird mit $L(0) = 0$ initialisiert und ändert sich bei jeder Zellenankunft und nur dann um einen Beitrag $I - \Delta$, wobei Δ die seit der letzten Zellenankunft verstriche Zeit ist. Sollte sich dabei ein Wert $L(t) < 0$ ergeben, wird stattdessen $L(t) = 0$ gesetzt.

Diese Variante akualisiert also den Zählerstand $L(t)$ bei Zellenankünften und stellt gleichzeitig die Konformität der neuen Zelle fest. Sie eignet sich direkt zur Implementierung in der Physikalischen Schicht. Durch die Zuordnung $C = 1/I$ für die Zellrate pro Sekunde und $L_{max} = \lfloor BT/I \rfloor$ für die Zwischenspeicherkapazität in Anzahl von Zellen wird eine Äquivalenz zum Leaky-Bucket-Prinzip entsprechend Bild 7.7 hergestellt. Während L_{max} das Limit der Anzahl aufgestauter Zellen im Zwischenspeicher darstellt, entspricht die Blocktoleranz dem Limit der Zeitdauer, in welcher der Zwischenspeicher (Leaky-Bucket) geleert werden kann.

Ausgehend von den Dienstgüteparametern PCR, SCR und MBS ergibt sich das Inkrement eines zugehörigen $GCRA(I, BT)$-Algorithmus direkt aus dem Kehrwert des vereinbarten Wertes der anhaltenden Zellenrate $I = 1/SCR$.

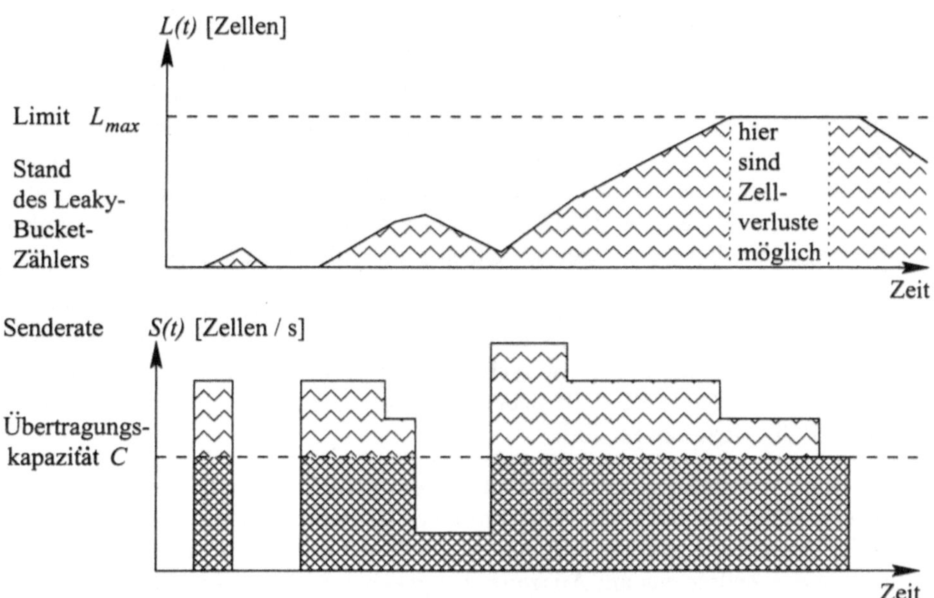

Bild 7.8: Zeitverlauf des Füllstandes bei Leaky-Bucket

Die maximale Burstlänge MBS gibt im Zusammenhang mit den Raten PCR und
SCR die maximale Anzahl von Zellen an, die die Verkehrsquelle ununterbrochen
mit der Spitzenzellenrate PCR senden kann. Es handelt sich also um einen Block
von Zellen mit Ankünften im zeitlichen Abstand von jeweils $1/PCR$ Sekunden,
währenddessen sich $L(t)$ mit jeder Ankunft um $1/SCR - 1/PCR$ erhöht. Ausgehend von $L(t) = 0$ wird nach k Ankünften der Zählerstand $L(t) = k\,(1/SCR -
1/PCR)$ erreicht. MSB drückt also den größten Wert von k aus, der die Schranke
$L(t) = k\,(1/SCR - 1/PCR)$ einhält, und es gilt:

$$BT = \left(\frac{1}{SCR} - \frac{1}{PCR}\right) MBS \quad \text{bzw.} \quad MBS = \left\lfloor \frac{BT}{1/SCR - 1/PCR} \right\rfloor. \quad (7.10)$$

Wird die UPC durch einen $GCRA(I, BT)$-Algorithmus ausgeübt, so werden Zellen, bei deren Ankunft die Konformität verletzt wird, entweder aus dem Zellenstrom entfernt oder in ihrem CLP-Bit mit niedriger Priorität (CLP=1) makiert.
Der $GCRA$-Algorithmus ignoriert bei der Berechnung des Zählerstandes alle nicht
konformen Zellen, so daß nur konforme Zellen den Zählerstand ändern und dieser
immer im Limit bleibt.

Ein Zellenstrom, der sich konform zum Leaky-Bucket-Prinzip verhält, kann durch
eine Übertragungsstrecke mit ausreichender Eingangspuffer-Kapazität verlustfrei
abgefertigt werden, wie schon das Bild 7.7 verdeutlicht. Ein Vermittlungsknoten

muß zahlreiche VBR-Verbindungen gleichzeitig bewältigen. Es können prinzipiell solange $GCRA$-konforme Verbindungen über einen Vermittlungsknoten zugelassen werden, wie die Summe ihrer zugestandenen Übertragungsraten die Kapazität der zugehörigen Ausgangsleitungen nicht übersteigt, und der Pufferspeicher genügend Platz entsprechend der Summe ihrer Bursttoleranzen bietet. Für Echtzeit-Dienste ist allerdings zudem zu beachten, daß durch Pufferung Verzögerungen eintreten und auch die QoS-Parameter CTD und CDVT beeinträchtigt werden. Schranken der Übertragungszeit beschränken gleichzeitig die zulässigen Puffergrößen.

CBR-Verkehr mit konstanter Rate wird durch einen $GCRA(1/PCR, 0)$-Algorithmus ohne Bursttoleranz erfaßt. Es kann sinnvoll sein, mehrere $GCRA$-Kontrollen gleichzeitig an einem Punkt zu aktivieren. So stellt $GCRA(1/SCR, BT)$ erst zusammen mit $GCRA(1/PCR, 0)$ sicher, daß die mittlere Senderate SCR und die Höchstrate PCR einzuhalten sind.

Der von einer Verbindung durch ein ATM-Netz geführte Zellenstrom kann seine Verkehrscharakteristik auf dem Weg verändern. Unterschiedliche Lauf- und Wartezeiten in Vermittlungsknoten erhöhen in der Regel die Varianz der Zwischenankunftszeiten des Zellstroms am Ausgang. Umgekehrt stellt die Anordnung im Bild 7.7 einen Glättungspuffer dar, der Zellen in konstanten Zwischenabständen weiterreicht, solange der Puffer nicht leer ist. Solche Glättungspuffer (*Traffic Shaper*) werden an Netzübergangen benötigt, insbesondere wenn ein angeschlossenes Endgerät dort isochronen Verkehr erwartet. Sie können auch direkt nach einem Sender angebracht werden, um eine Verkehrsglättung am Netzzugang zu erreichen, so daß vereinbarte QoS-Parameter eingehalten werden.

Zusicherungen zur Verzögerung und Fehlerrate

Die präzise Fassung der QoS-Zusicherungen über die Verzögerung oder die Fehlerrate muß auf zeitlichen Schwankungen in diesen Zufallsgrößen Rücksicht nehmen. Zusicherungen gelten nicht etwa für einzelne Verbindungen in einem festen Zeitfenster oder gar für einzelne Zellen, sondern im statistischen Mittel über einen genügend langen Zeitraum bzw. für eine genügend große Gesamtheit von Verbindungen.

Dies gilt insbesondere für die Zellenverzögerung (CTD). Sie kann in einen fixen und einen variablen Anteil aufgeteilt werden. Der feste Anteil D_{fix} umfaßt die Signallaufzeiten auf der Übertragungsstrecke und die Mindestschaltzeiten der Switches um eine ankommende Zelle weiterzuvermitteln. Der variable Anteil D_{var} kommt durch Blockierungen und Wartezeiten vor allem bei hoher Auslastung hinzu. Damit ist die Zell-Verzögerung $D = D_{fix} + D_{var}$ als Zufallsvariable durch eine Verteilungsfunktion $F_D(t) = Prob\{D < t\}$ bestimmt, wobei $F_D(t) = 0$ für $t \leq D_{fix}$. Das Bild 7.9 zeigt einen typischen Verlauf einer solchen Verteilungsfunktion.

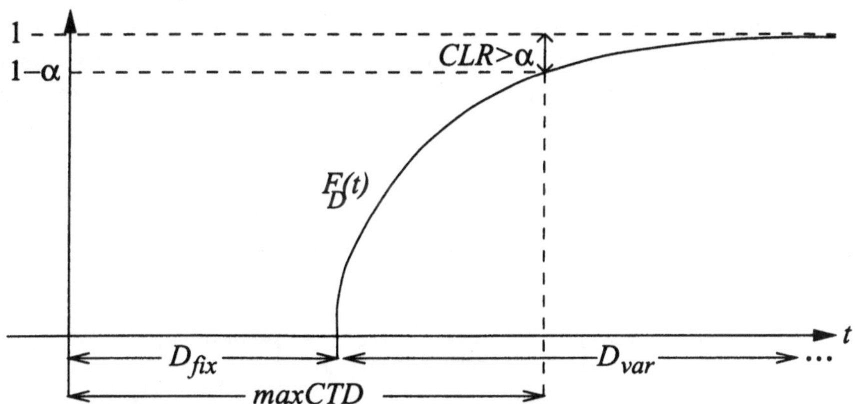

Bild 7.9: Verteilungsfunktion der Zellenverzögerung

Nun ist prinzipiell mit unbeschränkt langen Verzögerungen zu rechnen, selbst wenn die Wahrscheinlichkeit für große Verzögerungen stark abnimmt. Daher ist ein zugesicherter Wert $maxCTD$ für die maximale Verzögerung immer mit einer Restwahrscheinlichkeit α behaftet, daß der Wert $maxCTD$ dennoch überschritten wird. Allerdings kann man Zellen, die um mehr als $maxCTD$ verzögert werden als verlorene Zellen deklarieren, so daß diese Fälle dem Zellverlustanteil CLR zugeschlagen werden. Für Echtzeit-Dienste sind zu stark verzögerte Zellen tatsächlich unbrauchbar.

Damit stehen die Zusicherung der Verzögerung $maxCTD$ und der Zellverlustanteil CLR in unmittelbarem Zusammenhang, nämlich $CLR > 1 - F_D(maxCTD) = \alpha$. Wenn die Verteilungsfunktion $F_D(t)$ bekannt ist, so kann zunächst der Parameter α passend zum angestrebten Zellverlustanteil vorgegeben werden, woraus sich die zugehörige Verzögerung $maxCTD = F_D^{-1}(1 - \alpha)$ ergibt.

7.5.2 Rückkopplungssteuerung der Dienstgüteklasse ABR

Die Dienstgüteklasse ABR ist mit einer Rückkopplungssteuerung ausgestattet, die

- einerseits den Benutzern eine Mindestzellenrate garantiert,

- andererseits die darüber hinaus gehende Zellenrate an die aktuelle Belastungssituation im Netz anpaßt.

Informationen über die Netzlast erfährt der Benutzer (der ABR-Sender) aus Rückmeldungen über den Status der Vermittlungsstellen entlang des Weges der Verbindung. In regelmäßigen Abständen fügt der Sender dazu sogenannte *Ressourcen-Management*-Zellen (RM-Zellen) in den Zellenstrom ein, die von den Netzelementen mit Statusmeldungen versehen und vom Empfänger zur Quelle zurückgeschickt werden, siehe Bild 7.10.

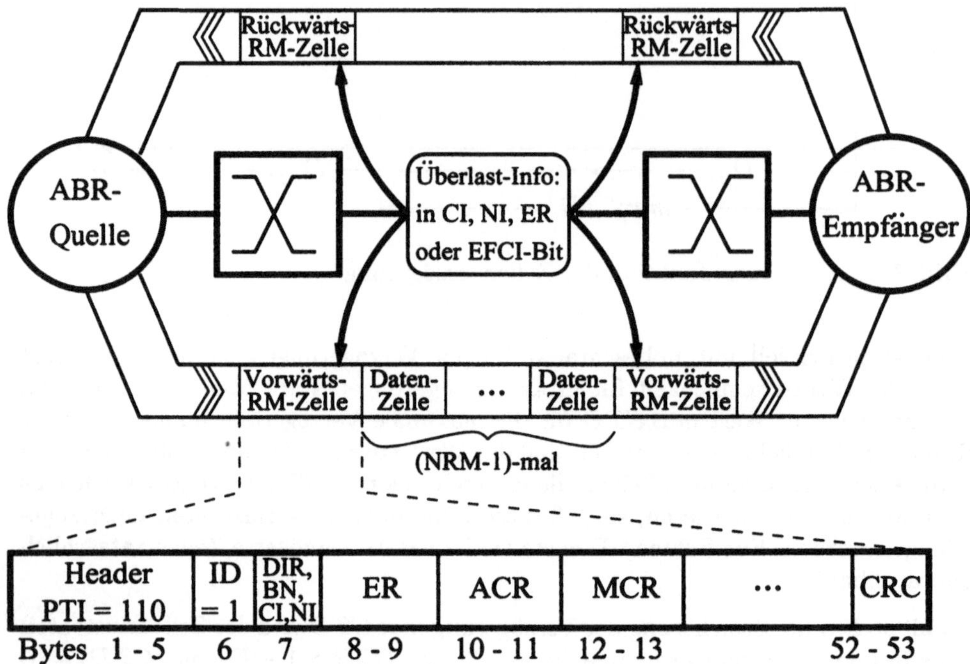

Bild 7.10: Rückkopplungssteuerung bei ABR mit RM-Zellen

Kernstück der Rückkopplungssteuerung ist die Zellenratenanpassung im Sender, die sich an der aktuell erlaubten Zellenrate (Actual Cell Rate, ACR), der Spitzenzellenrate (PCR) und der Mindestzellenrate (MCR) orientiert. Wenn eine zurückkommende RM-Zelle keinen Lastenengpaß im Netz anzeigt, kann der Sender bei Bedarf seine aktuelle Zellenrate erhöhen und zwar jeweils um das Produkt $PCR \cdot RIF$ aus der Spitzenzellenrate mit einem vorgegebenen Faktor (Rate Increase Factor, RIF). Die Spitzenzellenrate setzt gleichzeitig ein oberes Limit, das keinesfalls überschritten werden darf.

Signalisiert eine RM-Zelle hohe Netzlast, muß der Sender umgekehrt die Zellenrate um einen bestimmten Faktor (Rate Decrease Factor, RDF) verringern. Die aktuelle Zellenrate wird im allgemeinen die Mindestzellenrate nicht unterschreiten, da diese dem Benutzer zugesichert ist, worauf er jederzeit bestehen kann. Die aktuell erlaubte Zellenrate ACR bewegt sich also immer zwischen dem Mindestwert und dem Spitzenwert der Zellenrate. Der Sender muß die erlaubte Rate nicht voll ausschöpfen, wenn keine Informationen vorliegen. Es ist ihm als *Use-it-or-lose-it*-Variante freigestellt, den ACR-Wert in diesem Fall dem tatsächlichen Bedarf anzupassen.

Eine Reihe weiterer Festlegungen präzisiert den Ablauf der Rückkopplungssteuerung bei ABR:

- *Kontrollfunktionen der Netzelemente:* Ein Netzelement kann bei der Weiterleitung einer RM-Zelle darin einen Eintrag vornehmen, der Überlast anzeigt (*Congestion Indication:* CI=1) um die Zellenrate zu drosseln, oder hohe Last anzeigt (*No Increase:* NI=1) um ein Ansteigen der Senderate zu verhindern.

  Ebenso kann das Netzelement einem Sender eine gewünschte Zellenrate (Explicit Cell Rate, ER) vorschreiben. Es vermerkt die Vorgabe im ER-Feld, sofern dort nicht von anderer Seite eine niedrigere Rate eingetragen ist.

  Unabhängig von der ABR-Rückkopplungskontrolle kann Überlast im EFCI des Headers (spezielle Codierung des PTI-Feldes, siehe Tabelle 6.5) einer jeden Zelle angezeigt werden. Der Empfänger wandelt bei Verwendung der Dienstgüteklasse ABR EFCI-Informationen in Rückmeldungen an den Sender mit CI=1 um.

  Um schnellstmöglich auf Überlast zu reagieren, kann ein Netzelement selbst RM-Zellen erzeugen, die es entgegen der Übermittlungsrichtung mit der Anzeige CI=NI=1 absendet. Es sollen nicht mehr als 10 solche RM-Zellen pro Sekunde und pro Verbindung generiert werden.

- *Kontrollfunktionen des Empfängers:* Zunächst kann der Empfänger entsprechend seiner eigenen Belastung alle eben genannten Kontrollfunktionen wie ein Netzelement auch auslösen.

  Zudem sendet der Empfänger erhaltene RM-Zellen mit unveränderten ABR-Kontrollwerten zurück und markiert den Richtungswechsel im DIR-Bit. RM-Zellen werden als Vorwärts- bzw. Rückwärts-RM-Zellen unterschieden, je nachdem, ob sie in oder entgegen der Übermittlungsrichtung unterwegs sind.

  Ist beim Empfänger eine Vorwärts-RM-Zelle eingetroffen und noch nicht bearbeitet, sendet er sie als nächste Zelle zurück, wenn er nicht selbst Informationen übertragen will. Im letzteren Fall haben eigene Vorwärts-RM-Zellen immer Vorrang, eigene Nutzdatenzellen jedoch nur dann, wenn nach der letzten Vorwärts-RM-Zelle schon eine Rückwärts-RM-Zelle abgeschickt wurde.

  Wenn vor dem Zurücksenden einer RM-Zelle weitere RM-Zellen eingetroffen sind, kann der Empfänger sich auf die Weitergabe der aktuellsten RM-Zelle beschränken und alle übrigen verwerfen.

Enthält die unmittelbar vor dem Zurücksenden einer RM-Zelle eingetroffenen Zelle eine EFCI-Information, wird dies in der RM-Zelle mittels CI=1 zurückgemeldet.

- *Verhalten von Sendern:* Zunächst wird eine Startzellenrate (Initial Cell Rate, ICR) festgelegt. Die aktuell erlaubte Zellenrate ACR wird nach dem Verbindungsaufbau auf den Wert der ICR gesetzt. Dasselbe erfolgt auch in dem Fall, daß der Sender über eine festgelegte Zeit (ADTF[1]: ACR Decrease Time Factor) hinweg inaktiv war und keine RM-Zelle abgeschickt hat.

  Nachdem ein Sender eine festgelegte Anzahl (CRM[2]) von RM-Zellen abgeschickt, aber keine RM-Zelle zuückerhalten hat, muß er seine Zellenrate um den Faktor (CDF: Cutoff Decrease Factor) reduzieren, jedoch nicht unter die Minimum Cell Rate.

  Der Sender reagiert auf die CI- bzw. NI-Informationen in eingehenden RM-Zellen durch Vermindern bzw. Verzicht auf das Erhöhen der Senderate, siehe Bild 7.11.

  Die Erzeugung von RM-Zellen von einer aktiven Quelle wird durch die Parameter NRM^3 und TRM^4 so gesteuert, daß zwischen dem Senden zweier aufeinanderfolgender RM-Zellen höchstens $Nrm - 1$ andere Zellen mit CLP=0 gesendet werden und ein Zeitabstand von höchstens Trm liegt. Sogenannte *Out-of-Rate*-Zellen mit niedriger Priorität (CLP=1) spielen dabei keine Rolle. Sie sind unter bestimmten Bedingungen für Nutzdaten und auch als RM-Zellen einsetzbar, worauf an dieser Stelle nicht näher eingegangen werden soll.

  Die beiden Parameter Nrm und Trm beeinflussen den Anteil von RM-Zellen zwischen den Nutzdaten. Er beträgt normalerweise $1/Nrm$, was für den Default-Wert von $Nrm = 32$ immerhin mehr als 3% Zusatzaufwand in beide Richtungen ausmacht.

- *Verbindungsaufbau:* Die maßgeblichen Parameter für die ABR-Rückkopplungssteuerung werden beim Verbindungsaufbau von der Quelle vorgeschlagen und in Abstimmung mit den Netzelementen ausgehandelt. Folgende Parameter werden immer signalisiert und unter Beteiligung der Netzelemente ausgehandelt:

---

[1]Der ADTF ist die erlaubte Zeitdauer zwischen dem Aussenden aufeinanderfolgender RM-Zellen, die vergehen darf, ehe die Zellenrate auf die ICR zurückgesetzt wird. Die Zeiteinheit der ADTF ist Sekunden. Der ADTF-Bereich liegt zwischen 0,01 und 10,23 s mit einer Granularität von 10 ms.

[2]Die CRM (Missing RM-Cell Count) begrenzt die Anzahl von RM-Zellen, die ohne eine zurückkehrende RM-Zelle zu empfangen — gewissermaßen als Quittung — vom Sender abgeschickt werden dürfen.

[3]Maximale Anzahl von Zellen zwischen der Erzeugung von RM-Zellen.

[4]Obere Grenze des zeitlichen Abstandes zwischen Vorwärts-RM-Zellen einer aktiven Quelle.

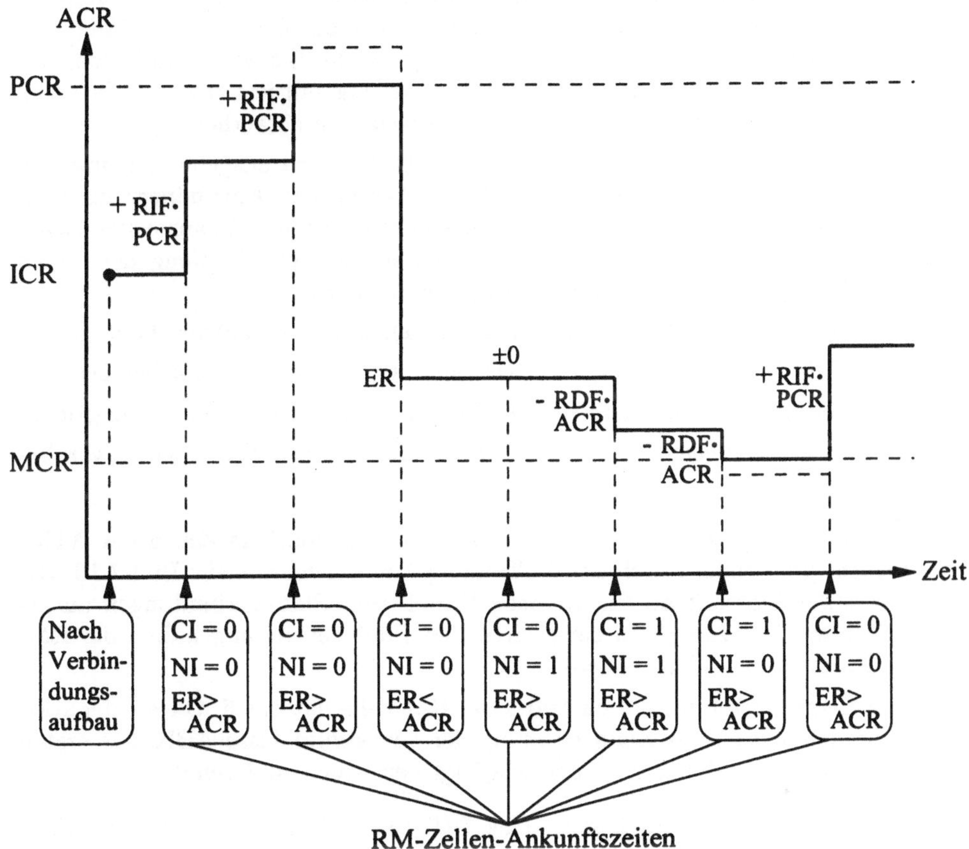

Bild 7.11: Verlauf der zulässigen Zellenrate einer ABR-Quelle

- *Peak Cell Rate, PCR* (ohne Default): Verzichtet der Sender auf eine Angabe, so holt dies das erste Netzelement bzw. die erste Vermittlungsstelle nach.

- *Minimum Cell Rate (MCR)* (Default: 0): Sie wird von der Quelle zusammen mit einem Mindestwert MCRmin $\leq$ MCR vorgeschlagen und kann bis auf MCRmin heruntergehandelt werden.

- *Transient Buffer Exposure, TBE* (Default: ∞): Sie gibt die Höchstzahl von Zellen an, die eine Quelle aussenden kann ohne eine Rückmeldung von einer RM-Zelle zu erhalten. Im Netz sollten Speicherplätze für TBE Zellen vorhanden sein. Der Parameter CRM wird über die Beziehung $CRM = \lceil TBE/NRM \rceil$ bestimmt.

- *Fixed Round-Trip Time, FRTT* (ohne Default): Sie stellt die Mindest-verzögerungszeit dar, die vom Aussenden einer Zelle auf dem Weg über den Empfänger bis zur Rückmeldung vergeht. Sie wird vom Sender n.' Null oder einer internen Sendeverzögerung initiiert und von Netzelement zu Netzelement zur Gesamtverzögerung aufaddiert.

- *Initial Cell Rate, ICR* (Default: PCR): Sie wird ausgehandelt und anschließend auf den Wert TBE/FRTT beschränkt. Eine höhere anfängliche Zellenrate als TBE/FRTT macht keinen Sinn, da ansonsten schon in der Mindestzeit FRTT vom Senden bis zum Empfang der ersten RM-Zelle mehr als TBE Zellen gesendet werden.

- *Rate Increase Factor, RIF* (Default: 1): wie zuvor beschrieben.

- *Rate Decrease Factor, RDF* (Default: 1/32768): wie zuvor beschrieben.

- *Cutoff Decrease Factor, CDF* (Default: 1/16): wie zuvor beschrieben.

- *ACR Decrease Time, ADTF* (Default: 1/2 Sekunde): wie zuvor beschrieben.

- *Der Inhalt von RM-Zellen:* RM-Zellen sind als spezielle Zellen der ATM-Schicht im Header durch den PTI=110 gekennzeichnet, siehe Bild 7.10. Die Dienstgüteklasse kann für virtuelle Kanal- und Pfad-Verbindungen ausgewählt werden. Innerhalb einer virtuellen Pfad-Verbindung haben die RM-Zellen stets den Wert VCI=6.

Am Beginn des Informationsfeldes der RM-Zelle hat das 6. Oktett der RM-Zelle den Wert 1 als Kennzeichnung der Dienstgüteklasse ABR. Die ersten vier Bits des 7. Oktetts werden wie folgt bezeichnet und genutzt:

- *Direction-Bit, (DIR-Bit):* Das DIR-Bit und unterscheidet Vorwärts-(DIR=0) und Rückwärts-RM-Zellen (DIR=1).

- *BN-Bit:* Das BN-Bit[5] unterscheidet RM-Zellen, die von einer Verkehrsquelle (BN=0) bzw. von einem anderen Netzelement (BN=1) stammen.

- *Congestion-Indication-Bit, (CI-Bit):* Das CI-Bit zeigt mit dem Wert CI=1 Überlast entlang des Weges einer Verbindung an. CI=0 bedeutet, daß keine Überlast entlang des Weges einer Verbindung besteht.

- *No-Increase-Bit, (NI-Bit):* Das NI-Bit zeigt mit dem Wert NI=1 an, daß keine Zunahme der Zellenrate der Quelle erlaubt ist, da entlang des Weges der Verbindung hohe Auslastung festgestellt wurde.

Im 8. und 9. Oktett ist die Vorgabe einer expliziten Zellenrate zu finden. Die Oktetts 7-9 werden von der Verkehrsquelle vorbelegt und von den Netzelementen nach Bedarf verändert. Unverändert bleiben dagegen die nächsten

---

[5]BECN-Bit in der RM-Zelle. BECN steht als Abkürzung für Backward Explicit Congestion Notification

vier Oktetts, in denen die Verkehrsquelle ihre aktuell erlaubte Zellenrate (Oktetts 10 und 11) und die Mindestzellenrate (Oktetts 12 und 13) mitteilt. Schließlich enthalten die letzten 10 Bits der RM-Zelle einen zyklischen Fehlerkontrollcode über das Informationsfeld der RM-Zelle, der mit dem Generatorpolynom $G(x) = (x + 1)(x^9 + x^4 + 1)$ erzeugt wird. Alle nicht erwähnten Bits des Informationsfeldes einer RM-Zelle sind für die Spezifikation der ABR-Rückkopplungssteuerung nicht relevant und werden mit einem willkürlich definierten Bitmuster gefüllt.

Es bleibt zu vermerken, daß die ABR-Rückkopplungssteuerung einer virtuellen Kanal- oder Pfad-Verbindung auch in mehrere aneinandergereihte Rückkopplungsschleifen aufgeteilt werden kann. Dies ist sinnvoll, wenn die gesamte Übermittlungsverzögerung zu groß für eine effiziente Rückkopplungssteuerung ist. Das sogenannte *Bandwidth Delay Product*, d.h. das Produkt der Zellenrate mit der Mindestverzögerung vom Aussenden bis zum Empfang einer Rückmeldung, bestimmt die Menge der Zellen, die die Verkehrsquelle ins Netz senden kann, bevor die Rückkopplungssteuerung greifen kann. Für hohe Zellenraten und große Entfernungen erfordert dies entsprechend hohe Speicherkapazitäten im Netz. Zur Abhilfe kann ein Netzelement die Rolle des Empfängers in der Rückkopplungsschleife übernehmen und tritt gleichzeitig als *ABR-Sender* in einer Rückkopplungsschleife auf dem weiteren Verbindungsweg auf.

8 Verbindungslose Datenübermittlungsdienste im B-ISDN

Im Abschnitt 5.2.2 sind die Aspekte zur Bereitstellung eines verbindungslosen Datendienstes im B-ISDN beschrieben. Die Bereitstellung erfolgt durch CLS-Funktionsgruppen, zwischen denen ATM-Verbindungen bestehen, außerhalb (indirekt) oder innerhalb (direkt) des B-ISDN. Die prinzipielle Architektur für beide Bereitstellungsarten können den Bildern 5.6 und 5.7 entnommen werden. Im folgenden wird darauf eingegangen, wie der *breitbandige, verbindungslose Datenübermittlungsdienst im B-ISDN* unterstützt wird, siehe [I.364].

8.1 Definition und funktionale Architektur

Die Empfehlung [F.812] der ITU-T definiert den verbindungslosen Datendienst im B-ISDN als einen Dienst, der die Übermittlung von Informationen zwischen Dienstenutzern erlaubt, ohne daß zwischen den Nutzern Ende-zu-Ende-Verbindungsaufbauprozeduren benötigt werden.

Es handelt sich um einen öffentlichen paketvermittelnden Dienst für Datenpakete variabler Länge mit hoher Geschwindigkeit. Die Datenpakete können von einer bestimmten Quelle zu einem bestimmten Ziel oder zu mehreren Zielen übermittelt werden. Jedes Datenpaket enthält die Quelladresse, die vom Netz validiert wird. Ein grundlegendes Merkmal eines verbindungslosen B-ISDN-Übermittlungsdienstes ist seine Broadcastfähigkeit.

Der verbindungslose B-ISDN-Datenübermittlungsdienst benutzt Adressen auf der Basis des E.164-ISDN-Numerierungsplanes. Für Multicast-Verbindungen wird ein Gruppenadressierungsschema eingesetzt. Bei der Gruppenadressierung handelt es sich um einen Mechanismus, der die Übermittlung desselben Datenpaketes zu mehreren gewünschten Empfängern ermöglicht. Eine Gruppenadresse stellt eine Menge von Einzeladressen dar, die die Ziele des gruppenadressierten Datenpaketes identifizieren. Die Quelladresse, die in einem gruppenadressierten Datenpaket verwendet wird, kann in der Menge der Einzeladressen enthalten sein.

Der verbindungslose B-ISDN-Datenübermittlungsdienst erfordert im allgemeinen keine Änderungen des Ende-zu-Ende-Protokolls der Benutzer. Das bedeutet, daß sowohl die Netzprotokolle als auch die Applikationen der Benutzer auf den verbindungslosen B-ISDN-Datenübermittlungsdienst aufgesetzt werden können.

Die Bereitstellung des verbindungslosen Datenübermittlungsdienstes im B-ISDN wird durch den ATM-Zellenübermittlungsdienst und die CLS-Funktionen realisiert. Der Zellenübermittlungsfunktionen werden von dem ATM-Transportnetz erbracht. Sie unterstützen den Transport der verbindungslosen Dateneinheiten im B-ISDN zwischen den speziellen Funktionsgruppen, die in der Lage sind, das verbindungslose Protokoll zu verarbeiten und die verbindungslosen Dateneinheiten an die Übermittlung in einer verbindungsorientierten Umgebung anzupassen. Dazu gehören unter anderem die Sicherstellung der Integrität der Reihenfolge der Protokolldateneinheiten.

Die CLS-Funktionen können außerhalb des B-ISDN, in einer verbindungslosen Netzplattform eines speziellen Diensteanbieters oder innerhalb des B-ISDN lokalisiert sein. Die Referenzkonfiguration für die Bereitstellung des verbindungslosen Datenübermittlungsdienstes im B-ISDN ist in Bild 8.1 dargestellt.

Die verbindungslosen Funktionen werden durch die Protokolle der sogenannten *Verbindungslosen Schicht (Connectionless Layer, CLL)* erbracht, die sich oberhalb der ATM-Anpassungsschicht anschließt. Bei den Protokollen der Verbindungslosen Schicht handelt es sich in einzelnen um

- das *Connectionless Network Access Protocol, CLNAP,*
- das *Connectionless Network Interface Protocol, CLNIP* und
- das *Connectionless Layer Routing & Relaying, CLLR&R.*

Die Abbildung der verbindungslosen Protokolle in den verbindungsorientierten Zellenübermittlungsdienst der ATM-Schicht wird durch den AAL-Typ 3/4 vorgenommen, der in der ungesicherten Arbeitsweise ausgeführt wird.

Die CLL-Protokolle schließen Funktionen wie die Wegsuche, die Adressierung und die Dienstgüteauswahl ein. Zur Durchführung der Wegsuche für die verbindungslosen Dateneinheiten müssen die CLS-Funktionen mit der Kontroll- und Managementebene des darunterliegenden ATM-Netzes zusammenarbeiten.

Die CLS-Funktionsgruppen sind im Verbindungslosen Server lokalisiert, der wie im Bild 8.2 Option A dargestellt, auch die Zellenübermittlungsfunktionen übernehmen kann. Dann muß die Schnittstelle am P-Referenzpunkt nicht definiert werden.

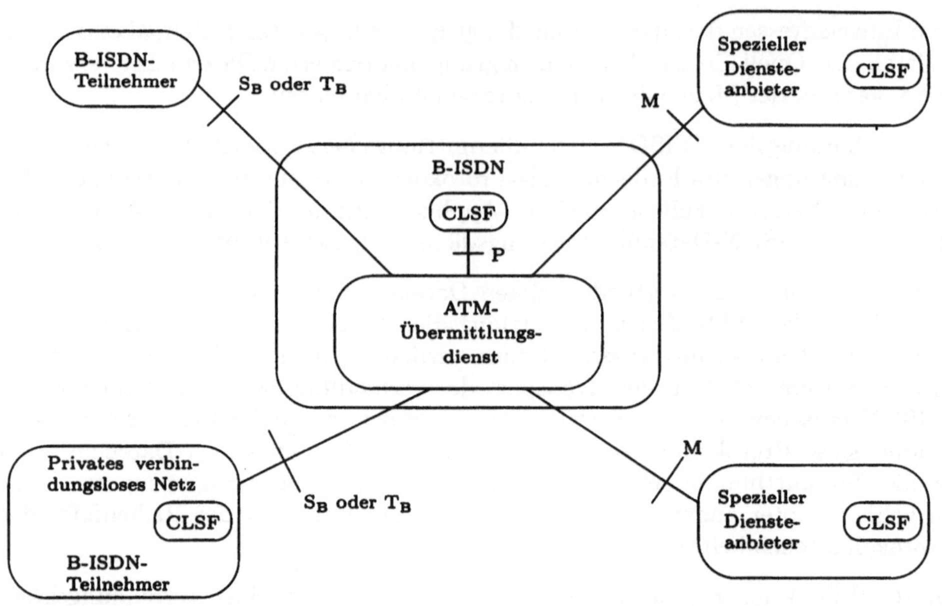

CLSF   Connectionless-Service-Funktion
S_B, R_B, M, P   Referenzpunkte

Bild 8.1: Referenzkonfiguration für verbindungslose B-ISDN-Datendienste

Die CLS-Funktionsgruppen können aber auch von den ATM-Zellenübermittlungs-funktionen separiert werden wie es im Bild 8.2, Option B, gezeigt ist. In diesem Fall wird der Verbindungslose Server über die Schnittstellen an den M- oder P-Referenzpunkten angeschlossen, abhängig davon, ob die CLS-Funktionen außerhalb oder innerhalb des B-ISDN lokalisiert sind.

Die allgemeine Protokollstruktur zur Bereitstellung des verbindungslosen Daten-übermittlungsdienstes im B-ISDN ist im Bild 8.3 zu sehen.

Im Endgerät des Benutzers wird in der Verbindungslosen Schicht das CLNAP aufsetzend auf AAL-Typ 3/4 ausgeführt. In den Netzknoten existieren nur die ATM-Schicht und die Physikalische Schicht. In den Verbindungslosen Servern, die den Benutzern den Zugang zum B-ISDN ermöglichen, wird eine Umsetzung vom CLNAP zum CLNIP mit der Wegsuche und dem Weiterleiten (CLLR&R) der verbindungslosen Dateneinheiten vorgenommen. Verbindungslose Server mit reiner Transitfunktion schließen das verbindungslose Protokoll über das CLNIP ab und führen die Wegsuche und das Weiterleiten der Dateneinheiten durch (CLLR&R).

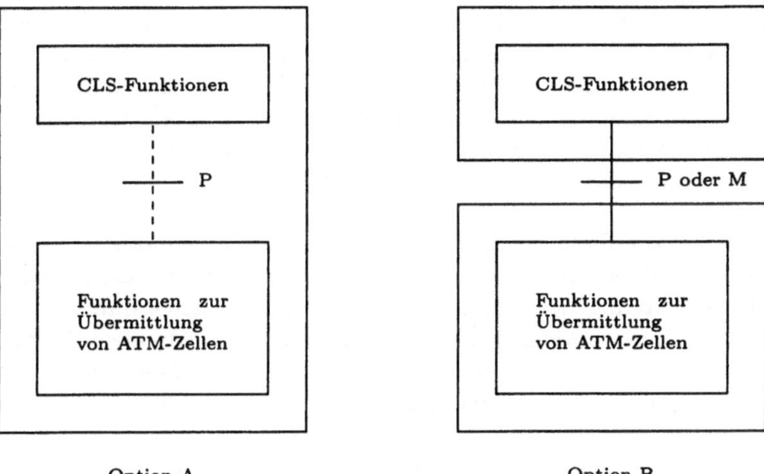

Bild 8.2: Implementierungsformen der CLSF

Benutzer- endgerät		ATM- Knoten	Funktionen zur Zellenübermittlung und für den Zugang zum verbindungslosen Datendienst		ATM- Knoten	Funktionen zur Zellenübermittlung und für den Transit verbindungsloser Daten	
			CLLR&R			CLLR&R	
CLNAP			CLNAP	CLNIP		CLNIP	CLNIP
AAL 3/4			AAL 3/4	AAL 3/4		AAL 3/4	AAL 3/4
ATM		ATM	ATM	ATM	ATM	ATM	ATM
Physik		Physik	Physik	Physik	Physik	Physik	Physik

Bild 8.3: Protokollstruktur verbindungsloser Datendienste im B-ISDN

8.2   Verbindungslose Server und Schnittstellen

Verbindungslose Server

Die Verbindungslosen Server stellen die Netzelemente dar, die die CLS-Funktionen
enthalten. Sie sind über den P- oder M-Referenzpunkt an ATM-Knoten oder andere Verbindungslose Server oder über die S_B-/T_B-Referenzpunkte an B-ISDN-
Endgeräte eines Benutzers angeschlossen. Sie führen im wesentlichen folgende
Funktionen aus:

- Verbindungsfunktionen (Connection Funktions, CF), die alle Funktionen zum Abschluß von ATM-Verbindungen enthalten. Dazu gehören Funktionen zum Empfangen und Senden von Informationen vom/zum B-ISDN-Benutzer oder von/zu anderen Verbindungslosen Servern und ATM-Knoten. Es werden die Funktionen der Physikalischen Schicht, der ATM-Schicht, des AAL-Types 3/4 und des CLNAP/CLNIP ausgeführt.

- Funktionen zur Behandlung des verbindungslosen Dienstes (Connectionless Service Handling Functions, CLHF), die alle dienstespezifischen Funktionen zur Unterstützung des verbindungslosen Datendienstes durch das B-ISDN enthalten. Diese beziehen sich zum einen auf die Adressenvalidierung, die Adressenfilterung, die Unterstützung von Zugangsklassen und zum anderen auf die Wegsuche und die Behandlung von Gruppenadressen. Die Protokollkonversionen von den Zugangs- zu den Netzschnittstellen, also die Umsetzung des CLNAP auf das CLNIP und umgekehrt, werden hierbei ebenfalls ausgeführt.

- Kontrollfunktionen (Control Functions, CTF) für die Verbindungen und die Diensteausführung. Die relevanten Informationen werden mit anderen Netzelementen mittels Signalisierungs- und Managementprotokollen ausgetauscht. Hierzu gehören der Auf- und Abbau von Verbindungen und die Gewährleistung der Dienstgüte.

- Betriebs- und Wartungsfunktionen (Operation and Maintenance Functions, OAM).

Schnittstellen

Zur Nutzung verbindungsloser Datenübermittlungsdienste im Breitband-ISDN sind zwei Schnittstellen für die Benutzerebene des Breitband-ISDN-Protokoll-Referenzmodells spezifiziert. Die *Connectionless-Access-Interface-(CLAI-)*Spezifikation beschreibt die Zugangsschnittstelle zum verbindungslosen Datenübermittlungsdienst. Die *Connectionless-Network-Interface-(CLNI-)*Spezifikation beschreibt die Schnittstelle zwischen Netzelementen für diesen Dienst.

Die CLAI findet sich bei direktem Zugang des Endgerätes zum Verbindungslosen Server an den S_B-/T_B-Referenzpunkten, siehe Bild 8.4 a), und beim indirekten Zugang über ein oder mehrere ATM-Knoten an den S_B-/T_B-Referenzpunkten und dem P-Referenzpunkt, siehe Bild 8.4 b).

Die CLAI unterstützt mehrere AAL-Verbindungen für das CLNAP, die an der Benutzer-Netz-Schnittstelle über eine einzige ATM-Verbindung geführt werden.

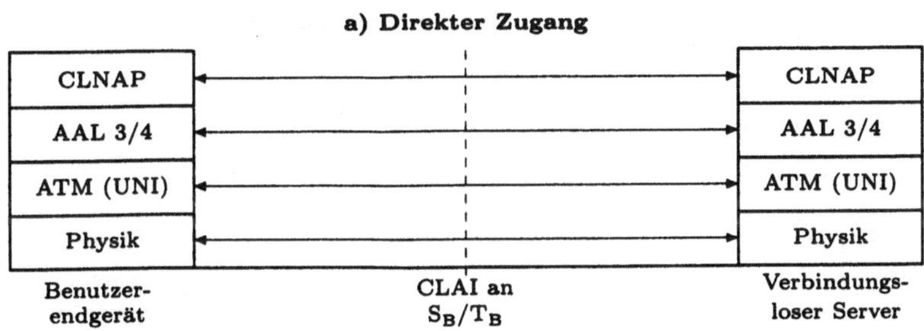

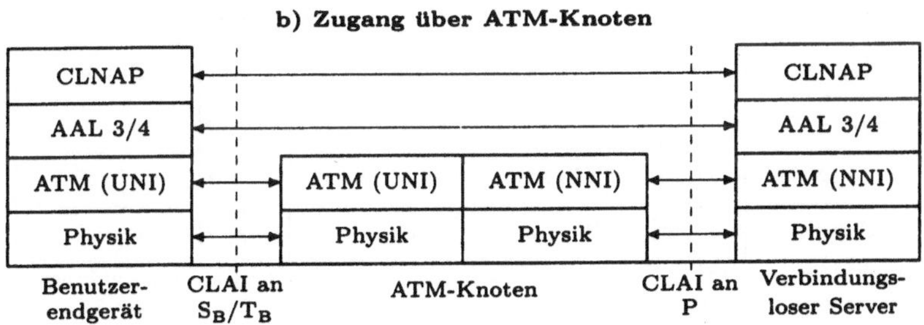

Bild 8.4: Protokollschichten der Benutzerebene für die CLAI

Die CLNI stellt die transparente Übermittlung der verbindungslosen Dateneinheiten zwischen den Verbindungslosen Servern in einer verbindungsorientierten Umgebung sicher. Die Verbindungslosen Server können direkt oder über einen oder mehrere ATM-Knoten untereinander verbunden sein. In beiden Fällen findet sich die CLNI an dem P-Refernzpunkt. Die Protokollschichten der Benutzerebene des B-ISDN-Protokoll-Referenzmodells sind für beide Fälle im Bild 8.5 dargestellt.

Verkehrsaspekte

Zwischen den Endgeräten und den Verbindungslosen Servern, an denen die Endgeräte angebunden sind, wird eine Zugangsklasse erzwungen. Das bedeutet, daß der Benutzer des verbindungslosen Datenübermittlungsdienstes bestimmte Vereinbarungen bezüglich seiner Informationsrate einhalten muß, damit die verbindungslosen Protokolldateneinheiten die CLAI überqueren können. Die Zugangsklasse ist als eine Verpflichtungserklärung anzusehen, die auf der maximal erlaubten anhaltenden Informationsrate basiert. Entsprechende Mechanismen sorgen an dem T_B-Referenzpunkt dafür, daß die Informationsrate entsprechend der gewählten

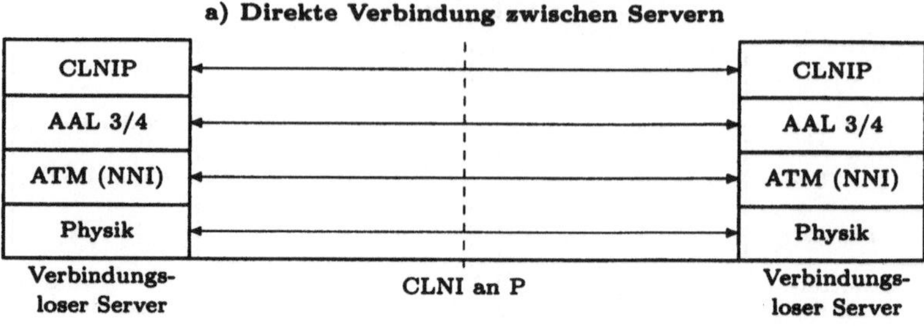

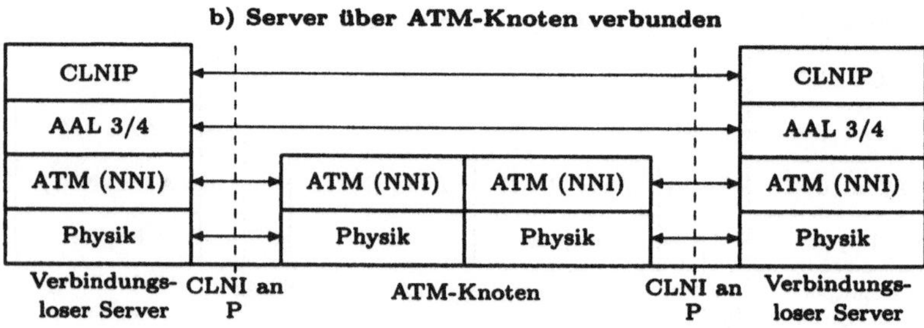

Bild 8.5: Protokollschichten der Benutzerebene für die CLNI

Zugangsklasse beschränkt wird. Folgende drei Paramter spielen dabei eine Rolle:

- *Maximale Informationsrate (Maximum Information Rate, MIR)*: Die maximale Informationsrate stellt den Höchstwert der Informationsrate während der Übermittlung dar.

- *Anhaltende Informationsrate (Sustained Information Rate, SIR)*: Die anhaltende Informationsrate stellt den Durchschnittswert der Informationsrate eines burstartigen Verkehrs dar.

- *PDUs pro Zeiteinheit (PDUs per Time Unit, PPTU)*: Diese Größe stellt die mittlere PDU-Rate des burstartigen Verkehrs dar.

8.3   Connectionless Network Access Protocol

Bild 8.6 stellt die Protokollschichten zur Bereitstellung des verbindungslosen Datenübermittlungsdienstes im B-ISDN an der Benutzer-Netz-Schnittstelle dar.

Verbindungsloses Protokoll des Benutzers
CLNAP
AAL-Typ 3/4
ATM-Schicht
Physikalische Schicht

Bild 8.6: Protokollschichten verbindungsloser Datenübermittlung am UNI

Das vom Benutzer verwendete verbindungslose Protokoll setzt auf dem CLNAP auf. Das CLNAP stellt an der Benutzer-Netz-Schnittstelle des B-ISDN das Protokoll der Verbindungslosen Schicht dar. Über das CLNAP erhält ein Benutzer Zugang zum verbindungslosen Datenübermittlungsdienst im B-ISDN.

Das CLNAP erhält von dem benutzerspezifischen verbindungslosen Protokoll die zu übermittelnden Dateneinheiten und greift seinerseits auf den AAL-Typ 3/4 zurück. Der AAL-Typ 3/4 sorgt für die transparente Übermittlung der Protokolldateneinheiten des CLNAP (CLNAP-PDU) zwischen zwei beteiligten CLNAP-Einheiten. Die korrekte Reihenfolge der CLNAP-PDUs wird vom AAL-Typ 3/4 gewährleistet, ohne jedoch Dateneinheiten, die zu Verlust gehen oder zerstört werden, erneut zu übermitteln. Die Arbeitsweise des AAL-Typ 3/4 ist nicht gesichert. Die Übergabe der CLNAP-Protokolldateneinheiten an die AAL kann sowohl im Message-Modus als auch im Streaming-Modus erfolgen.

Bild 8.7 zeigt detailliert die Struktur der CLNAP-Protokolldateneinheit. Auf die Funktionen und die Codierung der einzelnen Felder wird im folgenden eingegangen.

Zieladresse

Das Feld mit der Zieladresse besteht aus 8 Oktetts. Es beginnt mit einem 4 bit breiten Adressen-Typ-Teilfeld, das von dem 60 bit breiten Adressen-Teilfeld gefolgt wird. Der Adressen-Typ zeigt an, ob die 60 bit breite Adresse eine öffentlich verwaltete Individualadresse oder eine Gruppenadresse darstellt. Die Adresse zeigt an, für welche CLNAP-Instanz(en) die gesendete CLNAP-PDU bestimmt ist.

Die Codieruung des Adressen-Typ-Feldes mit '1100' zeigt an, daß es nachfolgend um eine Individualadresse handelt. Die Gruppenadresse wird durch '1110' im Adressen-Typ-Feld angezeigt.

Das Adressen-Teilfeld ist entsprechend der ITU-T-Empfehlung E.164 aufgebaut, so daß die dort eingetragene E.164-Nummer eine internationale ISDN-Nummer darstellt. Diese kann aus bis zu 15 Dezimalziffern bestehen. Umfaßt die Nummer

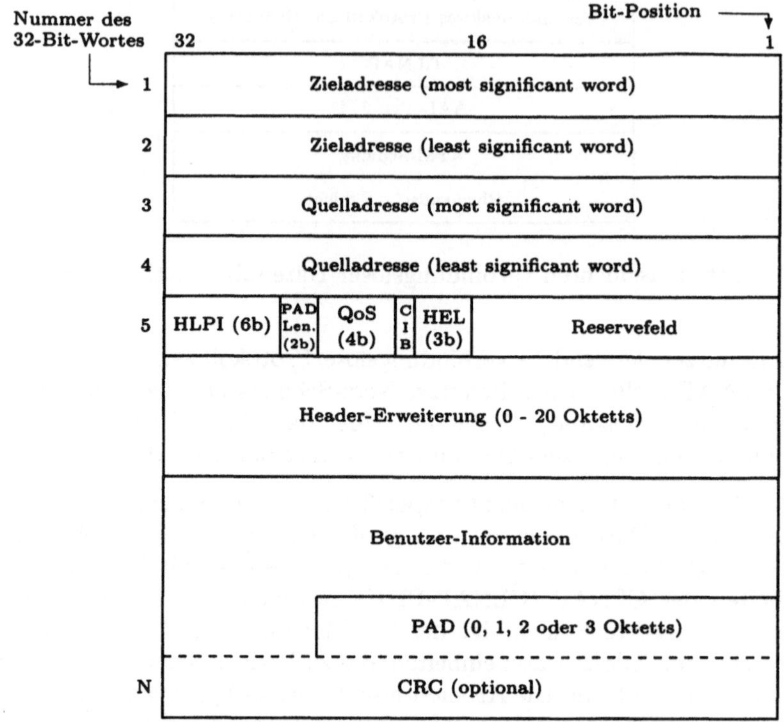

(nb): Länge (n) des Feldes in Anzahl an Bits

Bild 8.7: Struktur der CLNAP-PDU

weniger als 15 Ziffern, wird diese in die MSBs des Adressen-Teilfeldes eingetragen.
Der verbleibende freie Teil des Adressen-Teilfeldes wird mit '1' codiert. Die E.164-
Nummer wird mit dem BCD-Code (Binary Coded Decimal) dargestellt.

Quelladresse

Das Feld mit der Quelladresse besteht ebenfalls aus 8 Oktetts und ist entsprechend dem Feld mit der Zieladresse in ein 4 bit breites Adressen-Typ- und ein
60 bit breites Adressen-Teilfeld aufgeteilt. Das Adressen-Teilfeld weist die nachfolgende E.164-Adresse als Individualadresse aus. Die Codierung entspricht dem des
Adressen-Typ-Teilfeldes der Zieladresse. Die Adresse im Adressen-Teilfeld kennzeichnet die CLNAP-Instanz, die die zu übermittelnde CLNAP-PDU gesendet hat.
Die Codierung der Quelladresse erfolgt nach der ITU-T-Empfehlung E.164.

Higher-Layer-Protocol-Identifier (HLPI)

Das 6 bit breite HLPI-Feld kennzeichnet die CLL-Benutzer-Instanz oder die CL-OAM-Instanz, an die die CLL-SDU am Bestimmungsort übergeben wird.

Länge des Füllfeldes (PAD-Length)

Das aus zwei Bits bestehende PAD-Length-Feld zeigt die Länge des PAD-Feldes als Anzahl von Oktetts an. Die Anzahl der PAD-Oktetts wird so gewählt, daß die Gesamtlänge des Nutzinformationsfeldes einschließlich des PAD-Feldes ein ganzzahliges Vielfaches von 4 Oktetts ist. Demzufolge kann das PAD-Lenght-Feld die Werte 0, 1, 2 und 3 enthalten.

QoS-Feld

Die 4 Bits des QoS-Felds geben die von der CLNAP-PDU geforderte Dienstgüte an.

CRC-Indication-Bit (CIB)

Das CRC-Indication-Bit zeigt als '1' codiert an, daß die CLNAP-PDU mit einem 32 Bits umfassenden CRC-Feld endet oder nicht (CIB = '0').

Länge der Header-Erweiterung (Header Extension Length, HEL)

Das 3 bit breite Feld nimmt die Werte 0 bis 5 an um damit die Anzahl der 32-Bit-Worte im Header-Erweiterungsfeld anzuzeigen.

Reservefeld

Das Reservefeld umfaßt 16 Bits. Seine Codierung ist abschließend noch nicht festgelegt. Der Defaultwert ist '0'.

Header-Erweiterungsfeld

Die Funktionen und die Codierung des Header-Erweiterungsfeldes sind derzeit noch nicht spezifiziert. Es ist von variabler Länge und kann Werte im Bereich von 0 bis 20 Oktetts annehmen.

Benutzer-Informationsfeld

Das Benutzer-Informationsfeld ist in der Länge bis zu 9188 Oktetts variabel. Es enthält die CLL-SDU, also die Protokolldateneinheit, die von dem benutzerspezifischen Protokoll an das CLNAP übergeben wird.

Füllfeld (PAD-Feld)

Das PAD-Feld kann 0, 1, 2 oder 3 Oktetts umfassen, die allesamt als null codiert sind. Es dient der 32-bit-Ausrichtung der CLNAP-PDU.

CRC-Feld

Das CRC-Feld ist optional. Sein Vorhandensein oder Fehlen wird durch das CIB-Feld angezeigt. Es ist von 32 bit Länge. Es enthält das Ergebnis der üblichen CRC-Berechnung über die CLNAP-PDU, wobei das Reservefeld als mit null codiert betrachtet wird, siehe Abschnitt 6.4.2. Das Generatorpolynom lautet:

$$G(x) = x^{32} + x^{26} + x^{23} + x^{22} + x^{16} + x^{12} + x^{11} + x^{10} + x^8 + x^7 + x^5 + x^4 + x^2 + x + 1.$$

8.4　Connectionless Network Interface Protocol

Zwischen den Verbindungslosen Servern bei einem oder mehreren Netzprovidern wird der verbindungslose Datenübermittlungsdienst des B-ISDN durch das CLNIP unterstützt. Es wird, wie im Bild 8.8 gezeigt, an der CLNI eingesetzt.

Das CLNIP kann in den Arbeitsweisen *Encapsulation* und *Non-Encapsulation* verwendet werden. Die Auswahlbedingungen für die jeweilige Arbeitsweise und die dabei angewandten Mechanismen sind im Abschnitt 8.5 dargestellt.

Die Protokollschichten zur Bereitstellung des verbindungslosen Datendienstes zwischen den Verbindungslosen Servern ist im Bild 8.9 gezeigt. Das CLNIP stellt das Protokoll der Verbindungslosen Schicht dar und setzt auf dem AAL-Typ 3/4 mit ungesicherter Arbeitsweise auf.

Der AAL-Typ 3/4 sorgt für die transparente Übermittlung der Protokolldateneinheiten des CLNIP (CLNIP-PDU) zwischen zwei beteiligten CLNIP-Einheiten. Die korrekte Reihenfolge der CLNIP-PDUs wird vom AAL-Typ 3/4 gewährleistet, ohne jedoch Dateneinheiten, die zu Verlust gehen oder zerstört werden, erneut zu übermitteln. Die Übergabe der CLNIP-Protokolldateneinheiten an die AAL kann sowohl im Message-Modus als auch im Streaming-Modus erfolgen.

Bild 8.10 zeigt detailliert die Struktur der CLNIP-Protokolldateneinheit. Auf die Funktionen und die Codierung der einzelnen Felder wird im folgenden eingegangen.

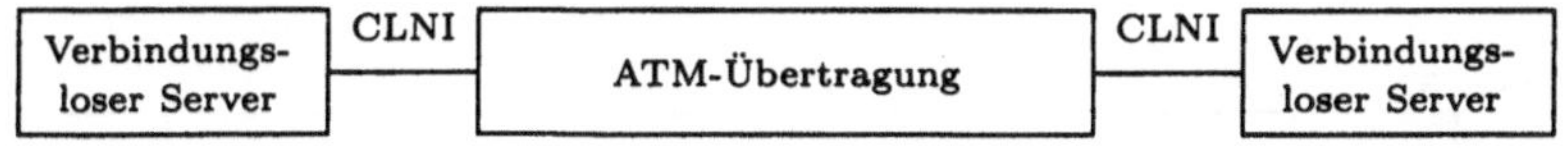

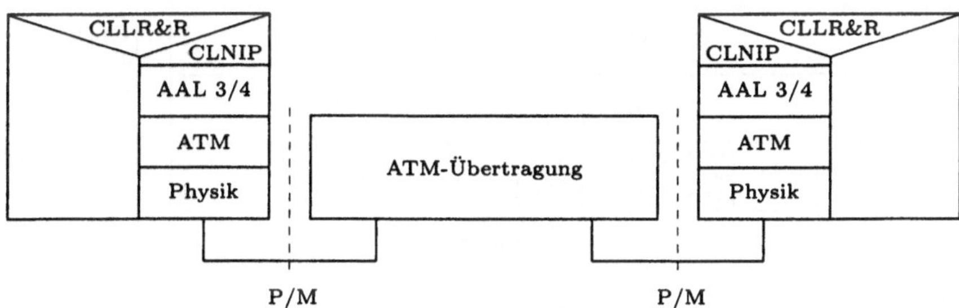

Bild 8.8: Netz- und Protokollarchitektur

CLNIP
AAL-Typ 3/4
ATM-Schicht
Physikalische Schicht

Bild 8.9: Protokollschichten für das CLNIP

Ziel- und Quelladresse

Der Aufbau der Felder mit den Ziel- und Quelladressen der CLNIP-PDU ist entsprechend der CLNAP-PDU, siehe Seite 229.

Protokoll-Identifier (PI)

Ohne Encapsulation hat das PI-Feld dieselbe Bedeutung und Codierung wie das HLPI-Feld der CLNAP-PDU.

Mit Encapsulation nimmt das 6 bit breite Feld einen Wert zwischen 44 und 47 an und weist darauf hin, daß die CLNIP-PDU im Encapsualtion-Modus ist.

An der CLNI zwischen verschiedenen CL-Diensteanbietern ist der Sender für die Codierung des PI-Feldes der Protokolldateneinheiten verantwortlich. Auf der Basis gegenseitiger Absprachen sollen PI-Werte außerhalb des Intervalls zwischen 44 und 47 verwendet werden. Die Festlegung sieht die Werte 50 und 51 dafür vor.

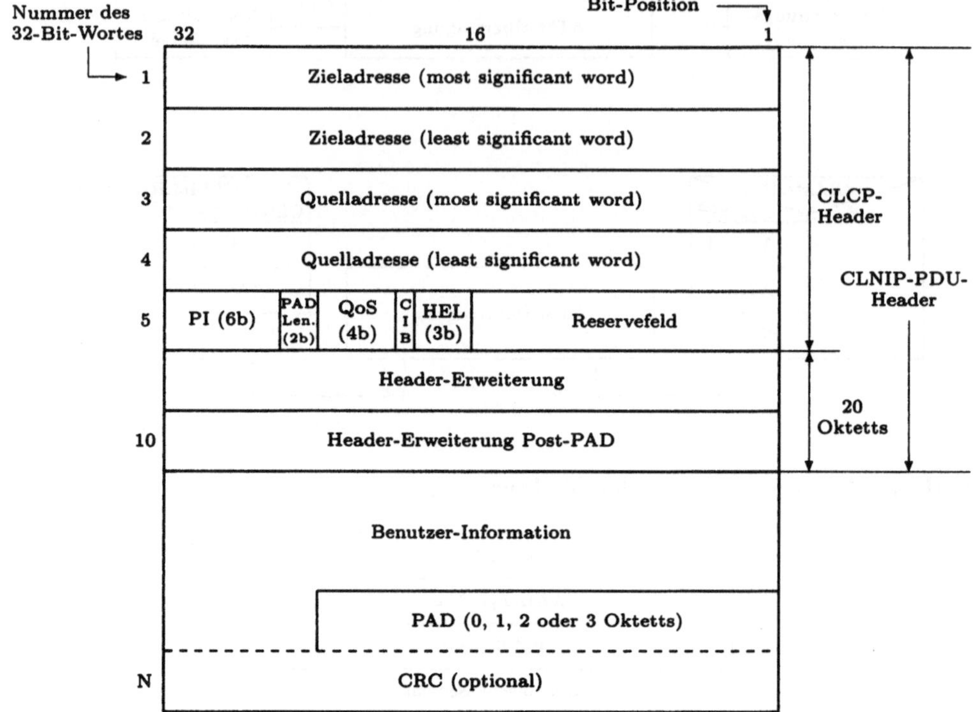

CLCP: Connectionless Convergence Protocol
(nb): Länge (n) des Feldes in Anzahl an Bits

Bild 8.10: Struktur der CLNIP-PDU

Länge des Füllfeldes (PAD-Length)

Das zwei Bits große PAD-Length-Feld zeigt die Länge des PAD-Feldes als Anzahl
von Oktetts an. Die Anzahl der PAD-Oktetts wird so gewählt, daß die Gesamtlänge
des Nutzinformationsfeldes einschließlich des PAD-Feldes ein ganzzahliges Vielfaches von 4 Oktetts ist. Demzufolge kann das PAD-Lenght-Feld die Werte 0, 1, 2
und 3 enthalten. Das Feld wird bei Verwendung von Encapsulation mit '0' codiert.

QoS-Feld

Das 4 bit breite QoS-Feld zeigt die von der CLNIP-PDU geforderte Dienstgüte an.
Im Non-Encapsulation-Modus hat das Feld dieselbe Bedeutung und Codierung wie
in einer CLNAP-PDU. Im Encapsulation-Modus wird das Feld mit '0' codiert.

CRC-Indication-Bit (CIB)

Das CRC-Indication-Bit zeigt als '1' codiert an, daß die CLNIP-PDU ein 32 Bits umfassenden CRC-Feld besitzt oder nicht (CIB = '0'). Im Encapsulation-Modus ist ein CRC nicht nötig.

Länge der Header-Erweiterung (Header Extension Length, HEL)

Das 3 bit breite Feld zeigt die Anzahl der 32-bit-Worte im Header-Erweiterungsfeld an. Bei Encapsulation wird der Wert des Feldes auf '3' gesetzt. Im Non-Encapsulation-Modus wird der Wert dem Intervall von 0 bis 5 entnommen.

Reservefeld

Das Reservefeld umfaßt 16 Bits. Seine Codierung ist abschließend noch nicht festgelegt. Der Defaultwert ist '0'.

Header-Erweiterungsfeld

Die Funktionen und die Codierung des Header-Erweiterungsfeldes sind derzeit noch nicht spezifiziert. Es ist von variabler Länge und kann im Non-Encapsulation-Modus Werte im Bereich von 0 bis 20 Oktetts annehmen. Bei Verwendung von Encapsulation ist das Feld 12 Oktetts lang.

Header-Erweiterung-Post-PAD-Feld

Das Feld ist im Non-Encapsulation-Modus nicht vorhanden. Bei Verwendung von Encapsulation besteht das Feld aus 8 Oktetts, wobei das erste Oktett die Versionsnummer des CLNIP enthält.

Benutzer-Informationsfeld

Das Benutzer-Informationsfeld ist von variabler Länge. Im Non-Encapsulation-Modus liegt seine Länge zwischen 0 und 9188 Oktetts. Es enthält die CLL-SDU. Bei Verwendung von Encapsulation liegt die Länge zwischen 20 und 9236 Oktetts. Es enthält in diesem Fall die CLNAP-PDU mit einem zusätzlichen Ausrichtungsheader, so daß die Länge des Feldes ein ganzzahliges Vielfaches von 4 Oktetts ist.

CRC-Feld

Die Verwendung des CRC-Feldes ist optional. Die Funktion und Codierung unterscheidet sich nicht von der des CRC-Feldes einer CLNAP-PDU.

8.5   Umsetzen zwischen CLNAP und CLNIP

Ein Verbindungsloser Server kann je nach seiner Lokation unterschiedliche Protokollschichten besitzen und Protokollkonversionen durchführen. Vier allgemeine Funktionstypen von Verbindungslosen Servern können unterschieden werden:

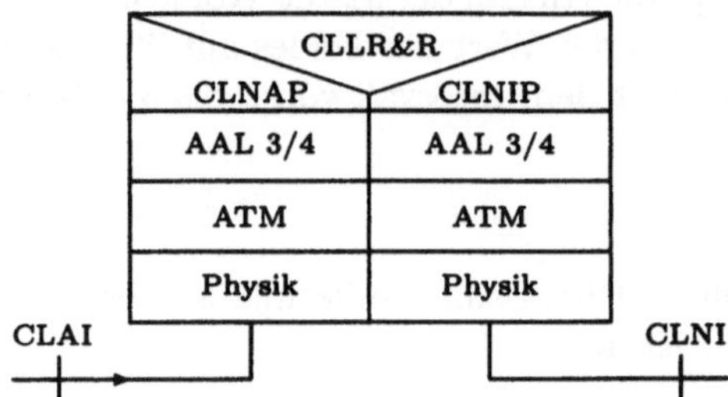

Bild 8.11: Verbindungsloser Server mit *Originating Functions*

- *Originating Functions*: In diesem Fall erhält der Verbindungslose Server die CLNAP-PDUs vom Endgerät des Benutzers über die CLAI. Er leitet diese über die CLNI an einen anderen Verbindungslosen Server als CLNIP-PDUs entweder im Encapsulation- oder Non-Encapsulation-Modus weiter. Der Aufbau der Protokollschichten im Verbindungslosen Server ist für diesen Fall im Bild 8.11 gezeigt. Bei Verwendung des Encapsulation-Modus wird jede CLNAP-PDU gekapselt.

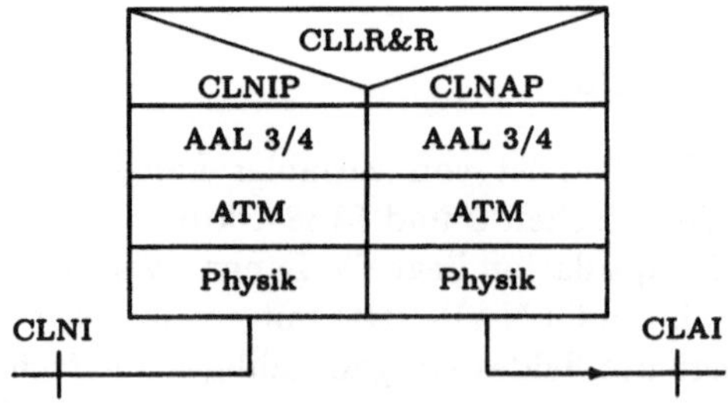

Bild 8.12: Verbindungsloser Server mit *Terminating Functions*

- *Terminating Functions*: In diesem Fall empfängt der Verbindungslose Server CLNIP-PDUs im Encapsulation- oder Non-Encapsulation-Modus von einem anderen Verbindungslosen Server über die CLNI und leitet diese als CLNAP-PDUs über die CLAI an ein Benutzerendgerät weiter, siehe Bild 8.12. Bei Verwendung des Encapsulation-Modus wird für jede CLNAP-PDU die Kapselung rückgängig gemacht.

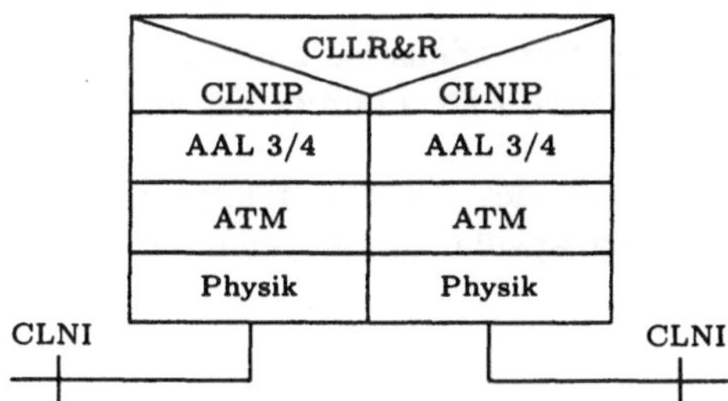

Bild 8.13: Verbindungsloser Server mit *Transit Functions*

- *Transit Functions*: Der Verbindungslose Server empfängt über die CLNI gekapselte oder nicht gekapselte CLNIP-PDUs von einem Verbindungslosen Server und leitet diese über eine andere CLNI an einen anderen Verbindungslosen Server weiter. Gehört der letztgenannte Server in den Verantwortungsbereich eines anderen Diensteanbieters werden nicht gekapselte CLNIP-PDUs zuvor gekapselt, siehe Bild 8.13.

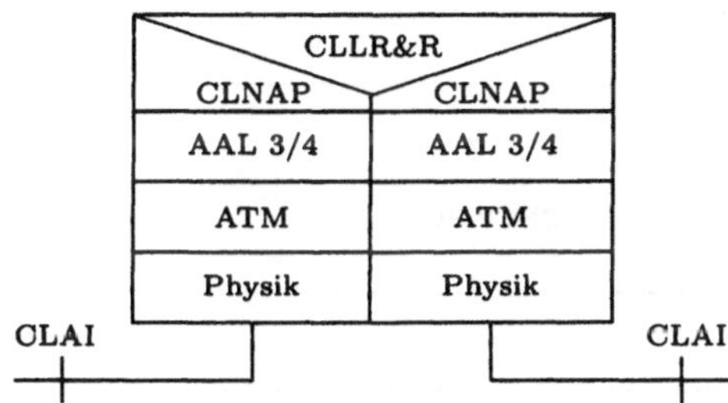

Bild 8.14: Verbindungsloser Server mit *Access-only Functions*

- *Access-only Functions*: Der Verbindungslose Server empfängt über die CLAI CLNAP-PDUs von einem Benutzerendgerät und leitet diese über eine andere CLAI zu einem anderen Benutzerendgerät weiter, siehe Bild 8.14. Hierbei kommt weder der Encapsulation- noch der Non-Encapsulation-Modus zur Anwendung.

Regeln zur Anwendung von Encapsulation und Non-Encapsulation

Ein Verbindungsloser Server verwendet den Encapsulation- oder Non-Encapsulation-Modus nach folgenden Regeln:

- An der CLNI zwischen zwei Diensteanbietern wird sowohl für gruppen- als auch individuell adressierte PDUs immer Encapsulation eingesetzt.

- An einer CLNI innerhalb des Verantwortungsbereiches eines Diensteanbieters kann sowohl der Encapsulation- als auch der Non-Encapsulation-Modus benutzt werden.

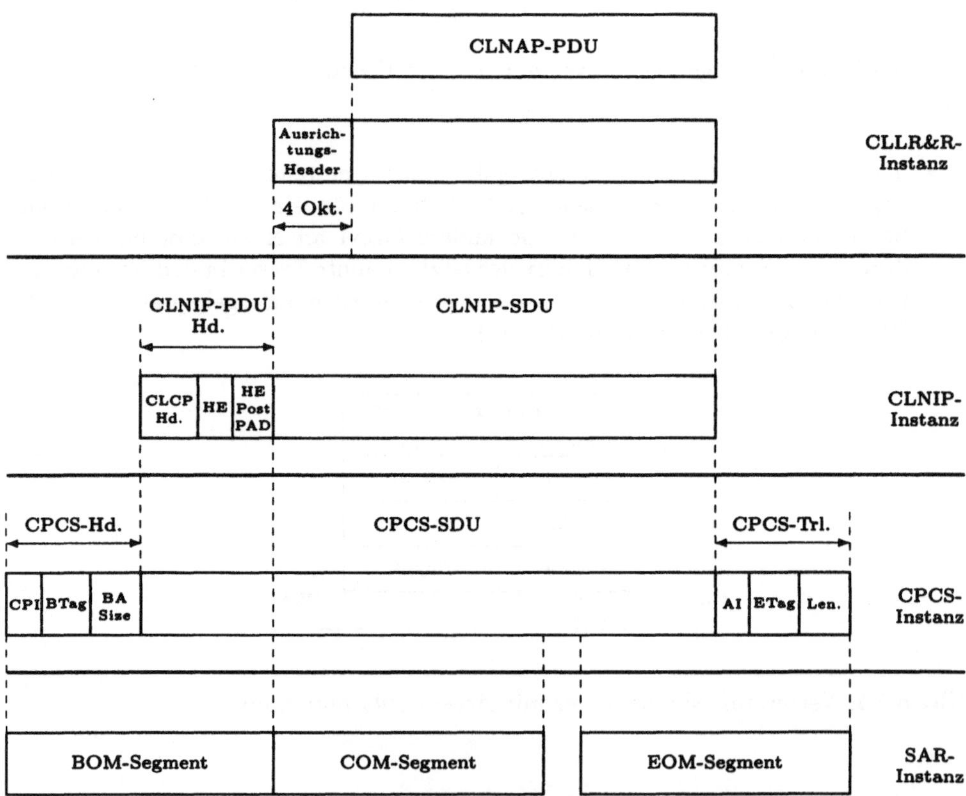

CLCP-Header   Connectionless Convergence Protocol Header

Bild 8.15: Einpacken einer CLNAP-PDU in eine CLNIP-PDU

Einpacken und Auspacken der Protokolldateneinheiten

Bild 8.15 zeigt das Einpacken einer CLNAP-PDU in eine CLNIP-PDU im Encapsulation-Modus.

Die CLLR&R-Instanz fügt der CLNAP-PDU oder der nicht gekapselten CLNIP-PDU einen 4 Oktetts breiten Ausrichtungsheader hinzu und übergibt die so entstehende CLNIP-SDU an die CLNIP-Instanz. In einem weiteren Schritt wird an die CLNIP-SDU der CLNIP-Header angefügt. Die so entstehende CLNIP-PDU wird als CPCS-PDU an die CPCS-Instanz des AAL-Typs 3/4 weitergegeben.

Das Entpacken geschieht durch Entfernen des CLNIP- und des Ausrichtungsheaders in umgekehrter Richtung.

Die Werte im CLNIP-PDU-Header werden aus denen der CLNAP-PDU abgeleitet, [I.364].

Bei Verwendung des Non-Encapsulation-Modus innerhalb des Verantwortungsbereich eines Diensteanbieters wird die CLNAP-PDU als CLNIP-PDU angesehen und bis auf das Reservefeld transparent übertragen.

9 Vermittlungsknoten in Telekommunikationsnetzen

Vermittlungsknoten bilden neben den Übertragungsmedien den Kern von Kommunikationsnetzen mit Hard- und Softwarekomponenten. Für die Leitungsvermittlung in ISDN-Netzen werden dieselben Funktionseinheiten benötigt wie für die ATM-Zellen-Vermittlung, wenn auch mit verschiedener Ausprägung:

- ein Eingangs- und ein Ausgangsmodul,
- ein Vermittlungsnetz zwischen Ein- und Ausgängen,
- eine Kontrolleinheit für Verbindungen und ihre Signalisierung,
- ein Modul für das Management des Knotens, inklusive der Überwachung von Fehlerzuständen, Leistungskenngrößen, Konfigurationsänderungen, Abrechnungsdaten bis hin zu Sicherheitsindikatoren.

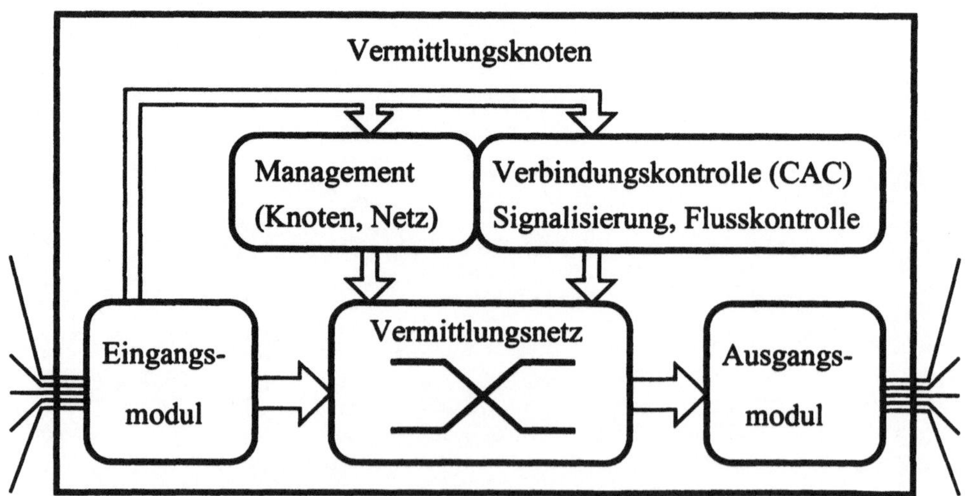

Bild 9.1: Funktionaler Aufbau von Vermittlungsknoten

Im Eingangsmodul werden die ankommenden Übertragungssignale von ggf. mehreren Kanälen aufgenommen. Der Vermittlungsknoten wandelt die auf physikalischer Ebene übertragenen Informationen in der Regel um, z.B. von optischen in elektrische Signale und führt eine Fehlerkontrolle und ggf. -behandlung durch. Eine Aufgabe ist dabei die Erkennung der Taktung und Rahmung der Information je nach dem Protokoll auf physikalischer Ebene, z.B. *SDH* oder *SONET*.

Kontrollinformationen für Signalisierung und Management werden herausgefiltert und den entsprechenden Modulen zugeführt, die damit z.B. eine Zulassungskontrolle (*CAC: Connection Admission Control*) durchführen. Die Leitungsvermittlung führt im ISDN Benutzer- und Kontrollinformation über separate Kanäle (B-, D-Kanal), während ATM-Netze beides im selben Modus übertragen und anhand der Zell-Header-Kennungen trennen. Für Leitungsvermittlung wird die Benutzerinformation einer Verbindung weitgehend unangetastet durchgeschaltet, wogegen in ATM-Vermittlungsknoten jede ankommende Zelle auch die ATM-Protokoll-Ebene durchläuft. Dabei wird die Verbindungszugehörigkeit im Zellenkopf festgestellt und die Weitervermittlung entsprechend vorbereitet, siehe Abschnitt 6.2.

Die Ausgangsmodule transformieren Daten auf physikalischer Schicht in Signale für die Ausgangskanäle, wobei die Anpassung an das Übertragungsmedium mit Rahmung, Taktung und Kontrollsignalen durchgeführt wird. Ein- und Ausgangsmodule führen in abgestimmter Weise zueinander inverse Bearbeitungsschritte aus. Die Ausgangsmodule sind insofern vereinfacht, als die Kontrolle der Daten und die Vorbereitung der Vermittlung entfällt.

Im Vermittlungsnetz werden Verbindungen bzw. Zellen von einer Anzahl von Eingängen zu den vorgesehenen Ausgängen weitergeleitet. Für Leitungsvermittlung bleibt die Zuordnung zwischen einem Ein- und Ausgang für die Dauer einer Verbindung fest bestehen, während in ATM-Netzen für jede einzelne Zelle der Ausgang zur Weiterleitung ermittelt und zugeordnet wird. Die Zellenvermittlung erfolgt im Zeitbereich von Mikrosekunden, während Verbindungen im Zeitbereich von Sekunden und als permanente Verbindungen auch langfristig bestehen bleiben.

Innerhalb einer Verbindung kann man 1:1-Zuordnungen realisieren oder 1:n-Zuordnungen für Verteildienste (*Multi-, Broadcasting*), wenn der Vermittlungsknoten einen Verzweigungspunkt darstellt. *Multicasting* kann mit Hilfe von getrennten Kopiernetzen realisiert oder in speziell ausgelegte Knoten integriert werden [27, 98]. Die Kontrolle von 1:n-Verbindungen hat zur Aufgabe, eine gleich gute Quality-of-Service über alle Verzweigungen zu gewährleisten. Wir behandeln *Multicast*-Verbindungen nicht im Detail und nehmen im folgenden eine 1:1-Zuordnung zwischen den Ein- und Ausgängen an. Allerdings entspricht ein solcher Ein- bzw. Ausgang in der Regel nicht einer Eingangs- bzw. Ausgangsleitung des Vermittlungsknotens, sondern es werden je nach Übertragungskapazität eine Reihe von Ein-/Ausgängen der Vermittlungseinheit auf einen Ausgang des Vermittlungsknotens geschaltet.

Sowohl für Leitungs- als auch für Zellen-Vermittlung werden im Vermittlungssystem eine Vielzahl von 1:1-Zuordnungen nebeneinander hergestellt. Dabei sind Kollisionen möglich, wenn zwei Eingänge demselben Ausgang zugeordnet werden. Die Leitungsvermittlung vermeidet Kollisionen beim Verbindungsaufbau und kommt bei festen Übertragungskapazitäten ohne Pufferspeicher aus. ATM-Knoten sind mit Puffer ausgestattet, um zeitweilige Überlast an Ausgängen aufzufangen.

Doch auch für disjunkte Ein-/Ausgangspaare sind Kollisionen auf dem Weg durch ein Vermittlungsnetz denkbar. Ein Ziel der Konstruktion von Vermittungsnetzen ist daher die interne Kollisions- bzw. Blockierungsfreiheit.

9.1 Leitungs- und ATM-Vermittlungstechniken

Wir betrachten nun $M \times M$-Vermittlungssysteme mit M Ein- und Ausgängen, auch wenn eine unterschiedliche Zahl von Ein- und Ausgängen wünschenswert sein kann und in einigen Varianten einfach umsetzbar ist. Zur Realisierung wechselnder paralleler 1:1-Zuordnungen zwischen den Ein- und Ausgängen kommen zumindest die folgenden Alternativen in Frage:

- Eine Verteilung von den Ein- auf die Ausgänge über einen gemeinsamen Zwischenspeicher, oder durch Übertragung über ein gemeinsames Medium, z.B. ein Bus-System,

- Schaltmatrizen, die jedes Ein-/Ausgangspaar über einen Verbindungspunkt in Beziehung setzen,

- Zeitmultiplex-Verfahren, die eine Vermittlung durch Vertauschung von Zeitfenstern vornehmen,

- Mehrstufige Vermittlungsnetze aus 2×2-Koppelelementen.

Alle Alternativen sind vom Prinzip für Leitungs- und Zellen-Vermittlung relevant. Leitungsvermittlungsnetze eignen sich für die Einrichtung von Punkt-zu-Punkt Verbindungen, die zwar ständigen Änderungen ausgesetzt sind, jedoch in relativ großen Zeitabständen.

Ganz andere Anforderungen stellen ATM-Vermittlungssysteme, die Zellen auf virtuellen Verbindungen befördern, vergleiche Abschnitt 5.3. ATM-Vermittlungsknoten müssen dazu ausgelegt sein, eine hohe Rate von ankommenden Zellen aus zahlreichen Verbindungen auf jeweils verschiedene Zielknoten bzw. die entsprechenden Ausgänge weiterzuleiten, ohne einen Engpaß oder ein nennenswertes Verzögerungsglied im Netz darzustellen. Die ATM-Zellen-Vermittlung ist durch folgende Charakteristika und Anforderungen geprägt:

- Zellen treffen nach Maßgabe eines Zeittaktes ein, so daß pro Taktzeit Δ und pro Eingang entweder eine Zelle anliegt oder nicht. Die gesamte Übertragungskapazität beträgt demnach $M \cdot 53\,\mathrm{Byte}/\Delta$.

- An jedem Eingang erscheinen Zellen diverser virtueller Kanäle und Pfade. Jede Zelle wird mit Hilfe ihrer Kanal- und Pfadkennung und durch Routing-Tabellen zu dem Ausgang befördert, über den die Verbindung weiterführt.

- Da mehrere gleichzeitig ankommende Zellen möglicherweise für denselben Ausgang bestimmt sind, sind Zellenkollisionen zu behandeln. Zur Vermeidung werden Puffer im Vermittlungsnetz eingerichtet, die eine begrenzte Zahl von Zellen aufnehmen können. Ist ein Puffer voll, gehen weitere dort eintreffende Zellen allerdings verloren.

- *Cut-Through-Switching*: Zellen sollen schnellstmöglich durch den Knoten weitergereicht werden, d.h. möglichst im Laufe einer Taktzeit Δ, falls keine vorübergehende Pufferung nötig wird.

Trotz unterschliedlicher Anforderungen greifen ATM- und Leitungsvermittlung auf gleichartige oder ähnlich strukturierte Komponenten zurück. Insbesondere werden 2×2-Koppelnetze als Verteil- oder als Sortiernetze genutzt.

Wir gehen nun kurz auf die ersten drei Alternativen ein und anschließend ausführlich auf die für Hochgeschwindigkeitsanforderungen üblichen mehrstufigen Vermittlungsnetze. Aus einer wachsenden Vielfalt von Konstruktionsmöglichkeiten für ATM-Vermittlungsknoten stellen wir eine Variante auf der Basis von Sortiernetzen und einen typischen Vorschlag für eine *Cut-Through*-Vermittlung im Detail vor.

9.1.1 Verteilung über ein gemeinsames (Speicher-)Medium

Diese Vermittlungsart ist als *Multiplex-Demultiplex-Verfahren* einzuordnen, wobei zunächst alle Eingänge zusammengeschaltet werden und der Gesamteingangsstrom danach auf die Ausgänge aufgeteilt wird.

Die Verteilung von Zellen über einen gemeinsamen Speicher setzt voraus, daß der schreibende Zugriff von M Eingängen und der lesende Zugriff von M Ausgängen synchronisiert durchgeführt wird. Während des Einlesens muß festgestellt werden, zu welchem Ausgang eine ankommende Zelle gelangen soll. Für jeden Ausgang muß zu jeder Taktzeit bekannt sein, ob eine Zelle dafür vorliegt, um dann die nächte von möglicherweise mehreren solchen Zellen dorthin auszulesen.

Die Abwicklung der Zugriffssteuerung durch eine zentrale Einheit stößt mit zunehmender Gesamtkapazität an ihre Leistungsgrenze und schränkt die Skalierbarkeit der Lösung ein.

Eine Alternative ist die Verteilung von Zellen über ein gemeinsames Medium. Ein Bussystem kann die Zellen in einem Zeit-Multiplex-Verfahren von den Eingängen entgegennehmen. Alle Ausgänge haben gleichzeitig Zugriff auf den Bus und erkennen, ob eine darüber laufende Zelle für sie bestimmt ist. In diesem Fall übernehmen sie die Zelle entweder zur sofortigen Übertragung oder in einen vor dem Ausgang plazierten Puffer.

Auch in diesem Ansatz muß für die Übertragungskapazität des Busses die Summe der Kapazitäten der Eingänge angesetzt werden. Die Ausgänge müssen in der Geschwindigkeit des Busses und damit der M-fachen eigenen Übertragungskapazität mitlesen. Für Hochgeschwindigkeitsanschlüsse begrenzt die erhöhte interne Verarbeitungsgeschwindigkeit des Busses wieder die Größe solcher Vermittlungseinheiten. Die Ausgänge arbeiten parallel mit getrennten Puffern, was mehr Effizienz bringt, aber auch dazu führt, daß ein Ausgangspuffer überlaufen kann, während ein anderer gleichzeitig Platz frei hat. Die Ausnutzung des Speichers ist also ungünstiger als in der Variante mit gemeinsamem Speicher.

9.1.2   Schaltmatrizen und Zeit-Multiplex-Verfahren

Ein Vermittlungsknoten kann durch eine Schaltmatrix oder durch Vertauschen von Zeitfenstern in einem Zeit-Multiplex-Rahmen gestaltet werden. Schaltmatrizen sind auf analoge und digitale Technik anwendbar. In der ATM-Zellen-Vermittlung wird das Prinzip unter der Bezeichnung *Knock-Out-Switch* mit Puffern an den Ausgängen verwendet. Das Zeitmultiplex-Verfahren ist speziell auf digitale Leitungsvermittlung ausgerichtet.

Eine $M \times M$-Schaltmatrix hat M^2 Kreuzungspunkte, über die die Ein-/Ausgangspaare wahlweise miteinander gekoppelt werden. Das Bild 9.2 zeigt das Beispiel einer 8 × 8-Schaltmatrix mit einigen durchgeschalteten Verbindungen. Der schaltungstechnische Aufwand wächst bei dieser Vermittlungsart quadratisch mit der Anzahl M von Ein- und Ausgängen. Bei einer großen Zahl von Ein-/Ausgängen wird der Aufwand ungünstig im Vergleich zu 2×2-Koppelnetzen. Anders als bei den Varianten über ein gemeinsames Medium wächst der Realisierungsaufwand nicht durch erhöhte interne Verarbeitungsgeschwindigkeit, sondern durch die Zahl von Ein-/Ausgängen. 1:n-*Multicast*-Verbindungen sind auf Schaltmatrizen einfach herzustellen.

Die Vermittlung durch Vertauschen von Zeitfenstern geht von einem ankommenden und abgehenden Datenstrom im Zeit-Multiplex-Verfahren aus. Die Daten sind in Rahmen mit je M Zeitfenstern unterteilt, so daß einem Eingang ein bestimmtes Fenster in jedem Rahmen zugeteilt wird. Ein Rahmen umfaßt Daten von allen Eingängen, die innerhalb eines bestimmten Zeitintervalls eintreffen.

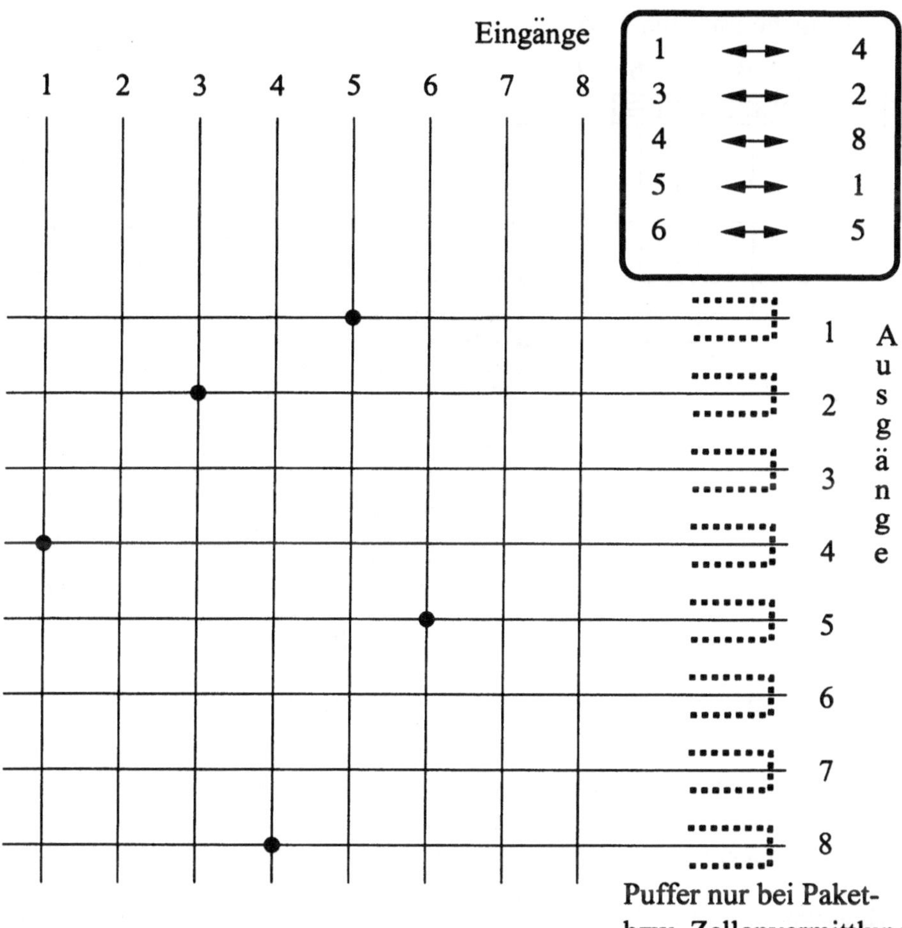

Bild 9.2: Vermittlung über eine Schaltmatrix

Ein Rahmen wird zunächst komplett in einen Puffer eingelesen und für eine Taktzeit zwischengespeichert. Beim Auslesen aus dem Puffer werden die Zeitfenster entsprechend der Ein-/Ausgangszuordnung umsortiert. Das Bild 9.3 stellt das Prinzip
am Beispiel derselben Zuordnung wie im Bild 9.2 dar.

Der Aufwand für das Verfahren wächst wie der Speicherplatzbedarf des Puffers
nur linear mit M. Allerdings unterliegt die Dauer eines Rahmens gewissen Zeitan-
forderungen, die wiederum die Anzahl der Zeitfenster und damit der Ein- und
Ausgänge beschränken. Die Sprachübertragung im ISDN erfolgt im Zeitmultiplex
mit Rahmen von 0,125 ms Dauer für je ein Byte pro 64 kbit/s-Sprachkanal. Die
Gesamtkapazität beträgt dafür $M \cdot 64$ kbit/s.

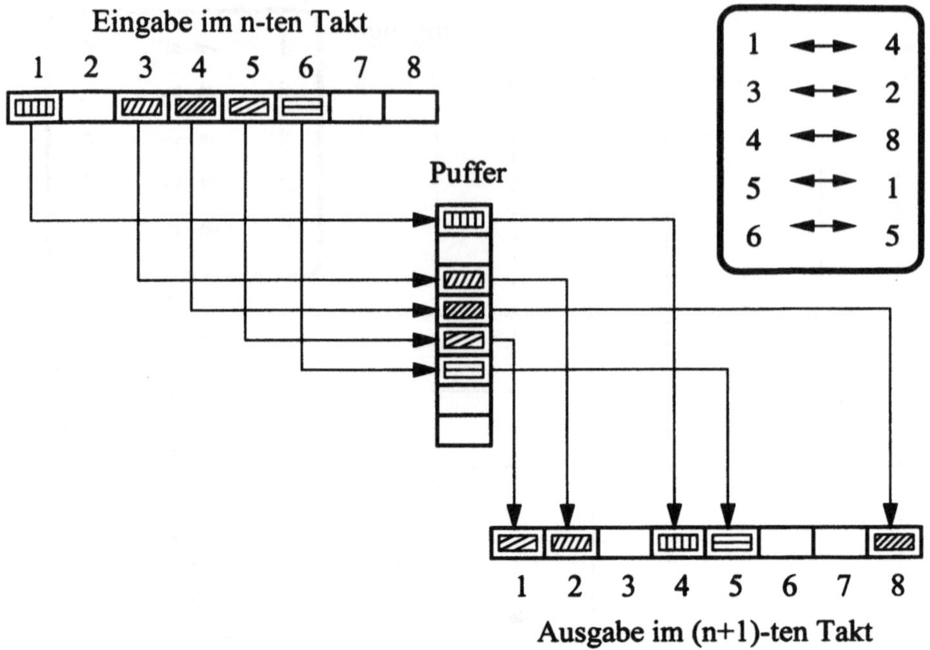

Bild 9.3: Vermittlung durch Vertauschung von Zeitfenstern

Die Vermittlungsverfahren lassen sich in mehrstufigen Anordnungen mit einer Vielzahl von Ein-/Ausgängen kombinieren. So kann ein 64×64-Multiplexer durch Kombination ineinandergeschachtelter 8×8-Multiplexer realisiert werden. Solche Kombinationen werden sogar mit unterschiedlichen Vermittlungsarten ausgeführt, z.B.
eine Schaltmatrix verschachtelt mit Zeitmultiplexern. Die im folgenden beschriebenen mehrstufigen Vermittlungsknoten können als Verfeinerung solcher Kombinationen auf einheitlicher Basis von 2×2-Schaltelementen gesehen werden.

9.2 Mehrstufige 2×2-Koppelnetze

Im Bild 9.4 sind ein Baseline- und ein Banyan-Netz als zwei typische Realisierungen mehrstufiger Schaltnetze aus 2×2-Koppelelementen dargestellt. Es handelt
sich um $2^N \times 2^N$-Verteilnetze mit N Stufen. Jede Stufe besteht aus 2^{N-1} parallel
angeordneten 2×2-Schaltelementen. Zwischen den Stufen befinden sich Permutationsschaltungen, die jeden Ausgang einer Stufe mit einem Eingang der nächsten
Stufe verbinden. Vor der ersten Stufe oder nach der letzten Stufe können ebenfalls
Permutationen erfolgen wie z.B. im Banyan-Netz.

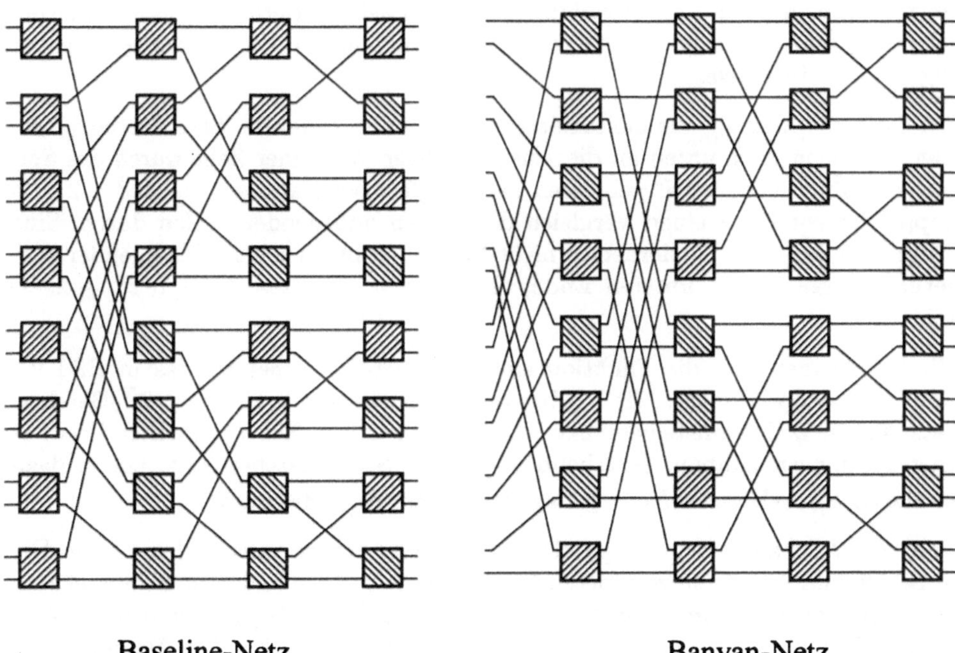

Baseline-Netz   Banyan-Netz

Bild 9.4: Beispiele für 2×2-Schaltnetze

In beiden abgebildeten Verteilnetzen führt je ein Weg von einem Eingang zu einem Ausgang. Ein bestimmter Ausgang wird durch N Entscheidungen an den Stufen angesteuert. An jedem Schaltelement kann sich eine anliegende Verbindung bzw. eine ankommende ATM-Zelle für den oberen oder unteren Ausgang entscheiden.

Bezeichnet man mit $a_i \in \{0,1\}$ die Entscheidung auf Stufe i, so daß $a_i = 0$ den oberen Ausgang und $a_i = 1$ den unteren Ausgang ansteuert, und bezeichnet man einen bestimmten Ausgang mit dem Binärvektor $Y = (y_1, \cdots, y_N)$ in einer von oben nach unten binär durchnumerierten Reihenfolge, so gelangt man sowohl im Baseline-Netz wie im Banyan-Netz offenbar zu dem Ausgang, der direkt dem Ansteuerungsvektor entspricht $Y = (y_1, \cdots, y_N) = (a_1, \cdots, a_N) = A$. Es handelt sich um sogenannte *Self-Routing*-Netze, in denen ein Ausgang angesteuert wird ohne Bezug zu dem Eingang, an dem die Zelle ankam. Die zugehörigen Struktureigenschaften von Schaltnetzen werden im Abschnitt 9.3 allgemein aufgezeigt.

Im folgenden werden zwei Varianten für ATM-Vermittlungsknoten vorgestellt, in denen Baseline-, Banyan- bzw. Reverse-Banyan-Netze als Bestandteile auftreten.

9.2.1 Batcher-Sortiernetze

2×2-Koppelnetze eignen sich zum Sortieren anliegender Datenpakete bzw. Zellen nach einem daraus zu entnehmenden Schlüssel. Sortiernetze mit Parallelverarbeitung und einem hohen Datendurchsatz sind in der Datenverarbeitung von allgemeinem Interesse.

Ein Sortiernetz bringt die gleichzeitig eingegebenen Zellen in ihrer Sortierreihenfolge von oben nach unten an die Ausgänge. Der Weg einer Zelle durch das Sortiernetz hängt von den Ergebnissen der Vergleichsoperationen ab. Jedes 2×2-Koppelelement führt einen Vergleich der beiden anliegenden Zellen durch. Sind einige Eingänge des Sortiernetzes nicht belegt, so bleiben bei aufsteigender Sortierung Ausgänge am unteren Ende, also an den Adressen $2^N - 1, 2^N - 2, \cdots$ frei.

Wir beschreiben nun die Funktion eines Batcher-Sortiernetzes, das in Bild 9.5 für $N = 4$ dargestellt ist. Mit S_N^+ bzw. S_N^- bezeichnen wir ein $2^N \times 2^N$-Batcher-Netz, das die Zellen aufsteigend bzw. absteigend sortiert. Ein S_N^+-Batcher-Netz hat einen rekursiven Aufbau, bestehend aus einem S_{N-1}^+-Batcher-Netz, einem dazu parallelen S_{N-1}^--Batcher-Netz, gefolgt von einem M_N^+-Mischnetz.

Jedes 2×2-Schaltelement vergleicht die Schlüssel zweier anliegenden Zellen. Die im Bild 9.5 mit $<$ gekennzeichneten Vergleicher leiten den kleineren Schlüssel zum oberen Ausgang, während die $>$-Vergleicher umgekehrt den größeren nach oben bringen. Für gleich große Schlüssel ist die Zuordnung beliebig. Zur Beibehaltung der Zellen-Reihenfolge in ATM-Netzen sollten Zellen mit gleich großen Schlüsseln jedoch nicht vertauscht werden.

Liegt nur eine Zelle an, so wird der nicht belegte Eingang als größer bewertet. Ein S_N^+-Batcher-Netz enthält mit hinterem Teil ein M_N^+-Mischnetz, das nur $<$-Vergleicher aufweist. In M_{N-1}^--Mischnetzen kommen dagegen nur $>$-Vergleicher vor. Das S_{N-1}^--Netz stimmt im vorderen Bereich mit dem S_{N-1}^+-Netz überein, unterscheidet sich aber durch den Abschluß mit einem M_{N-1}^--Mischnetz.
Ein S_1^+-Netz ist einfach ein $<$-Vergleicher und das S_1^--Netz ein $>$-Vergleicher.

Der rekursive Aufbau des Batcher-Sortiernetzes bedingt auch einen rekursiven Sortiervorgang. Im S_N^+-Netz liefern die von der Eingangsseite angeschlossenen S_{N-1}^+ bzw. S_{N-1}^--Netze als Ergebnis eine aufsteigend und eine absteigend sortierte Folge, die die obere bzw. untere Hälfte der Eingänge des anschließenden M_N^+-Mischnetzes belegen. Das Mischnetz arbeitet dann nach dem Prinzip des Sortierens durch *bitonisches Mischen*, das eine aufsteigende Schlüsselfolge $a_1 \leq a_2 \leq \cdots \leq a_k$ mit einer absteigenden Folge $b_1 \geq b_2 \geq \cdots \geq b_l$ zu einer sortierten Gesamtfolge vereinigt.

Jede Stufe des Mischnetzes macht sich unter diesen Voraussetzungen und für die Länge $k + l = 2^N$ der Gesamtfolge die Beziehung zunutze:

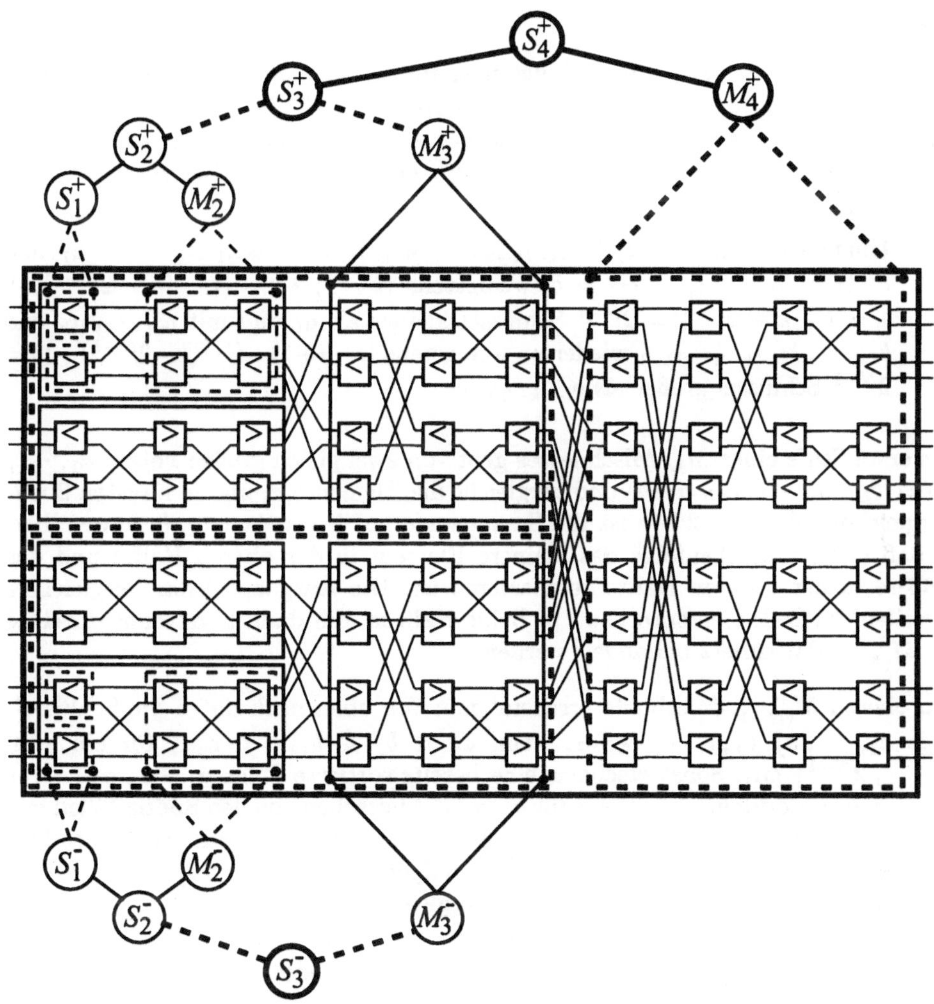

Bild 9.5: Rekursiver Aufbau eines 16 × 16-Batcher-Sortiernetzes

Satz 9.1

Für $1 \leq i \leq k$ und $k - 2^{N-1} < i \leq 2^{N-1}$ befindet sich der kleinere der beiden Schlüssel a_i und $b_{i-(k-2^{N-1})}$ in der ersten Hälfte der aufsteigend sortierten Gesamtfolge, während der größere in der zweiten Hälfte liegt.

Die Aussage ist der einfachen Darstellung halber unter der Annahme getroffen, daß alle Schlüssel verschieden sind. Sie gilt entsprechend auch für mehrere gleiche Schlüssel, deren Position in der Sortierreihenfolge nicht eindeutig festliegt.

Beweis:

Im Fall $a_i < b_{i-(k-2^{N-1})}$ findet man mit $a_i < a_{i+1} < \cdots < a_k$ und $a_i < b_{i-(k-2^{N-1})} < \cdots < b_1$ wenigstens $(k-i)+i-(k-2^{N-1}) = 2^{N-1}$ Schlüssel, die größer als a_i sind. Gleichzeitig sind mit $a_1, \cdots, a_i$ und $b_{i+1-(k-2^{N-1})}, \cdots, b_l$ ebenfalls wenigstens $i+l-(i-(k-2^{N-1})) = l+k-2^{N-1} = 2^{N-1}$ Schlüssel kleiner als $b_{i-(k-2^{N-1})}$.

Umgekehrt sind für $a_i > b_{i-(k-2^{N-1})}$ wegen $a_i > a_{i-1} > \cdots > a_1$ und $a_i > b_{i-(k-2^{N-1})} > \cdots > b_l$ wenigstens $(i-1)+l-(i-(k-2^{N-1})) + 1 = l+k-2^{N-1} = 2^{N-1}$ Schlüssel kleiner als a_i und mit $a_i, \cdots, a_k$ und $b_1, \cdots, b_{i-(k-2^{N-1})-1}$ wiederum wenigstens $(k-i+1)+(i-(k-2^{N-1})-1) = 2^{N-1}$ Schlüssel größer als $b_{i-(k-2^{N-1})}$.

Die erste Stufe eines M_N^+-Mischnetzes geht von zwei gleich großen Folgen $a_1, \cdots, a_{2^{N-1}}$ und $b_1, \cdots, b_{2^{N-1}}$ aus und vergleicht die Elemente a_i und b_i im i-ten 2×2-Vergleicher. Mit $k = 2^{N-1}$ ist die Satzaussage auf jedes Paar a_i, b_i anwendbar, so daß in Sortierreihenfolge das kleinere Element in der oberen Hälfte und das größere in der unteren Hälfte zu plazieren ist. Die Ausgänge jedes Vergleichers verteilen die Zellen entsprechend in beide Hälften, die danach getrennt durch je ein $M_{(N-1)}^+$-Mischnetz behandelt werden.

Am oberen $M_{(N-1)}^+$-Mischnetz erscheint nun von oben nach unten die Schlüsselfolge $a_1, \cdots, a_j, b_{j+1}, \cdots, b_{2^{N-1}}$, wenn $a_j < b_j < b_{j+1} < a_{j+1}$ für ein $j \in \{1, \cdots, 2^{N-1}\}$ gilt. Sonst erscheint eine bereits sortierte Folge $a_1, \cdots, a_{2^{N-1}}$ für $a_{2^{N-1}} < b_{2^{N-1}}$ oder $b_1, \cdots, b_{2^{N-1}}$ für $a_1 > b_1$. Abgesehen von den Spezialfällen mit einer sortierten Folge, bilden die ankommenden Schlüssel zwei unterschiedlich lange aufsteigend bzw. absteigend sortierte Teilfolgen $a_1, \cdots, a_j$ und $b_{j+1}, \cdots, b_{2^{N-1}}$. Der i-te Vergleicher der folgenden Stufe vergleicht nun

- die Elemente a_i und $a_{2^{N-2}+i}$ falls $2^{N-2} + i \le j$, oder

- die Elemente a_i und $b_{2^{N-2}+i}$ falls $i \le j < 2^{N-2} + i$, oder

- die Elemente b_i und $b_{2^{N-2}+i}$ falls $j < i$.

In den drei Fällen ist der kleinere von beiden zum Vergleich anstehenden Schlüsseln wieder an eine der ersten 2^{N-2} Positionen einzuordnen, der größere dagegen in die hinteren 2^{N-2} Positionen. Im zweiten Fall kann der zuvor formulierte Satz erneut direkt angewendet werden. Damit kann fortlaufend für $n = N, \cdots, 1$ bestätigt werden, daß jedes M_n^+-Mischnetz eine aufsteigende und eine absteigende Folge von Schlüsseln an den Eingängen empfängt, die auf seiner ersten Stufe in je eine Hälfte der kleinsten bzw. größten Elemente getrennt und nach oben bzw. unten weitergeleitet werden, bis schließlich die sortierte Folge an den Ausgängen erscheint.

Der Aufwand zum Sortieren einer Folge von 2^N Elementen ist bekanntlich günstigstenfalls mit $\mathcal{O}(N \cdot 2^N)$ paarweisen Vergleichen und entsprechenden Vertauschungen zu beziffern. Das Batcher-Sortiernetz benötigt insgesamt $N(N+1) \cdot 2^{N-2}$ Vergleicher und kommt nicht ganz an den bestmöglichen Aufwand heran.

9.2.2 Batcher-Banyan-Vermittlungseinheit

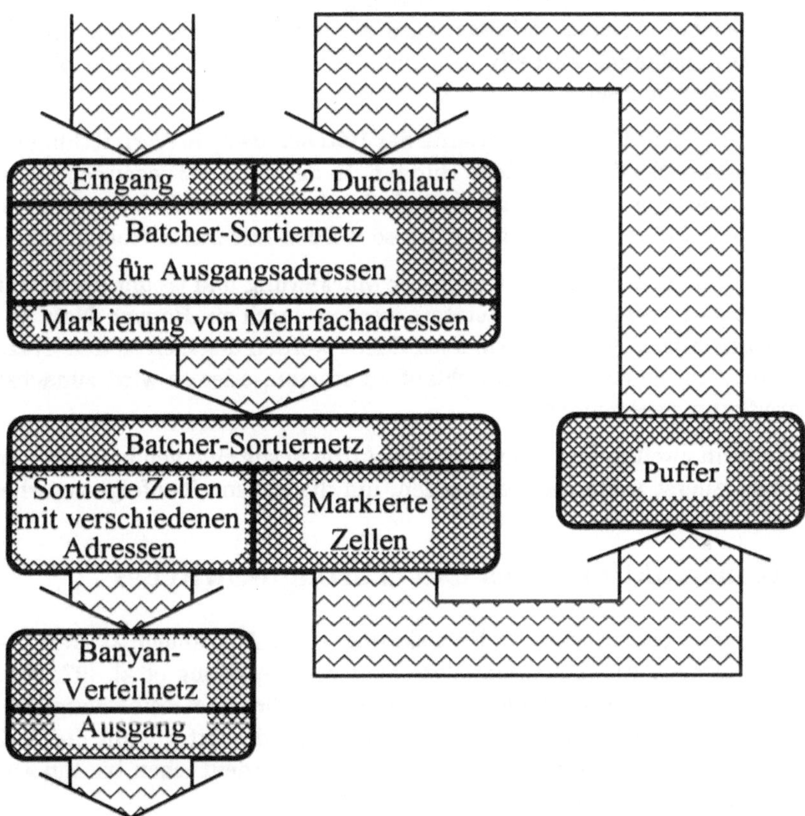

Bild 9.6: *Sunshine-Switch* mit Batcher-Banyan-Vermittlungseinheit

Mit dem Batcher-Sortiernetz als zentralem Bestandteil kann man kollisionsfreie $2^N \times 2^N$-Vermittlungsnetze aufbauen. Alle zu einer Taktzeit ankommenden Zellen werden zunächst in einem Batcher-Netz nach ihren Ausgangsadressen als Schlüssel sortiert und liegen danach in einem Block an den Ausgängen vor. Das Batcher-Sortiernetz ist von seiner Konstruktion her kollisionsfrei, da die 2 × 2-Vergleicher

ankommende Zellen entweder direkt oder vertauscht an beide Ausgänge weiterleiten, aber in keinem Fall zwei Zellen am gleichen Ausgang zusammentreffen lassen.

Sind alle Ausgangsadressen verschieden, kann das Banyan-Netz den vorsortierten
Block von Zellen kollisionsfrei auf die tatsächlichen Ausgänge verteilen. Die Eigenschaft der Kollisionsfreiheit beim Durchlaufen der Zellen durch das Banyan-Netz
wird im Abschnitt 9.3.2 in allgemeinem Zusammenhang nachgewiesen.

Sie überträgt sich von den dort betrachteten Reverse-Banyan-Netzen infolge der
spiegelbildlichen Symmetrie unter Umkehrung der Ein-/Ausgangsbeziehung. Für
Zellen mit gleicher Ausgangsadresse wäre allerdings eine Kollision im Banyan-
Verteilnetz zwangsläufig, weshalb von mehreren solchen Zellen alle bis auf eine
aussortiert werden müssen.

Die als Sunshine-Netz bekannte Variante der Batcher-Banyan-Vermittlung beginnt
mit einem Batcher-Sortiernetz, siehe Bild 9.6. In der dann vorliegenden Sortierung
nach Ausgangsadressen lassen sich mehrfache Adressen leicht erkennen, und in
einer Menge von Zellen mit gleicher Adresse werden alle außer einer markiert.

Ein weiteres Batcher-Netz sortiert nach der Markierung und trennt die markierten
von den nicht markierten Zellen. Letztere werden durch ein Banyan-Netz zu ihren
Ausgängen weitergeleitet. Die markierten Zellen werden dagegen zu den Eingängen
zurückgeführt, um einen neuen Durchlauf zu starten, oder es wird zunächst eine
Zwischenpufferung notwendig.

Hat eine Zelle im zweiten Durchlauf dieselbe Adresse wie eine neu hereinkommende
Zelle, muß sie zuerst weitergeleitet werden, um die Zellenreihenfolge zu erhalten.

9.2.3   Konstruktion eines Cut-Through-Switches

Wir stellen eine weitere typische Realisierung eines N-stufigen $2^N \times 2^N$-ATM-
Vermittlungsknotens vor, die einem Vorschlag von De Zhong et al. [97, 98] folgt,
siehe Bilder 9.7-9.9. Sie wird hier stellvertretend für eine Reihe vergleichbarer
Alternativen auf fortgeschrittenem Entwicklungsstand erörtert, um die Anforderungen und die daraus resultierenden Probleme zu verdeutlichen bis hin zu einer
effizienten und skalierbaren Lösung.

Die Eingänge führen auf jeder Stufe über 1×2-Multiplexer (S) zu zwei nachfolgenden Verteiler-Elementen (D). Die 1×2-Multiplexer vermeiden zunächst Blockierungen von Zellen. Ihre Ausgänge sind über die N Stufen in der Struktur eines
Baseline-Netzes weiterverbunden.

Für jede ankommende Zelle kann man mit ihrer Kanal- und Pfadkennung die
zugehörige virtuelle Verbindung bestimmen. Dazu ist in der Routingtabelle des
Knotens die Ausgangsadresse angegeben, die in der *Baseline*-Netzstruktur direkt
und unabhängig vom Eingang zur Ansteuerung dient.

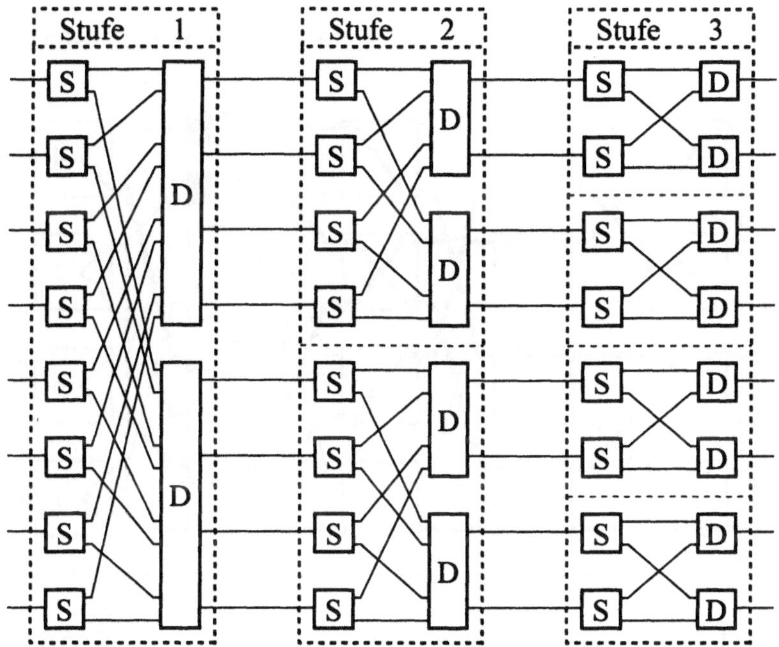

Bild 9.7: Typische Konstruktion eines 8 × 8-ATM-Vermittlungsknotens

Der binäre Ansteuerungsvektor kann der Zelle vorangestellt werden, wovon pro Stufe ein Bit im *Self-Routing*-Mechanismus ausgewertet wird. Die Kanal- und Pfadkennung im Zellenkopf wird über die Routing-Tabelle auf die für die nächste Übertragungsstrecke gültigen Werte aktualisiert.

Interne Verteilnetze für ATM-Zellen

Auf der i-ten Stufe befinden sich 2^i Verteiler (D: *Distributor*) mit 2^{N+1-i} Eingängen und 2^{N-i} Ausgängen, die wiederum direkt mit den Eingängen auf der nächsten Stufe verbunden sind. Ein 8×4-Verteiler ist im Bild 9.8 dargestellt.

Allgemein kann ein $2M \times M$-Verteiler pro Taktzeit bis zu $2M$ Zellen annehmen und M Zellen weiterreichen. Wenn mehr als M Zellen ankommen, werden die überzähligen in Puffern zwischengespeichert, solange der Platz reicht.

Aufgabe der Verteiler ist es, die Zellen gleichmäßig und ohne Beachtung ihres eigentlichen Zieles über die Ausgänge bzw. die vorgeschalteten Puffer zu streuen und bei Überlastung dort zwischenzuspeichern.

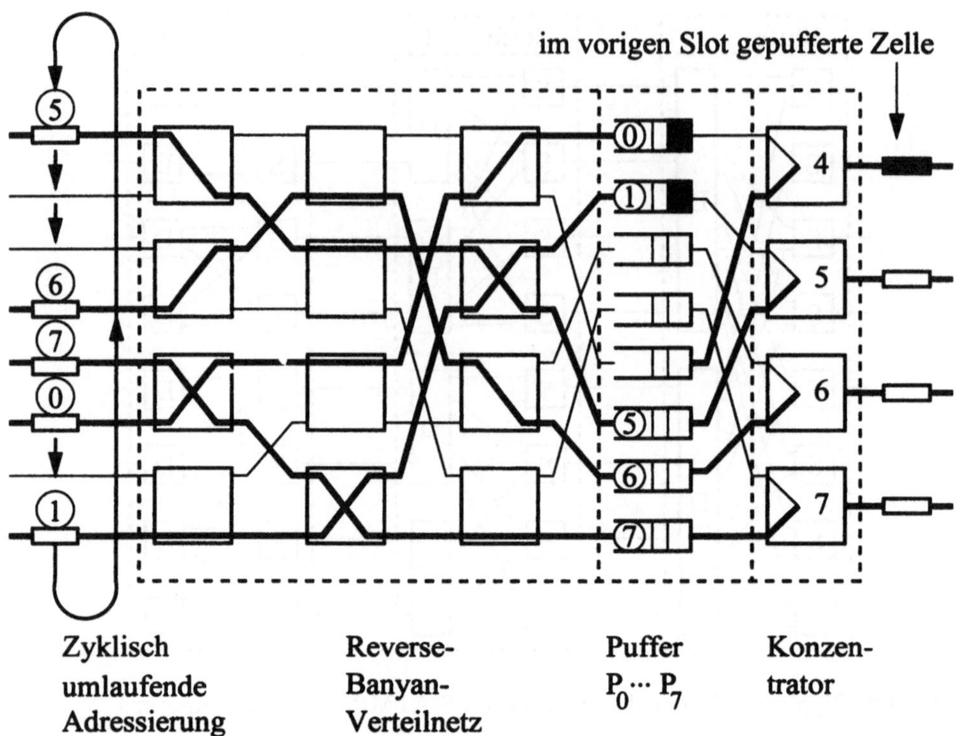

Bild 9.8: Ein 8 × 4-Verteiler im ATM-Vermittlungsknoten

Die gleichmäßige Verteilung wird erreicht, indem die Ausgänge zyklisch umlaufend belegt werden. Wenn eine Zelle den Puffer P_i ansteuert, so wird die nächste Zelle zum Puffer $P_{(i+1) \bmod 2M}$ gelenkt.

Das Bild 9.8 zeigt ein Beispiel für die zyklisch umlaufende Verteilung von fünf gleichzeitig ankommenden Zellen auf die Puffer P_5, P_6, P_7, P_0 und P_1, nachdem die letzte zuvor angekommene Zelle im Puffer P_4 zwischengespeichert wurde. Die Pufferadressierung wird mit Hilfe eines modulo-$2M$-Zählwerks für alle gleichzeitig ankommenden Zellen vorgenommen. Dieses inkrementiert einen Anfangsstand für jede an einem Eingang vorgefundene Zelle von oben nach unten und versieht die Zelle mit der so berechneten Pufferadresse. Die Zellen durchlaufen dann gleichzeitig ein 2 × 2-Koppelnetz zu den angewiesenen Puffern.

Als Struktur des Verteilnetzes eignet sich ein *Reverse-Banyan-Netz* in idealer Weise, da es unter den vorliegenden Gegebenheiten kollisionsfrei ist, d.h. die Wege aller gleichzeitig eintreffenden Zellen führen auf jeder Stufe des Reverse-Banyan-Netzes über disjunkte Ein- bzw. Ausgänge. Eine Pufferung von Zellen innerhalb des Verteilnetzes wird dadurch erspart. Ein Nachweis der Kollisionsfreiheit wird für Reverse-Banyan-Netze und äquivalente Strukturen im Abschnitt 9.3.2 geführt.

Nach erfolgter gleichmäßiger Verteilung der Zellen auf die Puffer werden pro Takt bis zu $M = 4$ Zellen über die Ausgänge weitergeleitet. Wenn der Puffer zum Ende einer Taktzeit leer ist, werden im nächsten Takt die über die Puffer $P_0, \cdots, P_3$ eintreffenden Zellen sofort weitergereicht.

Die Pufferadressierung wird entsprechend initialisiert, so daß die Belegung bei P_0 beginnt, siehe Bild 9.9. Solange nicht alle Puffer des Verteilers vollständig geleert sind, werden in den folgenden Taktzeiten jeweils abwechselnd Zellen aus den Puffern $P_4, \cdots, P_7$ bzw. $P_0, \cdots, P_3$ ausgelesen. Ein bestimmter Puffer kommt also in jedem zweiten Takt zum Zuge. Die Pufferadressierung der Zellen wird währenddessen über mehrere Takte zyklisch umlaufend fortgeschaltet, d.h. im nächsten Takt fährt die Belegung mit $P_{(i+1) \bmod 2M}$ fort, wenn im Takt zuvor P_i zuletzt belegt wurde.

Cut-Through-Switching

Die vorliegende Konstruktion eines ATM-Vermittlungsknotens eignet sich, um Zellen in einem sogenannten *Cut-Through-Switching* bereits in einem Takt durch den gesamten Knoten zu schleusen, wenn sie nicht zwischengepuffert werden müssen.

Natürlich ist dafür zu sorgen, daß Zellen, die gleichzeitig ankommen, auch gleichzeitig vor den Verteilern jeder Stufe erscheinen, so daß der Taktgeber einen Synchronisationspunkt an jeder Stufe einhalten muß. Die Taktsignale werden von Stufe zu Stufe um eine Zeitspanne verzögert, die der maximalen Laufzeit entspricht.

Die Signallaufzeit muß über alle Stufen kleiner als die komplette Taktzeit bis zum Eintreffen der nächsten Zellen sein. Als zeitkritisch erweist sich dabei die Pufferadressierung an den großen Verteilern auf den vorderen Stufen. Die naheliegende Lösung des seriellen Weiterzählens vom ersten bis zum letzten Eingang benötigt lange Signallaufzeiten, die linear mit der Anzahl $2M$ von Eingängen zunehmen, da alle modulo-Additionen nacheinander ausgeführt werden.

Stattdessen greifen De Zhong et al. in ihrem Vorschlag auf das im Bild 9.9 für $2M = 8$ Eingänge dargestellte Zählwerk zurück. Es bewirkt denselben Zählmechanismus in einer aufwendigeren Lösung mit $M \cdot \log_2(M + 1) + 1$ modulo-Addierern statt $2M$ in serieller Berechnung. Von diesen befinden sich aber nicht mehr als $\log_2(2M)$ in Reihe, so daß eine größtmögliche Parallelität bei den Additionen erzielt wird. Die benötigte Signallaufzeit wächst also nur noch logarithmisch mit der Zahl der Eingänge und bleibt damit auch für größere Verteiler in dem für das *Cut-Through-Switching* erlaubten Rahmen.

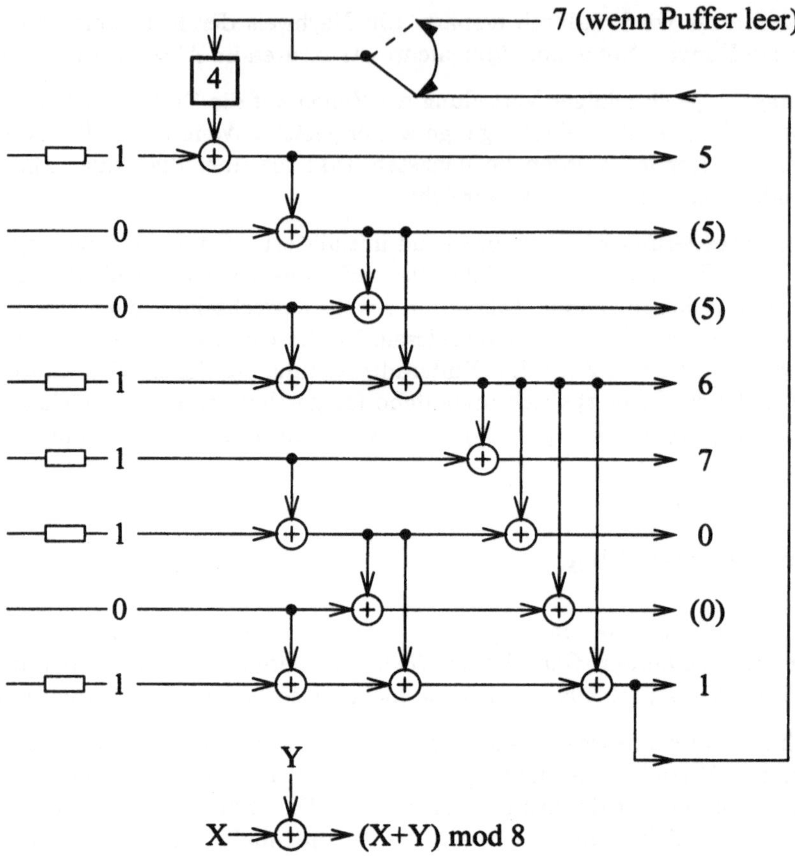

Bild 9.9: Laufzeit-optimiertes Zählwerk zur zyklischen Pufferadressierung

Erhaltung der Zellen-Reihenfolge

Für jede virtuelle Verbindung wird von ATM-Netzen die Beibehaltung der Reihenfolge der darin übertragenen Zellen garantiert, um Sortiereinrichtungen beim Empfang einzusparen. Die Vermittlungsknoten haben darauf zu achten, daß Zellen sich nicht gegenseitig überholen können. Die Zellenreihenfolge ist hier generell als Ordnungsrelation in naheliegender Weise so festgelegt, daß eine Zelle Z' sich vor der Zelle Z'' befindet ($Z' < Z''$), wenn

- entweder Z' eine oder mehrere Taktzeiten vor Z'' ankommt,

- oder Z' und Z'' gleichzeitig eintreffen und die Eingangsadresse von Z' kleiner als die von Z'' ist, d.h. der Eingang von Z' liegt im Bild 9.7 oder 9.8 weiter oben.

Zunächst läßt sich bestätigen, daß die Ordnungsrelation unter den ankommenden Zellen beim Durchlaufen eines Verteilers bestehen bleibt. Die zyklische Pufferadressierung und der damit abgestimmte Auslesevorgang von Zellen sorgen dafür, daß die Zellen den Verteiler an den Ausgängen in derselben Ordnung verlassen, in der sie an den Eingängen eingetroffen sind. Damit überträgt sich die Ordnung der Zellen einer virtuellen Verbindung über sämtliche Stufen bis zu den angesteuerten Ausgängen des Vermittlungsknotens.

Wenn man die Pufferadressierung der Zellen in den Verteilern bei leeren Puffern fortlaufen läßt und nicht wie angegeben auf P_0 initialisiert, zeigt sich, daß die Ordnungsrelation beim Durchlauf des Verteilers nicht mehr erhalten bleibt. Dann kann man Beispiele für Überholvorgänge unter den Zellen einer virtuellen Verbindung innerhalb eines Verteilers finden.

Schließlich bleibt zu bemerken, daß ein virtueller Pfad über einen Vermittlungsknoten im allgemeinen nicht nur einen Ausgang, sondern entsprechend seiner Übertragungskapazität mehrere Ausgänge in Anspruch nehmen kann. Virtuelle Pfade können an einer Vermittlungseinheit aufgespalten und an den Ausgängen neu zusammengesetzt werden.

9.3   Strukturelle Analyse von 2×2-Koppelnetzen

Mehrstufige Vermittlungsnetze aus 2×2-Koppelelementen sind sowohl für Leitungs- wie auch für ATM-Vermittlungsnetze von grundlegender Bedeutung. Eine Batcher-Banyan-Vermittlungseinheit kann direkt für Leitungsvermittlung eingesetzt werden, wenn auf das Aussortieren und Rückkoppeln mehrfacher Ausgangsadressen verzichtet wird. Blockierungsfreie Leitungsvermittlungsnetze lassen sich aber mit deutlich geringerer Stufenzahl und damit weniger Aufwand erstellen [4]. Das aus einem Baseline- und Reverse-Baseline-Netz zusammengesetzte Benes-Netz ist bereits mit $2N - 1$ Stufen rekonfigurierbar blockierungsfrei.

Wir beleuchten nun Struktureigenschaften, die eine parallele Verteilung und die für die vorgestellte Konstruktion eines ATM-Vermittlungsknotens wichtige Kollisionsfreiheit gewährleistet. Im Blickpunkt stehen N-stufige $2^N \times 2^N$-Vermittlungsnetze.

9.3.1   Ansteuerung von Ausgängen und Self-Routing

Zur genaueren Darstellung führen wir folgende Notation ein:
Die Eingänge und Ausgänge des Koppelnetzes werden als N-stellige Binärvektoren $X = (x_1, \cdots, x_N)$ und $Y = (y_1, \cdots, y_N)$ von oben nach unten durchnumeriert ($x_i, y_i \in \{0, 1\}$). In gleicher Weise werden die Ein- und Ausgänge

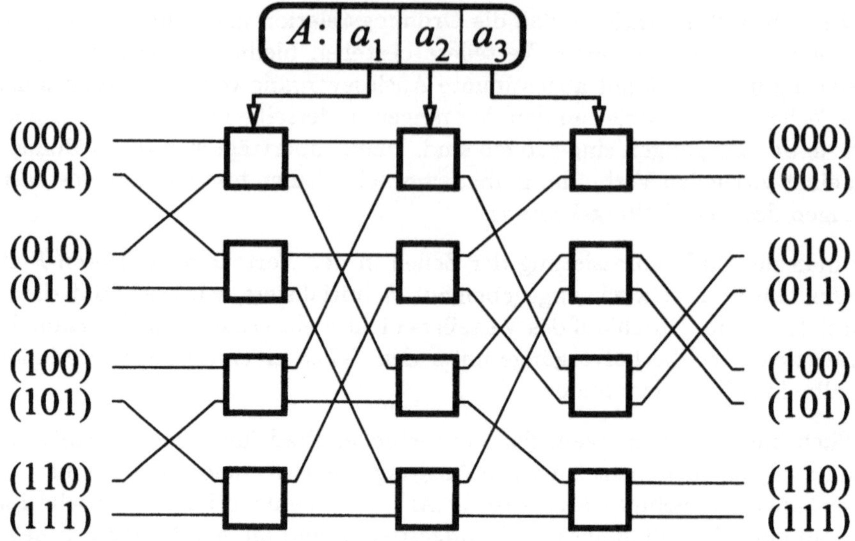

Eingang	Stufe 1		Stufe 2		Stufe 3		Ausgang
X	E_1	O_1	E_2	O_2	E_3	O_3	Y
x_1	x_1	x_1	a_1	a_1	a_2	a_2	a_1
x_2	x_3	x_3	x_3	x_3	a_1	a_1	a_2
x_3	x_2	a_1	x_1	a_2	x_3	a_3	a_3

Bild 9.10: Notation für Ein- und Ausgänge in einem Koppelnetz

der Koppelelemente auf den Stufen $i = 1, \cdots, N$ mit $E_i = (e_{i1}, \cdots, e_{iN})$ und $O_i = (o_{i1}, \cdots, o_{iN})$ bezeichnet.

Der Weg einer ATM-Zelle oder einer Verbindung bei Leitungsvermittlung durch ein Koppelnetz wird auf jeder Stufe mittels einer Entscheidung darüber bestimmt, ob das dort erreichte 2×2-Koppelelement am oberen oder unteren Ausgang verlassen wird. Diese Entscheidungen werden in einem binären Ansteuerungsvektor $A = (a_1, \cdots, a_N)$ festgehalten. Eine Zelle mit der Ansteuerung A nimmt an der Stufe i den oberen Ausgang, wenn $a_i = 0$ ist, oder für $a_i = 1$ den unteren Ausgang.

An der Stufe i wird eine Zelle vom Eingang $E_i = (e_{i1}, \cdots, e_{iN})$ zum Ausgang $O_i = (e_{i1}, \cdots, e_{i,N-1}, a_i)$ weitergeleitet, d.h. beim Durchlaufen eines Koppelelements wird stets die letzte Komponente der Adresse durch die i-te Komponente der Ansteuerung ersetzt.

Die Permutationsschaltungen vor, zwischen und nach den Stufen $1, \cdots, N$ bestimmen die Koppelnetzstruktur. Prinzipiell kann jede Permutationsschaltung eine von $2^N!$ verschiedenen bijektiven Zuordnungen zwischen Aus- und Eingängen herstellen. Tatsächlich kommen aber nur solche Schaltungen zum Einsatz, die einzelne Komponenten der Binärdarstellung der Ausgänge in den folgenden Eingängen vertauschen, wofür immerhin noch $N!$ Möglichkeiten bleiben.

Zu einer gegebenen Permutation kann man ihre Realisierung als Schaltung einfach bestimmen. Umgekehrt kann man von einer Schaltung auch einfach auf die zugehörige Permutation schließen, indem man den Weg derjenigen Ausgänge verfolgt, deren Adressen genau eine '1' enthalten.

Führt der Ausgang $(\underbrace{0, \cdots, 0}_{(k-1)-mal}, 1, 0, \cdots, 0)$ zum Eingang $(\underbrace{0, \cdots, 0}_{(\ell-1)-mal}, 1, 0, \cdots, 0)$ der nächsten Stufe, so erscheint die k-te Komponente nach der Permutation an ℓ-ter Stelle.

Man kann allgemein den Weg einer Zelle vom Eingang $X = (x_1, \cdots, x_N)$ mit der Ansteuerung $A = (a_1, \cdots, a_N)$ durch das Koppelnetz verfolgen, so daß in Abhängigkeit von X und A die von der Zelle besuchten Ein- und Ausgänge an sämtlichen Stufen bestimmt werden. Im Beispiel von Bild 9.10 durchläuft eine Zelle den in der Tabelle beschriebenen Weg:

$$\begin{aligned}
X &= (x_1, x_2, x_3) \rightarrow E_1 = (x_1, x_3, x_2) \rightarrow O_1 = (x_1, x_3, a_1) \rightarrow \\
E_2 &= (a_1, x_3, x_1) \rightarrow O_2 = (a_1, x_3, a_2) \rightarrow E_3 = (a_2, a_1, x_3) \rightarrow \\
O_3 &= (a_2, a_1, a_3) \rightarrow Y = (a_1, a_2, a_3).
\end{aligned}$$

Das Beispiel zeigt eine Übereinstimmung des Ansteuerungsvektors mit der Ausgangsadresse $A = Y$ wie schon für Baseline- oder Banyan-Netze. Dies ist eine erstrebenswerte Eigenschaft von Verteilnetzen, die ein *Self-Routing* der Zellen durch die Vermittlungseinheit allein aufgrund von Header-Information ermöglicht.

Ein *Self-Routing*-Netz ist generell durch die beiden folgenden Eigenschaften charakterisiert:

- Die letzte Komponente e_{iN} eines Eingangs E_i ist auf jeder Stufe i durch je eine Komponente des Eingangs X bestimmt, $e_{iN} = x_j$. Am Ausgang O_i wird diese Komponente durch a_i ersetzt, so daß der weitere Weg unabhängig von x_j ist. Insgesamt ist eine Ausgangsadresse O_i durch die Komponenten $a_1, \cdots, a_i$ der Ansteuerung und weitere $N - i$ verbleibende Komponenten der Eingangsadresse X bestimmt. Der Ausgang O_N ist nur noch von der Ansteuerung A abhängig und nicht vom Eingang X, an dem eine Zelle eintraf.

- Gemäß der vorgenannten Eigenschaft ist O_N eine Permutation der Ansteuerung, also $O_N = (a_{j_1}, \cdots, a_{j_N})$. Die Schaltung zwischen der Stufe N und dem Ausgang macht diese Permutation wieder rückgängig.

Es gibt zahlreiche Gestaltungsmöglichkeiten für Koppelnetze, die beide Eigenschaften erfüllen. Man kann dabei sogar auf die Schaltungen vor der ersten und nach der letzten Stufe verzichten, wenn bereits $O_n = A$ gilt.

Schließlich ist das durch $O_i = (x_i, \cdots, x_{N-1}, a_1, \cdots, a_i)$ gegebene Koppelnetz als eine Möglichkeit hervorzuheben, die *Self-Routing* sogar mit gleichartigen Schaltungen zwischen allen Stufen verwirklicht.

9.3.2 Kollisionsfreie Verteilnetze

Die Wege von Zellen in einem gegebenen Koppelnetz können mit Hilfe der Eingangsadresse X und der Ansteuerung A genau verfolgt werden, und man gelangt zu Aussagen über Kollisionen unter den gleichzeitig ankommenden Zellen. Insbesondere läßt sich die vielfach ausgenutzte Kollisionsfreiheit von Banyan- bzw. Reverse-Banyan-Netzen allgemein bestätigen.

Satz 9.2

Es wird vorausgesetzt, daß alle gleichzeitig an einem $2^N \times 2^N$-Koppelnetz ankommenden Zellen

- in Beibehaltung ihrer Eingangsreihenfolge an den Ausgängen erscheinen, abgesehen von einer möglichen zyklischen Verschiebung, und

- die Ausgänge zweier verschiedener Zellen zyklisch umgreifend nicht weiter auseinanderliegen als ihre Eingänge.

Für gleichzeitig eintreffende Zellen mit Eingangsadressen $X_1 < X_2 < \cdots < X_k$ in aufsteigender Folge erhält man als Ausgangsadressen mit beliebigem Y_1:

$$X_i \to Y_i = Y_{i-1} + d_i \bmod 2^N \quad \text{für} \quad i = 2, \cdots, k \quad \text{mit} \quad 0 < d_i \le X_i - X_{i-1}.$$

Ein N-stufiges $2^N \times 2^N$-Koppelnetz ist unter dieser Voraussetzung genau dann *kollisionsfrei*, wenn eine Zelle vom Eingang $X = (x_1, \cdots, x_N)$ zum Ausgang $Y = (y_1, \cdots, y_N)$ einen Weg über Ausgänge mit einer Darstellung

$$O_i \in \Pi(x_1, \cdots, x_{N-i}, y_{N-i+1}, \cdots, y_N)$$

auf den Stufen $i = 1, \cdots, N$ nimmt. Dabei bezeichnet $\Pi(\cdots)$ die Menge aller Permutationsvektoren mit den aufgeführten Komponenten.

Zum Nachweis der Kollisionsfreiheit machen wir zunächst die Gegenannahme: Zwei Zellen, die von den Eingängen $X = (x_1, \cdots, x_N)$ und $\tilde{X} = (\tilde{x}_1, \cdots, \tilde{x}_N)$ nach Y bzw. $\tilde{Y}$ unterwegs sind, kollidieren am Ausgang einer beliebigen Zwischenstufe

$$O_i = \tilde{O}_i \in \Pi(x_1, \cdots, x_{N-i}, y_{N-i+1}, \cdots, y_N).$$

$$\Rightarrow x_1 = \tilde{x}_1, \cdots, x_{N-i} = \tilde{x}_{N-i}$$

$$\Rightarrow |X - \tilde{X}| < 2^i \text{ in Binärdarstellung}$$

$$\Rightarrow 0 < |Y - \tilde{Y}| \bmod 2^N \leq |X - \tilde{X}| < 2^i, \text{ da die Ausgänge zyklisch umgreifend}$$
gesehen nicht weiter auseinander liegen als die Eingänge.

Aus $0 < |Y - \tilde{Y}| \bmod 2^N < 2^i$ folgt, daß sich Y und $\tilde{Y}$ in den letzten i Stellen unterscheiden.

$$\Rightarrow (y_{N-i+1}, \cdots, y_N) \neq (\tilde{y}_{N-i+1}, \cdots, \tilde{y}_N) \quad \Rightarrow \quad O_i \neq \tilde{O}_i.$$

Wenn in der Darstellung O_i eines Ausgangs entgegen der Bedingung des Satzes beide Komponenten x_k und y_k für ein $k \leq N$ fehlen, gibt es eine Kollision z.B. für den Fall, daß 2^N gleichzeitig ankommende Zellen alle Eingänge belegen und Ein- und Ausgangsadressen jeweils gleich sind. Offenbar kollidieren zwei Zellen, deren Eingangsadressen sich nur in $x_k \neq \tilde{x}_k$ unterscheiden und in allen übrigen Eingangs- und damit auch den Ausgangskomponenten übereinstimmen.

Die gemäß des Satzes bestimmte Klasse kollisionsfreier Netze zeichnet sich ebenso durch die beiden folgenden Bedingungen für die letzte Komponente jedes Eingangs $E_i = (e_{i,1}, \cdots, e_{i,N})$ und für die Ansteuerung aus:

$$e_{iN} = x_{N-i+1} \quad \text{und} \quad y_i = a_{N-i} \quad \text{für } i = 1, \cdots, N.$$

Die Ansteuerung eines kollisionsfreien Netzes ist also durch $A = (a_1, \cdots, a_N) = (y_N, \cdots, y_1)$ in Umkehrung des Ausgangsvektors Y gegeben. Hierfür ist eine Permutation zwischen der Stufe N und dem Ausgang Y unverzichtbar, da ansonsten $a_N = o_{NN} = y_1$ gelten würde. Für alle anderen Permutationsschaltungen verbleiben je $(N-1)!$ Möglichkeiten, die auch die erste Bedingung und damit die Kollisionsfreiheit sicherstellen.

Die Kollisionsfreiheit für das im Vorschlag eines *Cut-Through-Switch* [97] als Verteilnetz eingesetzte Reverse-Banyan-Netz ist für zyklisch umlaufende Ausgangsadressierung gewährleistet, wobei dort alle angesteuerten Ausgänge in einem Block direkt benachbart sind, entsprechend dem Spezialfall $d_i = 1$ des Satzes 9.2.

Ebenfalls im Spezialfall $d_i = 1$ überträgt sich die Kollisionsfreiheit von Reverse-Banyan-Netzen in Umkehrung auf Banyan-Netze, wenn die Zellen dort in einem Block benachbarter Eingänge eintreffen und ohne Änderung der Reihenfolge auf beliebige Ausgänge verteilt werden. Banyan- und Reverse-Banyan-Netze sind zueinander spiegelbildlich angeordnet, so daß Ein- und Ausgänge und allgemein die i-te mit der $N - i$-ten Zwischenstufe vertauscht sind. Unter Beachtung dieser Vertauschung bleiben die Verbindungen und Blockierungseigenschaften unangetastet. Der Satz 9.2 ist daher auf Banyan-Verteilnetze anwendbar, siehe Bilder 9.4, 9.6 und 9.8.

9.4 Leistungskriterien für Vermittlungsknoten

Die Konstruktion von ATM-Vermittlungsknoten, die die gestellten Anforderungen bei möglichst kostengünstigem Schaltungsaufwand erfüllen, hängt von der Größe, d.h. genauer von der Zahl der Ein- und Ausgänge, und von ihren Übertragungsraten ab. Neben den beiden in den Abschnitten 9.2.1-9.2.3 vorgestellten Konstruktionen für Vermittlungsknoten gibt es eine Reihe weiterer Vorschläge. Ausführliche Darstellungen über ATM-Vermittlungsknoten findet man z.B. in [4, 13, 3, 18, 27, 71].
Wesentliche Gütekriterien der Konstruktion von ATM-Vermittlungsknoten sind

- der Hardware-Aufwand für die Schaltungen (*Chip-Count* [18]),

- die Verzögerung für Zellen bei einer Weitervermittlung ohne Pufferung (*Cut-Through-Switching* [97]) und

- die Pufferausstattung, die durch Kollisionen z.B. an einem gleichzeitig mehrfach angesteuerten Ausgang notwendig wird (*Input-, Shared-, Output-Buffering* [4, 13, 71]).

Für kleine ATM-Switches im Bereich lokaler Netze mit einer Kapazität bis zu wenigen Gbit/s gibt es bereits Prototypen, die unter Nutzung eines gemeinsamen (Speicher-)Mediums auf einen Chip Platz finden.

Für größere Knoten ist auf der Basis mehrstufiger $2^N \times 2^N$-Vermittlungsknoten zunächst die Anzahl der 2×2-Koppelelemente für den Schaltungsaufwand entscheidend. Ein Batcher-Sortiernetz hat $N(N+1)/2$ Stufen mit je 2^{N-1} Koppelelementen. Die Konstruktion gemäß [97] ist zunächst N-stufig mit 2^{N-1} 1×2-Schaltelementen und zusätzlichen Verteilern, die auf Stufe i allerdings wiederum $(N-i)$-stufige Reverse-Banyan-Netze enthalten, so daß $(N-1)N/2$ Stufen mit je 2^{N-1} Koppelelementen zusammenkommen. Für die Gegenüberstellung ist zu bemerken, daß ein 2×2-Vergleicher für N-stellige Schlüssel aufwendiger zu realisieren ist als ein 2×2-Schaltelement im Reverse-Banyan-Netz, das nur je ein Bit auswerten muß.

Beide betrachteten Konstruktionen erlauben prinzipiell ein *Cut-Through-Switching* bis zu einer gewissen Größe des Knotens. Der Vorschlag [97] sieht Taktgeber zur Synchronisation vor jedem Verteiler vor, die von Stufe zu Stufe um ein entsprechendes Intervall verzögert werden. Während hier eine Synchronisation an N Stufen erfolgt, ist dies im Batcher-Sortiernetz an allen $N(N+1)/2$ Stufen notwendig, was die Taktfrequenz enger begrenzt.

Bei der Pufferung sind Varianten mit Puffern nur an den Eingängen, nur den Ausgängen, verteilt über die Stufen des Knotens oder als zentraler gemeinsamer Puffer denkbar. Puffer an den Eingängen haben den Nachteil, daß unnötige *Head-of-Line Blockierungen* auftreten können. Wenn die erste Zelle vor dem Eingang aufgrund einer Ausgangs-Kollisionen mit anderen Zellen nicht vermittelt werden kann, so müssen hinter ihr womöglich andere Zellen warten, die zu einem unbelegten Ausgang wollen und daher sofort vermittelt werden könnten. Ein einziger stark überlasteter Ausgang kann damit zur Blockierung des gesamten Knoten führen.

Der Vorschlag [97] verteilt die Puffer auf alle Stufen. Dabei werden die Puffer auf den vorderen Stufen von einer Vielzahl von Ausgängen und den zugehörigen virtuellen Verbindungen gemeinsam genutzt. Durch die regelmäßige Bedienung der Puffer kommt es hier nicht zu strikten Head-of-Line-Blockierungen. Auch haben [97] durch Analyse ihres Knotens mit einer zufallsbedingten, wenn auch gleichmäßig auf die Ausgänge verteilten Verkehrslast, festgestellt, daß Überlastungen fast ausschließlich in den Puffern der hinteren Stufen zu erwarten sind. Zur Vermeidung von Zellenverlusten sind entsprechend angepaßte Puffergößen erforderlich, die wiederum den Hardware-Aufwand erhöhen.

Das Sunshine-Vermittlungsnetz mit Batcher- und Banyan-Teilnetzen verwirklicht das Prinzip eines *Output-Buffered Switch*, da nur solche Zellen markiert und aussortiert werden, die mit einer anderen am selben Ausgang in Konflikt geraten würden.

Der benötigte Pufferplatz hängt ab

- von der Art des Quellverkehrs der Sender, insbesondere seinen zeitlichen Schwankungen (*Burstiness*),

- von den Zulassungskriterien für neue Verbindungen in ATM-Netzen unter Berücksichtigung von Quality-of-Service-Anforderungen,

- von der Kontrolle des tatsächlichen Sendeablaufs, orientiert an den beim Verbindungsaufbau zugestandenen QoS-Parametern; unterstützend kann man Glättungspuffer am Netzzugang einrichten (*Traffic Shaping*),

- von der Strategie zum Entfernen von Zellen bei Überlast mit je nach Verbindung unterschiedlichen Anforderungen, sowie der Kennzeichnung durch das *Cell-Loss-Priority(CLP)-Bit* innerhalb einer Verbindung und

- von den Kapazitätsanteilen, die für jede Verbindung auf den einzelnen Teilstrecken vorgesehen werden und der daraus resultierenden Auslastung der Übertragungswege.

Es wird angestrebt, Auslastungen von über 80-90% zuzulassen und gleichzeitig die Zellenverlustraten der Vermittlungsknoten im Bereich der Fehlerrate von Glasfaserkabeln, also unter 10^{-9} zu halten, zumindest für Dienste mit hohen Anforderungen. Es findet hier eine Wechselwirkung statt, wobei die Absicherung durch Pufferspeicher als Spielraum von den eben genannten Kontrollmechanismen genutzt werden kann, die aufeinander abgestimmt sein müssen.

Entsprechend schwierig sind genaue Vorausschätzungen des Pufferplatz-Bedarfs, die durch Auswertungen von Modellen mittels analytischen Methoden und Simulation gewonnen werden, siehe folgendes Kapitel.

Viele Modelle gehen von stark vereinfachenden Annahmen über die stochastischen Eigenschaften des Verkehrs aus, etwa von M/D/1-oder M/G/1-Bedienmodellen, die die Ankünfte von Zellen an einem Knoten als einen Poisson-Prozeß mit gleichbleibender Senderate annehmen.

Es ist jedoch abzusehen, daß der Verkehr in ATM-Netzen völlig andere Eigenschaften hat, was diese und ähnliche Modelle unrealistisch erscheinen läßt. Die so erzielten Resultate für den Pufferplatz-Bedarf bieten bestenfalls eine grobe Orientierung und sind als viel zu optimistisch einzustufen, da nicht berücksichtigte zeitlichen Schwankungen der Senderate erheblich mehr Pufferplatz erfordern oder Pufferung gar völlig wirkungslos machen.

Auch wurde bereits erwähnt, daß von mehreren Ausgängen gemeinsam genutzte Puffer generell eine deutlich niedrigere Zellenverlustrate im Vergleich zu getrennten Puffern erzielen. Bei getrennten Puffern steht jedem Ausgang nur ein Anteil von 2^{-N} der gesamten Pufferkapazität zur Verfügung, was in Überlastungssituationen zu einem erhöhten Verlustrisiko in einzelnen Verbindungen führt. Allerdings erfordert ein gemeinsamer Puffer einen komplizierteren Zugriffsmechanismus, um Schreib- bzw. Lesezugriffe aller beteiligten Ein- bzw. Ausgänge mit hoher Geschwindigkeit zu koordinieren.

Optische Vermittlungsnetze

Ein zukunftsweisendes Forschungsgebiet befaßt sich mit der Konstruktion von Vermittlungsknoten auf rein optischer Basis. Da ATM-Vermittlungsknoten in der Regel durch Glasfaser-Übertragungsstrecken verbunden sind, wäre es von großem Vorteil, dieselbe Technik auch in den Knoten selbst fortzuführen, so daß auf die aufwendigen Umwandlungen von optischen in elektrische Signale und umgekehrt verzichtet werden könnte.

Realisierbare Konzepte für optische 2×2-Schaltelemente und auch größere Vermittlungseinheiten liegen bereits vor. Mehr Probleme bereitet dagegen die Realisierung optischer Pufferspeicher. Bisherige Vorschläge verweisen Zellen, die nicht sofort vermittelbar sind in eine Warteschleife [18, 81]. Ein Puffer mit N Warteplätzen benötigt angepaßte Warteschleifen für dementsprechende Verzögerungen.

Die enorme Lichtgeschwindigkeit, die sich sehr vorteilhaft in kurzen Übertragungsverzögerungen auswirkt, erweist sich hier umgekehrt als Hindernis und bedingt große Kabellängen für die Warteschleifen. Doch ist dies vielleicht noch nicht der Weisheit letzter Schluß und die Frage, ob und wann in Zukunft die Generation optischer Vermittlungsknoten auf uns zukommt, bleibt offen.

10 Verkehrsmodellierung und Dienstgüte (QoS)

10.1 Darstellung des Verkehrs in ATM-Netzen

Die klassische Warte- und Bedientheorie bietet wichtige Grundlagen für die Verkehrsmodellierung in ATM-Netzen, siehe z.B. [48, 45, 7], erfüllt aber nur ansatzweise die dortigen Anforderungen, so daß Erweiterungen und Modifikationen notwendig werden. Verkehr in Telekommunikationsnetzen ist geprägt durch [75, 26]

- zeitdiskrete Abläufe, vor allem konstante Generierungs- und Abfertigungszeiten von Paketen an Quellen, Glättungspuffern und Vermittlungsknoten,

- (auto-)korreliertes Verkehrsaufkommen in vielfältiger Form, darunter

- Sprach- und Datenübertragungen mit ON-OFF-Charakteristik [86, 22],

- Videoübertragungen mit zeitlich schwankender Bitrate (VBR) [63, 51],

- unterschiedliche Eigenschaften je nach Zeitbereich (Zell-, Paket-, Burst-, Verbindungs-Ebene), aber auch Selbstähnlichkeit der Verkehrslast über mehrere Zeitskalen in lokalen und in Weitverkehrs-Datennetzen [58, 70],

- Überlagerung des Verkehrs von zumeist unabhängigen virtuellen Kanal- und Pfadverbindungen auf gemeinsamen Strecken.

Die im Breitband-ISDN stattfindende Integration von Diensten mit völlig verschiedenen Verkehrsprofilen erschwert eine allgemeingültige Modellierung und Analyse des Verkehrsaufkommens. Verglichen mit klassischen Bediensystemen stellen ATM-Vermittlungssysteme einerseits aufgrund ihrer konstanten Abfertigungszeiten einen vereinfachenden Spezialfall des Bedienprozesses dar, während andererseits für die Ankunftsprozesse eine allgemeine Darstellungsform benötigt wird, die flexibel an diverse Verkehrscharakteristika anzupassen ist.

Neben Modellen mit selbstähnlichem Verkehr, siehe Abschnitt 10.7.4, benutzen wir vorwiegend die Darstellung mit Semi-Markov-Prozessen, die sich sowohl zur Anpassung an vorliegende Verkehrsprofile eignen, als auch eine effiziente Analyse der Wartezeit und Pufferbelegung von Bediensystemen in Erweiterung klassischer Methoden ermöglichen. Als Analyseergebnisse erhält man Aussagen über die Quality-of-Service Parameter insbesondere die Verzögerung und Zellverlustrate.

Neben analytischen Verfahren wird Simulation mindestens ebenso häufig zur Leistungsbewertung von Kommunikationsystemen herangezogen, auch wenn darauf nur kurz am Ende des Kapitels eingegangen wird.

Wir beginnen mit den zur Beschreibung des Verkehrs erforderlichen Grundlagen über Zufallsprozesse und stellen anschließend zeitdiskrete Analyseverfahren für Bediensysteme vor. Schließlich werden allgemeine Ergebnisse hergeleitet, um die Wirkung des statistischen Multiplexing zu erfassen, das als elementarer Effekt in ATM-Netzen für eine effiziente Bandbreitenzuteilung mit QoS-Garantien für zeitlich variablen Verkehr ausgenutzt wird.

10.2 Notationen aus Statistik und Stochastik

Das Verkehrsaufkommen in Kommunikationsnetzen ist nicht als deterministischer, genau vorhersagbar Ablauf zu sehen, sondern als ein Zufallsprozeß. Es gibt umfassende Standardwerke über stochastische Prozesse und Statistik, darunter [23, 42, 57], die das Thema im allgemeinen mathematischen Zusammenhang darstellen. Die Beschreibung von stochastischen Prozessen setzt einige Grundbegriffe voraus, die hier kurz und nur insoweit eingeführt werden, wie es für das Verständnis der Verkehrsmodellierung notwendig erscheint.

10.2.1 Beschreibung eines Zufallsexperiments

Eine *Zufallsvariable* oder *Zufallsgröße* stellt gemäß der allgemein üblichen Definition eine Abbildung von einer betrachteten Objektmenge in die reelle Zahlenmenge dar, verbunden mit Wahrscheinlichkeitsaussagen, die basierend auf dem Modell eines Wahrscheinlichkeitsraums getroffen werden.

In der Verkehrsmodellierung können die interessanten Größen, wie der Bedarf an Übertragungskapazität auf einer Leitung oder die Pufferbelegung eines Vermittlungsknotens, direkt als reelle oder ganzzahlige Werte in einer bestimmten Maßeinheit dargestellt werden. Wir notieren die Zufallsvariablen stets als Großbuchstaben und wenden ein Wahrscheinlichkeitsmaß wie folgt darauf an.

Wahrscheinlichkeitsraum, -maß, Ereignis

Ein *Wahrscheinlichkeitsraum* ist ein Trippel (Z, σ_Z, P) bestehend aus einer Objektmenge Z, einer zugehörigen σ-Algebra und einem Wahrscheinlichkeitsmaß P.

Z Die Objektmenge Z umfaßt die möglichen Ergebnisse eines Zufallsvorgangs bzw. -experiments, z.B. beim Würfeln, bei Meinungsumfragen, bei der Messung des Barometerstands. Eine Zufallsvariable steht für die stochastischen Eigenschaften, die mit einem Experiment verbunden sind und ist strikt von konkret gemessenen Werten in Z als ihren Realisierungen zu unterscheiden. Die Menge Z kann endlich, z.B. $Z = \{1, \cdots, 6\}$, abzählbar, z.B. $Z = \mathbb{N}_0$ oder überabzählbar, z.B. $Z = \mathbb{R}_0^+$ sein. In den ersten beiden Fällen spricht man von einem *diskreten*, im letzteren Fall von einem *kontinuierlichen* Objekt- oder Ergebnisraum. Andere Objektmengen lassen sich oft direkt auf diese Mengen abbilden z.B. Zahl $\to 0$ und Kopf $\to 1$ beim Münzwurf.

σ_Z Die σ-Algebra wird aus Teilmengen von Z gebildet, die abgeschlossen sind
$\mathcal{P}_Z$ gegenüber der Vereinigung und der Komplementbildung, d.h.

$$(\forall i : A_i \in \sigma_Z) \Rightarrow \bigcup_i A_i \in \sigma_Z \quad \text{und} \quad A \in \sigma_Z \Rightarrow Z/A \in \sigma_Z.$$

Wir ziehen stets die Potenzmenge $\mathcal{P}_Z$, d.h. die Menge aller Teilmengen von Z als σ-Algebra heran. Ein *Ereignis* ist dadurch charakterisiert, daß das Ergebnis eines Zufallsexperiments in eine bestimmte Teilmenge von Z fällt, d.h. Ereignisse werden mit Teilmengen des Objektraums und somit einem Element der Potenzmenge identifiziert.

P Das Wahrscheinlichkeitsmaß wird dazu als Abbildung $P : \mathcal{P}_Z \to [0, 1]$ eingeführt. Wir bezeichnen Wahrscheinlichkeiten in der Notation $P\{A\}$, wobei A eine logische Aussage ist, die im Zusammenhang mit Zufallsvariablen getroffen wird, z.B. $P\{X = 0\}$, $P\{X \geq 0\}$, $P\{X \in \mathbb{N}\}$. Eine wesentliche Eigenschaft besteht darin, daß sich beim Zusammenfassen disjunkter Ereignisse die Wahrscheinlichkeiten addieren

$$Z_1, Z_2 \in \mathcal{P}_Z \text{ mit } Z_1 \cap Z_2 = \{\} \Rightarrow P\{X \in Z_1 \cup Z_2\} = P\{X \in Z_1\} + P\{X \in Z_2\}.$$

Zudem gilt die Normierungsbedingung $P\{X \in Z\} = 1$.

Im Beispiel des Würfelspiels kann man im Ergebnisraum $Z = \{1 \cdots 6\}$ eine gleichverteilte Zufallsvariable X einführen, so daß für $1 \leq i \leq 6$ gilt: $P\{X = i\} = 1/6$ und $P\{X \leq i\} = i/6$.

Verteilungsfunktion und -dichte, Wahrscheinlichkeitsverteilung

Das Wahrscheinlichkeitsmaß wird in einheitlicher Weise durch die Verteilungsfunktion angegeben. Als Verteilungsfunktion einer Zufallsvariablen X im Wahrscheinlichkeitsraum $(Z, \mathcal{P}_Z, P)$ wird

$$F_X(t) \stackrel{\text{def}}{=} P\{X \leq t\} \quad \text{für} \quad t \in \mathbb{R} \quad \text{eingeführt.}$$

Für den Fall, daß X reellwertig und $F_X(t)$ differenzierbar ist, kann die Wahrscheinlichkeitsdichte $f_X(t) \stackrel{\text{def}}{=} \mathrm{d}\,F_X(t)/\mathrm{d}\,t$ als gleichwertiges Beschreibungsmittel dienen. Im Fall $Z \subseteq \mathbb{N}_0$ spielt die Wahrscheinlichkeitsverteilung $p_X(n) \stackrel{\text{def}}{=} P\{X = n\}$ eine entsprechende Rolle. Die Eigenschaften eines Wahrscheinlichkeitsmaßes sorgen dafür, daß $F_X(t)$ monoton wachsend und im Bereich $[0, 1]$ beschränkt ist. Entsprechend gilt stets $f_X(t) \geq 0$ bzw. $p_X(n) \geq 0$.

Für die Normal-Verteilung sind die Verteilungsfunktion und -dichte im Bild 10.6 aufgezeichnet. Eine im Intervall $Z = [0.5, 3.5]$ der reellen Zahlen gleichverteilte Zufallsvariable X hat z.B. die Verteilungsfunktion und -dichte

$$F_X(t) = \begin{cases} 0 & \text{für } t \leq 0.5 \\ (t - 0.5)/3 & \text{für } 0.5 < t \leq 3.5 \\ 1 & \text{für } t > 3.5 \end{cases} \quad \text{und} \quad f_X(t) = \begin{cases} 1/3 & \text{für } 0.5 \leq t < 3.5 \\ 0 & \text{sonst.} \end{cases}$$

Dabei gilt z.B. $\quad P\{2.5 < X \leq 3)\} = F_X(3) - F_X(2.5) = \displaystyle\int_{2.5}^{3} f_X(t)\,dt = 1/6.$

Betrachten wir wieder das Würfelexperiment, so hat die zugehörige diskrete Zufallsvariable die Wahrscheinlichkeitsverteilung $p_X(n) = 1/6$ für $n = 1, \cdots, 6$. Die Verteilungsfunktion ist dann eine Stufenfunktion

$$F_X(t) = 0 \text{ für } t < 1, \quad F_X(t) = n/6 \text{ für } n \leq t < n+1 \quad \text{und} \quad F_X(t) = 1 \text{ für } t \geq 6.$$

Erwartungswert und Momente

Die Verteilung bestimmt auch den Erwartungswert oder Mittelwert einer Zufallsvariablen X

$$E(X) \stackrel{\text{def}}{=} \int t\; d\,F_X(t) \stackrel{\text{def}}{=} \int t f_X(t)\; dt \stackrel{\text{def}}{=} \sum_n n\, p_X(n). \tag{10.1}$$

Die Definition über die Verteilungsfunktion $F_X(t)$ ist wiederum allgemeingültig, während $f_X(t)$ und $p_X(n)$ fallweise anwendbar sind.

Als k-tes ($k \in \mathbb{N}$) Moment einer Zufallsvariablen wird der Erwartungswert von X^k bezeichnet. Es gilt $E(X^k) = \int t^k\, d\,F_X(t)$. Die Varianz σ_X^2 einer Verteilung ist durch $\sigma_X^2 = E(X^2) - E^2(X)$ bestimmt; die Wurzel σ_X aus der Varianz wird als Standardabweichung bezeichnet.

In den Beispielen erhält man für die Gleichverteilung in $[0.5, 3.5]$ und das Würfeln

$$E(X) = \int_{0.5}^{3.5} t f_X(t)\; dt = \int_{0.5}^{3.5} \frac{t}{3}\; dt = \frac{t^2}{6}\Big|_{0.5}^{3.5} = 2;$$

$$E(X^2) = \int_{0.5}^{3.5} t^2 f_X(t)\; dt = \frac{t^3}{9}\Big|_{0.5}^{3.5} = 4.75; \quad \sigma_X^2 = 0.75;$$

$$E(X) \;=\; \sum\nolimits_{n=1}^{6} n\, p_X(n) = (1 + 2 + \cdots + 6)/6 = 3.5;$$

$$E(X^2) \;=\; \sum\nolimits_{n=1}^{6} n^2\, p_X(n) = (1 + 4 + \cdots + 36)/6 = 91/6; \quad \sigma_X^2 = 35/12.$$

10.2.2 (Un-)abhängige Zufallsvariable

Gemeinsame Verteilung, Unabhängigkeit, bedingte Wahrscheinlichkeit

Für zwei Zufallsvariablen X und Y kann ihre gemeinsame Verteilungsfunktion durch $F_{X,Y}(x,y) = P\{(X \le x)\,\&\,(Y \le y)\}$ über die logische Und-Verknüpfung $\&$ ausgedrückt werden. Die Zufallsvariablen sind voneinander *unabhängig*, wenn die Verteilungsfunktion $F_{X,Y}(x,y) = P\{X \le x\}\,P\{Y \le y\} = F_X(x)\,F_Y(y)$ aus beiden Verteilungsfunktionen getrennt als Produkt bestimmt ist; ansonsten sind X und Y *abhängig*.

Die Abhängigkeit von Zufallsvariablen kann über die *bedingte Wahrscheinlichkeit* ausgedrückt werden. In der Bezeichnungsweise $P\{A \mid B\}$ wird die Aussage B als bekannte Information für Wahrscheinlichkeitsbetrachtung zur Aussage A herangezogen. Unter der Voraussetzung $P\{Y \in Z_Y\} > 0$ gilt stets

$$P\{X \in Z_X \mid Y \in Z_Y\} = P\{(X \in Z_X)\,\&\,(Y \in Z_Y)\}/P\{Y \in Z_Y\}.$$

Summen von Zufallsvariablen und Kovarianz

Die Summe von Zufallsvariablen stellt selbst wieder eine Zufallsvariable dar. Für die Summe $S = X + Y$ zweier diskreter Zufallsvariablen gilt allgemein unter Verwendung bedingter Wahrscheinlichkeiten

$$P\{S = n\} = \sum\nolimits_{m} P\{X = m\}P\{Y = n - m \mid X = m\}.$$

Sind X und Y unabhängig, so kann die Wahrscheinlichkeitsverteilung $p_S(n)$ von S durch *Faltung* aus den Verteilungen von X und Y berechnet werden:

$$p_S(n) = \sum\nolimits_{m} p_X(m)\, p_Y(n - m). \tag{10.2}$$

Werden X und Y im Beispiel unabhängig durch Würfeln ermittelt, so erhält man $p_S(2) = 1/36$, $p_S(3) = 2/36$, $\cdots$, $p_S(7) = 6/36$, $\cdots$, $p_S(12) = 1/36$.

Der Erwartungswert einer Summe von Zufallsvariablen ist stets gleich der Summe der Erwartungswerte $E(X + Y) = E(X) + E(Y)$. Für das Produkt gilt $E(XY) = E(X)\,E(Y)$ dagegen nur für unabhängige Zufallsvariable.

Die Abhängigkeit von Zufallsvariablen X und Y kann mittels der Kovarianz $\sigma_{X,Y}^2$ oder des Korrelationskoeffizienten $\kappa_{X,Y}$ gemessen werden

$$\sigma_{X,Y}^2 = E(XY) - E(X)\,E(Y); \quad \kappa_{X,Y} = \frac{\sigma_{X,Y}^2}{\sigma_X \sigma_Y}; \quad \text{dabei gilt: } -1 \le \kappa_{X,Y} \le 1.$$

Je nach dem Vorzeichen von $\kappa_{X,Y}$ spricht man von positiver oder negativer Korrelation zwischen den Zufallsvariablen, wobei eine maximale positive Korrelation $\kappa_{X,Y} = 1$ bei linearem Zusammenhang $Y = a + bX$ erreicht wird, bzw. $\kappa_{X,Y} = -1$ für $Y = a - bX$ mit positiven Konstanten a, b. Sind X und Y unabhängig, so folgt $\kappa_{X,Y} = 0$; die Umkehrung dieser Aussage gilt im allgemeinen nicht.

Für die Summe $S = X + Y$ erhält man unmittelbar $\sigma_S^2 = \sigma_X^2 + 2\,\sigma_{X,Y}^2 + \sigma_Y^2$.

10.2.3 Erzeugende Funktion und Laplace-Transformation

Eine nützliche Beschreibungsform für diskrete Zufallsvariablen ist die *erzeugende Funktion* $G_X(z) \stackrel{\text{def}}{=} \sum_i P\{X = i\}\, z^i$. Zu den Vorteilen, die diese Form zum unverzichtbaren Standardwerkzeug in der Verkehrsmodellierung gemacht haben, zählen

- die einfache Darstellungen der erzeugenden Funtion vieler wichtiger zeitdiskreter Verteilungen, darunter die

geometrische Verteilung: $p_X(i) = (1 - p)\,p^i \;\;\Rightarrow\;\; G_X(z) = (1 - p)/(1 - pz)$

Binomial-Verteilung: $p_X(i) = \binom{n}{i} p^i (1 - p)^{n-i} \;\;\Rightarrow\;\; G_X(z) = (1 - pz)^n$

Poisson-Verteilung: $p_X(i) = \dfrac{\lambda^i}{i!} e^{-\lambda} \;\;\Rightarrow\;\; G_X(z) = e^{\lambda(z-1)} \quad (i \in \mathbb{N}_0).$

Es gibt mathematische Tabellenwerke mit umfangreichen Zuordnungslisten zwischen Verteilungen und ihren erzeugenden Funktionen.

- die Produktform für die Verteilung von Summen unabhängiger Zufallsvariablen, die umständliche Faltungssummen (10.2) bzw. -integrale vermeidet. Für $S = X + Y$ gilt

$$
\begin{aligned}
G_S(z) \;\stackrel{\text{def}}{=}\; & \sum_{i=0}^{\infty} p_S(i)\, z^i = \sum_{i=0}^{\infty} \sum_{j=0}^{i} p_X(j)\, p_Y(i - j)\, z^i \\
= \; & \sum_{j=0}^{\infty} p_X(j)\, z^j \sum_{i=j}^{\infty} p_Y(i - j)\, z^{i-j} \qquad k = i - j \Rightarrow \\
= \; & \sum_{j=0}^{\infty} p_X(j)\, z^j \sum_{k=0}^{\infty} p_Y(k)\, z^k = G_X(z)\, G_Y(z).
\end{aligned}
$$

- die einfache Berechnungsweise für den Mittelwert und höhere Momente einer Verteilung durch Ableitung der erzeugenden Funktion, die auch zur Bezeichnung (Momenten-)erzeugende Funktion geführt hat. Man erhält allgemein für $E(X)$ und $E(X^2)$ und speziell für geometrische Verteilungen:

$$\frac{dG_X(z)}{dz}\bigg|_{z=1} = \frac{d \sum_i p_X(i)\, z^i}{dz}\bigg|_{z=1}$$

$$= \sum_i p_X(i)\, i\, z^{i-1}\big|_{z=1} = \sum_i i\, p_X(i) = E(X);$$

$$G_X''(z)\big|_{z=1} = \sum_i p_X(i)\, i(i-1)\, z^{i-2}\big|_{z=1} = E(X^2) - E(X);$$

$$G_X'(z) = \frac{(1-p)p}{(1-pz)^2} \quad \Rightarrow \quad E(X) = \frac{p}{1-p};$$

$$G_X''(z) = \frac{2(1-p)p^2}{(1-pz)^3} \quad \Rightarrow \quad E(X^2) = \frac{p(1+p)}{(1-p)^2}.$$

Dagegen führt die Definitionsgleichung (10.1) des Erwartungswerts auf unendliche Reihen.

Im kontinuierlichen Bereich tritt die Laplace-Transformation an die Stelle der erzeugenden Funktion

$$\mathcal{L}_X(s) \overset{\text{def}}{=} \int_t f_X(t)e^{-st}\, dt.$$

Abgesehen davon, daß die Summe durch ein Integral und der Parameter z durch e^{-s} ersetzt wurde, sind die Eigenschaften und Anwendungen der Laplace-Transformation völlig analog zur erzeugenden Funktion.

10.3   Zufallsprozesse in der Verkehrsmodellierung

10.3.1   Stochastische Prozesse und Markov-Ketten

Um den zeitlichen Verlauf eines Zufallsvorgangs zu erfassen, wird ein *stochastischer Prozeß* $\{X_t \,|\, t \in I \subseteq \mathbb{R}\}$ über indizierte Zufallsvariable X_t zu beliebigen Zeitpunkten eingeführt. Alle Zufallsvariablen haben denselben Zustandsraum. Ist die Indexmenge I endlich oder abzählbar z.B. $t \in \mathbb{N}$, so liegt ein zeitdiskreter, sonst ein zeitkontinuierlicher Prozeß vor.

Nun können beliebige Zusammenhänge zwischen den Zufallsvariablen eines stochastischen Prozesses vorliegen. Zur Verkehrsmodellierung werden vorzugsweise einfach handhabbare Zustandsmodelle genutzt, die auf Markov-Ketten basieren.

Eine *Markov-Kette* ist ein zeitdiskreter stochastischer Prozeß $\{X_t \,|\, t \in \mathbb{N}_0\}$ mit diskretem Zustandsraum $X_t \in \mathbb{N}_0$, und der Eigenschaft

$$\forall m, t \geq m: \quad P\{X_{t+1} = j \,|\, X_t = i,\, X_{t-1} = i_1,\, \cdots,\, X_{t-m} = i_m\} =$$
$$P\{X_{t+1} = j \,|\, X_t = i\}$$

Somit trägt allein die aktuelle Zufallsvariable X_t sämtliche Information aus der Vergangenheit des Prozesses, die seinen zukünftigen Verlauf X_{t+n} für $n \in \mathbb{N}$ beeinflußt. Zwar kann durchaus eine Abhängigkeit zu weiter zurückliegenden Zufallsvariablen bestehen, aber nur soweit wie diese in X_t eingeht.

Zudem setzen wir zeitliche Homogenität voraus

$$P\{X_{t+1} = j \mid X_t = i\} = P\{X_t = j \mid X_{t-1} = i\} = \cdots = P\{X_1 = j \mid X_0 = i\} = p_{ij},$$

d.h. die Beziehung zwischen X_t und X_{t+1} ist unabhängig vom Zeitparameter t. Für einen endlichen Zustandsraum ist eine Markov-Kette dann durch eine Matrix $P = (p_{ij})$ von Übergangswahrscheinlichkeiten zwischen den Zuständen bestimmt.

Zur Charakterisierung einer Markov-Kette werden *stationäre Zustandswahrscheinlichkeiten* herangezogen, die beschreiben, welche Zustände die Markov-Kette auf lange Sicht bevorzugt einnimmt. Seien $p_{ij}^{(n)} = P\{X_{t+n} = j \mid X_t = i\}$ die n-Schritt-Übergangswahrscheinlichkeiten der Markov-Kette. Diese erhält man durch n-fache Potenzierung der Übergangsmatrix $P^n = (p_{ij})^n = (p_{ij}^{(n)})$. Die stationären Zustandswahrscheinlichkeiten sind dann als Grenzwert

$$p_j \overset{\text{def}}{=} \lim_{n \to \infty} P\{X_{t+n} = j \mid X_t = i\} \qquad \text{bzw.}$$

$$p_j \overset{\text{def}}{=} \lim_{n \to \infty} \frac{1}{n} \sum_{m=1}^{n} P\{X_{t+m} = j \mid X_t = i\} \tag{10.3}$$

definiert. Stationarität bedeutet also, daß der Prozeß X_{t+n} sich auf lange Sicht für $n \to \infty$ unabhängig vom Startzustand X_t entwickelt. Als Voraussetzungen für die Existenz des Grenzwerts muß die Markov-Kette irreduzibel, aperiodisch und bei unendlichem Zustandsraum ergodisch sein [48].

Wenn der Prozeß X_t periodisch ist, so daß die Rückkehr in einen Zustand nur in einem Vielfachen von k Schritten mit $k \geq 2$ möglich ist, dann existiert keine stationäre Verteilung gemäß der ersten Variante der Definition (10.3), während die zweite Variante auch für periodische Prozesse eine Grenzverteilung liefert. Existiert eine stationäre Grenzverteilung gemäß der ersten Variante, so führt die zweite Variante auf dieselbe Grenzverteilung. Periodische Prozesse sind in Telekommunikationsnetzen bedingt durch Verarbeitungszyklen besonders relevant. Die MPEG-Codierung ist ein Beispiel von vielen.

Zur Berechnung stationärer Wahrscheinlichkeiten p_j gilt folgender Zusammenhang

$$p_j = \lim_{n \to \infty} P\{X_{t+n} = j \mid X_t = i\} \qquad \text{für} \quad 1 \leq j \leq M \tag{10.4}$$

$$= \lim_{n \to \infty} \sum_k P\{X_{t+n} = j \mid X_{t+n-1} = k\} P\{X_{t+n-1} = k \mid X_t = i\} = \sum_k p_{kj}\, p_k.$$

Für eine endliche Markov-Kette mit M Zuständen erhält man ein homogenes System aus M Gleichungen für $p_1, \cdots, p_M$. Da ein solches Gleichungssystem linear abhängig ist und die Lösung $\forall j : p_j = 0$ zuläßt, muß man stets die Normierungsbedingung $\sum_j p_j = 1$ hinzunehmen und kann dafür auf eine Gleichung des Systems verzichten. Die Lösung solcher linearer Gleichungssysteme ist eine grundsätzliche Aufgabenstellung für die Analyse von Markov-Prozessen im stationären Zustand.

In den nun betrachteten Punktprozessen sind Markov-Ketten als Hintergrundprozesse, oder als eingebettete Ketten z.B. in Phasenverteilungen oder in Semi-Markov-Prozessen grundlegend.

10.3.2 Punktprozesse

Die Charakterisierung des Verkehrs in Kommunikationsnetzen nutzt vorwiegend Punktprozesse, die durch eine Abfolge von Ereignissen zu bestimmten Zeitpunkten geprägt sind. Ereignisse in Telekommunikationsnetzen sind Ankünfte oder Abfertigungen von Nachrichten, Paketen, der Auf- oder Abbau von Verbindungen etc. Wir gehen davon aus, daß alle Ereignisse eines Prozesses vom selben Typ sind. Dann gibt es wenigstens drei verschiedene, aber äquivalente Beschreibungsarten für Punktprozesse, siehe Bild 10.1

1. durch Aufzählung der Zeitpunkte T_0, T_1, $\cdots$, T_n, $\cdots$, zu welchen ein Ereignis eintritt $(T_n \in \mathbf{R}_0)$,

2. durch Angabe der Zeitintervalle $I_n = T_n - T_{n-1}$ $(I_n \in \mathbf{R}_0^+,\ n \in \mathbf{N})$ von einem Ereignis bis zum nächsten, auch Zwischenankunftszeiten genannt,

3. durch den Zählprozeß für die Ereignisse: $N(t) = n \iff T_{n-1} \le t < T_n$ für $n \ge 1$ bzw. $N(t) = 0 \iff t < T_0$ $(N(t) \in \mathbf{N}_0)$.

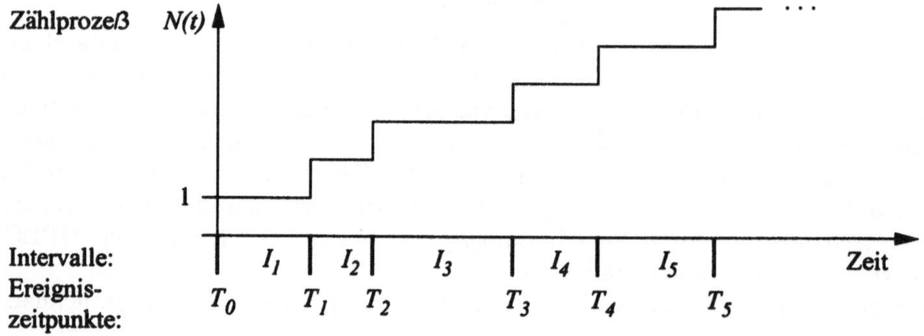

Bild 10.1: Punktprozesse: Ereigniszeitpunkte, Intervalle und Zählprozeß

Zur Klassifikation von Prozessen ist die Beschreibung anhand der Intervalle I_n zwischen Ereignissen maßgebend. Ausgehend davon, daß die Folge I_n einen stochastischen Prozeß bildet, betrachten wir relevante Spezialfälle für Verkehrsmodelle.

10.3.3 Erneuerungsprozesse

Wenn der zukünftige Prozeßverlauf zu jedem Ereigniszeitpunkt T_n unabhängig von allen vergangenen Ereignissen ist, so sind die Ereigniszeitpunkte als Erneuerungs- oder Regenerationspunkte anzusehen und der Prozeß heißt Erneuerungsprozeß. Alle Intervalle I_n sind in Erneuerungsprozessen unabhängig und identisch verteilt

$$\forall n, m \in \mathbb{N}, \ n \neq m, \ \forall t, \tilde{t} \in \mathbb{R}_0^+ : \ P\{I_n \leq t \,|\, I_m \leq \tilde{t}\} = P\{I_n \leq t\}.$$

Ein Erneuerungsprozeß ist somit komplett durch die Verteilungsfunktion $F_I(t) = P\{I \leq t\}$ seiner Intervalle beschrieben; Da alle Intervalle I_n identisch verteilt sind, wird stellvertretend eine Zufallsvariable I ohne Index eingeführt.

Zu einem beliebigen Zeitpunkt τ zwischen den Regenerationspunkten ist der *aktuelle Zustand* eines Erneuerungsprozesses durch die Zeit δ bestimmt, die seit dem letzten Ereignis verstrichen ist. Ausgehend davon kann man die Verteilung der Restverweildauer $R(\delta)$ bis zum nächsten Erneuerungszeitpunkt über bedingte Wahrscheinlichkeiten erfassen:

$$T_n \leq \tau < T_{n+1} \quad \text{und} \quad \delta = \tau - T_n \quad \Rightarrow \quad R(\delta) = T_{n+1} - \tau = I_n - \delta \quad \Rightarrow$$

$$F_{R(\delta)}(t) = P\{I_n \leq \delta + t \,|\, I_n > \delta\} = \frac{P\{\delta < I_n \leq \delta + t\}}{P\{I_n > \delta\}} = \frac{F_I(\delta + t) - F_I(\delta)}{1 - F_I(\delta)}.$$

Es werden nun einige Verteilungen aufgeführt, die für die Verkehrsmodellierung wichtig sind, jeweils beginnend mit einem zur Bezeichnung in Warteschlangen- systemen üblichen Kürzel. Dabei bezeichnet $\lambda \in \mathbb{R}^+$ die *Ankunftsrate* als mittlere Anzahl von Ereignissen pro Zeit, so daß $E(I) = 1/\lambda$ gilt.

M   (*Memoryless*) steht für negativ exponentiell verteilte Zwischenankunftszei- ten. Die Verteilung $F_I(t) = 1 - e^{-\lambda t}$ führt einen gedächtnislosen Prozeß ein, dessen zukünftiger Verlauf nicht nur zu Regenerationspunkten sondern je- derzeit unabhängig von der Vergangenheit ist. Die Restverweilzeit bis zum nächsten Ereignis hat stets die Verteilung

$$F_{R(\delta)}(t) = \frac{F_I(\delta + t) - F_I(\delta)}{1 - F_I(\delta)} = \frac{1 - e^{-\lambda(\delta + t)} - (1 - e^{-\lambda\delta})}{e^{-\lambda\delta}} = 1 - e^{-\lambda t}.$$

Der gedächtnislose Prozeß wird auch als Poisson-Prozeß bezeichnet, da seine Zählfunktion Poisson-verteilt ist $P\{N(t) = n\} = (\lambda t)^n e^{-\lambda t}/n!$.

Phasenmodelle

Durch Kombination von exponentiellen und damit gedächtnislosen Zeitdau- ern kann man sogenannte Phasen-Verteilungen aufbauen. Beispiele sind die Erlang-Verteilung (E_n) und die hyperexponentielle Verteilung (H).

Erlang(n)-Verteilung   Hyperexponential-Verteilung

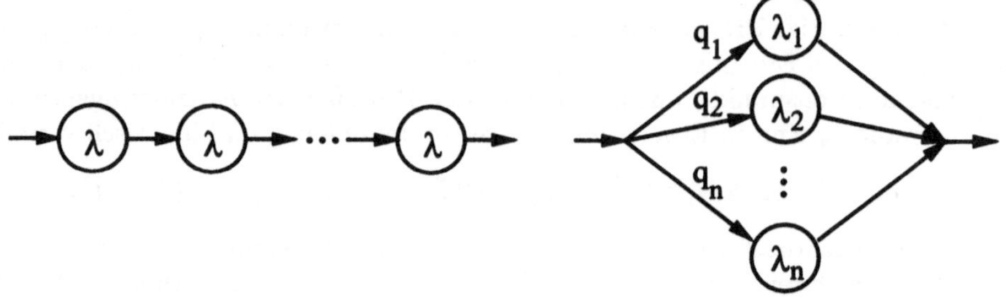

Bild 10.2: Phasenkombination für Erlang- und Hyperexponential-Verteilung

E_n Die Intervalle bilden eine Summe von n unabhängigen exponentiell verteilten Phasen $P_1, \cdots, P_n$ mit gleicher Rate $n\,\lambda$:

$$I = \sum_{k=1}^{n} P_k \quad \text{und} \quad \forall k : F_{P_k}(t) = 1 - e^{-n\lambda t}.$$

H Ein Intervall ist mit Wahrscheinlichkeit q_k exponentiell verteilt mit Rate λ_k:

$$F_I(t) = \sum_{k=1}^{n} q_k(1 - e^{\lambda_k t}); \quad \lambda_k \in \mathbf{R}^+; \ 0 < q_k \leq 1 \ \text{und} \ \sum_{k=1}^{n} q_k = 1.$$

Als aktueller Zustand während eines Intervalls genügt die Nummer der gerade laufenden Phase, da die Restdauer bis zur nächsten Phase stets exponentiell verteilt ist. Befindet man sich z.B. in der Phase P_k eines E_n-verteilen Intervalls, so ist die Restverweilzeit E_{n+1-k}-verteilt bzw. im hyperexponentiellen Fall ist sie exponentiell verteilt mit Rate λ_k.

Man kann diese Verteilungen anhand von Zustandsübergangsgraphen veranschaulichen, siehe Bild 10.2. Die Erlang-Verteilung ergibt eine lineare Kette und die Hyperexponential-Verteilung eine Parallel-Aufspaltung.

Ph Die naheliegende Verallgemeinerung aus beiden Fällen führt zur allgemeinen Phasenverteilung mit n Phasen $P_1, \cdots, P_n$ mit Raten $\lambda_1, \cdots, \lambda_n$ und einer Matrix Q von Übergangswahrscheinlichkeiten $Q = (q_{ij})$ $(1 \leq i,j \leq n)$, so daß nach einer Phase P_i mit Wahrscheinlichkeit q_{ij} die Phase P_j folgt, siehe Bild 10.3. Die Übergangsmatrix Q ist stochastisch, d.h. es gilt $\sum_{j=1}^{n} q_{ij} = 1$. Die Folge von Zuständen bildet eine Markov-Kette.

Ereignisse treten immer dann ein, wenn ein Übergang in den Zustand P_1 erfolgt. Der damit ausgezeichnete Zustand wird als absorbierender Zustand bezeichnet. Phasenverteilungen bieten für die Analyse den Vorteil, daß ein aktueller Systemzustand sich im endlichen Zustandsraum der n Phasen bewegt. Zudem ist bekannt, daß sich Phasenverteilungen zur Approximation einer beliebig vorgegebenen Verteilung eignen und es sind Algorithmen verfügbar,

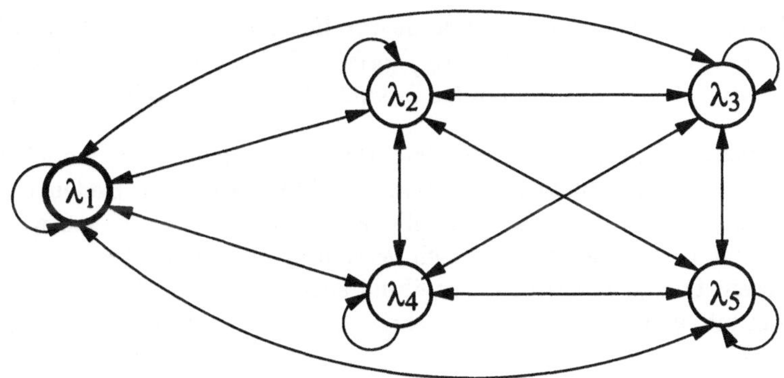

Bild 10.3: Phasenverteilung im Beispiel für 5 Phasen

die effiziente Phasenverteilungen für diesen Zweck ermitteln, wenn auch mit einem gewissen Rechenaufwand, siehe z.B. [46].

GI   (*Gerneral Independent*) steht für beliebige Erneuerungsprozesse.

Zeitdiskrete Verteilungen

GI_D steht für zeitdiskrete Erneuerungsprozesse. Der Index D kennzeichnet allgemein die zeitdiskrete Variante eines Prozesses. In zeitdiskreten Systemen treten Ereignisse nur in Zeitabständen auf, die ein Vielfaches einer Zeiteinheit Δ sind. Die Verteilungsfunktionen sind dann Stufenfunktionen. Anstelle der Verteilungsdichte tritt eine Wahrscheinlichkeitsverteilung

$$\forall\, i \in \mathbb{N}_0 : \quad p_I(i) \overset{\text{def}}{=} P\{I = i\,\Delta\}; \quad F_I(t) = P\{I \le t\} = \sum_{i \le t/\Delta} p_I(i).$$

D   (*Deterministisch*) bezeichnet konstante Zwischenankunftszeiten

$F_I(t) = 0$ für $t < 1/\lambda$,   und $F_I(t) = 1$ für $t \ge 1/\lambda$ bzw.
$p_I(i) = 1$ und $\forall\, j \ne i :$ $p_I(j) = 0$ wobei $i\,\Delta = 1/\lambda$.

Geo   bezeichnet eine geometrische Verteilung. Mit $\rho = 1/(1 + \lambda)$ und für $i \ge 0$ ist

$F_I(t) = 1 - \rho^i$ für $(i - 1)\Delta \le t < i\,\Delta$ bzw. $p_I(i) = (1 - \rho)\,\rho^i$.

Die geometrische Verteilung ist die zeitdiskrete Variante eines gedächtnislosen Prozesses vergleichbar zur Exponential-Verteilung $F_I(t) = 1 - e^{-\lambda t}$.

Ph_D In Analogie zum zeitkontinuierlichen Fall kann man auch zeitdiskrete Phasenverteilungen definieren, die den Fortgang eines Intervalls zwischen Ereignissen wiederum als endliches Markov'sches Zustandsmodell darstellen. Jeder Zustand P_k hat dabei eine konstante Zeitdauer Δ, so daß ein Intervall die Länge $k\,\Delta$ hat, wenn k Zustände durchlaufen werden. Zustandsübergänge werden durch eine Matrix $Q = (q_{ij})$ erfaßt. Es liegt wieder eine Markov-Kette vor, worin P_1 als absorbierender Zustand die Ereigniszeitpunkte markiert.

Der Zustandsgraph entspricht dem Beispiel in Bild 10.3, wobei konstante Verweilzeiten pro Zustand angesetzt werden. Besondere Bedeutung kommt im diskreten Fall den Wahrscheinlichkeiten q_{ii} zu. Für $q_{ii} > 0$ wird ein Zustand erst nach einer geometrisch verteilten Zahl von internen Übergängen verlassen. Die geometrische Verteilung entspricht einer diskreten Phasenverteilung mit einem Zustand zusätzlich zum absorbierenden Zustand.

Diskretisierung von Verteilungen

Natürlich eignen sich zeitdiskrete Phasenverteilungen wiederum zur Darstellung beliebiger Verteilungen. Diskrete Verteilungen mit beschränktem Zeitbereich reichen dafür bereits aus, wobei Zustandsübergänge nur zum Folgezustand oder zum absorbierenden Start-und-Ende-Zustand erfolgen.

Die Approximation einer gegebenen Verteilung $F_I(t)$ durch eine Diskretisierung $F_I^D(t)$ kann einfach wie folgt festgelegt werden, siehe Bild 10.4

$$F_I^D(j) \;\stackrel{\text{def}}{=}\; \sum_{i=0}^{j} p_I^D(i) \qquad \text{mit}$$

$$p_I^D(i) \;=\; F_I\big((i+0.5)\Delta\big) - F_I\big((i-0.5)\Delta\big) \qquad \text{für } 1 \le i < N;$$

$$p_I^D(0) \;=\; F_I(0.5\,\Delta) \qquad \text{und} \qquad p_I^D(N) = 1 - F_I\big((N-0.5)\,\Delta\big).$$

Der Darstellungsbereich umfaßt die Werte $0, \Delta, \cdots, N\Delta$ und wird bei $N\Delta$ abgeschnitten. Die Wahrscheinlichkeit $P\{I > N\,\Delta\} = 1 - F_I(N\,\Delta)$ für die Überschreitung des dargestellten Bereiches muß gering gehalten werden. Die beiden Parameter N und Δ sind entsprechend anzupassen. Soweit Verteilungsfunktionen ein exponentielles oder schnelleres Abklingverhalten zeigen, bietet eine Diskretisierung mit anschließender zeitdiskreter Analyse von Bediensystemen einen attraktiven Lösungsweg mit mehreren Vorteilen:

- Diskretisierung ist ein triviales Anpassungsschema verglichen mit komplexeren Adaptionsschemata basierend auf allgemeineren Phasen-Verteilungen. Dies geht soweit, daß die Auswirkung von Darstellungsfehlern der Diskretisierung auf die Analyseergebnisse einschätzbar und kontrollierbar sind, indem eine Folge von immer detaillierteren Diskretisierungen (z.B. mit $\Delta :=$ $\Delta/2; N := 2N$) bzw. mit höherer Stufenzahl zur Erweiterung der Bereichsgrenze $N\Delta$ betrachtet wird [34, 41].

- Es gibt leistungsfähige zeitdiskrete Analysemethoden, siehe Abschnitt 10.5.

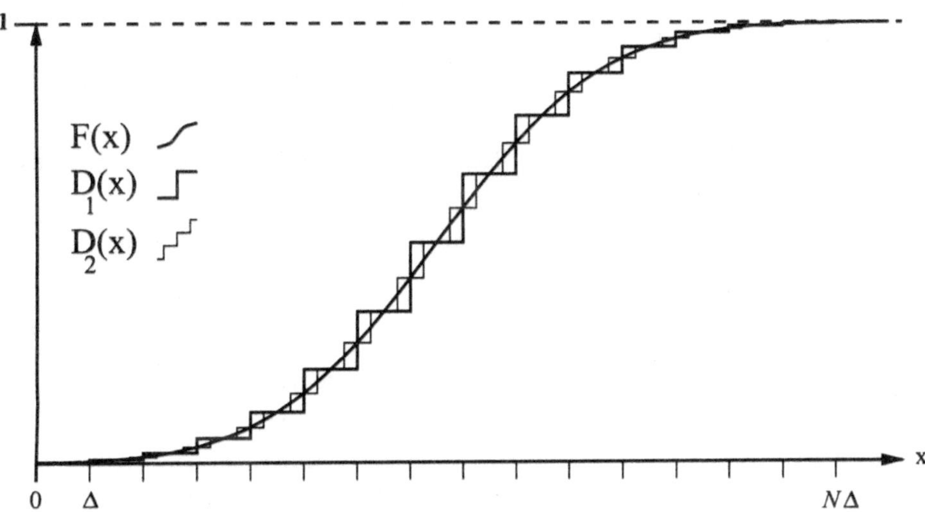

Bild 10.4: Diskretisierungen $D_1(x), D_2(x)$ einer Funktion $F(x)$ in $[0, N\Delta]$

- Konstante Bedienzeiten, z.B. für die Abfertigung von ATM-Zellen, führen auf einfach darstellbare zeitdiskrete Prozesse, die nur mit erheblichem Aufwand in zeitkontinuierlicher Modellierung erfaßbar sind.

10.3.4 Prozesse mit autokorrelierten Intervallen

Die bisher erörterten Erneuerungsprozesse sind noch keineswegs ausreichend, um die vielfältigen Verkehrsarten für diverse Dienste in ATM-Netzen zu erfassen. Die Annahme unabhängiger Zeitintervalle zwischen Ereignissen vereinfacht zwar die Verkehrsanalyse, ist aber in der Regel unzutreffend. Autokorrelierte Verkehrsmodelle lassen sich aber immer noch durch Prozesse beschreiben, deren aktueller Zustand sich auf der Basis erweiterter Markov'scher Zustandsmodelle entwickelt. Als naheliegende Erweiterung werden *Semi-Markov-Prozesse* eingeführt. Eine Folge $\{R_n, \sigma_n\}$ von Zufallsvariablen bildet einen Semi-Markov-Prozeß, wenn

$$\forall n \in \mathbb{N}: \qquad P\{R_{n+1} = i, \sigma_{n+1} = j \mid R_1, \ldots, R_n, \sigma_1, \ldots, \sigma_n\} =$$
$$P\{R_{n+1} = i, \sigma_{n+1} = j \mid \sigma_n\}.$$

Zu den Zwischenankunftsintervallen R_n kommt eine Komponente σ_n als endliche Markov-Kette hinzu, die als *steuernde Kette* bezeichnet wird. Die Notation $SMP(M)$ steht für einen SMP mit M steuernden Zuständen $\sigma_n \in \{1, \ldots, M\}$. Zustandsspezifische Verteilungen $r_{ij}(k)$ der Intervalle bestimmen einen SMP in stationären Verhältnissen vollständig:

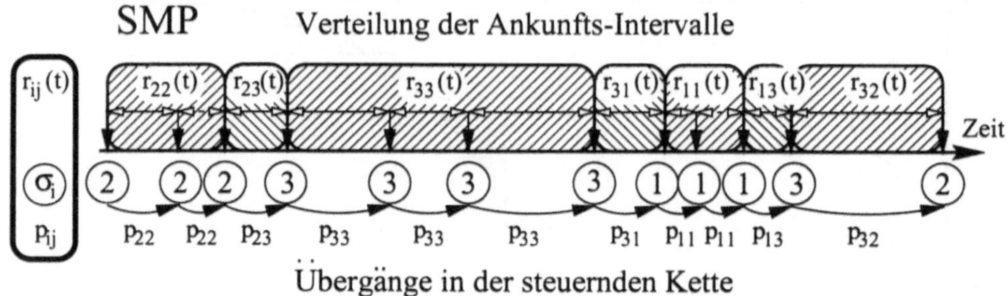

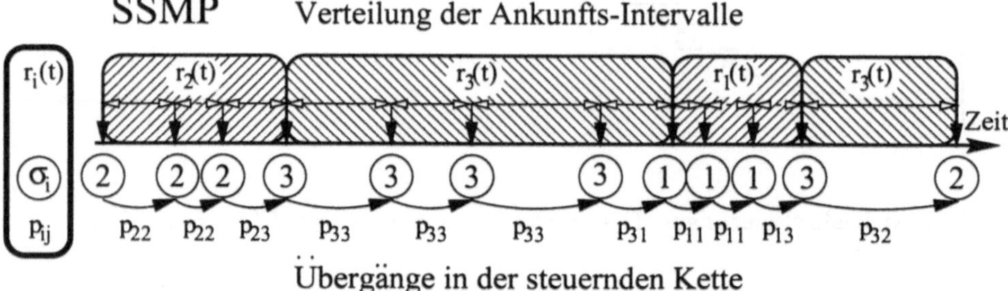

Bild 10.5: Verlauf von Semi-Markov-Prozessen SMP mit Spezialfall SSMP

$$r_{ij}(k) \stackrel{\text{def}}{=} P\{R_{n+1} = k,\, \sigma_{n+1} = j \mid \sigma_n = i\}; \quad r_i(k) \stackrel{\text{def}}{=} \sum_j r_{ij}(k);$$

$$r_{ij} \stackrel{\text{def}}{=} \sum_k r_{ij}(k) = P\{\sigma_{n+1} = j \mid \sigma_n = i\}; \quad \mathbf{R} \stackrel{\text{def}}{=} (r_{ij}); \quad r(k) \stackrel{\text{def}}{=} \sum_i r_i(k).$$

Die Übergangsmatrix $\mathbf{R}$ der steuernden Kette eines SMP soll irreduzibel sein, so
daß ihre Zustandswahrscheinlichkeiten $r_1, \cdots, r_M$ eindeutig durch

$$r_i = \sum_{j=1}^{M} r_j\, r_{ji} \quad \text{für} \quad i = 1, \cdots, M \quad \text{und} \quad \sum_{i=1}^{M} r_i = 1$$

bestimmt sind. Die Zustandswahrscheinlichkeiten werden dabei gemäß der zweiten
Variante in (10.3) definiert, $r_i \stackrel{\text{def}}{=} \lim_{n\to\infty}(1/n)\sum_{j=1}^{n} P\{\sigma_j = i\}$, die auch Periodi-
zitäten zuläßt. Mittelwerte der Ankunftsintervalle werden zustandsabhängig mit
$E_i(R)$ und insgesamt mit $E(R)$ bezeichnet.

Zur Beschreibung eines SMP(M) sind damit M^2 Verteilung $r_{ij}(k)$ der Intervalle
abhängig vom aktuellen Zustand i und dem Folgezustand j notwendig. In der
Regel ist jedoch die Abhängigkeit nur vom aktuellen Zustand i völlig ausreichend. Für einen solchen speziellen SMP, abgekürzt als SSMP, gilt $\forall j : r_{ij}(k) =$
$r_{ij}\, r_i(k)$. Ein SSMP(M) ist durch nur M zustandsspezifische Verteilungsfunktionen $r_1(k), \cdots, r_M(k)$ gegeben, siehe Bild 10.5.

Seine Autokorrelationsfunktion hat eine einfache Form, die sich an vorgegebene autokorrelierte Prozesse anpassen läßt, siehe Abschnitt 10.3.5. Andererseits ist die Klasse SSMP insofern gegenüber SMP uneingeschränkt, als man allgemein einen SMP(M) einfach als SSMP(M^2) darstellen kann, dessen zweidimensionaler Zustandsraum alle Kombinationen aus aktuellem Zustand und Folgezustand umfaßt.

Wenn wir für die Analyse von Bediensystemen Semi-Markov-Prozesse mit beschränkten Intervallen nutzen, so sind diese wiederum äquivalent zur zeitdiskreten Version Markov'scher Ankunftsprozesse (D-MAP), siehe [62]. Letztere sind in Verallgemeinerung von Phasen-Verteilungen definiert, wobei anstelle eines absorbierenden Zustands eine beliebige Teilmenge der Zustände absorbierend sein kann, so daß jeder Übergang in einen dieser Zustände ein Ankunftsereignis auslöst. Jeder Zustand eines SMP kann in einem D-MAP durch eine endliche Kette von Zuständen nachgebildet werden, von denen jeweils nur ein Startzustand absorbierend ist.

TES-Prozesse bieten eine alternative Darstellungsform [44, 26], die es erlaubt, die Verteilung von Intervallen und ihre Autokorrelation voneinander getrennt anzupassen. TES-Prozesse haben diese Eigenschaft mit SMP gemeinsam, siehe Abschnitt 10.3.5 und eignen sich besonders für die Simulation, während kaum Arbeiten für die Analyse von Bediensystemen mit TES-Prozessen bekannt sind.

Bemerkenswert ist ein Ansatz [88], der von TES-Prozessen ausgeht und diese in SMP transformiert, um damit die Analyse durchführen zu können. Auf diesem Umweg wird die Eignung von SMP nicht nur zu Analysezwecken aufgezeigt, sondern ebenso die Flexibilität von SMP-Anpassungen bei der Approximation allgemeiner TES-Prozesse. Allerdings ist der Umweg über TES- zu SMP-Darstellungen ineffizienter als eine direkte SMP-Anpassung. Wird die Netzlast in Zustandsmodellen erfaßt [72], so gelangt man unmittelbar zur SMP-Darstellung.

10.3.5 Die Autokorrelationsfunktion

Aus der Definition der Autokorrelationsfunktion für homogene Prozesse

$$\mathcal{K}(n) \stackrel{\text{def}}{=} E\big((R_T - E(R))(R_{T+n} - E(R))\big)\big/\sigma_R^2 \quad \text{für} \quad n \geq 1 \tag{10.5}$$

erhält man unter Beachtung der zustandsspezifischen Verteilungen und der Übergangsmatrix zu der für SSMP gültigen Spezialform, siehe [19]

$$\mathcal{K}(n) = \left(\sum_{i=1}^{M}\sum_{j=1}^{M} r_i\, E_i(R)\, r_{ij}^{(n)}\, E_j(R) - E^2(R)\right)\big/\sigma_R^2 \quad \text{für} \quad n \geq 1; \tag{10.6}$$

$$\mathcal{K}(0) \stackrel{\text{def}}{=} \left(\sum_{i=1}^{M} r_i\, E_i^2(R) - E^2(R)\right)\big/\sigma_R^2. \tag{10.7}$$

Man sieht, daß nur die zustandsspezifischen Mittelwerte $E_i(R)$ und die n-Schritt-Übergangswahrscheinlichkeiten $\mathbf{R}^n = (r_{ij}^{(n)})$ der steuernden Kette in der Autokorrelationsfunktion auftreten, mit $\mathbf{R} = (r_{ij}) = (r_{ij}^{(1)})$. $\mathcal{K}(0)$ wird hier in Fortführung der Beziehung (10.6) definiert, d.h. $r_{ij}^{(0)} = 1$ für $i = j$. Dies ist speziell für SSMP relevant und weicht von der allgemeinen Definition $\mathcal{K}(0) = 1$ in Fortführung von (10.5) ab. $\mathcal{K}(0)$ erweist sich dann als Schlüsselparameter der SSMP-Autokorrelation, denn es gilt $\forall n \in \mathbb{N} : |\mathcal{K}(n)| \leq \mathcal{K}(0)$, zum Beweis siehe [35].

Die Autokorrelationsfunktion eines SSMP(2) ist geometrisch abklingend von der Form $\mathcal{K}(n) = \mathcal{K}(0)\,(1 - q_{12} - q_{21})^n$, siehe [19]. Geht man von einem stochastischen Prozeß aus, der durch einen SSMP(M) approximiert werden soll, wobei die vorliegende Verteilung $r(k)$ der Intervalle exakt beibehalten wird, so zeigt sich, daß $\mathcal{K}(0)$ in Abhängigkeit von dieser Verteilung und von M beschränkt ist. Die Schranken sind am Beispiel der Gleich- (G-Vt.) und der Exponential-Verteilung (E-Vt.) in der folgenden Tabelle angegeben.

Tabelle 10.1: Maximale Autokorrelationskoeffizienten für SSMP(M)-Prozesse

	M	2	3	5	10	20	50	100
G-Vt.	$\mathcal{K}(0) \leq$	0,750	0,889	0,960	0,990	0,9975	0,9996	0,9999
E-Vt.	$\mathcal{K}(0) \leq$	0,648	0,820	0,927	0,980	0,9947	0,9991	0,9998

Als Ergebnis kann man ablesen, daß insbesondere für starke Autokorrelation mit Koeffizienten $\mathcal{K}(n)$ nahe bei 1 eine gewisse Mindestanzahl von Zuständen in der SSMP-Darstellung notwendig wird. Verkehr mit starker Autokorrelation ist für viele Anwendungen in ATM-Netzen typisch.

Zur Konstruktion von SSMP-Darstellungen eines gegebenen autokorrelierten Prozesses kann man zunächst einen SSMP(1) an die Verteilung $r(k)$ anpassen und danach durch Einteilung in zustandsspezifische Verteilungen mit unterschliedlichen Mittelwerten $E_i(R)$ die Autokorrelation angleichen. Die stationäre Verteilung $r(k) = \sum_i r_i\, r_i(k)$ kann durch geeignete Aufteilung in die Verteilungen $r_i(k)$ erhalten bleiben. Anpassungsverfahren mit Zustandsreduktion werden in [35] erörtert.

Für einen Summen-Prozeß $S = \sum_i R^{(i)}$ aus unabhängigen Einzelprozessen $R^{(i)}$ ist die Autokorrelationsfunktion $\mathcal{K}_S(n)$ über eine einfache Beziehung bestimmt

$$\mathcal{K}_S(n) = \sum_i \sigma^2_{R^{(i)}}\, \mathcal{K}_{R^{(i)}}(n) \Big/ \sum_i \sigma^2_{R^{(i)}} . \tag{10.8}$$

Die Beziehung ist auf die für ATM-Übertragungsstrecken typische Überlagerung unabhängiger Verbindungen anwendbar. Für unabhängige Prozesse mit übereinstimmender Autokorrelationsfunktion bleibt diese im Summenprozeß erhalten.

10.4 Statistisches Multiplexing

Die Übertragungsstrecken in Telekommunikationsnetzen bedienen zahlreiche Verbindungen gleichzeitig, deren Verkehr in der Regel als stochastisch unabhängig anzusehen ist, da sie zwischen jeweils verschiedenen Kommunikationspartnern aufgebaut werden. Die zeitlichen Schwankungen heben sich dann im Überlagerungsverkehr der Datenpakete zum großen Teil gegenseitig auf, d.h. die Schwankungen des gesamten Verkehrsaufkommens aus einer Vielzahl von Verbindungen fallen bezogen auf die mittlere Rate des Gesamtflusses viel geringer aus als für die einzelne beteiligte Verbindung.

Dieser unter der Bezeichnung *statistisches Multiplexing* für ATM-Netze und im *zentralen Grenzwertsatz* der Statistik manifestierte Effekt der teilweisen Aufhebung von Schwankungen bei Überlagerungen wird von ATM-Netzen zur Kapazitätseinsparung genutzt. So reicht auf Strecken im Weitverkehrsbereich normalerweise eine Übertragungskapazität, die nur wenig über dem Mittelwert des Gesamtstroms anzusetzen ist, um das gesamte Verkehrsaufkommen zu fast jedem Zeitpunkt abzudecken, wobei nur geringe Verlustraten in Kauf zu nehmen sind.

In engem Zusammenhang zum *zentralen Grenzwertsatz* der Statistik gilt die Aussage, daß eine Summe $S_n = X_1 + \cdots + X_n$ von unabhängigen Zufallsgrößen mit wachsender Anzahl n von Summanden näherungsweise normal-verteilt ist. Als notwendige Voraussetzung müssen dazu die Mittelwerte $E(X_i)$ der Summanden klein gegenüber dem Mittelwert $E(S_n)$ der Summe werden.

Die Normalverteilung ist durch den Mittelwert und die Varianz bestimmt, was in der Notation $Z \sim \mathcal{N}(E(Z), \sigma_Z^2)$ für eine normalverteilte Zufallsvariable Z zum Ausdruck kommt. Für die Summe S_n erhält man

$$E(S_n) = \sum_{i=1}^{n} E(X_i) \quad \text{und} \quad \sigma_{S_n}^2 = \sum_{i=1}^{n} \sigma_{X_i}^2.$$

Sind alle unabhängigen Zufallsgrößen X_i identisch verteilt mit gleichem positivem Mittelwert $E(X) > 0$ und Standardabweichung σ_X, so wächst der Mittelwert der Summe linear $E(S_n) = n \cdot E(X)$ mit n, die Standardabweichung der Summe dagegen nur mit der Wurzel $\sigma_{S_n} = \sqrt{n} \cdot \sigma_X$, d.h. die Standardabweichung von S_n nimmt relativ zum Mittelwert ab, und das Verhältnis geht für $n \to \infty$ gegen Null:

$$\sigma_{S_n} / E(S_n) = \left(\sigma_X / E(X) \right) / \sqrt{n}.$$

Zur Einschätzung von Kapazitätsüberschreitungen spielt die Wahrscheinlichkeit dafür, daß S_n ein bestimmtes Limit übersteigt, eine wichtige Rolle. Ist S_n standard-normalverteilt, d.h. $S_n \sim \mathcal{N}(0, 1)$, so wird die Grenze, die S_n mit einer Wahrscheinlichkeit q überschreitet, als *Quantil γ_q* der Verteilung bezeichnet.

Es gibt keine geschlossene Formel für die Quantile, so daß man auf die Hilfe von Tabellenwerken oder die Approximation von Hastings angewiesen ist. Die Tabelle 10.2 gibt auszugsweise die Werte γ_{10-k} für $k = 2, \cdots, 10$ an, die mit Wahrscheinlichkeiten 10^{-k} überschritten werden, siehe [AF56], Seite 100.

Allgemein überschreitet eine normalverteilte Größe S_n die Grenze $E(S_n) + \gamma_q\, \sigma_{S_n}$ mit Wahrscheinlichkeit q, siehe Bild 10.6.

Tabelle 10.2: Quantile der Normalverteilung

Quantile der Normalverteilung									
$k =$	2	3	4	5	6	7	8	9	10
γ_{10-k}	2,326	3,090	3,719	4,265	4,754	5,200	5,612	5,998	6,362

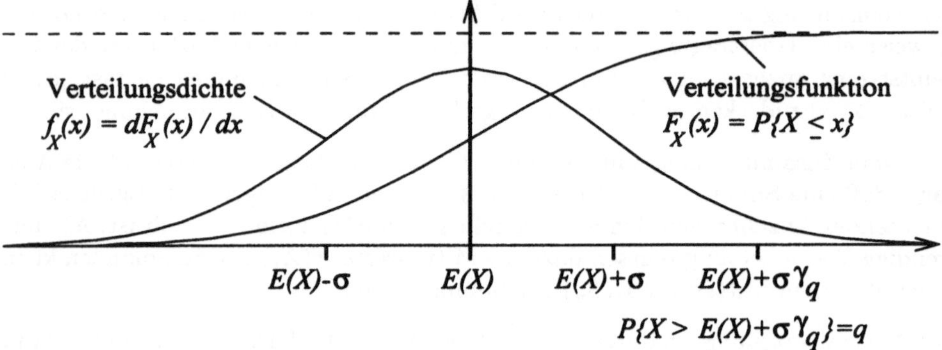

Bild 10.6: Verteilungsfunktion und -dichte der Normal-Verteilung

Ist das Verkehrsaufkommen auf einer Strecke insgesamt normalverteilt mit dem Mittelwert 100 Mbit/s und der Standardabweichung 5 Mbit/s, und will man ihre Kapazität so auslegen, daß sie nur mit Wahrscheinlichkeit 10^{-9} überschritten wird, so genügen 100 Mbit/s $+ \gamma_{10-9} \cdot 5$ Mbit/s $\approx$ 130 Mbit/s. Dazu folgen zwei Anwendungsbeispiele.

Beispiel: Überlagerung von ON-OFF-Quellen

ON-OFF-Quellen haben Burst- bzw. Pausenphasen, in denen sie mit voller, maximaler Rate bzw. mit Rate 0 senden. Sprachverbindungen mit Sprechpausenunterdrückung erzeugen derartigen ON-OFF-Verkehr. Bezeichnet man mit α den Zeitanteil von Burstphasen mit voller Senderate R, erhält man die mittlere Übertragungsrate einer ON-OFF-Verbindung $E(X) = \alpha R$ und ihre Varianz

$$\sigma_X^2 = \sum_i P\{X = i\}\,(i - E(X))^2$$
$$= (1 - \alpha)(0 - \alpha R)^2 + \alpha(R - \alpha R)^2 = \alpha\,(1 - \alpha)\,R^2.$$

Überlagert man nun n unabhängige ON-OFF-Verbindungen, so erhält man für den Mittelwert und die Standardabweichung

$$E(S) = n\,E(X) = n\,\alpha\,R \quad \text{und} \quad \sigma_S = \sqrt{n}\,\sigma_X = \sqrt{n\,\alpha\,(1-\alpha)}\,R.$$

Setzt man eine Normalverteilung für S an, ist die Übertragungskapazität C, die mit Wahrscheinlichkeit 10^{-k} überschritten wird, durch folgende Formel bestimmt

$$C = \left(n\,\alpha + \gamma_{10^{-k}}\,\sqrt{n\,\alpha\,(1-\alpha)}\right) \cdot R.$$

Um für 100 Sprachverbindungen mit einem Sprechpausenanteil von 60% genügend Übertragungskapazität bereitzustellen, so daß die Wahrscheinlichkeit einer Überlastung unter 10^{-3} bleibt, beträgt die Kapazität nach dem zentralen Grenzwertsatz

$$C = (100 \cdot 0,4 + 3,09\,\sqrt{100 \cdot 0,4 \cdot 0,6}) \cdot R \approx 55,14 \cdot R$$

Im Fall von ON-OFF-Quellen ist die Rate des Überlagerungsverkehrs genau genommen binomial-verteilt

$$P\{S = i\,R\} = \binom{n}{i}\,\alpha^i\,(1-\alpha)^{n-i},$$

so daß die Wahrscheinlichkeit, mit welcher der Verkehr eine vorgesehene Rate übersteigt, exakt bestimmt werden kann. Im Vergleich zum eben berechneten Beispiel nach dem zentralen Grenzwertsatz erhält man aus der Binomial-Verteilung $P\{S > 55 \cdot R\} \approx 9 \cdot 10^{-4}$ und damit eine gute Übereinstimmung. Nun gehen bei Überlast selbst ohne Pufferung nicht alle Pakete verloren. Die berechnete Wahrscheinlichkeit ist daher höher als die Paketverlustrate.

Die Verlustrate beträgt $S - C$, wenn die momentane Verkehrslast S die verfügbare Kapazität C übersteigt. Hat S einen diskreten Wertebereich, so gilt für die Verlustrate V im langfristigen Mittel $V = \sum_{i>C}(i - C)\,P\{S = i\}$.

Der zugrundegelegte Ansatz einer normalverteilten Verkehrsrate S führt auf folgende Gleichung für die Verlustrate V und die Verlustwahrscheinlichkeit P_{Loss}

$$V = \int_{t=C}^{\infty} \frac{t - C}{\sqrt{2\pi}\,\sigma_S}\,\mathrm{e}^{-\frac{(t-E(S))^2}{2\sigma_S^2}}\,dt$$

$$= \frac{\sigma_S}{\sqrt{2\pi}}\,\mathrm{e}^{-\frac{(C-E(S))^2}{2\sigma_S^2}} - (C - E(S))\,P\{S > C\} \quad \Rightarrow \tag{10.9}$$

$$P_{Loss} = \frac{V}{E(S)} = \frac{\sigma_S}{E(S)}\left(\frac{\mathrm{e}^{-\ell^2/2}}{\sqrt{2\pi}} - \ell\,P\{S > C\}\right) \quad \text{für} \quad \ell = \frac{C - E(S)}{\sigma_S}.$$

Die Verlustrate V ist als Datenmenge pro Zeit bestimmt. In Fortführung des Beispiels für 100 Sprachverbindungen erhält man $V \approx 0,0014 \cdot R$ über die Normalverteilung und $V \approx 0,0016 \cdot R$ in der Kontrollrechnung über die Binomial-Verteilung, sowie $P_{Loss} = V/E(S) \approx 4 \cdot 10^{-5}$ für Zellenverluste.

Insgesamt zeigt dieses Beispiel, daß man mit einer Kapazität, die an der mittleren Übertragungsrate (hier: $40 \cdot R$) des Verkehrsangebots orientiert ist, und darüber hinaus einen Anteil für zeitliche Schwankungen (hier: $15,14 \cdot R$) bereitstellt, bereits ohne Pufferung akzeptable Paketverlustraten erzielen kann. Für Sprache ist also bei relativ kleinem Burstfaktor schon eine deutliche Kapazitätseinsparung gegenüber den bei Leitungsvermittlung benötigten $100 \cdot R$ möglich.

Beispiel: Komprimierte Video-Übertragungen

In einem weiteren Beispiel werden erneut gleichartige Verbindungen überlagert, die diesmal komprimierte Videodaten transportieren. In einem vereinfachten Modell erzeugt jede Quelle Verkehr mit drei verschiedenen Übertragungsraten, wobei die Rate zu einem Zeitpunkt mit Wahrscheinlichkeit 2/3 auf 3 Mbit/s, zu 2/9 auf 9 Mbit/s und zu 1/9 auf 15 Mbit/s gesetzt ist, siehe erstes Diagramm im Bild 10.7. Für den Mittelwert und die Standardabweichung des Verkehrsaufkommens erhält man in der Maßeinheit [Mbit/s]

$$P\{X = 3\} = \frac{2}{3}; \quad P\{X = 9\} = \frac{2}{9}; \quad P\{X = 15\} = \frac{1}{9};$$

$$E(X) = \frac{2}{3} \cdot 3 + \frac{2}{9} \cdot 9 + \frac{1}{9} \cdot 15 = \frac{17}{3};$$

$$\sigma_X^2 = \frac{2}{3} \cdot \left(3 - \frac{17}{3}\right)^2 + \frac{2}{9} \cdot \left(9 - \frac{17}{3}\right)^2 + \frac{1}{9} \cdot \left(15 - \frac{17}{3}\right)^2 = \frac{152}{9}.$$

Die Wahrscheinlichkeitsverteilungen bei der Überlagerung von 4 bzw. 16 jeweils unabhängigen Verbindungen wurden explizit berechnet und sind in Bild 10.7 angegeben. Damit soll veranschaulicht werden, wie sich das Verkehrsaufkommen der für die Normalverteilung typischen Glockenkurve annähert. Für 16 Quellen berechnen wir wiederum unter der Annahme einer Normalverteilung die Kapazität, die mit Wahrscheinlichkeit 10^{-5} überschritten wird

$$C = 16 \cdot 17/3 + 4,265 \cdot \sqrt{16 \cdot 152/9} \approx 90,67 + 70,1 = 160,77.$$

Die Paketverlust-Wahrscheinlichkeit für die Verbindungen wird analog zum ersten Beispiel berechnet und ergibt $P_{Loss} \approx 4 \cdot 10^{-7}$. Auch diesmal stimmen die Ergebnisse auf der Basis der Normal-Verteilung recht gut mit den explizit berechneten Werten der tatsächlichen Verteilung überein.

Für eine genügend große Anzahl von Verbindungen bietet die Normalverteilungsannahme also eine einfache und ausreichend genaue Methode, um Kapazitätsplanungen unter Beachtung von Quality-of-Service-Vorgaben für die Fehler- bzw. Paketverlustrate vorzunehmen, wobei Pufferung allerdings nicht berücksichtigt ist.

Die Algorithmen für den Verbindungsaufbau in ATM-Netzen müssen nach einfachen Kriterien entscheiden, ob die Kapazität der Übertragungsstrecken noch ausreichen, um eine neu angeforderte Verbindung einzurichten, so daß die Quality-of-Service-Anforderungen sowohl für die neu hinzukommende, als auch für alle anderen aufgebauten Verbindungen erfüllt bleiben.

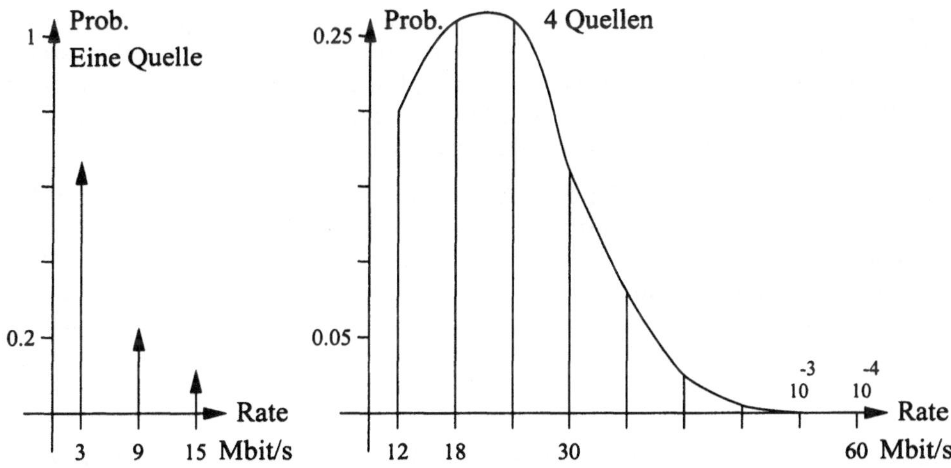

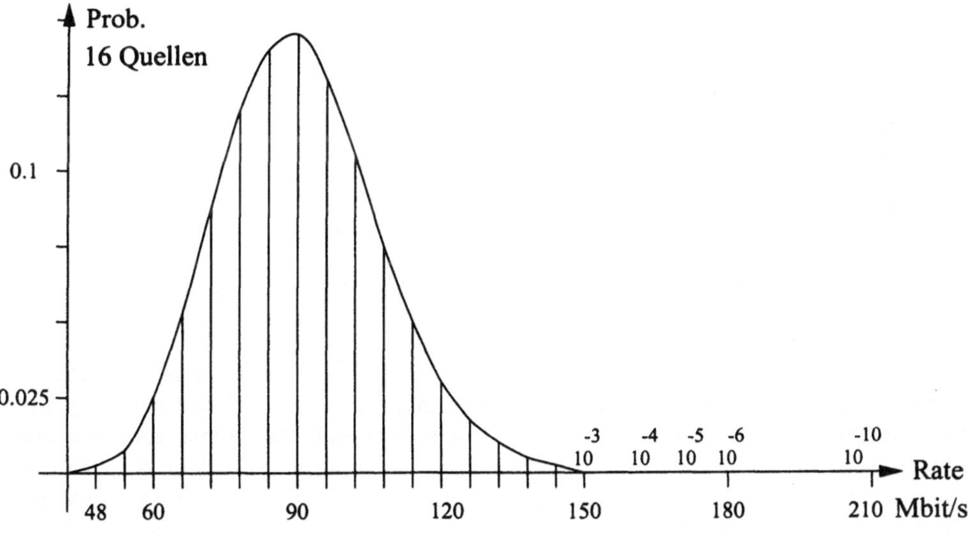

Bild 10.7: Verteilung der Senderate bei Überlagerung von Verbindungen

Durch die bisher nicht einbezogene Pufferung von Paketen kann man dieselbe Paketverlust-Wahrscheinlichkeit bei reduziertem Kapazitätsanteil für Verkehrsschwankungen erreichen. Entscheidend für die Wirkung von Puffern ist vor allem die Dauer von Überlastphasen, in denen sich Warteschlangen aufbauen. Lange Überlastphasen führen zu einem Rückstau nicht direkt übertragbarer Pakete und damit zu langen Wartezeiten und Pufferüberläufen. Es werden nun Analyseverfahren vorgestellt, die im Endergebnis eine einfache Bestimmung von Wartezeiten und Zellenverlustraten für statistisches Multiplexing ermöglichen, siehe Abschnitt 10.7.3. Zur Charakterisierung des Verkehrs reichen Ankunftsrate und Varianz dann nicht mehr aus, sondern es müssen Autokorrelationen beachtet werden.

Für Standardanwendungen der Sprach-, Video und Datenübertragung liegen Modellierungsdaten zur Bestimmung von Puffergrößen vor. Andererseits gibt es ebenso Fälle mit a priori nicht vorhersagbarem Verkehrsaufkommen. So sieht der ATM-Standard auch eine Verkehrsklasse mit unspezifizierter Rate vor, für die womöglich nicht einmal die Ankunftsrate bekannt ist. Dazu kann man natürlich auch keine hochwertige Quality-of-Service-Zusagen treffen.

10.5 Zeitdiskrete Analyse von Bediensystemen

ATM-Vermittlungssysteme können als Warte- und Bediensysteme aufgefaßt und mit Modellen aus der Bedientheorie beschrieben und analysiert werden.

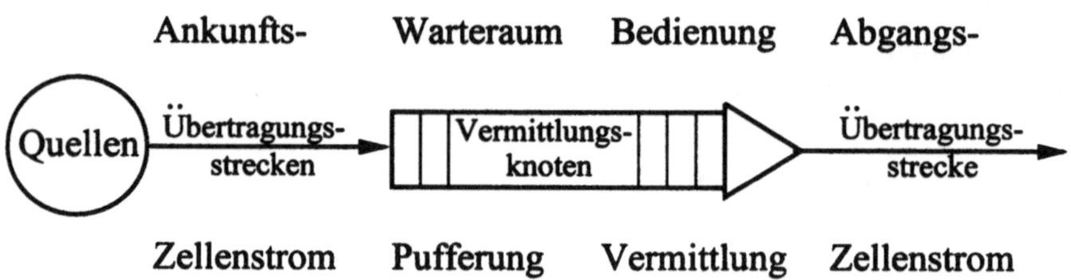

Bild 10.8: ATM-Vermittlungsknoten als Warte- und Bediensystem

Ziel der Analyse von Bediensystemen ist zunächst die Bestimmung der stationären Verteilung der Wartezeit sowie der Warteschlangenlänge bzw. Pufferbelegung. Für einen ATM-Vermittlungsknoten ist der Ankunftsprozeß als Zellenstrom von eingehenden Übertragungsstrecken gegeben, der Warteraum entspricht dem Pufferspeicher und der Bedienprozeß ist durch Abfertigungen von Zellen mit einer festen Übertragungsrate über die Ausgangsleitungen bestimmt, siehe Bild 10.8.

ATM-Knoten bilden ein Netz aus internen Schaltstellen, Puffern und Verbindungspfaden, wobei die Pufferung eingangs-, ausgangsseitig oder über das Vermittlungsnetz verteilt sein kann, siehe Kapitel 9. Das Bedienmodell mit endlichem Warteraum entspricht der Pufferung nur vor den Ausgängen, die zur Vermeidung interner Blockierungen und zur optimalen Pufferausnutzung angestrebt wird.

Der Ankunftsprozeß von eintreffenden Zellen kann als Punktprozeß aufgefaßt werden, mit den am Beginn des Kapitels beschriebenen Varianten. Die verschiedenartigen Dienste erzeugen dabei Prozesse von komplexer und autokorrelierter Struktur, die hohe Anforderungen an die Modellierung stellt. Zentrales Kriterium in der Leistungsmodellierung von ATM-Netzen sind die QoS-Garantien, insbesondere für Wartezeiten, für deren Variabilität (*Delay-Jitter*) und für Zellenverlustraten. Diese QoS-Parameter gehen aus der stationären Wartezeit- bzw. Workload-Verteilung hervor, die Gegenstand von Analysen in der Bedien- und Wartetheorie ist.

Während die klassische Bedientheorie Poisson-Prozesse zum Ausgangspunkt mit der Verallgemeinerung zu Phasenmodellen aus exponentiell verteilten Phasen, siehe Abschnitt 10.3.3, nimmt, sind in ATM-Netzen zeitdiskrete Prozesse zur Beschreibung von Zellströmen mit getakteten Ankunfts- und Abfertigungszeitpunkten naheliegend. Zeitdiskrete Analyseverfahren, die zuvor weniger beachtet wurden, rückten mit dem Anwendungsgebiet ATM-Netze mehr in den Blickpunkt.

So wurden Modelle speziell für ATM-Vermittlungsknoten ausgelegt, die meist den Zeitablauf in feste Zeitintervalle (Slots) einteilen [11, 59]. Hinzu kommen Fluid-Flow-Modelle [22], die der zeitkontinuierlichen Variante des Leaky-Bucket-Prinzips entsprechen, siehe Abschnitt 7.5.1.

Dennoch befassen wir uns hier zunächst mit der zeitdiskreten Analyse von klassischen Bedien- und Wartesystemen. Diese sind in der Regel direkt auf die speziellen ATM-Knoten-Modelle übertragbar, so daß sie sich allgemein als Basismodell für ATM-Vermittlungssysteme eignen.

Die Transformation zwischen den Modellen wird durch einen Wechsel in der Beschreibung des Verkehrsaufkommens von Zwischenankunfts- und Bedienzeitverteilungen hin zu Verteilungen der Anzahl von Ankünften und Bedienungen in bestimmten Zeitintervallen erreicht, siehe Abschnitt 10.6.1.

Zur Charakterisierung klassischer Bediensysteme ist die *Kendall-Notation* üblich, die auf 3-6 Komponenten beruht. Ein Bediensystem wird demgemäß bezeichnet als

$$A \,/\, S \,/\, c \,/\, n - \text{System} \ \text{mit:}$$

- Ankunftsprozeß A:

   Für A werden die im Abschnitt 10.3.3 genannten Kürzel zur Bezeichnung spezieller Prozesse bzw. von Zwischenankunftszeitverteilungen für Erneuerungsprozesse eingesetzt $A \in \{\text{M, E}_n\text{, H, Ph, Ph}_D\text{, D, Geo, GI}_D\text{, GI, SMP,}$ $\text{G ...}\}$. Systeme mit Gruppenankünften (*Batch or Bulk Arrivals*) werden in der Ankunftskomponente mit A^Y notiert.

- Service- oder Bedienprozeß S:

  Hier kommen dieselben Varianten wie für Ankunftsprozesse in Frage. Man
  beachte, daß der Bedienprozeß nicht fortlaufend ist, sondern unterbrochen
  wird, solange das System nach einer Bedienung leer bleibt. Als Bedienstra-
  tegie wird in der Regel *First-Come-Frist-Served* (FCFS) und eine unmittel-
  bare und fortlaufende Bedienung angenommen. Abweichende Fälle z.B. mit
  Prioritäten, *Last-in-first-out (LIFO)* oder *Round-Robin (RR)*, haben Auswirkungen u.a. auf die Wartezeitverteilung und können durch einen Zusatz
  zur Bedienkomponente notiert werden, z.B. GI-RR.

  In der Literatur wird bei der Bedienzeit das Kürzel G uneinheitlich, häufig
  auch in Sinne von GI verwendet. Das Kürzel GI steht allgemein für Erneuerungsprozesse, während G beliebige, auch autokorrelierte Punktprozesse
  umfaßt.

- Anzahl c der Bediener: $c \in \mathbb{N} \cup \{\infty\}$

  Solange einer der Bediener frei oder wenn $c = \infty$ ist, wird jede ankommende
  Anforderung sofort ohne Wartezeit bedient.

- Anzahl n von Warteplätzen: $n \in \mathbb{N}_0 \cup \{\infty\}$

  Ein Bediensystem hat c Bedien- und n Warteplätze. Entsprechend unterscheidet man zwischen der Zahl L von Anforderungen im System und der
  Zahl L_W wartender Anforderungen und zwischen der Warte- und der Ver-
  weilzeit einschließlich Bedienung.

  $n = \infty$ ist der Default-Wert wenn auf die Angabe dieser Komponente verzichtet wird. Andererseits werden Ankünfte vom Bediensystem abgewiesen und
  gehen verloren, wenn alle Plätze eines endlichen Systems zur Ankunftszeit
  belegt sind, was z.B. für ankommende Zellen an ATM-Vermittlungsknoten
  eintreten kann.

- Weitere Varianten von Bediensystemen z.B. mit Bedienpausen (*Vacation Systems*) oder variabler Bedienkapazität, mehreren Kundenklassen, Prioritäten
  etc. werden hier nicht betrachtet.

Zu den elementaren Beschreibungsgrößen eines Bediensystems zählen

- die Ankunftsrate λ, d.h. die mittlere Zahl von Ankünften pro Zeit, als Kehrwert der mittleren Zwischenankunftszeit $\lambda = 1/E(R)$,

- die Bedienrate $\mu = 1/E(S)$ für die mittlere Zahl von Bedienungen pro Zeit,
  die ein Bediener leisten kann,

- die Auslastung ρ der Bedienstation für den Anteil der Zeit, zu welchem die
  Bediener aktiv sind. Im GI/GI/1-System gilt $\rho = \lambda/\mu$, wenn $\mu > \lambda$ ist.

Bei der Auswertung vom Bediensystemen richtet sich das zentrale Interesse auf die stationären Verteilungen der Wartezeit W bzw. der Anzahl L_W von wartenden Anforderungen mit beschreibenden Größen wie Mittelwert oder Verlustwahrscheinlichkeit bei endlichem Warteraum. Stationäre Verteilungen erfassen das langfristige Systemverhalten in einem *eingeschwungenen Zustand* gemäß Definition (10.3).

Als Mindestanforderung sollte ein angepaßtes und stabiles Bediensystem mit einer Auslastung $\rho < 1$ arbeiten. Wenn der Warteraum unbeschränkt ist, so ist $\rho < 1$ eine notwendige Voraussetzung für stationäre Verhältnisse; für $\lambda > \mu$ wird die Warteschlange eines GI/GI/1-Systems auf lange Sicht unbeschränkt wachsen.

Für die Beziehung zwischen der mittleren Wartezeit und Warteschlangenlänge gilt der Satz von Little: $E(L_W) = \lambda\, E(W)$. Er ist allgemein auch für Bediensysteme mit endlichem Warteraum anwendbar, wenn die tatsächliche Ankunftsrate ohne abgewiesene Anforderungen eingesetzt wird.

Es folgen nun zeitdiskrete Analyseverfahren zur Auswertung von Bediensystemen, wobei auf die konsequente Benutzung des Index D zur Kennzeichnung zeitdiskreter Prozesse verzichtet wird.

10.5.1 Effiziente GI bzw. SMP/GI/1-Analysetechniken

Um die stationäre Verteilung der Wartezeiten und Pufferbelegung im GI/GI/1-Bediensystem und allgemeiner für Systeme mit autokorrelierten Ankünften (MAP, SMP) zu bestimmen, haben sich unter zahlreichen Ansätzen zwei vorwiegend genutzte Standardmethoden herauskristallisiert: zum einen *Matrix-analytische Lösungen* und zum anderen Lösungen durch Nullstellenbestimmung (*Faktorisierung*) der charakteristischen Systemgleichung.

Matrix-analytische Lösungen werden übersichtlich und zusammenhängend erarbeitet

- ausgehend von den Lehrbüchern von M. Neuts [66, 67],

- in zahlreichen Zeitschriftenartikeln, darunter [56, 62] und

- Kongressen zum aktuellen Stand, z.B. im *Jahr 2000* in Leuven bei Brüssel.

Mit Verweis darauf können wir hier auf ihre genaue Erörterung verzichten, beziehen sie aber beim Vergleich im Abschnitt 10.5.7 mit ein.

Faktorisierungsansätze werden für zahlreiche Systemmodelle in uneinheitlicher Notation angewendet. Unter den Bezeichnungen *Spectral/Polynomial Factorization, Root-Finding-Algorithm, Method of Generating/z-Functions, Fluid-Flow-Models,*

Eigen-Value-Method, Elementary Solution of ... kommt ein gemeinsamer Lösungsansatz in verschiedenen Varianten zum Einsatz. Die Analysemethode ist am ausführlichsten im Standardwerk von Kleinrock für GI/GI/1-Systeme behandelt, sowie in zahlreichen Arbeiten für weitere Anwendungen:

- L. Kleinrock [48] (Vol. 1, Kapitel 8 und Vol. 2), A. Konheim [50], M.L. Chaudhry [12], J.-Y. Le Boudec [10] et al. für GI/GI/1-Bediensysteme,

- D. Mitra [22] et al. für Fluid-Flow-Modelle, siehe auch [24],

- S.-Q. Li [59], H. Bruneel [11] et al. für ATM-Multiplexer.

Da Faktorisierungsansätze gerade für zeitdiskreten autokorrelierten Verkehr in ATM-Netzen zu effizienten Lösungen führen, werden sie in den kommenden Abschnitten genauer erläutert.

Zunächst erörtern wir die Workload- bzw. Wartezeit-Verteilung von GI/GI/1-Bediensystemen, wofür die Lindley'sche Beziehung [61] als Ausgangsbasis dient. Dazu wird eine einfach implementierbare und schnell berechenbare Lösung für die stationäre Workload-Verteilung durch Wiener-Hopf-Faktorisierung hergeleitet. Diese Lösungsmethode führt ohne die für andere Faktorisierungsansätze grundlegende Nullstellenbestimmung einer charakteristischen Gleichung zu einer äquivalenten Ergebnisdarstellung, siehe Abschnitt 10.5.7.

Selbstverständlich hat die intensive Untersuchung der klassischen Bediensysteme neben den bisher genannten und im folgenden Vergleich berücksichtigten Methoden weitere effiziente Alternativen hervorgebracht. Darunter ist der allgemeine Ansatz zur GI/GI/1-Analyse in [1] durch numerische Auswertung von Konturintegralen zur Lösung der Beziehung von Pollaczek zu nennen.

Ein weiterer interessanter Weg setzt die Lindley'sche Beziehung elementar durch Faltung von Verteilungsfunktionen um, wobei die Fast-Fourier-Transformation beschleunigend zum Einsatz kommt [20, 88]. Für die beiden letztgenannten Methoden werden in den zugehörigen Arbeiten keine detaillierten Aussagen zu numerischen Eigenschaften und zum notwendigen Rechenaufwand gemacht, weshalb sie im folgenden Vergleich nicht einbezogen werden konnten.

10.5.2 Die Lindley'sche Beziehung für die Workload

Wir beginnen mit Notationen für GI/GI/1-Systeme. S_n, R_n und $U_n = S_n - R_n$ stehen für die Bedienzeit der n-ten Anforderung $n \in \mathbb{N}$, die Zwischenzeit von ihrer Ankunft bis zur nächsten Ankunft sowie deren Differenz. GI/GI/1-Systeme zeichnen sich dadurch aus, daß die Folgen R_n und S_n unabhängige Erneuerungsprozesse bilden, was sich auch auf U_n überträgt.

Die *Workload* im System ist die Zeit, die der Bediener benötigt, bis alle aktuell vorliegenden Anforderungen abgearbeitet sind. Die Workload erhöht sich mit jeder neuen Ankunft um die zugehörige Bedienzeit und nimmt ansonsten linear ab, bis sie den Wert 0 erreicht und während der Leerphasen beibehält, siehe Bild 10.9. Mit W_n bezeichnen wir die Workload unmittelbar vor dem n-ten Ankunftszeitpunkt, die gleichzeitig die Wartezeit der n-ten Anforderung darstellt, wenn man von einer *First-come-first-served*-Bedienstrategie ausgeht.

Der Bedienprozeß ist durch sich abwechselnde Bedien- und Leerperioden gekennzeichnet. Solange noch eine Anforderung vorliegt, dauert eine Bedienperiode an, und die Workload ist positiv. I sei eine Zufallsvariable für die Dauer einer Leerperiode, d.h. einer Zeitspanne ohne vorliegende Anforderung an den Bediener. Die GI/GI/1-Leerperioden sind unabhängig und identisch verteilt. Zeitdiskrete Verteilungen seien dazu wie folgt gegeben:

$$u(i) \overset{\text{def}}{=} P\{U_n = S_n - R_n = i\}; \quad l(i) \overset{\text{def}}{=} P\{I = i\}.$$

Die Zwischenankunfts- bzw. Bedienzeiten sollen beschränkt sein, mit Maximalwerten g bzw. h, so daß

$$0 \leq R_n \leq g \quad \text{und} \quad 0 \leq S_n \leq h \quad \Rightarrow \quad -g \leq U_n \leq h \quad \text{und} \quad 1 \leq I \leq g.$$

Die Wartezeit W_n der n-ten Ankunft ist einfach durch die Gleichung

$$W_n = \max(W_{n-1} + U_{n-1}, 0) \tag{10.10}$$

bestimmt. Geht man davon aus, daß die erste Ankunft am Beginn einer Bedienperiode stattfindet, d.h. $W_1 = 0$, so kann man die Verteilung von W_n rekursiv durch Faltungen für die Summe $W_{n-1} + U_{n-1}$ bestimmen, siehe Gleichung (10.2)

$$P\{W_n = i\} = \sum_k P\{W_{n-1} = k\} P\{U_{n-1} = i - k\} \quad \text{für } i > 0. \tag{10.11}$$

Diese Gleichungen bilden die zeitdiskrete Variante der *Lindley'schen Beziehung* [61]. Die Wahrscheinlichkeit $P\{W_n = 0\} = P\{W_{n-1} + U_{n-1} \leq 0\}$ geht auch aus der Normierung $P\{W_n = 0\} = 1 - \sum_{i>0} P\{W_n = i\}$ hervor. Das Interesse der Systemanalyse konzentriert sich auf die im Grenzwert angestrebte stationäre Verteilung $w(i) = \lim_{n\to\infty} P\{W_n = i\}$ der Wartezeit, vergleiche Gleichung (10.3).

Für GI/GI/1-Systeme kann man zeigen, daß sich eine stationäre Verteilung $w(i)$ unter der Voraussetzung $E(U) = \sum_i i\,u(i) < 0$ einstellt. Ansonsten ist die Ankunftsrate höher als die Bedienrate, so daß der Bediener überlastet wird und die Warteschlange eine Tendenz zum dauerhaften Anwachsen hat.

Die direkte Berechnung der stationären Verteilung auf diesem Weg ist sehr aufwendig. Man muß die Verteilungen $P\{W_n = i\}$ ab einem Wert N abschneiden, d.h. man setzt $\forall i > N : P\{W_n = i\} = 0$, wobei $P\{W_n > N\}$ vernachlässigbar klein sein muß. Für Anwendungen in ATM-Netzen sind aber selbst Werte von $P\{W_n > N\} = 10^{-9}$ als QoS-Parameter für Pufferüberläufe wichtig.

Der Berechnungsaufwand für die Verteilung von $W_n = \max(W_{n-1} + U_{n-1}, 0)$ als Faltungssumme kann durch Anwendung der *Fast Fourier Transformation* reduziert werden [88]. Doch nimmt bei wachsender Auslastung $\rho \to 1$ die Konvergenzgeschwindigkeit gegen die stationäre Verteilung ab, während gleichzeitig die Workload und die zu ihrer Darstellung notwendige Stufenzahl N ansteigt.

Daher stellen wir nun eine Lösung durch Wiener-Hopf-Faktorisierung vor, zu deren Vorzügen eine sehr einfache Implementierung und ein geringer, von der Auslastung ρ unabhängiger Rechenaufwand zählen [30].

10.5.3 Wiener-Hopf-Faktorisierung und Workload

Die folgende Herleitung konzentriert sich auf den Verlauf der Workload in einer Bedienperiode. Wir gehen von einer Sichtweise aus, welche die Bedienperioden in Phasen unterteilt, deren Zeitdauer wiederum ebenso verteilt ist wie die komplette Bedienperiodendauer.

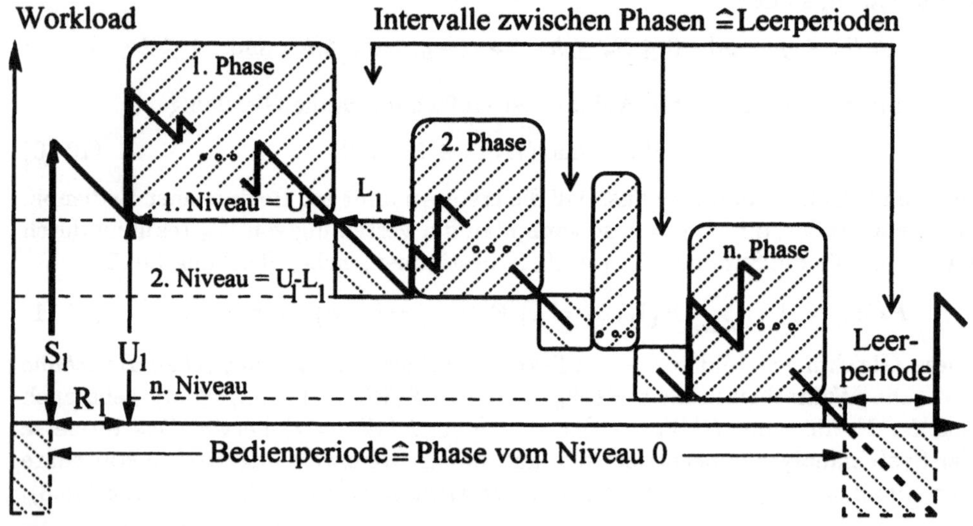

Bild 10.9: Einteilung einer Bedienperiode in Phasen

- Mit Wahrscheinlichkeiten $u(-m), m \in \{1, \cdots, g\}$ ist eine GI/GI/1-Bedienperiode bereits nach einer Anforderung beendet und es folgt eine Leerperiode der Dauer m.

- Mit Wahrscheinlichkeiten $u(m), m \in \{0, \cdots, h\}$ wird mehr als eine Anforderung in der Bedienperiode bearbeitet und unmittelbar vor dem Eintreffen der zweiten Anforderung beträgt die Workload m. Beim Eintreffen der 2. Anforderung beginnt eine *Phase vom Niveau m*. Eine solche Phase endet dann, wenn die Workload erstmals das Niveau m unterschreitet bzw. im Fall $m = 0$ wenn das System wieder leer wird. Unter den Voraussetzungen $-g \leq U_n \leq h$ und $E(U) < 0$ kann man nachweisen, daß dies mit Wahrscheinlichkeit 1 zu irgendeinem späteren Zeitpunkt eintreten wird. Im zeitdiskreten Modell sind alle Phasenniveaus ganzzahlig.

- Nach dem Ende einer Phase beginnt bei der nächsten Ankunft eine neue Phase, es sei denn, daß das System vorher leer geworden ist, und eine neue Bedienperiode beginnt.

- In diesen Definitionen kann jede Bedienperiode selbst als Phase vom Niveau 0 angesehen werden bzw. eine Phase vom Niveau m stellt eine Bedienperiode dar, in deren Verlauf die Workload um m nach oben verschoben ist. Dies hat zur Folge, daß

  - die Anzahl von Anforderungen in einer Phase dieselbe Verteilung hat wie in einer Bedienperiode,

  - die Dauer von Phasen wie von Bedienperioden identisch verteilt sind,

  - die Zeitspannen vom Ende einer Phase bis zum Beginn der nächsten identisch und ebenso verteilt sind, wie die Dauer von Leerperioden.

Auf eine Phase vom Niveau $n + m$ folgt daher mit Wahrscheinlichkeit $l(m)$ eine Phase vom Niveau n (≥ 0). Im Verlauf einer Bedienperiode nehmen die Phasenniveaus streng monoton ab, siehe Bild 10.9.

Zwischen den Wahrscheinlichkeiten $v(n)$, daß in einer Bedienperiode eine Phase vom Niveau n auftritt, und der Wahrscheinlichkeitsverteilung $l(n)$ für die Dauer von Leerperioden ergibt sich daraus eine Beziehung, die schon von Feller [23] in ähnlichem Kontext als *"incredibly simple"* bezeichnet wird:

$$v(n) = u(n) + \sum_{m=1}^{\min(h-n,g)} v(n+m)\,l(m) \quad n = 0, \ldots, h; \quad (10.12)$$

$$l(n) = u(-n) + \sum_{m=0}^{\min(g-n,h)} v(m)\,l(m+n) \quad n = 1, \ldots, g; \quad (10.13)$$

$$v(n) = 0 \quad \text{für } n > h; \qquad l(n) = 0 \quad \text{für } n > g.$$

Wenn $l(1), \cdots, l(g)$ bekannt ist, so kann man $v(h), \cdots, v(0)$ in dieser Reihenfolge direkt aus der oberen Gleichung berechnen. Umgekehrt ergibt die untere Gleichung $l(g), \cdots, l(1)$ aus bekannten Werten $v(0), \cdots, v(h)$. Grassmann und Jain [30] haben die Beziehungen (10.12-10.13) zur Wiener-Hopf-Faktorisierung ohne Bezug zur angesprochenen Phasen-Einteilung aufgestellt und die numerische Berechnung von

$v(n)$ und $l(n)$ untersucht. Dazu schlagen sie eine Iteration vor, in deren Verlauf abwechselnd die obere bzw. untere Gleichung angewendet wird, beginnend z.B. vom Startwert $l_0(n) = u(-n)/\sum_{i=1}^{g} u(-i)$.

$$l_0(n) \overset{(10.12)}{\to} v_0(n) \overset{(10.13)}{\to} l_1(n) \overset{(10.12)}{\to} v_1(n) \overset{(10.13)}{\to} l_2(n) \cdots$$

Ein Iterationsschritt hat den größenordnungsmäßigen Aufwand $O(g\,h)$. Grassmann und Jain weisen nach, daß die Iteration $l_k(n)$, $v_k(n)$ konvergiert. Mit einer geringfügigen Modifikation erzielen sie nach weniger als 10 Schritten durchweg eine Konvergenz bis auf Abweichungen im Bereich $< 10^{-6}$. Diese günstigen Konvergenzeigenschaften sind nicht bewiesen, haben sich aber bei vielfältigen Anwendungen des Verfahrens bestätigt, z.B. in der Analyse auf offene Warteschlangennetze [41], oder in den Ergebnissen für statistisches Multiplexing, siehe Tabelle 10.6 im Abschnitt 10.7. Eine Beispielrechnung ist in der Tabelle 10.3 ausgeführt.

Im Anschluß an die Bestimmung von $l(n)$, $v(n)$ kann man mit geringem Zusatzaufwand die Leistungskenngrößen des Systems herleiten, vor allem die stationäre Verteilung der Workload bzw. der Wartezeiten.

Seien $\mathcal{W}(z) = \sum_i w(i)\,z^i$ and $\mathcal{V}(z) = \sum_i v(i)\,z^i$ die erzeugenden Funktionen der stationären Wartezeit- und der Phasenniveau-Verteilung und N bezeichne die Anzahl von Anforderungen in einer betrachteten Bedienperiode mit dem Mittelwert $E(N)$. Da die Wartezeitverteilung in einer Phase vom Niveau n einer Verschiebung der gesuchten Wartezeitverteilung in Bedienperioden um n nach oben entspricht, erhält man unmittelbar

$$E(N) = 1 + \sum_{n=0}^{h} v(n)\,E(N) = \frac{1}{1 - \mathcal{V}(1)}; \tag{10.14}$$

$$\mathcal{W}(z)E(N) = 1 + \sum_{n=0}^{h} v(n)\,z^n\,\mathcal{W}(z)\,E(N) = 1 + \mathcal{V}(z)\,\mathcal{W}(z)E(N);$$

$$\mathcal{W}(z) = \frac{1 - \mathcal{V}(1)}{1 - \mathcal{V}(z)} \;\Rightarrow\; E(W) = \frac{\mathcal{V}'(1)}{1 - \mathcal{V}(1)}; \quad w(0) = \frac{1 - \mathcal{V}(1)}{1 - v(0)}; \cdots \tag{10.15}$$

Die Gleichung (10.15) für die erzeugende Funktion der Wartezeit berücksichtigt auf der rechten Seite

- den ersten Kunden in der Bedienperiode mit der Wartezeit 0 entsprechend dem Beitrag $z^0 = 1$ zur erzeugenden Funktion,

- jede Phase vom Niveau n, in der die erzeugende Funktion der Wartezeit durch $z^n \mathcal{W}(z)$ bestimmt ist. Eine Phase vom Niveau n kommt nur mit Wahrscheinlichkeit $v(n)$ in einer Bedienperiode vor und umfaßt andererseits im Mittel $E(N)$ Kunden. Beide Werte treten als Gewichtungsfaktoren auf.

Schließlich wird das Berechungsverfahren an einem Beispiel verdeutlicht. Für konstante Bedienzeiten $S = 4$ und Zwischenankunftszeiten, die im Bereich $[0, \cdots, 9]$ gleichverteilt sind, ist die Differenz U ebenfalls gleichverteilt im Bereich $[-5, \cdots, 4]$, d.h. $P\{U = -5\} = \cdots = P\{U = 4\} = 0,1$. Ausgehend von einer normalisierten Startverteilung $l_0(n) = u(-n)/(u(-1)+\cdots+u(-5))$ zeigt die Iteration $l_i(n)$, $v_i(n)$ bereits in 4 Schritten deutliche Konvergenz, siehe Tabelle 10.3.

Tabelle 10.3: Beispiel der iterativen Lösung der Gleichungen (10.12–10.13)

$v(n) : P\{$ Eine Bedienperiode enthält eine Phase vom Niveau $n\}$					
n		$v_1(n)$	$v_2(n)$	$v_3(n)$	$v_4(n)$
4		$0,1$	$0,1$	$0,1$	$0,1$
3		$0,12$	$0,125$	$0,127$	$0,127$
2		$0,144$	$0,154$	$0,157$	$0,158$
1		$0,173$	$0,187$	$0,192$	$0,193$
0		$0,207$	$0,225$	$0,230$	$0,232$
n	$l_0(n)$	$l_1(n)$	$l_2(n)$	$l_3(n)$	$l_4(n)$
1	$0,2$	$0,249$	$0,266$	$0,272$	$0,274$
2	$0,2$	$0,229$	$0,235$	$0,235$	$0,235$
3	$0,2$	$0,205$	$0,201$	$0,199$	$0,198$
4	$0,2$	$0,176$	$0,166$	$0,164$	$0,163$
5	$0,2$	$0,141$	$0,132$	$0,130$	$0,130$
$l(n)$: Verteilung der Leerperiodendauer					

Aus den Tabellenwerten für $l(n)$, $v(n)$ erhält man gemäß (10.14-10.15):

$$E(N) \approx 1/\big(1 - 0,232 - 0,193 - 0,158 - 0,127 - 0,1\big) \approx 5,28;$$

$$\mathcal{W}(z) \approx 1/\big(5,28(1 - 0,232 - 0,193z - 0,158z^2 - 0,127z^3 - 0,1z^4)\big);$$

$$E(W) \approx 5,28\,(0,193 + 2\cdot 0,158 + 3\cdot 0,127 + 4\cdot 0,1) \approx 6,82; \quad w(0) \approx 0,247; \ \ldots$$

Die komplette Herleitung der Lösung durch Wiener-Hopf-Faktorisierung ist auch auf kontinuierliche Verteilungen in $\mathbb{R}_0^+$ übertragbar, wobei neben modifizierten Definitionen im wesentlichen Summen durch Integrale und die Grenzen g und h durch ∞ zu ersetzten sind. Allerdings führt die dadurch allgemeiner formulierte Lösung zunächst nicht auf eine effiziente Auswertung. Das rekursive Lösungsverfahren wird im Abschnitt 10.5.6 auf SMP/GI/1-Bediensysteme erweitert.

Die Analysetechnik der Faktorisierung mittels Nullstellenbestimmung eines charakteristischen Polynoms wird nun am Beispiel der Fibonacci-Zahlenfolge eingeführt und anschließend auf zeitdiskrete Wartezeitverteilungen übertragen.

10.5.4 Polynom-Faktorisierung für Fibonacci-Zahlen

Die Fibonacci-Zahlen sind durch folgende Rekursionsgleichung gegeben:

$$f_n = f_{n-1} + f_{n-2} \quad \text{für } n \geq 2 \quad \text{mit den Anfangswerten } f_0 = f_1 = 1.$$

Tabelle 10.4: Fibonacci-Zahlen

Die Fibonacci-Zahlenfolge														
$n =$	0	1	2	3	4	5	6	7	8	9	10	11	12	13	$\cdots$
$f_n =$	1	1	2	3	5	8	13	21	34	55	89	144	233	377	$\cdots$

Als Lösung kann man zunächst eine geometrische Folge $f_n = \alpha\,\beta^n$ ansetzen. Das Einsetzen in die Rekursionsgleichung liefert Werte für β, die den Ansatz erfüllen:

$$\alpha\beta^n = f_n = f_{n-1} + f_{n-2} = \alpha\beta^{n-1} + \alpha\beta^{n-2} \quad \Longleftrightarrow$$
$$\alpha\beta = 0 \quad \text{oder} \quad \beta^2 = \beta + 1 \quad \text{bzw.} \quad \beta_1 = (1 + \sqrt{5})/2; \quad \beta_2 = (1 - \sqrt{5})/2.$$

Zwar erfüllen β_1 und β_2 die Rekursionsgleichung, aber der einfache geometrische Ansatz läßt sich nicht an beide Anfangswerte $f_0 = f_1 = 1$ anpassen. Als naheliegende Erweiterung werden zwei geometrische Reihen in der Form $f_n = \alpha_1\beta_1^n + \alpha_2\beta_2^n$ kombiniert. Es ist klar, daß dieser Ansatz immer noch die Rekursionsgleichung erfüllt, da dies für beide Summanden zutrifft. Dazu kann man nun die Parameter α_1 und α_2 so wählen, daß beide Anfangswerte angeglichen werden:

$$f_0 = \alpha_1 + \alpha_2 = 1; \quad f_1 = \alpha_1\beta_1 + \alpha_2\beta_2 = 1 \quad \Rightarrow \quad \alpha_{1,2} = (5 \pm \sqrt{5})/10;$$

$$\Rightarrow f_n = \frac{5 + \sqrt{5}}{10}\left(\frac{1 + \sqrt{5}}{2}\right)^n + \frac{5 - \sqrt{5}}{10}\left(\frac{1 - \sqrt{5}}{2}\right)^n.$$

Damit kann man große Fibonacci-Zahlen schneller auswerten als über die Rekursionsgleichung. Zudem zeigt sich, daß mit wachsendem n der erste Term bald dominiert und der zweite vernachlässigbar wird, so daß die Fibonacci-Folge sich einer geometrischen Reihe nähert $\lim_{n\to\infty} f_n = \alpha_1\beta_1^n$. Dieses Verhalten ist für Wartezeiten in Markov'schen Modellen allgemeingültig, siehe Abschnitt 10.6.3.

10.5.5 Polynom-Faktorisierung für GI/GI/1-Systeme

Für die stationären Wahrscheinlichkeiten $w(k) = P\{W = k\}$ erhält man aus der Lindley'schen Beziehung (10.11) im Grenzwert $n \to \infty$:

$$w(k) = \sum_{i=-h}^{g} w(k+i)\,u(-i) \qquad \text{für } k \geq h; \tag{10.16}$$

$$w(k) = \sum_{i=-k}^{g} w(k+i)\, u(-i) \qquad \text{für } h-1 \geq k \geq 1; \qquad (10.17)$$

$$w(0) = \sum_{i=0}^{g} w(i) \sum_{j \geq i} u(-j). \qquad (10.18)$$

In Analogie zum Beispiel der rekursiven Beziehung für Fibonacci-Zahlen liegt auch hier ein rekursives Gleichungssystem für $k \geq h$ vor, sowie davon abweichende Anfangsbedingungen als Gleichungen für $w(0), \cdots, w(h-1)$.

Wir machen erneut einen geometrischen Ansatz $w(k) = \alpha\,\beta^k$ und können durch Einsetzen in die Gleichungen (10.16) passende Werte β_i bestimmen, die alle Gleichungen für $k \geq h$ erfüllen. Man erhält

$$\alpha\,\beta^k = w(k) = \sum_{i=-h}^{g} w(k+i)u(-i) = \sum_{i=-h}^{g} \alpha\beta^{k+i}u(-i) = \alpha\beta^k \sum_{i=-h}^{g} u(-i)\beta^i$$

$$\Rightarrow 1 = \sum_{i=-g}^{h} u(i)\beta^{-i} = \mathcal{U}(\beta^{-1}) \qquad \text{oder in Polynomform:} \qquad (10.19)$$

$$u(-g)\beta^{g+h} + \cdots + u(-1)\beta^{1+h} + (u(0)-1)\beta^{h} + u(1)\beta^{h-1} + \cdots + u(h) = 0.$$

Der geometrische Lösungsansatz erfüllt alle Gleichungen (10.16), wenn der Parameter β Lösung der charakteristischen Systemgleichung $\mathcal{U}(\beta^{-1}) = 1$ ist, die allein durch die erzeugende Funktion der Differenz $U = S - A$ zwischen Bedien- und Ankunftszeit bestimmt ist.

Um die Anfangsbedingungen (10.17) für $w(0), \cdots, w(h-1)$ einzubeziehen, wird der Lösungsansatz auf eine Linearkombination $w(k) = \sum_{j=1}^{h} \alpha_j\,\beta_j^{k}$ geometrischer Terme erweitert, wobei h Terme für h Anfangsbedingungen notwendig sind.

Das charakteristische Polynom hat den Grad $g+h$, so daß nur ein Teil seiner Nullstellen zu berücksichtigen ist. Die Nullstellen des Polynoms liegen im allgemeinen in der komplexen Zahlenebene.

Unter der Voraussetzung $E(U) < 1$ kann man mit Hilfe des Satzes von Rouche zeigen [48], daß von den $g + h$ Lösungen der charakteristischen Systemgleichung genau h betragsmäßig kleiner als 1 sind. Nur diese Lösungen $\beta_1, \cdots, \beta_h$ innerhalb des Einheitskreises sind als Terme der Linearkombination tauglich, da für $|\beta_i| \geq 1$ die Folge β_i^k und damit auch $w(k)$ nicht konvergiert, entgegen der Normierungsbedingung $\sum_{k=0}^{\infty} w(k) = 1$.

Nach der Nullstellensuche werden die Koeffizienten $\alpha_1, \cdots, \alpha_h$ so bestimmt, daß sämtliche Anfangsbedingungen erfüllt werden. Zunächst stellen wir fest, daß das Gleichungssystem (10.16-10.18) homogen und linear abhängig ist. Demzufolge kann auf eine der Gleichungen verzichtet werden und stattdessen ist die Normierungsbedingung $\sum_{i=0}^{\infty} w(i) = 1$ zu berücksichtigen.

Wir verzichten hier auf die Anfangsbedingung (10.18) für $w(0)$. Alle anderen Anfangsbedingungen für $w(1), \cdots, w(h-1)$ werden vom Lösungsansatz erfüllt, wenn

$$\sum_{i=1}^{h} \alpha_i \beta_i^{-\ell} = 0 \quad \text{für} \quad \ell = 1, 2, , \cdots, h-1 \quad \text{gilt.} \tag{10.20}$$

Zum Beweis dieser Behauptung setzen wir den Ansatz $w(n) = \sum_{j=1}^{h} \alpha_j \beta_j^k$ in die Anfangsbedingungen (10.17) für $w(n)$ ein und erhalten

$$w(k) = \sum_{i=-k}^{g} w(k+i) u(-i) \qquad \Longleftrightarrow$$

$$\sum_{j=1}^{h} \alpha_j \beta_j^k = \sum_{i=-k}^{g} \sum_{j=1}^{h} \alpha_j \beta_j^{k+i} u(-i) = \sum_{j=1}^{h} \alpha_j \beta_j^k \sum_{i=-k}^{g} u(-i) \beta_j^i \qquad \Longleftrightarrow$$

$$0 = \sum_{j=1}^{h} \alpha_j \beta_j^k \left(1 - \sum_{i=-k}^{g} u(-i) \beta_j^i \right) = \sum_{j=1}^{h} \alpha_j \beta_j^k \left(1 - \mathcal{U}(\beta^{-1}) + \sum_{i=k+1}^{h} u(i) \beta_j^{-i} \right)$$

$$= \sum_{j=1}^{h} \alpha_j \beta_j^k \sum_{i=k+1}^{h} u(i) \beta_j^{-i} = \sum_{i=k+1}^{h} u(i) \sum_{j=1}^{h} \alpha_j \beta_j^{k-i} = \sum_{i=1}^{h-k} u(k+i) \sum_{j=1}^{h} \alpha_j \beta_j^{-i}.$$

Die abschließende Gleichung dieser Herleitung ist für $k = h-1, \cdots, 1$ äquivalent zu den Gleichungen (10.20), wenn per Definition $u(h) \neq 0$ vorausgesetzt wird.

Zusammen mit der Beziehung $\sum_{i=1}^{h} \alpha_i = w(0)$ bilden die Gleichungen (10.20) ein van der Monde'sches Gleichungssystem, das folgende explizite Lösung für die Koeffizienten α_i in Abhängigkeit von $w(0)$ hat:

$$\alpha_i = w(0) \Big/ \prod_{\substack{j=1 \\ j \neq i}}^{h} \left(1 - \beta_j / \beta_i \right) \tag{10.21}$$

Zuletzt wird die Wahrscheinlichkeit $w(0)$ durch Normierung bestimmt:

$$\sum_{k=0}^{\infty} w(k) = 1 \quad \Longleftrightarrow \quad \sum_{k=0}^{\infty} \sum_{i=1}^{h} \alpha_i \beta_i^k = 1 \quad \Longleftrightarrow \quad \sum_{i=1}^{h} \alpha_i \frac{1}{1-\beta_i} = 1 \quad \Longleftrightarrow$$

$$w(0) = 1 \Big/ \left(\sum_{i=1}^{h} \frac{1}{1-\beta_i} \prod_{\substack{j=1 \\ j \neq i}}^{h} \frac{1}{1-\beta_j/\beta_i} \right). \tag{10.22}$$

Insgesamt hat die Polynomfaktorisierung die Lösungsform

$$w(k) = \sum_{j=1}^{h} \alpha_j \beta_j^k, \tag{10.23}$$

wobei $\beta_1, \cdots, \beta_h$ die Nullstellen des charakteristischen Polynoms (10.19) im Einheitskreis der komplexen Zahlenebene sind, und $\alpha_1, \cdots, \alpha_h$ über die Gleichung (10.21) inklusive der Normierung (10.22) berechnet werden, siehe [50].

Komplex-wertige Parameter treten stets als kunjungiert-komplexe Paare $\alpha_i, \overline{\alpha}_i$ bzw. $\beta_i, \overline{\beta}_i$ auf. Während ein reeller Parameter einem geometrisch abklingenden Term $\alpha_j \beta_j^k$ entspricht, erzeugt ein kunjungiert-komplexes Paar Punkte auf einer exponentiell gedämpften Sinuskurve.

Die Formel (10.21) ist für einfache Nullstellen $\beta_i \neq \beta_j$ für $i \neq j$ und $\beta_i \neq 0$ auswertbar. Für Mehrfachnullstellen gibt es eine modifizierte Lösungform [48].

10.5.6 Workload-Verteilung für SMP/GI/1-Systeme

Wir erweitern nun die Analyse der Bediensysteme von Erneuerungs- auf Semi-Markov-Ankunftsprozesse. Damit wird es erst möglich, autokorrelierten Verkehr einzubeziehen, wie er in manigfaltiger Ausprägung in Rechnernetzen insbesondere bei einem breiten Dienstespektrum auftritt. Semi-Markov-Prozesse wurden bereits im Abschnitt 10.3.4 als Folge $\{R_n, \sigma_n\}$ ($n \in \mathbb{N}$) von Intervallen eingeführt, die vom aktuellen Zustand σ_n einer steuernden Kette abhängen. Die Anpassung eines SMP an einen Prozeß, für welchen die stationäre Verteilung seiner Intervalle und bestimmte Parameter seiner Autokorrelation vorliegen, wird in [35] behandelt.

Bediensysteme mit Semi-Markov'schem Ankunftsprozeß wurden wiederum mit matrix-geometrischen Methoden [80], mittels Polynom-Faktorisierung [73] und Wiener-Hopf-Faktorisierung [38] analysiert. Wir beschränken uns hier auf die letztgenannte Methode, die von der Herleitung und Implementierung als einfachste Alternative erscheint. Die Ergebnisse aus Abschnitt 10.5.3 werden nun auf direktem Weg für SMP/GI/1-Systeme verallgemeinert. Ausgangspunkt und alleinige Eingabe für das Verfahren sind die Verteilungen

$$u_{ij}(k) \stackrel{\text{def}}{=} P\{U_{n+1} = k, \sigma_{n+1} = j \,|\, \sigma_n = i\} \quad \text{mit} \quad U_n = S_n - R_n \qquad (10.24)$$

der Differenz zwischen der Bedienzeit einer Anforderung und des zugehörigen Ankunftsintervalls, welche vom aktuellen Zustand σ_n und dem Folgezustand σ_{n+1} der steuernden Kette abhängen. Als notwendige Voraussetzung für stationäre Verhältnisse an einer SMP/GI/1-Bedienstation wird Überlast ausgeschlossen

$$E(R) = \sum_i r_i \sum_{j,\,k} k\, r_{ij}(k) > E(S). \qquad (10.25)$$

Die Unterteilung einer Bedienperiode in Phasen wie im Bild 10.9 muß zur Verallgemeinerung auf SMP/GI/1-Systeme die Zustände der steuernden Kette unmittelbar vor einer Bedienperiode und vor einer darin auftretenden Phase einbeziehen. Diese werden als Initialzustände einer Bedienperiode bzw. Phase bezeichnet. Der am Ende einer Bedienperiode erreichte Zustand ist gleichzeitig Initialzustand der nächsten Bedienperiode, da Zustandswechsel nur bei Ankünften und damit nicht während einer Leerphase eintreten. Wir betrachten eine Bedienperiode mit Initialzustand σ_A, die im Zustand σ_E endet. Dazu werden zustandsabhängige Verteilungen der anschließenden Leerphase wie folgt eingeführt

$$l_{ij}(k) \stackrel{\text{def}}{=} P\{I = k, \sigma_E = j \mid \sigma_A = i\}; \tag{10.26}$$

$$l_{ij} \stackrel{\text{def}}{=} \sum_k l_{ij}(k) = P\{\sigma_E = j \mid \sigma_A = i\}.$$

l_{ij} sind also die Übergangswahrscheinlichkeiten in der steuernden Kette von einer Leerperiode zur nächsten.

$v_{ij}(k)$ sei die Wahrscheinlichkeit, daß eine Phase vom Niveau k mit Initialzustand j in einer Bedienperiode mit Initialzustand $\sigma_A = i$ vorkommt. Schließlich werden Matrizen $\mathbf{u}(k)$, $\mathbf{l}(k)$ und $\mathbf{v}(k)$ für die in der Analyse relevanten Größen eingeführt

$$\mathbf{u}(k) = \big(u_{ij}(k)\big); \quad \mathbf{l}(k) = \big(l_{ij}(k)\big); \quad \mathbf{v}(k) = \big(v_{ij}(k)\big); \quad i,j \in \{1, \ldots, M\}.$$

Unter Benutzung der Matrix-Schreibweise kann das grundlegende Gleichungssystem (10.12–10.13) zwischen den Verteilungen der Leerphasen und der Phasenniveaus direkt von GI/GI/1- auf SMP/GI/1-Systemen übertragen werden. Eine Bedienperiode mit Initialzustand $\sigma_A = i$ kann wieder als Phase vom Niveau 0 mit gleichem Initialzustand angesehen werden.

Ausgehend von einer Phase vom Niveau $n+m$ mit Initialzustand j folgt mit Wahrscheinlichkeit $l_{jk}(m)$ eine Phase vom Niveau n mit Initialzustand k. Die Gleichung (10.27) faßt dies in Matrix-Schreibweise zusammen, wobei die Operanden "+" and "·" für Matrizenaddition und -multiplikation stehen.

$$\mathbf{v}(n) = \mathbf{u}(n) + \sum_{m=1}^{h-n} \mathbf{v}(n+m) \cdot \mathbf{l}(m) \qquad n \in \{0, \ldots, h\}; \tag{10.27}$$

$$\mathbf{l}(n) = \mathbf{u}(-n) + \sum_{m=0}^{g-n} \mathbf{v}(m) \cdot \mathbf{l}(m+n) \qquad n \in \{1, \ldots, g\}. \tag{10.28}$$

Die Gleichungen (10.27–10.28) können in derselben Weise wie (10.12–10.13) ausgewertet werden, um $\mathbf{v}(n)$ ausgehend von $\mathbf{l}(1), \cdots, \mathbf{l}(g)$ und umgekehrt zu bestimmen, jeweils in absteigender Reihenfolge für n. Ein Iterationsschritt hat infolge der Matrizenoperationen nun die Komplexität $O(g\,h\,M^3)$. Die Konvergenz der Iteration schwächt sich mit wachsender Autokorrelation des SMP ab. Für starke Autokorrelation können deutlich mehr als 10 Schritte nötig werden, die für GI/GI/1-Systeme erfahrungsgemäß selbst in ungünstigen Fällen ausreichen.

Unter stationären Verhältnissen kann man die vorliegenden zustandsabhängigen Verteilungen $l_{ij}(k)$ der Leerperioden auch zur Gesamtverteilung $l(k)$ aufaddieren:

$$l(k) \stackrel{\text{def}}{=} \sum_{i,j} l_i\,l_{ij}(k); \qquad l_j \stackrel{\text{def}}{=} P\{\sigma_A = j\} = P\{\sigma_E = j\} = \sum_i l_i\,l_{ij}.$$

Die Verteilung der Wartezeiten W_i wird zunächst abhängig vom Initialzustand $\sigma_A = i$ der Bedienperiode betrachtet. Dazu sei $E(W_i)$ der Mittelwert und $\mathcal{W}_i(z)$ die erzeugende Funktion. N_i ist die Anzahl der Anforderungen in einer Bedienperiode mit $\sigma_A = i$ und $E(N_i)$ ihr Mittelwert. Damit erweitert sich die Lösung (10.14-10.15) auf SMP-Ankunftsprozesse

$$E(N_i) = 1 + \sum\nolimits_{j=1}^{M} \sum\nolimits_{n=0}^{h} v_{ij}(n)\, E(N_j); \quad \text{für} \quad i \in \{1, \cdots, M\} \qquad (10.29)$$

$$\mathcal{W}_i(z) = \left(1 + \sum\nolimits_{j=1}^{M} \sum\nolimits_{n=0}^{h} v_{ij}(n)\, z^n\, \mathcal{W}_j(z)\, E(N_j)\right) \Big/ E(N_i). \qquad (10.30)$$

In Fortführung der Matrix-Erweiterung definieren wir

$$\mathcal{V}_{ij}(z) \stackrel{\text{def}}{=} \sum\nolimits_{n=0}^{h} v_{ij}(n)\, z^n, \quad \mathbf{V}(z) \stackrel{\text{def}}{=} \left(\mathcal{V}_{ij}(z)\right) \quad \mathbf{1} \stackrel{\text{def}}{=} (1,\ldots,1)^T$$

und bezeichnen die $M \times M$-Einheitsmatrix mit $\mathbf{I}$. Ein hochgestellter Index $\mathbf{X}^T$ steht für die Transposition eines Vektors oder einer Matrix $\mathbf{X}$. Man erhält

$$(\mathbf{I} - \mathbf{V}(1)) \cdot \left(E(N_1),\ldots, E(N_M)\right)^T = \mathbf{1};$$

$$(\mathbf{I} - \mathbf{V}(z)) \cdot \left(E(N_1)\,\mathcal{W}_1(z),\, \ldots,\, E(N_M)\,\mathcal{W}_M(z)\right)^T = \mathbf{1}; \qquad (10.31)$$

$$\mathcal{W}(z) \stackrel{\text{def}}{=} \sum\nolimits_{j} P\{W = j\}\, z^j = \sum\nolimits_{i} l_i\, E(N_i)\, \mathcal{W}_i(z) \Big/ \sum\nolimits_{i} l_i\, E(N_i),$$

womit auch die erzeugende Funktion $\mathcal{W}(z)$ der Wartezeit insgesamt bestimmt ist. Ihr Mittelwert $E(W)$ und höhere Momente gehen wiederum aus den Ableitungen von (10.31) für $z = 1$ hervor. Für die zustandsabhängigen Mittelwerte $E(W_i)$ in Bedienperioden mit Startzustand i ergibt sich ein lineares Gleichungssystem

$$(\mathbf{I} - \mathbf{V}(1)) \cdot \left(E(N_1)\, E(W_1),\ldots, E(N_M)\, E(W_M)\right)^T = \mathbf{V}'(1) \cdot \left(E(N_1),\ldots, E(N_M)\right)^T.$$

Als explizite Lösung für SMP(2)/GI/1-Bediensysteme erhält man

$$\mathcal{W}(z) = \frac{\mathcal{F}(z)}{\mathcal{F}(1)} \quad \Rightarrow \quad E(W) = \frac{\mathcal{F}'(1)}{\mathcal{F}(1)}; \quad w(0) = \frac{\mathcal{F}(0)}{\mathcal{F}(1)}; \quad \cdots$$

$$\text{mit} \quad \mathcal{F}(z) = \frac{1 + l_1(\mathcal{V}_{12}(z) - \mathcal{V}_{22}(z)) + l_2(\mathcal{V}_{21}(z) - \mathcal{V}_{11}(z))}{(1 - \mathcal{V}_{11}(z))(1 - \mathcal{V}_{22}(z)) - \mathcal{V}_{21}(z)\,\mathcal{V}_{12}(z)}.$$

Die Wahrscheinlichkeiten $w(n) = P\{W = n\}$ der Wartezeit-Verteilung erhält man schließlich aus der n-ten Ableitung der Gleichung 10.31 für $z = 0$. Zunächst ist wiederum ein lineares Gleichungssystem für die zustandsabhängigen Wahrscheinlichkeiten $w_1(n), \cdots, w_M(n)$ zu lösen

$$\left(\mathbf{I} - \mathbf{V}(0)\right) \cdot \left(E(N_1)\,w_1(0), \ldots, E(N_M)\,w_M(0)\right)^T = \mathbf{1}$$

$$E(N_i)\,\mathcal{W}_i^{(n)}(z) = \sum_{j=1}^{M}\sum_{k=0}^{n} \binom{n}{k} \mathcal{V}_{ij}^{(k)}(z)\,E(N_j)\,\mathcal{W}_j^{(n-k)}(z) \quad \text{für } n \in \mathbb{N}$$

$$\Rightarrow \quad \left(\mathbf{I} - \mathbf{V}(0)\right) \cdot \left(E(N_1)\,w_1(n), \ldots, E(N_M)\,w_M(n)\right)^T = \qquad (10.32)$$

$$\sum_{k=0}^{\min\{h,n-1\}} \mathbf{v}(k) \cdot \left(E(N_1)\,w_1(n-k), \ldots, E(N_M)\,w_M(n-k)\right)^T$$

$$w(n) = \sum_i l_i\,E(N_i)\,w_i(n) \Big/ \sum_i l_i\,E(N_i).$$

Die linearen Gleichungen zur Bestimmung von $w_i(n)$ sind für $i = 1, \cdots, M$ und $n = 1, \cdots, N$ mit dem größenordnungsmäßigen Aufwand $O(N\,h\,M^3)$ auswertbar.

10.5.7 Vergleich der Lösungsmethoden

Wir ziehen nun einen Vergleich zwischen den GI/GI/1- bzw. SMP/GI/1-Analysemethoden mittels Wiener-Hopf-Faktorisierung, Polynomfaktorisierung sowie mit Matrix-analytischen Methoden bezüglich der erzielbaren Ergebnisse und der Eigenschaften der Berechnungsverfahren.

Übereinstimmung der beiden Lösungen durch Faktorisierung

Zunächst ist festzustellen, daß die Lösungsdarstellungen beider Faktorisierungsmethoden äquivalent sind. Die Polynomfaktorisierung stellt die stationäre GI/GI/1-Wartezeitverteilung als Summe geometrischer Reihen dar

$$w(k) = \sum_{i=1}^{h} \alpha_i\,\beta_i^k \ \text{ für } k \geq 0 \quad \Leftrightarrow \quad \mathcal{W}(z) = \sum_k w(k)z^k = \sum_{i=1}^{h} \frac{\alpha_i}{1 - \beta_i\,z},$$

wobei $\beta_1, \cdots, \beta_h$ die Nullstellen der charakteristischen Gleichung $\mathcal{U}(z^{-1}) - 1 = 0$ im Einheitskreis der komplexen Zahlenebene sind. Die Wiener-Hopf-Faktorisierung führt dagegen zum Ergebnis $\mathcal{W}(z) = (1 - \mathcal{V}(1))/(1 - \mathcal{V}(z))$.

Die grundlegenden Gleichungen (10.12–10.13) für die Wiener-Hopf-Faktorisierung im GI/GI/1-Fall kann man in der Form $1 - \mathcal{U}(z) = (1 - \mathcal{V}(z))(1 - \sum_{n=1}^{g} l(n)z^{-n})$ zusammenfassen. Diese elegante Darstellung durch z-Transformation enthält die Gleichungen für $v(n)$ in (10.12) als die zu z^n gehörigen Koeffizienten, sowie die Gleichungen für $l(n)$ in (10.13) als Koeffizienten von z^{-n}.

Damit wird deutlich, daß $1 - \mathcal{V}(z)$ als Polynom vom Grad h ein Teiler von $1 - \mathcal{U}(z)$ ist. Also entspricht die Lösung durch Polynom-Faktorisierung einer Partialbruchzerlegung der Wiener-Hopf-Darstellung $\mathcal{W}(z) = (1 - \mathcal{V}(1))/(1 - \mathcal{V}(z))$, oder umgekehrt führt die Zusammenfassung ihrer Terme $\alpha_i/(1 - \beta_i z)$ auf einen gemeinsamen Hauptnenner zum Ergebnis $(1 - \mathcal{V}(1))/(1 - \mathcal{V}(z))$.

Warteschlangenlänge und weitere Ergebnisse

Matrix-analytische Lösungen liegen u.a. für die Verteilung der Warteschlangenlänge in PH/PH/1-Systemen, MAP/PH/1 und SMP/GI/1-Systemen vor [56, 62, 66, 67]. Die Wiener-Hopf-Faktorisierung ist dagegen Workload-orientiert und nur auf die Wartezeit-Verteilung anwendbar, während die Polynom-Faktorisierung wiederum auch die Warteschlangenlänge umfaßt. Lösungen sind hierzu für PH/PH/1-Systeme sowie zeitdiskrete GI/GI/1- und SMP/GI/1-Systeme in [10, 34, 73] ausgearbeitet. Für zeitdiskrete GI/GI/1-Systeme hat die Verteilung der Warteschlangenlänge L dieselbe Form wie für die Wartezeit W, lediglich mit modifizierten Koeffizienten α_i, β_i. Das Ergebnis ist in [34] hergeleitet, wobei die Wahrscheinlichkeiten $P\{L = 0\} = 1 - \rho$ und $P\{L = 1\}$ gesondert berechnet werden bei insgesamt kaum verändertem Rechnungsaufwand im Vergleich zur Wartezeit.

Die Matrix-geometrische Lösung der Warteschlangenlänge-Verteilung in PH/PH/1-Systemen, die auch auf zeitdiskrete GI/GI/1-Systeme anwendbar ist, hat die Form

$$P\{L = n\} = \Pi_n \mathbf{1}^T = \Pi^* \mathbf{M}^n \mathbf{1}^T \quad \text{für} \quad n \geq 2$$

mit erneuter Sonderbehandlung für $P\{L = 0\} = 1 - \rho$ und $P\{L = 1\}$. In kompakter Darstellung, wie sie in [56] für g Phasen im Ankunftsprozeß und h Phasen im Bedienprozeß hergeleitet wird, erscheinen als Komponenten

Π_n Zeilenvektoren der Länge $g + h$, wobei Π_n die Wahrscheinlichkeiten für Sy-
Π^* stemzustände mit $L = n$ nach der aktuellen Phase im Ankunfts- bzw. Bedienprozeß aufschlüsselt,

$\mathbf{M}$ eine $(g + h) \times (g + h)$-Matrix,

$\mathbf{1}^T$ ein Spaltenvektor aus $g + h$ Einsen.

Vergleicht man die Lösungsdarstellungen, so fällt auf, daß die Faktorisierungsansätze mit $h + 2$ bzw. $2h$ Parametern auskommen, während die Matrix-geometrische Lösung $(g + h)^2$ Matrix-Einträge umfaßt.

Die Wiener-Hopf-Faktorisierung liefert zwar keine Ergebnisse für die Warteschlangenlänge, dafür aber die Momente der Anzahl von Bedienungen pro Bedienperiode [38], was von den beiden anderen Methoden nicht bekannt ist. Ein spezieller Vorzug der Lösung durch Polynom-Faktorisierung liegt in der direkten Darstellung der Pufferüberlaufwahrscheinlichkeiten in der Form

$$P\{W \geq n\} = \sum_{k=n}^{\infty} w(k) = \sum_{k=n}^{\infty} \alpha_i \, \beta_i^k = \sum_{i=1}^{h} \frac{\alpha_i \, \beta_i^n}{1 - \beta_i}. \qquad (10.33)$$

Stabilität und Aufwand der Berechnung

Der Matrix-analytische Ansatz zeichnet sich durch nachgewiesene numerische Stabilität des Berechnungsverfahrens [66] aus. Ausschlaggebendes Kriterium ist die Vermeidung von Subtraktionen annähernd gleichgroßer Werte, um Auslöschungen signifikanter Stellen in der Zahlendarstellung zu verhindern.

Zudem ist die Konvergenz von Iterationen zu beachten, die in allen drei Verfahren Verwendung finden. Für Matrix-analytische Methoden ist die Konvergenz nachgewiesen. Die Anzahl von Iterationen steigt mit der Auslastung $\rho \to 1$, so daß der Berechnungsaufwand etwa proportional zu $1/(1 - \rho)$ zunimmt [66, 80].

Pro Iterationsschritt wird der Rechenaufwand der kompakten PH/PH/1-Lösung in [56] mit mindestens $7(g + h)^3/3$ Multiplikationen beziffert, d.h. er wächst kubisch mit der Anzahl der Phasen für den Ankunfts- und Bedienprozeß. Die Anzahl von Phasen entspricht der Anzahl von Stufen für die hier betrachteten zeitdiskreten Verteilungen. Zwar sind diese nur als Spezialfall von Phasenverteilungen anzusehen. Da die charakteristische Gleichung von Ph/Ph/1-Systemen ein Polynom vom Grad $g + h$ ergibt, sind Faktorisierungsmethoden umgekehrt bei gleichem Aufwand auf Ph/Ph/1-Systeme mit entsprechender Anzahl von Phasen anwendbar, siehe [10]. Sengupta stellt für GI/PH/1-Systeme als Spezialfälle seiner Matrixgeometrischen Lösungen eine größenordnungsmäßige Zunahme mit $h^{2,5}$ fest [80].

Bei der Berechnung der Wiener-Hopf-Faktorisierung gemäß (10.12-10.13) werden ebenfalls ausschließlich positive Zahlen addiert. Die Konvergenzeigenschaften der zugehörigen Iteration sind erfahrungsgemäß mit nicht mehr als 10 Schritten geradezu ideal [30, 41]. Ein Nachweis der Konvergenz ist aber nur für eine weniger effiziente Variante erbracht [30]. Pro Iterationsschritt fallen höchstens $2\,g\,h$ Multiplikationen an. Der Rechenaufwand hängt erfahrungsgemäß nur von g und h, jedoch nicht von ρ ab und ist insgesamt erheblich geringer als in der vergleichbaren Matrix-geometrischen Lösung [56]. Für zeitdiskrete GI/GI/1-Systeme mit $g = h = 1000$ benötigt unsere Implementierung der Wiener-Hopf-Faktorisierung auf einem 133 Mhz Pentium PC etwa 5 Sekunden.

Die Stabilität der angegebenen Lösung durch Polynom-Faktorisierung, Gleichung (10.23), hängt von der Lage der Nullstellen ab. Nahe zusammenliegende Nullstellen β_i, β_j führen aufgrund des Faktors $1 - \beta_i/\beta_j$ im Nenner der Berechnungsgleichung (10.21) offensichtlich zu Instabilitäten. Erfahrungsgemäß weicht das Nullstellenspektrum aber bei großer Anzahl h kaum von den Eckpunkten eines regelmäßigen h-Ecks im Einheitskreis ab, mit wenigen Ausnahmen in unmittelbarer Nähe der positiven reellen Achse [12, 34]. Diese Eigenschaft stabilisiert die Berechnung und beschleunigt das Auffinden der Nullstellen, ist aber nicht mathematisch gesichert.

Tabelle 10.5: Vergleich zeitdiskreter Analysemethoden

Vergleich zeitdiskreter Analyseverfahren			
Analysierbare Leistungs- kenngrößen und Eigenschaften der Berechnung	**Wiener- Hopf- Faktorisierung**	**Poly- nom- Faktorisierung**	**Matrix- analytische Methode**
Workload-, Wartezeit- und Leerzeit-Verteilung	+	+	+
Warteschlangenlänge-Verteilung	-	+	+
Systeme mit endlichem Puffer	-	+	+
Momente der Bedienperiode	+	?	?
Effiziente Erweiterung auf *Heavy-tailed*-Bedienzeit-Verteilung	+	?	?
Numerische Stabilität			
Iterationen nachweislich konvergent	-	+	+
Keine Subtraktionen mit Stellenauslöschung	+	-	+
Einfache Implementierung	+	-	-
Rechenaufwand für GI/GI/1-Bediensysteme			
proportional zu	$g\,h$	$(g+h)\,h$	$(g+h)^3$
unabhängig von ρ	+	+	-
Speicherbedarf proportional zu	$g+h$	$g+h$	$(g+h)^2$
Parameteranzahl im Ergebnis	$h+2$	$2\,h$	$(g+h)^2$
Rechenaufwand für SMP(M)/GI/1-Bediensysteme			
proportional zu	M^3	M^3	$M^3(?)$
unabhängig von der Autokorrelation	-	+	-
$+\,(-)$: ist für das Verfahren (un-)zutreffend bzw. das Verfahren ist dafür (un-)geeignet; $?$: es liegen keine gesicherten Erkenntnisse vor; $g,\,h$: Stufen- bzw. Phasenanzahl zur Darstellung der zeitdiskreten Ankunfts- (g) und Bedienzeitverteilung (h).			

Die Lösungsform der Polynomfaktorisierung kann durchaus modifiziert werden, um Mehrfachnullstellen einzubeziehen, siehe dazu [48], Vol. 1, Seite 356, wobei die erwähnten instabilen Faktoren im Nenner eliminiert sind. Insgesamt bleibt die numerische Stabilität der Polynomfaktorisierung dennoch weniger gesichert als die von Matrix-analytischen Verfahren, wenn auch erfahrungsgemäß keine Auswirkungen davon sichtbar werden. Mitentscheidend für numerische Stabilität ist die Genauigkeit der Zahlendarstellung. Durch Verdopplung der Nachkommastellen könnte man einen Großteil kritischer Fälle, wenn solche beobachtet würden, auf

Kosten eines etwa vervierfachten Rechenaufwands beseitigen.

Der Rechenaufwand für die Polynomfaktorisierung fällt im wesentlichen zur Bestimmung der h Nullstellen des charakteristischen Polynoms vom Grad $g + h$ an und ist etwa proportional zu $(g + h) h$; er ist unabhängig von ρ.

Für zeitdiskrete GI/GI/1-Systeme kommt eine Abschätzung in [30] auf mindestens 4-fachen Mehraufwand im Vergleich zur Wiener-Hopf-Faktorisierung. Erfahrungen mit der Implementierung beider Verfahren in [41] bestätigen, daß die Polynomfaktorisierung tatsächlich für $g \geq h$ etwa die 4-fache Laufzeit benötigt. Der Unterschied wird erwartungsgemäß größer, wenn $g \ll h$ ist. Verglichen mit dem kubischen Aufwand $\sim (g + h)^3$ der Matrix-geometrischn Methoden, arbeiten beide Faktorisierungslösungen mit höchstens quadratischem Aufwand $\sim g\,h$ bzw. $\sim (g + h)\,h$ besonders bei großen Werten g, h schneller.

Die Wiener-Hopf-Faktorisierung hat den geringsten Aufwand nicht nur bei der Rechenzeit, sondern ebenso bezüglich der Implementierung und des Speicherplatzbedarfs. Im zugehörigen Programm für GI/GI/1-Systeme nimmt die Ein- und Ausgabe mehr Platz in Anspruch als das gesamte Berechnungsverfahren. Die Implementierung der Polynomfaktorisierung ist dagegen erheblich komplexer und das Matrix-analytische Verfahren zudem speicherplatzintensiver.

Anwendung der Verfahren auf SMP/GI/1-Bediensysteme

Bei einer Erweiterung auf zeitdiskrete SMP(M)/GI/1-Systeme steigt der Rechenaufwand für die Faktorisierungsmethoden proportional zu M^3, d.h. kubisch mit der Anzahl von Zuständen in der steuernden Kette, während Sengupta [80] keine genauen Angaben für den Matrix-geometrischen Ansatz macht. Zudem steigt der Aufwand für die Wiener-Hopf-Faktorisierung [38] und für die Matrix-geometrische Methode [80] mit der Autokorrelation des SMP-Ankunftsprozesses. Die Polynomfaktorisierung [73] ist im Aufwand davon unabhängig, und wird damit zum effizientesten der drei Verfahren für SMP/GI/1-Systeme mit hoher Autokorrelation im Ankunftsprozeß. Tabelle 10.5 faßt den Vergleich der Analysemethoden zusammen.

10.6   Modelle für ATM-Multiplexer

Für die Analyse der Puffer-Belegung und der Wartezeit an ATM-Multiplexern wurden spezielle Modelle entworfen. Die beiden bekanntesten stellen die Zellenvermittlung an ATM-Knoten zum einen zeitkontinuierlich dar, wobei ein variabler Ankunftsfluß und eine konstante Abflußkapazität angenommen werden [22, 24] und zum anderen zeitdiskret in festen Intervallen, entsprechend den Taktzeiten, zu denen Zellen weitergeleitet werden [11, 59].

Sie werden hier als Fluß(*Fluid-flow*)-Modelle bzw. getaktete (*slotted*) Systeme bezeichnet. Beide Modelle gehen von zeitlich konstanter Bedienkapazität aus.

Flußmodelle sind als direkte Umsetzung des *Leaky-Bucket*-Prinzips in zeitkontinuierlicher Version zu verstehen, siehe Abschnitt 7.5.1. Den Ankunftsprozeß stellen sie durch zustandsabhängige, variable Ankunftsraten $\lambda_1, \cdots, \lambda_n$ dar. Die Zustände wechseln infolge eines zeitkontinuierlichen Markov-Prozesses.

Im getakteten Multiplexer-Modell wird pro Slot eine feste Anzahl c von Zellen weitergeleitet, während der Ankunftsprozeß durch Zufallsvariablen A_i für die Anzahl von Ankünften im i-ten Slot beschrieben ist.

Beide ATM-Multiplexer-Modelle stehen in enger Beziehung zu SMP/GI/1-Bediensystemen und bevorzugen die Analysemethode durch Faktorisierung einer charakterischen Systemgleichung [22, 59] gemäß Abschnitt 10.5.5. Der wesentliche Unterschied besteht darin, daß nicht Zwischenankunfts- und Bedienzeiten betrachtet werden, sondern die Anzahl von Ankünften und Abgängen in einer Taktzeit bzw. zeitkontinuierliche Zu- und Abflüsse.

Um den Zusammenhang zu verdeutlichen, führen wir ein Modell mit Gruppenankünften und -bedienungen ein, für welches die SMP/GI/1-Analyse übernommen werden kann. Es beinhaltet die getakteten Systeme als Spezialfall und kann Flußmodelle als einen Grenzfall approximieren.

Im Anschluß werden Flußmodelle kurz vorgestellt sowie das auf Markov'sche Zustandsmodelle anwendbare Konzept der effektiven Bandbreite eines Verkehrflusses.

10.6.1 Modelle mit Gruppenankünften und -bedienungen

Die im Abschnitt 10.5 behandelten klassischen Bediensysteme eignen sich für eine genaue Darstellung von Zwischenankunftsintervallen und Bedienzeiten, wie sie auf Zellebene wichtig ist. Auf höheren Protokollebenen werden größere Datenrahmen (*Frame-, Burst-, Call-Level*) betrachtet, so daß die Verteilung der Anzahl von Ankünften in längeren Intervallen ausschlaggebend für die Warteschlangenentwicklung wird. Die Darstellung einzelner Ankunftsintervalle ist dann zu detailliert und zu aufwendig.

Im Hinblick darauf übertragen wir nun das SMP/GI/1-Bedienmodell auf Systeme, deren Workload an der Zahl der aktuell vorliegenden und noch nicht bedienten Anforderungen gemessen wird, wobei nur bestimmte, eingebettete Zeitpunkte betrachtet werden, siehe Bild 10.10.

Diese Beobachtungszeitpunkte werden mit t_i ($t_i \in \mathbb{R}_0^+$; $i \in \mathbb{N}$; $t_0 < t_1 < \cdots$) bezeichnet. Der Ankunfts- und Bedienprozeß wird durch Zufallsvariable A_i bzw. S_i für die Zahl von Ankünften bzw. die Bedienkapazität im Intervall $T_i = [t_i, t_{i+1})$ charakterisiert. Die Bedienkapazität S_i steht für alle Ankünfte im Intervall T_i zur Verfügung sowie für noch nicht abgefertigte frühere Ankünfte. Bedienungen sollen unmittelbar vor Ende eines Intervalls stattfinden.

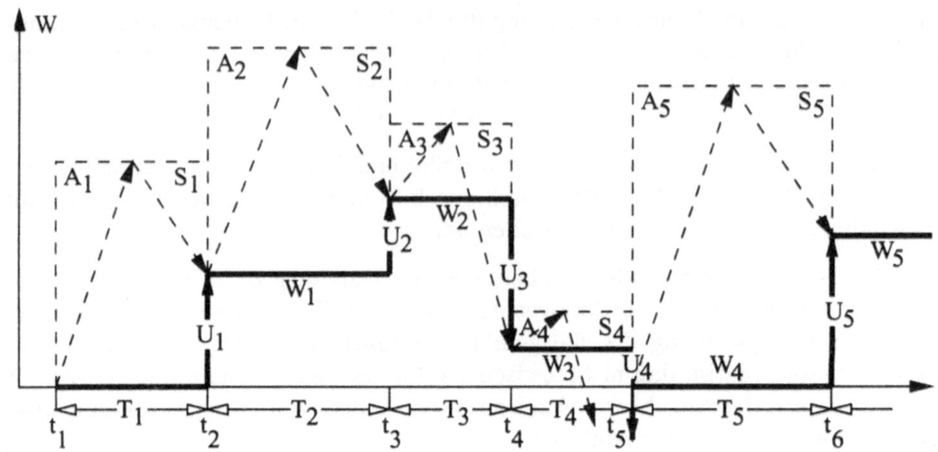

Bild 10.10: Workload-Modell für Gruppenankünfte (A_i) und -bedienungen (S_i)

Sind die Verteilung von A_i und S_i von einem Systemzustand σ_i abhängig, dessen Zustandsfolge eine endliche Markov-Kette $\sigma_i \in \{1, \cdots, M\}$ bildet, so ist das Modell wiederum durch die Übergangsmatrix $\mathbf{R} = (r_{ij}) = (P\{\sigma_{i+1} = k \,|\, \sigma_i = j\})$ und die zustandsabhängigen Verteilungsfunktionen $a_m(k) = P\{A_i = k \,|\, \sigma_i = m\}$ und $s_m(k) = P\{S_i = k \,|\, \sigma_i = m\}$ der Zahl von Ankünften und der Bedienkapazität beschrieben. Schließlich können wir die Differenzen $U_i = A_i - S_i$ einführen, die alleine die Entwicklung der Workload W_i bestimmen. Es gilt Lindleys Beziehung $W_{i+1} = \max\{W_i + U_i, 0\}$ für den Workload-Prozeß, der offenbar völlig äquivalent zur Workload-Entwicklung eines SMP/GI/1-Systems ist, siehe Abschnitt 10.5.6.

Ist die Anzahl von Ankünften pro Intervall auf höchstens h und die Bedienkapazität auf höchstens g beschränkt, so folgt $-g \leq U_i \leq h$ und die gesamte Analyse der stationären Verteilung von Wartezeiten des vorliegenden Modells ist identisch zur zeitdiskreten SMP/GI/1-Analyse. Damit können wir die dafür ausgearbeiteten Verfahren nutzen mit $u_m(k) = P\{U_i = k \,|\, \sigma_i = m\}$ für $m = 1, \cdots, M$ und $\mathbf{R}$ als Eingabe, wenngleich U_i anders zu interpretieren ist.

Im Vergleich zum SMP/GI/1-Bedienmodell zeichnet sich das vorliegende Modell mit Gruppenankünften und -bedienungen aus durch

- einen weniger genauen Detaillierungsgrad, der keine Ankunfts- und Bedien-intervalle darstellt,

- hohe Flexibilität in der Anpassung an Zeitskalen, da die eingebetteten Be-obachtungszeitpunkte t_i beliebig verteilt werden können,

- Gleichbehandlung von zustandsabhängigen Ankunfts- wie Bedienprozessen,

- einfache Eigenschaften für die Überlagerung von unabhängigen Ankunfts-prozessen, wohingegen die SMP-Überlagerung auf komplexe, kaum zu hand-habende Strukturen führt, siehe [21]. Der Mittelwert, die Varianz und die komplette Autokorrelationsfunktion des Überlagerungsprozesses gehen als Linearkombination aus den entsprechenden Größen in den beteiligten An-kunftsprozessen hervor.

Getaktete ATM-Multiplexer-Modelle [11, 59] sind darin als Spezialfall beinhaltet mit konstanter Bedienkapazität in festen Zeitintervallen $\forall i : S_i = c, T_i = \Delta$, entsprechend der Zellenverarbeitungsrate des Vermittlungsknotens.

10.6.2 Fluß-Modelle (*Fluid-Flow Analysis*)

Diese Klasse von ATM-Knoten-Modellen geht von einem kontinuierlichen Zu- und Abfluß des Verkehrs aus [22, 24, 63]. Im Gegensatz zu den ereignisorientierten Punktprozessen werden keine Ankunfts- und Abfertigungszeitpunkte von Zellen oder Nachrichteneinheiten betrachtet. Stattdessen erfolgt ein kontinuierlicher Ab-fluß vom ATM-Multiplexer mit konstanter Rate c.

Für den Ankunftsprozeß sind eine Menge von Zuständen mit verschiedenen Fluß-raten $\lambda_1 < \cdots < \lambda_n$ vorgesehen. Die Zustände wechseln in einem kontinuierlichen Markov-Prozeß mit der irreduzibler Generatormatrix $\mathbf{M} = (m_{ij})$. Die Zustands-dauern sind exponentiell verteilt mit der Rate, die der Summe der Übergangsraten $\sum_{j\neq i} m_{ij}$ entspricht. Der Analyseansatz ist auf variable Bedienraten ausdehnbar.

Im einfachsten Fall kann eine ON-OFF-Quelle als Flußmodell mit zwei Zuständen dargestellt werden [22, 24]. Im OFF-Zustand wird die Rate 0 angesetzt und im ON-Zustand die Rate λ_{ON}. Die mittlere Dauer der ON- und OFF-Phasen wird durch die Übergangsraten $m_{ON,OFF}$ bzw. $m_{OFF,ON}$ bestimmt. Darauf aufbauend kann man die Überlagerung von n gleichartigen ON-OFF-Quellen in einem Modell mit $n+1$ Zuständen mit Raten $0, \lambda_{ON}, \cdots, n\lambda_{ON}$ darstellen. Ähnliche Anwendungen für Video-Quellen nutzen ebenfalls Modelle mit zahlreichen Zuständen, um das Verkehrsaufkommen detailliert zu erfassen [63].

Für die Lösung eines Flußmodells, das durch die Generatormatrix $\mathbf{M}$, den Vektor $\lambda = (\lambda_1, \cdots, \lambda_n)$ von Ankunftsraten und die Kapazität c als Abflußrate gegeben ist, werden wiederum Faktorisierungsmethoden in Analogie zum Abschnitt 10.5.5 eingesetzt, siehe [22, 24]. Sei $\mathbf{p} = (p_1, \cdots, p_n)$ der Vektor der stationären Zustands-wahrscheinlichkeiten, so daß $\mathbf{p}\,\mathbf{M} = 0$ und $\sum_{i=1}^n p_i = 1$ gilt. Die Ankunftsrate ist dann $\lambda = \sum_{i=1}^n \lambda_i\, p_i$. Für die Übertragungsrate c setzen wir $\lambda < c < \lambda_n$ für auf-steigend sortierte Raten voraus. Damit sind einerseits instationäre Überlastfälle und andererseits Fälle mit stets leerem Puffer ausgeschlossen.

In Zuständen mit $\lambda_i > c$ wird der Puffer mit einer Rate $\lambda_i - c$ kontinuierlich gefüllt, während für $\lambda_i < c$ der Pufferstand mit Rate $c - \lambda_i$ sinkt, solange er größer 0 ist. Sei $X \in \mathbb{R}_0^+$ die Zufallsvariable für den Pufferinhalt und $S \in \{1, \cdots, n\}$ für den Zustand. $F_X(x, s) = P\{X \leq x \mid S = s\}$ bezeichnet die Verteilungsfunktion für den Pufferinhalt im Zustand s. Schließlich sei $\mathbf{F}_X(x) = (F_X(x, 1), \cdots, F_X(x, n))$ ein Vektor, dessen Komponenten die stationären Verteilungen des Pufferinhalts für jeden Zustand wiedergeben. Dann kann das Fluid-Flow-Modell durch folgendes System von Differentialgleichungen beschrieben werden [22]:

$$\frac{d}{dx}\mathbf{F}_X(x)\mathbf{D}(\lambda_1 - c, \cdots, \lambda_n - c) \;=\; \mathbf{F}_X(x)\,\mathbf{M} \quad \text{für } x > 0 \text{ mit Diagonalmatrix}$$

$$\mathbf{D}(\lambda_1 - c, \cdots, \lambda_n - c) \stackrel{\text{def}}{=} (d_{ij}); \quad d_{ii} = \lambda_i - c \;\text{ und }\; d_{ij} = 0 \text{ für } i \neq j.$$

$\mathbf{D}(\lambda_1 - c, \cdots, \lambda_n - c)$ wird auch als Driftmatrix des Flußmodells bezeichnet. Die Lösung des Differentialgleichungssystems kann wiederum über einen Eigenwert-, Eigenvektor-Ansatz bzw. durch Faktorisierung bestimmt werden. Man erhält:

$$\mathbf{F}_X(x) = \mathbf{p} + \sum_{i:\,\Re(z_i)<0} a_i \Phi_i e^{z_i x}$$

wobei $(z_1, \Phi_1), \cdots, (z_m, \Phi_m)$ Paare aus Eigenwert und zugehörigem Eigenvektor $\Phi_i = (\phi_{i,1}, \cdots, \phi_{i,n})$ sind als Lösungen des Gleichungssystems $\mathbf{z}\Phi\mathbf{D} = \Phi\,\mathbf{M}$. Die Konstanten a_i sind Lösung eines linearen Gleichungssystems, das aus den Randbedingungen $\forall i: F_{X_i}(0) = 0$ falls $\lambda_i > c$ hervorgeht. Die Lösung ist also eine Linearkombination, die ebensoviele (m) Eigenwerte und Terme umfaßt, wie es Zustände mit $\lambda_i > c$ gibt. Der Vektor $\mathbf{F}_X(x)$ gibt die Lösung komponentenweise zustandsabhängig an. Für die Wahrscheinlichkeit, daß ein Pufferstand x überschritten wird, gilt dann insgesamt

$$P\{W \geq x\} = 1 - F_W(x) = 1 - \sum_{j=1}^{n} F_{X_i}(x) = \sum_{j=1}^{n} \sum_{i:\,\Re(z_i)<0} a_i \phi_{i,j} e^{z_i x}$$

$$= \sum_{i=1}^{m} \alpha_i \beta_i^x \quad \text{mit} \quad \alpha_i = a_i \sum_{j=1}^{n} \phi_{i,j}; \quad \beta_i = e^{z_i}.$$

Die Analogie dieser Lösung zur Polynomfaktorisierung klassischer Bediensysteme ist auffällig, wie auch von [22] bemerkt wird. Neben der Bestimmung der Nullstellen β_i macht dabei die Lösung des linearen Gleichungssystems für die Parameter α_i den Großteil des Rechenaufwands aus [24].

Auch besteht eine enge Beziehung zum Modell mit Gruppenankünften und -bedienungen des vorigen Abschnitts. Betrachtet man ein Flußmodell zu den Zeitpunkten des Zustandswechsels in der steuernden Markov-Kette, so ändert sich die Workload dazwischen um den Wert $(\lambda_i - c)\,T$ wenn ein Zustand i über die Zeit

T andauert. Die Zustandsdauern sind exponentiell verteilt mit der Rate $\sum_{j\neq i} m_{ij}$ im Zustand i, so daß die Workload-Änderungen ΔW_i zwischen den Beobachtungszeitpunkten ebenfalls exponentiell $P\{\Delta W_i \leq t\} = 1 - e^{-r_i t}$ verteilt sind mit Rate $r_i = \sum_{j\neq i} m_{ij}/|\lambda_i - c|$. Um das Modell im Abschnitt 10.6.1 anzuwenden, müssen die Exponential-Verteilungen in geometrische Verteilungen diskretisiert werden und als Übergangswahrscheinlichkeiten zu den eingebetteten Zeitpunkten ist $r_{ii} = 0$ und $r_{ij} = m_{ij}/\sum_{j\neq i} m_{ij}$ für $i \neq j$ anzusetzen.

10.6.3 Effektive Bandbreite eines Verkehrsflusses

Von zeitdiskreten SMP/GI/1-Systemen bis hin zu Fluid-Flow-Modellen wird die durch Polynom-Faktorisierung erzielte Lösungsform als Überlagerung von exponentiellen bzw. geometrischen Reihen bevorzugt verwendet

$$P\{W \geq x\} = \sum_i \alpha_i \beta_i^x; \qquad \alpha_i, \beta_i \in \mathbb{C}.$$

Die Darstellungsform ist recht einfach und zugleich aussagekräftig für die Berechnung von Pufferüberlaufwahrscheinlichkeiten. Generell ist diese Lösungsform für Systeme gültig, deren Ankunfs- und Bedienprozeß durch ein Markov'sches Zustandsmodell bestimmt ist mit exponentiell oder geometrisch verteilten oder auch konstanten Verweilzeiten in den Zuständen. Wie bereits erörtert, kann es recht aufwendig sein, alle Parameter α_i und β_i der Lösung zu bestimmen.

Befaßt man sich mit sehr kleinen Zellenverlustraten, die als QoS-Parameter für den Datentransport über ATM-Multiplexer typischerweise im Bereich bis 10^{-9} liegen, so kann man die Grenzwertaussage nutzen, wonach nur der Term mit dem betragsmäßig maximalen Wert $\beta_{max} = \max\{\beta_1, \beta_2, \cdots\}$ als dominanter Term entscheidend ist

$$\lim_{x\to\infty} P\{W \geq x\} = \lim_{x\to\infty} \sum_i \alpha_i \beta_i^x = \alpha_{max} \beta_{max}^x.$$

β_{max} entspricht dem dominanten Eigenwert in der Darstellung als Eigenwertproblem und ist stets positiv und reellwertig. Sind mehrere Parameter β_i betragsmäßig maximal, so ist ein positiver, reeller Wert β_{max} darunter [34]. Also sind Wartezeit- und Pufferbelegungsverteilungen in Systemen mit Markov'schen Ankunfts- und Bedienprozessen stets geometrisch bzw. exponentiell abklingend [22]

$$\lim_{x\to\infty} P\{W \geq x\} \leq \alpha \beta_{max}^x \qquad \text{mit} \quad \alpha = \sum_{i:\, |\beta_i|=\beta_{max}} \alpha_i; \quad \beta_{max} \in \mathbb{R}^+. \qquad (10.34)$$

Der dominante Eigenwert kann einfach als maximale reellwertige Lösung der charakteristischen Systemgleichung im Bereich $[0, 1)$ bestimmt werden. Hinzu kommt, daß der dominante Eigenwert für eine Überlagerung unabhängiger Ankunftsprozesse über Kronecker-Summen bzw. -Produkte nach getrennter Analyse der einzelnen Prozesse ermittelt werden kann [22, 59]. Für ATM-Multiplexer-Modelle mit konstanter Bedienkapazität c kann man weiterhin zeigen,

- daß $\beta_{max} = 1$ im Grenzfall eines voll ausgelasteten Systems ($\lambda = c$) gilt,

- daß β_{max} mit wachsendem Parameter c monoton abnimmt und

- daß $\beta_{max} = 0$ für $c \geq \lambda_{max}$ gilt.

Ausgehend von diesen Zusammenhängen wird die effektive Bandbreite eines Verkehrsstroms über folgendes Zulassungskriterium definiert, siehe [22, 75].

Ein Verkehr heißt zulässig für ein Bediensystem bzw. einen ATM-Multiplexer mit konstanter Bedienkapazität c, wenn er als Ankunftsprozeß eine stationäre Verteilung $F_W(x)$ des Pufferinhalts W bewirkt, die exponentiell mit einem Faktor $\leq \rho$ oder schneller abklingt: $\lim_{x \to \infty} P\{W \geq x\} \leq \alpha \rho^x$.

Die *effektive Bandbreite $B(\rho)$* des Verkehrs ist die minimale Kapazität c, die dieses Zulässigkeitskriterium für einen vorgegebenen Wert ρ erfüllt.

Man beachte, daß die effektive Bandbreite nur am Abklingverhalten der Pufferbelegung ausgerichtet ist. Daraus kann man QoS-Parameter im Zusammenhang von Pufferplatz und Zellenverlustrate nicht genau ableiten. Sie ist aber unter allgemein gefaßten Voraussetzungen über den Verkehr einfach bestimmbar und oft das einzig auswertbare Kriterium, wenn es um die Wirkung von Pufferplatz auf die Zellenverlustrate geht. Wir fassen die wichtigsten Eigenschaften nochmals zusammen:

- Für $\rho = 0$ entspricht die effektive Bandbreite der Spitzenrate des Verkehrs $B(0) = \lambda_{max}$, wenn diese in einem Zustand mit exponentiell oder geometrisch verteilter Zeitdauer Bestand hat.

- $\lim_{\rho \to 1} B(\rho) = \lambda$ gilt für Markov'sche Ankunftsprozesse, d.h. in diesem Grenzfall orientiert sich die effektive Bandbreite an der Ankunftsrate λ.

- $\forall \rho \in [0, 1) : \frac{d\,B(\rho)}{d\rho} < 0$ gilt für Markov'sche Ankunftsprozesse, siehe [22].

- $B(\rho)$ kann für Markov'sche Verkehrsflüsse allgemein aus dem dominanten Eigenwert als reellwertige Lösung der charakteristischen Systemgleichung bestimmt werden. Für überlagerte unabhängige Verkehrsflüsse wird die Berechnung durch ein Dekompositionsprinzip vereinfacht, siehe [22].

- Wenn ein Verkehr in stationären Verhältnissen eine Ankunftsrate λ^* über Zeitspannen aufrechterhält, deren Verteilung langsamer als exponentiell abklingt, so folgt $\forall \rho < 1 : B(\rho) \geq \lambda^*$. Wenn ein Verkehr also durch Zustandsdauern mit einer sogennanten *Heavy-tailed*-Verteilung charakterisiert ist, so muß nach dem Prinzip der effektiven Bandbreite mindestens die maximale Ankunftsrate eines solchen Zustands als Übertragungskapazität für den Verkehr reserviert werden.

10.6.4 Spezielle Aspekte der Modellierung

Zellenverlustraten für endliche Puffer

Die hier vorgestellten Analysemethoden bestimmten die stationären Wahrscheinlichkeiten der Belegung zunächst für unbegrenzten Pufferspeicher. Der Pufferspeicher eines ATM-Vermittlungsknotens ist natürlich begrenzt. Zellen, die bei vollem
Puffer ankommen, gehen verloren und tragen nichts zur Workload bei. Man muß
dazu von der SMP/GI/1-Analyse zum SMP/GI/1/N-Modell mit endlicher Puffergröße N übergehen.

Systeme mit endlichem Puffer sind durch Polynom-Faktorisierung und Matrix-
analytische Methoden lösbar, siehe z.B. [34] für zeitdiskrete GI/GI/1/N-Systeme,
oder [22] für *Fluid-Flow*-Systeme. Im Polynom-Faktorisierungsansatz sind dann
auch die Nullstellen mit $|\beta_i| > 1$ einzubeziehen und man erhält nun zwei Rand-
bedingungen für Zustände mit leerem und vollem Speicher, die das lineare Gleichungssystem für die Parameter α_i bilden. Der Rechenaufwand erhöht sich dabei
und es kann zu numerischen Problemen kommen, wenn die Zustandswahrscheinlichkeiten an beiden Rändern um Größenordnungen auseinander liegen.

Andererseits bieten sich aus der Analyse des Systems ohne Pufferbeschränkung
Abschätzungen und Näherungen der Zellenverlustwahrscheinlichkeit an, deren Genauigkeit als voll zufriedenstellend bis asymptotisch exakt einzustufen sind.

Die Verlustwahrscheinlichkeit $p_{Loss}(N)$ im SMP/GI/1/N-System als die stationäre Wahrscheinlichkeit, daß das endliche System zu einem Ankunftszeitpunkt
voll belegt ist, wird in Beziehung gesetzt zu den stationären Wahrscheinlichkeiten $\ell(N)$, daß das SMP/GI/1-System ohne Pufferbeschränkung bei einer Ankunft
mit N Zellen belegt ist. Im SMP/D/1-System mit konstanten Bedienzeiten gilt
$\ell(i) = w(i/S)$, siehe folgender Abschnitt. Allgemein gilt, siehe [41] und Gleichung
(10.33)

$$p_{Loss}(N) \leq \sum_{i=N}^{\infty} \ell(N) = \sum_{i=1}^{h} \frac{\alpha_i \beta_i^N}{1 - \beta_i} \quad \text{für } N \geq 2.$$

Diese Abschätzung überschätzt allerdings die Verlustrate z.B. für M/M/1-Systeme
um den Faktor $(1 - \rho^{N+1})/(1 - \rho)$. Daher wurden in Arbeiten von Tijms, siehe
z.B. [29], Approximationen vorgeschlagen, die gerade für geringe Verlustraten eine
allgemein gute Genauigkeit aufweisen:

$$p_{Loss}(N) \approx \frac{(1 - \rho) \sum_{i=N+1}^{\infty} \ell(i)}{1 - \rho \sum_{i=N+1}^{\infty} \ell(i)} \quad \text{und} \quad p_{Loss}(N) \approx \frac{\ell(N)}{\sum_{i=0}^{N} \ell(i)}.$$

Die Heuristiken werden in [29] auf zeitdiskrete Mehrbedienersysteme vom Typ
GI/GI/c/$N + c$ ausgedehnt. Für die Modelle mit Gruppenankünften im Abschnitt
10.6.1 treten $W_n + A_n - N$ Zellenverluste im n-ten Intervall ein, wenn die Workload

W_n zum n.-ten eingebetteten Zeitpunkt mit A_n hinzukommenden Ankünften die Puffergrenze N überschreitet. Die Abschätzungen und Approximationen sind dafür entsprechend anzupassen.

Mehrbediener-Systeme mit konstanten Bedienzeiten

Die konstanten Abfertigungszeiten von Zellen an ATM-Multiplexern vereinfachen bzw. verallgemeinern die Analyseergebnisse für die vorgestellten Modelle. Zunächst kann man bei konstanter Bedienzeit die Workload bzw. Wartezeit im System mit der Pufferbelegung gleichsetzen, wenn die Bearbeitungszeit für eine Zelle als Zeiteinheit angesetzt wird.

Die Analyse von Mehrbedienersystemen vom Typ SMP/D/c/($c\,N$) kann mit oder ohne Pufferbeschränkung auf eine SMP$^{(c)}$/D/1/(N)-Analyse mit einem Bediener reduziert werden. Zum Nachweis kann man zeigen, daß die Pufferbelegung im Mehrbedienersystem bei gemeinsamem Ankunftsstrom und gemeinsamem Puffer der Kapazität $c\,N$ äquivalent ist zu einem System mit c Bedienern mit getrennten Puffern der Kapazität N, auf die der Ankunftsstrom zyklisch aufgeteilt wird, so daß jede c-te ankommende Zelle vom selben Bediener abgefertigt wird [41], siehe Bild 10.11. Zur Analyse kann man einen der gleichartigen Bediener herausgreifen, für dessen Ankunftsstrom SMP$^{(c)}$ nur jede c-te Zelle zu berücksichtigen ist.

Die hier angesprochene zyklisch umlaufende Verteilungen der Zellen wird bevorzugt als Form der Parallelverarbeitung in ATM-Knoten angewendet. Sie ermöglicht eine blockierungsfreie Verteilung über Reverse-Banyan-Netze, siehe auch Abschnitt 9.2.3, und sorgt für die gleichmäßige Aufteilung auf die Puffer an den Ausgängen.

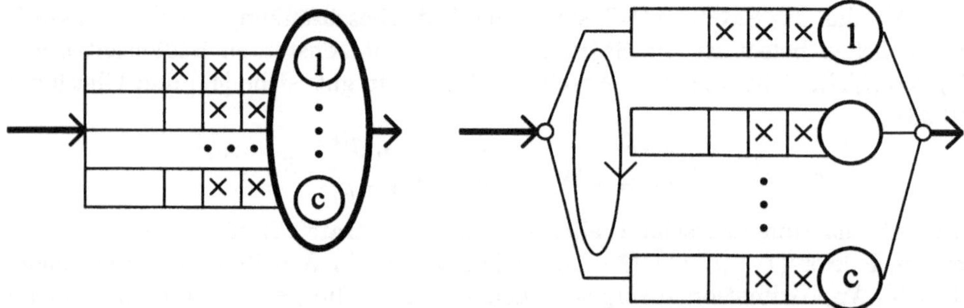

Bild 10.11: Äquivalenz: SMP$^{(c)}$/D/c/cN $\leftrightarrow$ c parallele SMP/D/1/N-Systeme

Analyse von priorisiertem Verkehr

Auf der ATM-Schicht können die Zellen mit Hilfe des CLP-Bits in zwei Prioritätsklassen unterschieden werden, so daß bei auftretenden Zellenverlusten zuerst die Zellen mit niedriger Priorität verworfen werden. Die Analyseverfahren können Prioritäten in einfacher Weise berücksichtigen, sofern sie strikt umgesetzt sind, so daß Verkehr niedriger Priorität den priorisierten Verkehr in keiner Weise beeinträchtigt. Dann kann man Leistungskenngrößen des priorisierten Verkehrsstroms einfach unter Vernachlässigung des übrigen Verkehrs bestimmen. Zudem kann man die Analyse für den gesamten ankommenden Verkehr durchführen und aus Differenzbetrachtungen auch Rückschlüsse für den Verkehr niedriger Priorität ziehen.

Allerdings sind die Prioritäten nicht immer völlig strikt umgesetzt bis hin zu Effekten wie *Head-of-Line*-Blockierungen. Auch kann man die Prioritäten entweder nur im Fall von Zellenverlusten umsetzen, so daß bei verlustfreier Funktion alle Zellen gleichbehandelt werden, oder aber Zellen mit hoher Priorität beim Auslesen aus dem Puffer stets vorziehen, so daß ihnen keine Wartezeiten auf Zellen mit niedriger Priorität entstehen. Wenn Zellen einer Verbindung unterschiedliche Prioritäten haben, so darf letztere Variante die Zellenreihenfolge nicht beeinträchtigen.

Schließlich ist zu bemerken, daß ATM-Vermittlungsknoten insbesondere mit verteilten Puffern detailliert betrachtet bereits als ein Netzwerk von Bediensystemen anzusehen sind. Allerdings wird die Pufferung nur an den Ausgängen des Verteilnetzes als optimaler Fall angestrebt, der den hier analysierten Ein- bzw. Mehrbedienersystemen entspricht, vergleiche Kapitel 9.

10.6.5 Analyse offener Netze

ATM-Netze bilden insgesamt gesehen offene Netzwerke, die Verkehr von Endgeräten als sendenden Stationen aufnehmen und über Vermittlungsknoten weiterleiten bis zur Empfangsstation. Die Kanten des Netzes sind Übertragungswege für Verkehrsströme, die als stochastische Prozesse darstellbar sind. Verkehrsströme werden als Quellprozesse von Sendern erzeugt. Jeder Vermittlungsknoten verarbeitet Eingangsprozesse und setzt sie in Ausgangsprozesse um, wobei

- mehrere Eingänge zusammengeführt und Verkehrsströme überlagert werden,

- Wartezeiten an Puffern sowie *Traffic Shaping* den Zeitverlauf ändern und

- eine Aufspaltung auf verschiedene Ausgänge erfolgt, siehe Bild 10.12.

Bei der Analyse offener Netze mit Bedienstationen als Knoten ist man auf Näherungslösungen angewiesen, abgesehen von Spezialfällen mit Verkehr in der Form zustandsabhängiger Poisson-Prozesse. Eine Übersicht von Analyseverfahren für Warteschlangennetze im stationären Zustand ist z.B. in [6, 7] zu finden.

Für ATM-Netze bietet es sich an, die Vermittlungsknoten in einem Dekompositionsansatz [52] einzeln zu analysieren. Der Zusammenhang im Netz wird bei der Bestimmung der Eingangsflüsse beachtet, die jeweils aus Quell- und Abgangsprozessen von Vorgängerknoten zusammengesetzt werden. Der Dekompositionsansatz setzt voraus, daß überlagerte Verkehrsflüsse unabhängig sind. Virtuelle Verbindungen von uabhängigen Quellen in ATM-Netzen erfüllen diese Voraussetzung weitgehend [36].

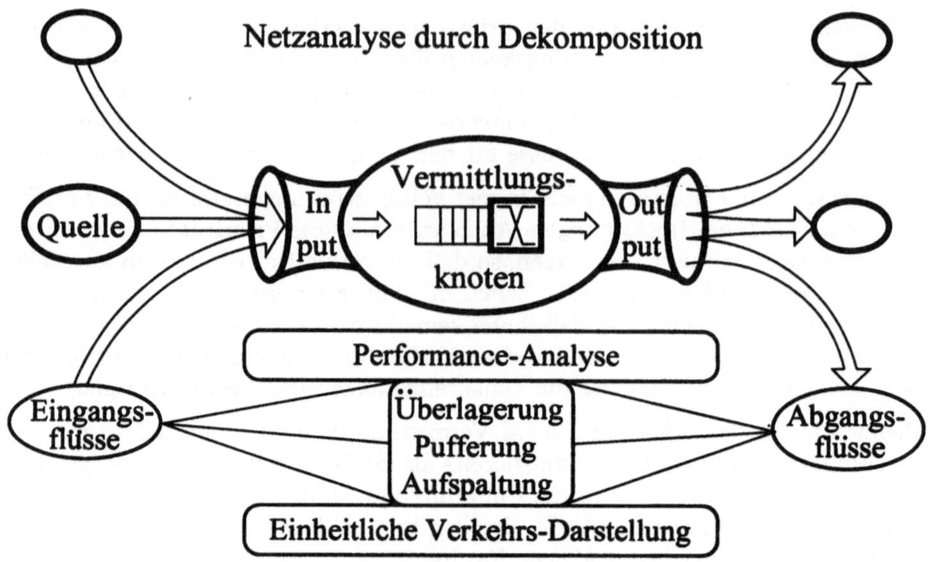

Bild 10.12: Transformation von Verkehrsflüssen in offenen Netzen

Die Analyse setzt eine geeignete und einheitliche Darstellung aller Verkehrsströme im Netz voraus. Neben der Bestimmung von Leistungskenngrößen an den Knoten sind die Überlagerung, Pufferung und Aufspaltung von Verkehr durch entsprechende Transformationen in der zugrundegelegten Darstellungsform nachzuvollziehen.

Die einfachste Darstellung beschränkt sich auf die Ankunftsraten der Verkehrsströme, die nach dem Prinzip der Flußerhaltung im gesamten Netz ermittelt werden. Damit kann man die Auslastung oder Überlastung der Übertragungsstrecken und Vermittlungsknoten feststellen. Um Pufferbelegungen und Wartezeiten auch nur approximativ zu analysieren, benötigt man zumindest die Varianz der Ankunftsintervalle, wie in [52] untersucht.

Genauere Darstellungen beziehen die komplette Verteilung von Ankunftsintervallen durch Erneuerungsprozesse ein und die für ATM-Netze unverzichtbare Autokorrelationsfunktion durch eine Semi-Markov'sche Prozeßdarstellung [36, 41].

Die Überlagerung von Verkehr und seine Umformung beim Durchlaufen von gepufferten Bediensystemen sind als Semi-Markov-Prozesse nur approximativ darstellbar [21]. Ansätze zur Darstellung von Überlagerungs- und Ausgangsprozessen in beschränktem Zustandsraum werden in [35, 38] erörtert. Analysekonzepte für zeitdiskrete autokorrelierte Prozesse werden auch von [59, 60] behandelt. Werden Semi-Markov-Prozesse in der Form des Abschnitts 10.6.1 mit Gruppenankünften beschrieben, so sind Überlagerungsprozesse sowie Transformationen von Prozessen infolge von Pufferung und Aufspaltung einfacher zu handhaben.

10.7   Sprach-, Video- und Daten-Verkehr

10.7.1   Statistisches Multiplexing inclusive Pufferung

Bereits im Abschnitt 10.4 wurde der Effekt des statistischen Multiplexing erörtert, der bei Überlagerung von vielen unabhängigen Verbindungen zu annähernd normalverteilter Bandbreite des Gesamtverkehrsstroms führt. Unter der Annahme normalverteilter Schwankungen des Verkehrsaufkommens wurde dort aus dem Mittelwert, der Varianz und der zur Verfügung stehenden Übertragungskapazität die Zellenverlustrate ohne Pufferspeicher abgeschätzt.

Mit Hilfe der Modelle im Abschnitt 10.5-10.6 können wir nun auch die Wirkung der Pufferung auf die Zellenverlustrate analysieren. Durch Pufferung kann man vor allem kurzzeitige Überlastsituationen ohne Verluste überbrücken, solange bis der Puffer überläuft. Die Dauer von Überlastphasen und damit der Zeitverlauf des Ankunftsprozesses ist für die Wirkung von Puffern entscheidend.

Die Analyse geht vom Modell mit Gruppenankünften und -bedienungen aus, siehe Bild 10.10. Wir beobachten das System in festen Zeitintervallen, in welchen die Bedienkapazität $S_n = C$ konstant ist, während die Anzahl A_n der ankommenden Zellen pro Intervall normalverteilt sein soll. Zunächst wird von unabhängigen Zufallsvariablen A_n in Form eines Erneuerungsprozesses ausgegangen und anschließend werden die Ergebnisse auf autoregressive Prozesse als eine elementare Form eines korrelierten Prozesses erweitert.

Im Fall eines Erneuerungsprozesses verläuft die Workload gemäß den Aussagen des vorigen Abschnitts äquivalent zur Workload eines GI/GI/1-Bediensystems mit normalverteilter Ankunfts- bzw. Bedienzeitverteilung. Wir betrachten daher $\mathcal{N}(m_A, \sigma_A^2)/\mathcal{N}(m_S, \sigma_S^2)/1$-Systeme, wobei $\mathcal{N}(m, \sigma^2)$ eine Normal-Verteilung mit Mittelwert m und Varianz σ^2 bezeichnet. Die Analyse der Workload erweist sich in diesem Fall als einfach. Wie nun gezeigt wird, ist anstelle der 4 System-Parameter $m_A, \sigma, m_S, \sigma_S$ nur ein einziger, nämlich $m_{\tilde{U}} = (m_S - m_A)/\sqrt{\sigma_S^2 + \sigma_A^2}$ für die Warteschlangenanalyse entscheidend.

Zunächst ist die Workload über Lindleys Beziehung $W_{n+1} = \max\{W_n + U_n, 0\}$ allein durch die Differenzen $U_n = S_n - A_n$ bestimmt. Das gilt auch für die zugehörigen Verteilungen, so daß die stationäre Verteilung $w(i) = \lim_{n\to\infty} P\{W_n = i\}$ nur von der Verteilung von U_n abhängt. Die Differenzen U_n sind normalverteilt $U_n \sim \mathcal{N}(m_S - m_A, \sigma_S^2 + \sigma_A^2)$ und durch den Mittelwert $m_U = m_S - m_A$ und die Varianz $\sigma_U^2 = \sigma_S^2 + \sigma_A^2$, also durch 2 Parameter bestimmt.

Zur Vereinfachung auf einen Parameter analysieren wir das Bediensystem, dessen Workload-Änderungen durch $\tilde{U}_n = U_n/\sigma_U$ gegeben sind. In diesem modifizierten System sind alle $\tilde{U}_n$ wieder normalverteilt $\tilde{U}_n \sim \mathcal{N}(m_{\tilde{U}}, 1)$, diesmal mit Varianz

1. Es bleibt nur noch ein Parameter, nämlich $m_{\tilde{U}} = (m_S - m_A)/\sqrt{\sigma_S^2 + \sigma_A^2}$, von dem $\tilde{U}_n$ sowie die Workload $\tilde{W}_n$ und ihre Grenzverteilung $\tilde{w}(i)$ abhängen.

Andererseits kann man einfach nachvollziehen und durch vollständige Induktion beweisen, daß die Workload im modifizierten System stets um den Faktor σ_U vom ursprünglichen System abweicht, vorausgesetzt, daß beide Systeme mit $W_0 = \tilde{W}_0 = 0$ starten. Damit genügt es, das modifizierte System mit nur einem Parameter zu analysieren und anschließend durch Multiplikation mit dem Faktor σ_U auf die entsprechenden Größen des betrachteten Systems zurückzuschließen

$$W = \sigma_U \tilde{W}; \qquad \sigma_U = \sqrt{\sigma_S^2 + \sigma_A^2}; \qquad \Rightarrow$$

$$F_W(t) = F_{\sigma_U \tilde{W}}(t) = P\{\sigma_U \tilde{W} \le t\} = P\{\tilde{W} \le t/\sigma_U\} = F_{\tilde{W}}(t/\sigma_U).$$

Die Mittelwerte $E(W) = \sigma_U E(\tilde{W})$ und die Quantile der Verteilung stehen ebenfalls über den Faktor σ_U in Beziehung.

Nun sind direkte Analyseergebnisse für Systeme mit normalverteilten Workload-Änderungen zwar nicht bekannt, aber wir können wieder auf zeitdiskrete GI/GI/1-Analyse-Verfahren [37] zurückgreifen. Genau genommen liegen für ATM-Multiplexer zeitdiskrete Verhältnisse vor bzw. eine ganzzahlige Anzahl von Zellen, die pro Intervall bearbeitet wird. Dennoch wollen wir der Normal-Verteilung als Idealfall des statistischen Multiplexing möglichst nahe kommen, indem wir eine hohe Stufenanzahl $N = 1600$ zur Diskretisierung heranziehen.

Tabelle 10.6 und Bild 10.13 zeigen die Ergebnisse für statistisches Multiplexing unter der GI/GI/1-Annahme, daß die Anzahl der Ankünfte in allen Beobachtungsintervallen voneinander unabhängig sind. Es wird die Workload bestimmt, die wegen konstanter Bedienzeiten mit der Pufferbelegung gleichzusetzen ist.

Für Werte $m = (m_A - m_S)/\sqrt{\sigma_A^2 + \sigma_S^2}$ im Bereich $[0.01, 2]$ sind die mittlere Pufferbelegung $E(W)$, sowie drei Quantile für 10^{-3}, 10^{-6} und 10^{-9} berechnet. Die Quantile geben Puffergrößen an, die nur mit Wahrscheinlichkeit $10^{-\ell}$ überschritten werden entsprechend einer als QoS-Anforderung vorgegebenen Verlustrate.

Für einen ATM-Multiplexer der Kapazität von C Zellen pro Zeitintervall, dessen Zellankunftsstrom in jedem Zeitintervall eine $\mathcal{N}(E(A), \sigma_A^2)$-verteilte Zahl von Ankünften hervorbringt, wird die Pufferbelegung also in drei Schritten analysiert:

1. Berechnung von $m = (C - E(A))/\sigma_A$,

2. Berechnung der mittleren Workload $E(W)$ bzw. der Quantile $q_W^{(10^{-\ell})}$ als Verlustraten, über Tabelle 10.6 oder die nachfolgenden Näherungsformeln,

3. Multiplikation des Ergebnisses von Schritt 2 mit σ_A.

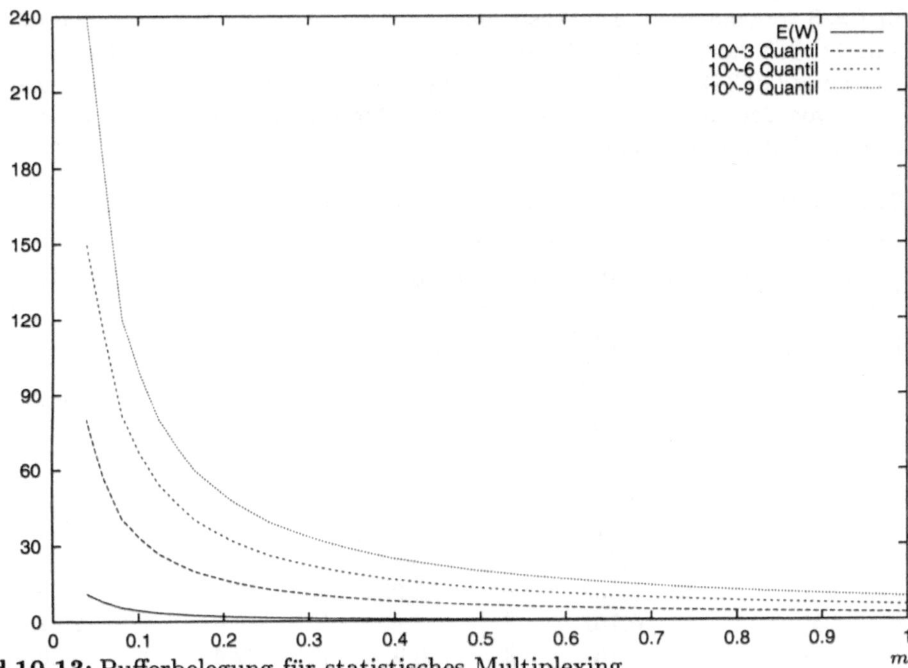

Bild 10.13: Pufferbelegung für statistisches Multiplexing

Ungenauigkeiten durch die Diskretisierung und das Abschneiden der Normal-Verteilung am Rand des Darstellungsbereichs sind mit deutlich unter 1% relativer Abweichung zu veranschlagen, siehe [37]. Für $m \to 0$ wird die Kapazität des Systems voll ausgelastet, so daß die Pufferbelegung beliebig hoch ansteigt.

Die Ergebnisse der Analyse können schließlich durch einfache Näherungsformeln ausgedrückt werden. Wir geben eine Formel für den Erwartungswert $E(W)$ und eine für die Quantile an, die numerisch an die Werte der Tabelle 10.6 angepaßt sind. Im Bereich $m < 1$ weichen die Näherungen um nicht mehr als 1% von den Tabelleneinträgen ab. Auch wenn diese Näherung interpolierend zwischen den Tabellenwerten genutzt wird, so ist von Abweichungen um nicht mehr als 2% von den tatsächlichen Werten auszugehen:

$$E(W) \approx \left(\frac{0,499}{m} - 0,552 + 0,18\,m \right) \sqrt{\sigma_A^2 + \sigma_S^2} \qquad \text{für} \quad m < 1;$$

$$(10.35)$$

$$q_W^{(10^{-\ell})} \approx \left(4,884\,\frac{2,4 - m}{3,47 - m} + 1,116\,(\ell - 3) \right) \frac{\sqrt{\sigma_A^2 + \sigma_S^2}}{m} \qquad \text{und} \quad \ell \geq 3.$$

Die Quantile entsprechen den Zellenverlustraten mit typischen Anforderungen im Bereich von 10^{-3} bei unkomprimierter Sprachübertragung bis unter 10^{-9} für den

Datentransport. Die Approximation der Quantile wurde zunächst für 10^{-3}, d.h. für $\ell = 3$ vorgenommen. Die Ausdehnung auf den Bereich $\ell \geq 3$ wird dadurch vereinfacht, daß die Verteilung der Workload nahezu geometrisch abklingt, vergleiche Gleichung (10.34). Die Quantile entwickeln sich im genannten Bereich linear mit ℓ, was von der Analyse ohne nennenswerte Abweichung bestätigt wird, siehe die letzten 3 Spalten der Tabelle.

Tabelle 10.6: Stationäre Workload im $\mathcal{N}(m_A, \sigma_A)/\mathcal{N}(m_S, \sigma_S)/1$-Bediensystem

Mittelwert $E(W)$ und Quantile $q_W^{(10^{-\ell})}$ der Workload-Verteilung				
$m = \dfrac{m_A - m_S}{\sqrt{\sigma_A^2 + \sigma_S^2}}$	$\dfrac{E(W)}{\sqrt{\sigma_A^2 + \sigma_S^2}}$	$\dfrac{q_W^{(10^{-3})}}{\sqrt{\sigma_A^2 + \sigma_S^2}}$	$\dfrac{q_W^{(10^{-6})}}{\sqrt{\sigma_A^2 + \sigma_S^2}}$	$\dfrac{q_W^{(10^{-9})}}{\sqrt{\sigma_A^2 + \sigma_S^2}}$
2,0	0,009	1,12	2,69	4,27
1,6	0,027	1,61	3,68	5,75
1,2	0,075	2,31	5,15	8,00
1,0	0,126	2,87	6,32	9,75
0,8	0,216	3,74	8,05	12,3
0,6	0,386	5,17	10,9	16,6
0,5	0,532	6,33	13,2	20,0
0,4	0,761	8,05	16,6	25,2
0,3	1,16	10,9	22,4	33,8
0,25	1,48	13,2	27,0	40,6
0,2	1,97	16,6	34,0	51,2
0,15	2,79	22,4	45,4	68,5
0,1	4,45	34,0	68,5	103
0,06	7,77	56,9	115	172
0,04	11,9	85,7	172	258
0,02	24,4	172	345	517
0,01	49,3	345	690	1036

Damit liegen Analyseergebnisse für statistisches Multiplexing vor, die bei ausreichender Genauigkeit eine genügend einfache Darstellung haben, um für die Zulassungskontrolle *Connection Admission Control* (CAC) vom ATM-Multiplexern in Frage zu kommen. Im ATM-Standard wird empfohlen, die Zulassungskontrolle so einfach zu implementieren, daß selbst die Berechnung einer Wurzel vermieden wird, siehe [AF56], Seite 100. Diese Anforderung ist in der häufigen Prüfung von QoS-Parameter für jede neue Verbindungsanforderung begründet.

10.7.2 Statistisches Multiplexing für korrelierten Verkehr

Schließlich verallgemeinern wir die Analyseergebnisse, um Korrelationen zwischen den Ankünften in aufeinanderfolgenden Beobachtungsintervallen einzubeziehen.

Die in der bisherigen GI/GI/1-Analyse vernachlässigte Autokorrelation des Ankunftsprozesses hat erheblichen Einfluß auf die Pufferbelegung. Korrelationen treten in vielfältiger Weise auf und sind z.B. durch Semi-Markov-Prozesse darstellbar, siehe Abschnitt 10.5.6.

Autoregressive Prozesse bilden ein Basismodell, das normalverteilte Ankünfte pro Intervall einschließt und Korrelationen zwischen Intervallen mit einem zusätzlichen Parameter κ beschreibt. Sie bieten eine erweiterte Beschreibung für *statistisches Multiplexing* und treten bei der Überlagerung von Sprachverkehr und bei Video-Quellverkehr auf [86, 63, 51, 96, 99].

Ein autoregressiver Ankunftsprozeß X_t, $t \in \mathbb{N}_0$ ist gegeben durch

$$\forall t \in \mathbb{N}: \quad X_{t+1} = \kappa \, X_t + \epsilon_t \quad \text{wobei} \tag{10.36}$$

$$\forall t: \ \epsilon_t \ \sim \ \mathcal{N}(m(1-\kappa),\, \sigma^2(1-\kappa^2)); \ X_0 \sim \mathcal{N}(m, \sigma^2) \ \Rightarrow \ X_t \sim \mathcal{N}(m, \sigma^2).$$

Die Zufallsvariablen ϵ_t sind unabhängig und identisch verteilt. Die Darstellung ist hier so gewählt, daß

- alle Zufallsvariablen X_t normalverteilt sind $\forall t: \ X_t \sim \mathcal{N}(m, \sigma^2)$,

- die Autokorrelationsfunktion $\mathcal{K}(n)$ geometrisch mit dem Faktor κ abklingt

$$\mathcal{K}(n) \overset{\text{def}}{=} E\big[(X_t - m)(X_{t+n} - m)\big]/\sigma^2 = \kappa^n.$$

Autoregressive Prozesse umfassen Erneuerungsprozesse für den Fall $\kappa = 0$ ebenso wie stark korrelierte Prozesse für $\kappa \to 1$. Zur Analyse des statistischen Multiplexing für autoregressive Ankunftsprozesse werden die bisher im Erneuerungsfall erzielten GI/GI/1-Ergebnisse mit Hilfe von SMP(M)/GI/1-Anpassungen fortgeführt. Da X_t alle in die weitere Entwicklung des Prozesses einfließende Information aus seiner Vergangenheit trägt, ist X_t in der steuernden Kette des SMP(M) abzubilden. Dazu wird X_t im Wertebereich $[m - 3.2\,\sigma^2, m + 3.2\,\sigma^2]$ in M Intervalle eingeteilt. Jedes Intervall entspricht einem Zustand. Die Zustandseinteilung kommt einer Diskretisierung der normalverteilen Zufallsvariable X_t mit M Stufen gleich.

Zur SMP-Anpassung werden die Übergangswahrscheinlichkeiten zwischen den Intervallen in Abhängigkeit des Korrelationsparameters κ bestimmt. Wegen des höheren Analyseaufwands wurde mit $M = 64$ Zustände gerechnet, so daß die SMP-Anpassung sich mit relativen Abweichungen von bis zu einigen Prozent in den Ergebnissen für autoregressive Prozesse niederschlagen kann.

Analyseergebnisse sind in der Tabelle 10.7 für die Erwartungswerte und in den Tabellen 10.8-10.9 für die Quantile zu den Wahrscheinlichkeiten 10^{-3} und 10^{-9} angegeben. In den Zeilen wird der Parameter m und in den Spalten die Autokorrelation κ variiert. Die zweite Spalte enthält Mittelwert und Quantile für $\kappa = 0$.

Die Spalten zeigen Ergebnisse für steigende Autokorrelation im Ankunftsprozeß mit $\kappa = 0.5, 0.75, 0.875$ und 0.9375. Dabei ist jeweils das Verhältnis eines Ergebnisses zum Ergebnis mit nächstkleinerem Korrelationskoeffizienten κ angegeben. Anhand dieser Faktoren werden regelmäßige Entwicklungstendenzen sichtbar.

Im betrachteten Wertebereich liegen alle Faktoren zwischen 1.3 und 3 und streben in der Folge der Spalten gegen 2. Die spaltenweise Erhöhung der Autokorrelation

Tabelle 10.7: Mittlere Workload

Mittlere Workload für autoregressive Ankunftsprozesse				
m	$\dfrac{E_{\kappa=0}(W)}{\sigma_A}$	$\dfrac{E_{\kappa=0,5}(W)}{E_{\kappa=0}(W)}$	$\dfrac{E_{\kappa=0,75}(W)}{E_{\kappa=0,5}(W)}$	$\dfrac{E_{\kappa=0,875}(W)}{E_{\kappa=0,75}(W)}$	$\dfrac{E_{\kappa=0,9375}(W)}{E_{\kappa=0,875}(W)}$
2,0	0,009	1,48	1,82	1,92	2,0
1,6	0,027	1,73	1,98	2,01	2,0
1,2	0,075	2,023	2,111	2,069	2,03
1,0	0,126	2,183	2,178	2,090	2,042
0,8	0,216	2,330	2,208	2,105	2,049
0,6	0,386	2,515	2,247	2,116	2,054
0,4	0,761	2,680	2,280	2,126	2,057
0,3	1,16	2,763	2,293	2,130	2,058
0,2	1,97	2,841	2,306	2,134	2,059
0,1	4,45	2,920	2,316	2,136	2,060
0,05	9,45	2,958	2,321	2,135	2,061

Tabelle 10.8: 10^{-3}-Quantile der Workload

10^{-3}-Workload-Quantil für autoregressive Ankunftsprozesse				
m	$\dfrac{q_{\kappa=0}(W)}{\sigma_A}$	$\dfrac{q_{\kappa=0,5}(W)}{q_{\kappa=0}(W)}$	$\dfrac{q_{\kappa=0,75}(W)}{q_{\kappa=0,5}(W)}$	$\dfrac{q_{\kappa=0,875}(W)}{q_{\kappa=0,75}(W)}$	$\dfrac{q_{\kappa=0,9375}(W)}{q_{\kappa=0,875}(W)}$
2,0	1,12	1,34	1,99	2,0	2,0
1,6	1,61	1,81	2,13	2,04	2,0
1,2	2,31	2,30	2,21	2,07	2,03
1,0	2,87	2,51	2,25	2,10	2,04
0,8	3,74	2,67	2,27	2,11	2,05
0,6	5,17	2,81	2,29	2,12	2,054
0,4	8,05	2,91	2,30	2,13	2,057
0,3	10,9	2,94	2,31	2,13	2,058
0,2	16,6	2,96	2,32	2,14	2,059
0,1	34,0	2,98	2,32	2,14	2,060
0,05	68,4	2,99	2,32	2,14	2,061

Tabelle 10.9: 10^{-9}-Quantile der Workload

10^{-9}-**Workload-Quantil für autoregressive Ankunftsprozesse**				
m	$\dfrac{q_{\kappa=0}(W)}{\sigma_A}$	$\dfrac{q_{\kappa=0,5}(W)}{q_{\kappa=0}(W)}$	$\dfrac{q_{\kappa=0,75}(W)}{q_{\kappa=0,5}(W)}$	$\dfrac{q_{\kappa=0,875}(W)}{q_{\kappa=0,75}(W)}$	$\dfrac{q_{\kappa=0,9375}(W)}{q_{\kappa=0,875}(W)}$
2,0	4,27	1,93	2,06	2,0	2,0
1,6	5,75	2,30	2,18	2,04	2,0
1,2	8,00	2,61	2,21	2,07	2,03
1,0	9,75	2,74	2,25	2,10	2,04
0,8	12,3	2,85	2,27	2,11	2,05
0,6	16,6	2,92	2,29	2,12	2,054
0,4	25,2	2,96	2,30	2,13	2,057
0,3	33,8	2,97	2,31	2,13	2,058
0,2	51,2	2,98	2,32	2,14	2,059
0,1	103	2,99	2,32	2,14	2,060
0,05	206	3,00	2,32	2,14	2,061

wirkt sich für $\kappa = 1 - 2^{-j}\,(\to 1)$ asymptotisch als Verdopplung der Zeitspanne zwischen Zustandsübergängen im SMP-Modell aus, was etwa eine Verdopplung der Wartezeiten bzw. Pufferbelegungen von Spalte zu Spalte nach sich zieht.

Für die Quantile entwickeln sich die Ergebnisse bei kleinen Restwahrscheinlichkeiten $(< 10^{-3})$ wieder linear ohne nennenswerte Abweichung. Damit kann man die Näherungsformel 10.35 für die Quantile autoregressiver Prozesse erweitern.

Sei $q(m = (C - E(A))/\sigma_A, \sigma_A, \kappa, 10^{-\ell})$ das $10^{-\ell}$-Quantil der Workload, für welches $P\{W > q(m,\sigma_A,\kappa,10^{-\ell})\} = 10^{-\ell}$ gilt. Dann weicht die folgende Approximationsformel von den Ergebnissen in den Tabellen 10.8-10.9 im Bereich $0 < m \le 1$, $\sigma > 0$, $\kappa \ge 0$ und $\ell \ge 3$ um höchstens 3% ab:

$$q(m,\sigma_A,\kappa,10^{-\ell}) \approx \frac{\sigma_A}{m\,(1-\kappa)}\left(4.884\,\frac{2.4-m}{3.47-m} + 1.116\,(\ell-3)\right)\cdot \quad (10.37)$$

$$\left(1 + \left(0.98 - 0.04\,m - 0.24\,m^2 - (0.01\,m + 0.15\,m^2)(9-\ell)/6\right)\kappa\right).$$

10.7.3 Komprimierte Sprach- und Videoübertragung

Sprachkompressionsverfahren sind in der Lage, die 64 kbit/s Bandbreite für Leitungsvermittlung im ISDN ohne merkliche Qualitätseinbußen auf 16 kbit/s zu reduzieren, z.B. mit CELP(*Code Excited Linear Prediction*)-Verfahren gemäß ITU-T-Standard G.726-G.729. Im Mobilfunk und für Voice over IP sind Varianten vorgesehen, die bei verminderter Sprachqualität selbst mit 2-3 kbit/s auskommen.

ON-OFF-Sprachquellen

Eine Kompression auf 16 kbit/s wird bereits während der Sprechphasen erreicht,
so daß durch Unterdrückung von Sprechpausen nochmals bis zur Hälfte an Bandbreite gespart werden kann. Sprachaktivitätserkennung (VAD: *Voice Activity Detection*) und Pausenunterdrückung erzeugen ein ON-OFF-Verkehrsprofil, das zwischen voller Rate λ_{ON} in Aktivitäts-(ON-)Phasen und der Übertragungsrate 0 in Pausen-(OFF-)Phasen wechselt.

ATM-Netze unterstützen komprimierte Sprachübertragung als Verkehr mit variabler Bitrate, der über statistisches Multiplexing zur Bandbreiteneinsparung genutzt werden kann. Es gibt zahlreiche analytische Untersuchungen zur Überlagerung von ON-OFF-Verkehrsquellen auf einer gemeinsamen Übertragungsstrecke, unter anderem mit Fluid-Flow-Modellen. Messungen an Sprachquellen mit Aktivitätserkennung führen in einer vielzitierten Studie [86] zu dem Ergebnis, daß ON- bzw. OFF-Phasen jeweils unabhängige und exponentiell verteilte Dauern mit dem Mittelwert 0,352 s bzw. 0,65 s haben. Wir legen diese Daten für ON-OFF-Sprachquellen zugrunde, auch wenn der Anteil von nur 35% für Sprechphasen sehr optimistisch und je nach Hintergrundgeräuschen nicht immer realisierbar erscheint.

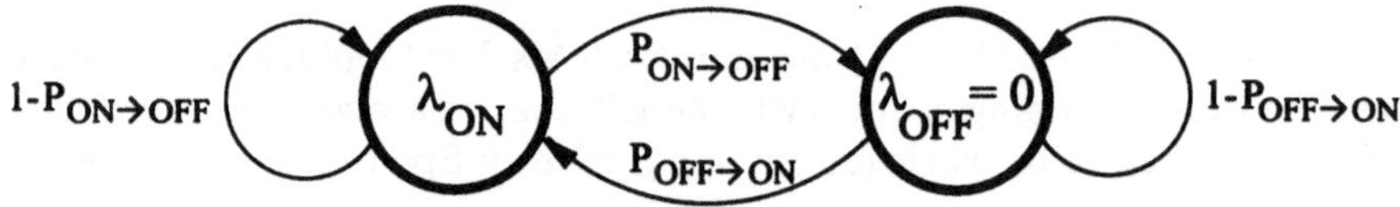

Bild 10.14: Markov-Model einer ON-OFF-Quelle mit 2 Zuständen

Das Verkehrsaufkommen einer Sprachquelle wird demnach durch ein Markov'sches Modell mit zwei Zuständen erfaßt, wie es in Bild 10.14 zeitdiskret für ATM-Zellen mit geometrisch verteilten ON- und OFF-Phasen dargestellt ist.

Die Übergangswahrscheinlichkeiten $p_{ON\rightarrow OFF}$ bzw. $p_{OFF\rightarrow ON}$ sind jeweils als Kehrwert der mittleren Anzahl von Zellen bestimmt, die pro ON- bzw. OFF-Phase erzeugt werden. Geht man von einer komprimierten Rate $\lambda_{ON} = 16$ kbit/s pro aktiver Quelle aus, so füllt diese den 48 Byte große Datenteil einer ATM-Zelle in $\Delta = 0,024$ s. Man erhält

$$p_{ON\rightarrow OFF} = \Delta/0,352\,s \approx 0,0682; \quad p_{OFF\rightarrow ON} = \Delta/0,65\,s \approx 0,0369.$$

Damit hat die angeforderte Bandbreite einer Quelle

- den Mittelwert $\lambda = 0,352\,\lambda_{ON}/(0,352 + 0,65) \approx 0,3513\,\lambda_{ON} \approx 5,62$ kbit/s;

- die Varianz $\sigma^2 = 0,352 \cdot 0,65\,\lambda_{ON}^2/(0,352 + 0,65)^2 \approx 0,2279\,\lambda_{ON}^2$ und

- die Autokorrelationsfunktion $\mathcal{K}_n = (1 - p_{ON\rightarrow OFF} - p_{OFF\rightarrow ON})^n \approx 0,913^n$, bezogen auf die Zellengenerierungszeit Δ.

Autoregressives Modell überlagerter Sprachquellen

Für die Überlagerung von N unabhängigen und gleichartigen ON-OFF-Quellen erhält man daraus das mittlere Verkehrsaufkommen $\lambda(S) = N\lambda$, die Varianz $\sigma_S^2 = N\sigma^2$ und eine unveränderte Autokorrelationsfunktion $\mathcal{K}_S(n) = 0,913^n$, wie aus der Beziehung (10.8) für gleichartige Prozesse hervorgeht.

Die Überlagerung einer Vielzahl gleichartiger ON-OFF-Quellen ergibt näherungsweise einen autoregressiven Prozeß. Das überlagerte Verkehrsaufkommen S_i zum Zeitpunkt $i\Delta$ ist binomial-verteilt mit Raten $0, \lambda_{ON}, \cdots, N\lambda_{ON}$. Bekanntlich nähert sich die Binomial-Verteilung mit wachsendem N einer Normalverteilung, vergleiche Bild 10.7.

Als entscheidendes Kriterium für autoregressive Prozesse ist zudem die Gleichung (10.36) für die Änderung des Verkehrsaufkommens S_i in der Bezugszeit Δ zu bestätigen, d.h. $S_{i+1} - \kappa S_i \sim \mathcal{N}(N\lambda(1-\kappa), N\sigma^2(1-\kappa^2))$ mit $\kappa \approx 0.913$. Ein Nachweis, daß auch $S_{i+1} - \kappa S_i$ durch Binomial-Verteilungen bestimmt ist und sich mit wachsendem N der Normalverteilung mit den angegebenen Parametern nähert ist in [39] geführt. Wir können damit die Analyse für autoregressive Prozesse im folgenden Fallbeispiel auf überlagerte ON-OFF-Quellen anwenden.

Wird der Verkehr von $N = 300$ Quellen an einem Vermittlungsknoten zusammengeführt und erzeugt jede aktive Quelle im Bezugszeitraum $\Delta = 0,024$s eine Zelle, so kommen im Mittel $E(S) = 300 \cdot 0,3513 \approx 105,39$ Zellen an. Die Standardabweichung beträgt $\sigma_S = \sqrt{300 \cdot 0,2279} \approx 8.2686$ ATM-Zellen im Bezugszeitraum. Wir analysieren nun die benötigte Übertragungskapazität bzw. Puffergröße für eine geforderte Zellenverlustwahrscheinlichkeit $p_{Loss} < 10^{-6}$ anhand der Ergebnisse in Tabelle 10.8-10.9 bzw. der Formel (10.37).

Ergebnis: Echtzeit-Bedingungen verhindern wirkungsvolle Pufferung

Zunächst erreicht man für die Kapazität $C = E(S) + 4\sigma_S$ bereits ohne Pufferung die angeforderte Quality-of-Service. Die Formel (10.9) führt auf das Ergebnis $P\{S > E(S) + 4\sigma_S\} \approx 3,1686 \cdot 10^{-5}$ und für die Zellenverlustrate folgt $P_{Loss} < 6 \cdot 10^{-7}$. Diese Kapazität entspricht einer Bandbreite von $2,215\,\text{Mbit/s}$ als reine Nutzdatenrate auf der ATM-Schicht.

Reduziert man die Bandbreite auf $C = E(S) + \sigma_S \approx 1,819\,\text{Mbit/s}$, so ist gemäß der Näherungsformel (10.37) für autoregressive Ankunftsprozesse die erforderliche Puffergröße $q(1, 8.2686, 0.913, 10^{-6}) \approx 910$ Zellen. Zwar kann man einen Vermittlungsknoten durchaus mit Speicherplatz für 1000 Zellen ausstatten. Aber die Verzögerung beträgt bei voller Ausschöpfung des Puffers ca. $0,2\,\text{s}$ mit Übertragungsrate $C/\Delta \approx 4736$ Zellen/s, was für Sprachübertragung unakzeptabel ist. Für $C = E(S) + 2\sigma_S$ kommt man mit einer analogen Rechnung auf eine geringere Verzögerung von ca. $0,05\,\text{s}$ entsprechend der maximal benötigten Puffergröße, die aber immer noch deutlich zu groß ist.

Insgesamt bleibt festzuhalten, daß man für die Überlagerung einer großen Zahl von ON-OFF-Sprachquellen unter Anwendung des statistischen Multiplexing mit der Bandbreite $C = E(S) + 4\,\sigma_S$ bereits ohne Pufferung ausreichend niedrige Zellenverlustraten garantieren kann. Durch Pufferung kann die Bandbreite unter Beibehaltung geringer Verlustraten kaum weiter reduziert werden. Konkret führt eine Kapazitätseinsparung um $2\,\sigma_S$ auf $C = E(S) + 2\,\sigma_S$ bereits auf eine zu hohe Verzögerung bzw. Verlustrate.

Die Ursache liegt darin, daß die Echtzeitanforderungen nur Pufferverzögerungen im Millisekunden-Bereich erlauben, während die zeitliche Autokorrelation einer ON-OFF-Quelle sich entsprechend der mittleren Zustandsdauern im Sekunden-Bereich erstreckt. Durch Überlagerung von Prozessen wird zwar das Verhältnis $\sigma_S/E(S)$ günstiger, jedoch nicht die Autokorrelationfunktion. Damit ist der Zeitbereich der Echtzeitanforderung generell um eine Größenordnung kürzer als der Zeitbereich von Hochlastphasen mit dauerhaft ansteigender Pufferbelegung. Eine verallgemeinere Untersuchung in [39] bestätigt, daß man mit Pufferung unter den QoS-Anforderung für Sprache bestenfalls wenige Prozent der Bandbreite einsparen kann.

Modellierung von Video-Quellen

Als weitere Anwendung untersuchen wir komprimierte Video-Übertragungen erneut an einem Fallbeispiel. Meßergebnisse zeigen [63, 96], daß schon das Verkehrsaufkommen einer einzelnen Videoquelle in brauchbarer Näherung als autoregressiver Prozeß darstellbar ist, wenn Szenenwechsel und durch Codierung bedingte periodische Verkehrsschwankungen, z.B. für MPEG innerhalb einer *Group of Pictures* unbeachtet bleiben.

Die Periodizität in der MPEG-Codierung spielt sich in wenigen Zehntel-Sekunden ab und kann bei Überlagerung mehrerer Quellen mit gleicher Periodendauer und Phasenlage verstärkt werden. Für eine oder mehrere Quellen mit gleicher Periodendauer kann man die Periodizität im Modell ausblenden, wenn man den Prozeß nur zu Zeitpunkten beobachtet, die genau eine Periodendauer auseinander liegen.

Detaillierte Modelle, die sich am Verkehrsaufkommen von MPEG-codiertem Video orientieren, werden in [51] umfassend erörtert, siehe auch Abschnitt 3.5. Dabei sind innerhalb einer Szene Markov'sche und insbesondere autoregressive Modelle relevant, während die Szenenlängen auch durch langsam abklingende Heavy-tailed-Verteilungen charakterisiert sind. Die damit verbundenen Eigenschaften selbstähnlichen Verkehrs sind für die Pufferung aber nur dann von Bedeutung, wenn die Verzögerungen im Zeitbereich von Szenenlängen liegen. Für Video-Konferenzen wird das Verkehrsaufkommen in geringerem Maße von Szenenwechseln beeinflußt.

In der folgenden Analyse gehen wir von einer Pufferung unter Echtzeitbedingungen mit bis zu ca. einer Sekunde Verzögerung aus, wofür autoregressiven Prozesse herangezogen werden können. In der Studie [63] werden etwa normalverteilte

Schwankungen der Ankunftsrate und eine geometrisch abklingende Autokorrelation festgestellt sowie die zugehörigen Parameter bestimmt. In der Notation der Gleichung (10.36) beträgt die mittlere Ankunftsrate $E(X) = 3,9$ Mbit/s, ihre Varianz $\sigma_X = 1,725$ Mbit/s und der Korrelationsparameter $\kappa(X) = 0,8781$, bezogen auf die Zeit $\Delta = 1\,\text{s}/30$, in welcher je ein Rahmen für einen kompletten Bildinhalt gesendet wird. Auch andere Untersuchung [96, 51] bestätigen ein nahezu autoregressives Verkehrsaufkommen, wenngleich veränderte Randbedingungen auf andere Parameter führen. Auch werden dort autoregressive Prozesse zweiter Ordnung zur Beschreibung vorgeschlagen.

Wir stellen die Frage, ob auf einer Übertragungsstrecke der Kapazität 30 Mbit/s neben 6 aufgebauten Videoübertragungen noch eine weitere hinzugenommen werden kann, ohne die Zellenverlustrate 10^{-6} zu überschreiten und berechnen die dazu benötigte Puffergröße. Ein autoregressiver Prozeß als Überlagerung von $N = 7$ gleichartigen Vidoequellen hat die mittlere Datenrate von $E(S) = 27.3$ Mbit/s und die Varianz $\sigma_S = 4.63$ Mbit/s. Zur Analyse ist wieder die Approximationsformel (10.37) anwendbar. Man erhält $q(0.583,\ 4.63/30,\ 0.8781,\ 10^{-6}) \approx 25$ Mbit für den Pufferspeicher, wobei der Autokorrelationskoeffizient $\kappa = 0.8781$ sich auf die Einheit $\Delta = 1\text{s}/30$ bezieht, die in der Rechnung als Zeitbasis übernommen wird. Ein voller Puffer führt dann zu 0.853 s Verzögerung.

Für $N = 6$ Videoquellen erhält man $q(1.56,\ 4.23/30,\ 0.8781,\ 10^{-6}) \approx 5.6$ Mbit und eine zugehörige maximale Verzögerung von 0.19 s. Unter scharfen Echtzeitbedingungen sind diese Wert für $N = 6, 7$ überlagerte Quellen allerdings kritisch bis unakzeptabel.

Ohne Pufferung kommt man zum Vergleich bei $N = 4$ Quellen auf etwa die vorgegebene Zellenverlustrate, so daß die Pufferung in diesem Fall eine deutlich höhere Auslastung zuläßt. Die Beispiele von überlagertem Sprach- und Video-Verkehr zeigen, daß man für diese Standard-Anwendungen bereits ohne die im nächsten Abschnitt angesprochenen Selbstähnlichkeits-Eigenschaften nur mit sehr großem Pufferspeicher die Zellenverlustrate wesentlich verbessern kann, was durch Echtzeitbedingungen für Sprache weitgehend vereitelt wird.

Eine aktuelle Arbeit [49] legt ähnliche Ausgangsdaten zugrunde, um mehrere approximative Ansätze mit Simulationsergebnissen für die Zulassungskontrolle von überlagertem Sprach- und Videoverkehr zu vergleichen. Es werden u.a. Varianten des Prinzips der effektiven Bandbreite einbezogen, siehe Abschnitt 10.6.3. Methodisch wird die Eignung von Modellen basierend auf Gauß'schen Prozessen hervorgehoben, wobei eine genaue Warteschlangen-Analyse durch Abschätzungen über mehrere Zeitbereiche hinweg ersetzt wird. Im Ergebnis werden die bisherigen Aussagen zur Wirkung der Pufferung auf die Verlustraten von Sprach- und Videoverkehr in [49] bestätigt.

10.7.4 Datenverkehrsaufkommen mit Selbstähnlichkeit

Eine völlig andere Sichtweise wird seit Anfang der 90-er Jahre durch Meßungen des Verkehrsaufkommens über mehrere Zeitskalen hinweg in lokalen [58] wie in Telekommunikationsnetzen [70] angestoßen. Die graphische Darstellung des gemessenen Ethernet-Verkehrs [58] in Zeitfenstern von $0.01\,\mathrm{s}$, $0.1\,\mathrm{s}$, $1\,\mathrm{s} \cdots 100\,\mathrm{s}$ zeigt in allen Skalierungen ein ähnliches Bild der Schwankungen im Verkehrsaufkommen.

Es ist recht aufwendig eine solche Selbstähnlichkeit über mehrere Zeitskalen hinweg in Markov-Modellen zu erfassen, da der Zustandsraum für jeden berücksichtigten Zeitbereich um einen bestimmten Faktor anwächst. Die Erfassung unterschiedlicher Zeitbereiche erschwert die Analyse, auch wenn man mit den hier vorgestellten Analysemethoden Beispiele mit Korrelationen über mehrere Zeitbereiche auswerten kann, die um einen Skalierungsfaktor $> 10^3$ auseinanderliegen [40].

Nimmt man an, daß die Selbstähnlichkeit nicht auf einen endlichen Zeitbereich beschränkt ist, sondern sich bis zu beliebig großen Zeitskalen fortsetzt, so unterscheidet sich selbstähnlicher Verkehr grundsätzlich von Markov'schen Modellen. Dies wird anhand der Autokorrelationsfunktion $\mathcal{K}(n)$ deutlich, die für nicht-periodische (Semi-)Markov-Prozesse geometrisch abklingt $\lim_{n\to\infty} \mathcal{K}(n) = \kappa^n$ mit $|\kappa| < 1$, während sie für selbstähnlichen Verkehr mit $\lim_{n\to\infty} \mathcal{K}(n) = n^{2(H-1)}$ abnimmt, wobei $0,5 < H < 1$ und H als Hurstparameter bezeichnet wird.

Zur Definition eines selbstähnlichen Prozesses X_t wird Homogenität und Stationarität bezüglich der Kovarianzen vorausgesetzt, so daß der Mittelwert $E(X)$, die Varianz σ_X^2 und die Autokorrelationsfunktion $\mathcal{K}_X(n)$ existieren und unabhängig vom Zeitparameter t sind.

Üblicherweise führt man zunächst den von X_t abgeleiteten Prozeß $X_t^{(m)}$ der Mittelwerte für disjunkte Teilfolgen der Länge m ein. X_t ist genau dann ein selbstähnlicher Prozeß mit Hurstparameter H, wenn [58, 90]

$$\forall m \geq 2: \quad \sigma_{X^{(m)}}^2 = m^{2(H-1)}\,\sigma_X^2 \quad \text{für} \quad X_t^{(m)} = \frac{1}{m}\sum_{i=1}^{m} X_{m\,t+i-1}.$$

Die Definition geht mit der Festlegung der Autokorrelationsfunktion $\mathcal{K}_X(n)$ einher: Ein Prozeß X_t ist genau dann selbstähnlich, wenn er die Autokorrelationsfunktion

$$\mathcal{K}_X(n) = \left((n+1)^{2H} - 2n^{2H} + (n-1)^{2H} \right)/2$$

hat. Die Äquivalenz beider Definitionen wird über folgende Beziehung hergestellt

$$m^2\,\sigma_{X^{(m)}}^2 = m\,\sigma_X^2 + 2\sum_{j=1}^{m-1} (m-j)\,\mathcal{K}_X(j).$$

Die Autokorrelation bleibt für $X_t^{(m)}$ bestehen $\forall m \geq 2:\ \mathcal{K}_{X^{(m)}}(n) = \mathcal{K}_X(n)$, entsprechend der Interpretation einer über beliebig lange Perioden m gleichbleibenden

Korrelationsstruktur. Nur die Varianz $\sigma_{X_t^{(m)}}$ verringert sich mit der Länge betrachteter Zeitbereiche. In Erweiterung der Definition heißt ein Prozeß X_t asymptotisch selbstähnlich, wenn für seine Autokorrelationsfunktion gilt [90]:

$$\lim_{n \to \infty} \mathcal{K}_X(n) = \left((n+1)^{2H} - 2n^{2H} + (n-1)^{2H} \right)/2.$$

Für asymptotisch selbstähnliche Prozesse erhält man eine Konstante $c \in \mathbb{R}^+$ als Grenzwert $\lim_{n \to \infty} \mathcal{K}_X(n)/n^{2(H-1)} = c$, die für exakt selbstähnliche Prozesse den Wert $c = H(2H - 1)$ annimmt.

Selbstähnlicher Verkehr kann z.B. durch Überlagerung von ON-OFF-Verkehrsquellen zustandekommen, deren ON-Phasen keine exponentiell-verteilten Dauern T wie für Sprachquellen haben, sondern Pareto-verteilt sind $P\{T \geq n\} = c_{Norm} \, n^{-\alpha}$ mit Normierungskonstante $c_{Norm} \in \mathbb{R}$ und Parameter $1 < \alpha < 2$.

Ein entsprechendes Modell eines ATM-Multiplexers mit selbstähnlichem Ankunftsprozeß wird in [90] analysiert. Es werden ON-OFF-Quellen mit Pareto-verteilten Aktivitäts(ON)-Phasen in diskretem Zeitablauf überlagert, wobei zu jedem Zeitpunkt eine Poisson-verteilte Anzahl von Quellen mit Mittelwert λ aktiv wird. Für dieses Modell ist der durch die Zahl aktiver Quellen bestimmte Ankunftsprozeß asymptotisch selbstähnlich mit Hurst-Parameter $H = (3 - \alpha)/2$.

Für die Verlustrate durch Pufferüberläufe bei einer Puffergröße N wird in [90] eine untere Schranke von der Form

$$P_{Loss}(N) \geq \tilde{c}_{Norm} \, N^{2(H-1)} = \tilde{c}_{Norm} \, N^{1-\alpha}$$

hergeleitet. Für $\alpha = 1,5$ erhält man beispielsweise $P_{Loss}(N) \geq \tilde{c}_{Norm}/\sqrt{N}$. Wie für die Modellannahmen zu erwarten, nimmt die Verlustrate nicht geometrisch mit wachsendem Pufferspeicher ab, sondern ebenfalls sehr viel langsamer. Im Beispiel muß der Pufferspeicher etwa um den Faktor 100 vergrößert werden, um die Verlustrate um den Faktor 10 zu senken.

Im übrigen ist die Workload-orientierte GI/GI/1- bzw. SMP/GI/1-Analysemethode aus Abschnitt 10.5.2 bzw. 10.5.6 ohne großen Aufwand auf Heavy-tailed-Bedienzeiten erweiterbar, darunter die Pareto-Verteilung. Das eben erörterte langsame Abklingen der Wartezeit-Verteilung kann damit bestätigt werden.

Zur Analyse kann man ausnutzen, daß die Leerzeit-Verteilung im System durch Abschneiden der Heavy-tailed-Verteilung an einer genügend großen Stelle praktisch unverändert bleibt, siehe [39]. So kann man aus der Analyse für das System mit abgeschnittener Bedienzeit-Verteilung zunächst die Leerzeit ermitteln. Kennt man die Leerzeit-Verteilung, so erhält man die Wartezeit-Verteilung für das System mit der ursprünglichen Heavy-tailed-Bedienzeit über die Beziehungen im Abschnitt 10.5.3, Gleichungen (10.12–10.13) und (10.15), sowie zu Beginn von Abschnitt 10.5.7. Eine einfache und komplette Lösungsdarstellung erhält man wieder mit Hilfe der erzeugenden Funktionen in der Form:

$$\mathcal{W}(z) = (1 - \mathcal{V}(1))/(1 - \mathcal{V}(z)) \quad \text{und} \quad (1 - \mathcal{V}(z)) \cdot (1 - \mathcal{L}(z)) = 1 - \mathcal{U}(z) \quad \text{mit}$$

$\mathcal{W}(z)$ als ergeugende Funktion der stationären Wartezeitverteilung,
$\mathcal{L}(z)$ als ergeugende Funktion der Leerzeitverteilung,
$\mathcal{V}(z)$ als ergeugende Funktion der Phasenniveau-Verteilung und
$\mathcal{U}(z)$ als ergeugende Funktion für die Differenz von Ankunfts- und Bedienzeiten.

Die Analyse von Bediensystemen durch Wiener-Hopf-Faktorisierung, die im Abschnitt 10.5.3 zunächst für Verteilungen mit beschränktem Zeitbereich angewendet wurde, wird damit flexibel bis hin zu Heavy-tailed-Bedienzeiten.

Bei Messungen der Größe von Dateien, die beim Surfen von World-Wide-Web-Servern angefordert werden, siehe z.B. [17], wurden Pareto-Verteilung im Bereich $10^4 - 10^7$ Byte in guter Näherung bestätigt, deren Parameter α noch ungünstigere Werte $1,1 < \alpha < 1,6$ annimmt als im eben genannten Analysebeispiel.

Als Konsequenz ist es mit diesen Ergebnissen der Modellierung und Analyse von selbstähnlichem Verkehrsaufkommen nicht mehr möglich, durch Pufferung eine wesentliche Verbesserung der Zellenverlustrate zu erzielen. Wie schon zuvor in den Beispielen unter Echtzeitbedingungen muß man sich auf die Abschätzungen der Verlustrate ohne Pufferung gemäß Abschnitt 10.4 zurückziehen.

Generell gilt für den Effekt des statistischen Multiplexing, daß bei der Überlagerung des Verkehrs von unabhängigen Quellen zwar die Varianz im Verhältnis zur Übertragungsrate abnimmt, aber die Korrelation gemäß Gleichung (10.8) im Gesamtstrom als gewichtetes Mittel Bestand hat. Die Autokorrelationsfunktion bestimmt den Zeitbereich von Überlastphasen. Pufferung kann nur dann Verlustraten mindern, wenn die Puffergröße ausreicht, um diesen Zeitbereich zu überbrücken.

Ein Problem der Modellierung mit selbstähnlichen Prozessen liegt sicherlich darin, daß extrem langfristige Korrelationen einen Einfluß haben, die sowohl außerhalb von Meßzeiträumen liegen wie auch für die Untersuchung bestimmter Kontrollmaßnahmen irrelevant sind, die in einem begrenzten Zeitfenster wirken. Pufferung kann unter Echtzeitbedingungen Überlasten höchstens im Sekundenbereich auffangen. Zur Regelung von Überlastsituationen bieten ATM-Netze Flußsteuerungsmaßnahmen (ABR) und Zulassungskontrolle (CAC) in einem größeren Zeitbereich an. Langfristig kann man durch Routing und durch Anpassung der Netztopologie und -infrastruktur an das Verkehrsaufkommen eingreifen.

Bisher ziehen Self-Similar-Analysen nur wenige Parameter zur Verkehrsbeschreibung heran, üblicherweise die Ankunftsrate, die Varianz und den Hurst-Parameter. Für genauere QoS-Abschätzungen sind detailliertere Modelle in Anpassung an bestimmte Anwendungen weiterzuentwickeln.

Dennoch zeigen die Messung, die der These eines selbstähnlichen Verkehrsaufkommens zugrundeliegenden, daß das Potential zur Verbesserung der Quality-of-Service durch Pufferung bisher zu optimistisch eingeschätzt wurden. Auch abgeschnittene Pareto-Verteilungen mit endlichem Zeitbereich als Bedienzeiten erzeugen ein ungünstiges Abkling-Verhalten der Wartezeit-Verteilung, siehe z.B. [43].

Für gelegentlich angeforderte Übertragungen extrem großer Datenmengen, die für selbstähnliches Verkehrsaufkommen mit Langzeitkorrelationen charakteristisch sind, werden in der Verkehrskontrolle von ATM-Netzen keine speziellen Maßnahmen getroffen. Bei der Zulassungs-Kontrolle für Verbindungen ist weder die gesamte zu übertragende Datenmenge, noch die Zeitdauer für die Verbindung als Parameter vorgesehen, so daß das Netzmanagement keine Kontrolle über das Fortbestehen der aktiven Verbindungen ausüben kann. Allerdings sind diese Daten beim Verbindungsaufbau oft auch nicht genau vorhersagbar.

10.8 Simulation von Telekommunikationsnetzen

Simulation ist für die Bewertung von Rechner- und Kommunikationsnetzen ein ebenso nützliches Hilfsmittel wie die hier ausführlicher erörterten analytischen Methoden. Die Modelle zur Charakterisierung von Verkehr auf der Basis von stochastischen Prozessen im Abschnitt 10.1-10.3 sind Grundlage beider Bereiche.

Die Simulation verfolgt den zeitlichen Ablauf eines zu untersuchenden Systems im Modell und ermittelt die relevanten Leistungskenngrößen anhand von konkreten Zufallsexperimenten. Mit Hilfe statistischer Schätzmethoden gewinnt man daraus allgemeine Aussagen über die zufallsabhängigen Systemgrößen, sowie eine Abschätzung der damit verbundenen Ungenauigkeiten, üblicherweise durch Vertrauensintervalle. Simulation ist ein etabliertes Hilfsmittel, das gestützt auf leistungsfähige Rechnersysteme, in vielen Bereichen eingesetzt wird.

Grundbausteine eines stochastischen Simulationssystems sind

- ein Zufallszahlengenerator, der effizient statistisch unabhängige Standard-Zufallszahlen gleichverteilt in $[0, 1]$ erzeugt,

- eine Transformation von Standard-Zufallszahlen gemäß der Verteilung und der Abhängigkeiten in den nachzubildenden stochastischen Prozessen,

- eine Liste abzuarbeitender Ereignisse mit zugehörigen Zeitpunkten; die ereignisorientierte Simulation bestimmt das zeitlich nächste Ereignis in dieser Liste und führt gemäß einer Routine für den Ereignistyp Aktionen aus. Dazu gehört auch die Fortschreibung der Ereignisliste durch das Entfernen oder Hinzufügen von Ereignissen, bis schließlich zur Ausführung des nächsten Ereignisses übergegangen wird,

- eine fortlaufende Berechnung und Protokollierung der gewünschten Leistungskenngrößen im Zuge der Ereignisabwicklung,

- eine Kontrolle für den Start und das Ende der Simulation sowie den Eintritt
  in bestimmte Phasen,

- eine statistische Auswertung der protokollierten Leistungskenngrößen.

Aufwendig ausgearbeitete und komfortable Simulationstools bieten dem Benutzer
eine graphische Oberfläche, die die Modellierung von der Strukturierung bis zur Pa-
rametereingabe unterstützt. Auch kombinierte Analyse-/Simulationstools werden
u.a. basierend auf Petri-Netzen angeboten. Simulation wird in vielen Lehrbüchern
von den stochastischen und statistischen Grundlagen bis hin zu Anwendungen
in Rechnernetzen z.B. in [45] ausführlich dargestellt. Übersichtsartikel, z.B. [26],
vergleichen Tools, die sich insbesondere für Kommunikationsnetze eignen.

Wir gehen nun kurz auf einige wesentliche Eigenschaften der Simulation im Vergleich zu Analysemethoden ein.

Simulationen sind in viel geringerem Ausmaß durch die Komplexität des Modells
beschränkt, die sich in der Größe des Zustandsraums für ein Gesamtsystem nieder-
schlägt. Entsprechend ist Simulation flexibler als Analyse und kann manigfaltige
Sonderfälle abdecken. Analysen sind dagegen auf klar strukturierte oder recht kleine Zustandsräume beschränkt und müssen von komplexen Details abstrahieren.

Soweit ein Analysemodell realistisch und berechenbar bleibt, führt es meist zu einfach nachvollziehbaren Ergebnissen und zeigt klare Zusammenhänge hinsichtlich
der relevanten Parametern auf. Simulationen sind in der Regel rechenintensiver
und kommen erst nach der Sichtung umfangreichen Datenmaterials zu Aussagen
mit akzeptablen Vertrauensintervallen.

Komplexe, mehrschichtige Kommunikationsprotokolle in einer heterogenen Netz-
umgebung überfordern oft die analytischen Modelle und können nur durch Simulation abgebildet werden. Wenn z.B. das Zusammenwirken von Datenkomprimierung, Paketisierung, Traffic Shaping, Adressierung, Routing, Flußkontrolle, Priorisierung, Fehlerbehebung und Zulassungskontrolle betrachtet wird, so kann man,
wenn überhaupt, dann bestenfalls auf simulativem Weg zu Aussagen gelangen.

Die Auswertung von Systemkenngrößen aus Simulationsläufen ist nicht trivial.
Simulationsläufe führen meist ohne weitere Voraussetzungen zu Ergebnissen, die
aber entsprechend vorsichtig zu bewerten sind.

Zudem ist es schwierig die Vertrauenswürdigkeit von Simulationsstudien zu prüfen
und einzuschätzen. Die Problematik wird am Beispiel des klassischen Modells komprimierter Sprach- und Datenübertragung gemäß [86] deutlich. Dazu gibt es wenigstens ein halbes Dutzend Zeitschriftenartikel, die für ein genau beschriebenes

System Näherungslösungen anbieten und durch Simulation bestätigen, siehe Literaturliste in [40]. Zwar liegen für jede Arbeit Näherungslösung und Simulation dicht beieinander. Doch für hohe Systemauslastung differieren die berechneten mittleren Wartezeiten in verschiedenen Arbeiten bis zum Faktor 1.5 und die Vertrauensintervalle in zugehörigen Simulationsergebnissen sind völlig disjunkt.

Es scheint daher wünschenswert und beim erreichten fortgeschrittenen Entwicklungsstand auch möglich, Simulationen auf genau nachvollziehbare oder gar standardisierter Basis in einem definierten Bereich durchzuführen. Die Verifikation von analytischen Ergebnissen bereitet ebenfalls oft Schwierigkeiten. Mit wachsender Komplexität der Lösungen steigt die Fehleranfälligkeit u.a. durch numerische Ungenauigkeiten in der Berechnung. Die Auswirkung approximativer Verfahren und von vereinfachenden Modellannahmen können wohl kaum auf einer einheitlichen Basis verifiziert werden.

Die gleichzeitige Anwendung von Analyse und Simulation auf ein System kann zur gegenseitigen Bestätigung und auch zur Ergänzung von Ergebnissen führen. So legte eine Simulation von Polling-Systemen in lokalen Netzen einen einfachen Zusammenhang für eine gewichtete Summe von Erwartungswerten der Wartezeit nahe. Eine analytische Studie konnte daraufhin diesen Zusammenhang als allgemeingültig nachweisen. Für die Simulation bot eine Überprüfung des Zusammenhangs wiederum einen einfachen Anhaltspunkt für die erreichte Genauigkeit.

In Kommunikationsnetzen treten spezielle Erschwernisse auf, die sich auf die Zeit zum Erreichen scharfer Vertrauensintervalle in Simulationen auswirken:

- Die Autokorrelation von Prozessen mit relevanten Vorgängen in mehreren Zeitskalen (Zell-, Burst-, Verbindungsebene) bis hin zu selbstähnlichen Prozessen, siehe Abschnitt 10.7.4, erfordert lange Simulationszeiten bei feiner Granularität der Zeitbasis, erschwert aber genauso die Analyse.

- Die Relevanz seltener Ereignisse erschwert speziell die Simulation. Bitfehlerraten im Bereich $< 10^{-10}$ und Paket- und Zellenverlustraten im Bereich $< 10^{-6}$ als QoS-Anforderungen von komprimierter Sprach-, Video- und Datenübertragung führen zu wenigen oder gar keinen auswertbaren Ereignissen für die interessanten Systemgrößen.

Zur Behebung werden spezielle Techniken des *Importance Sampling* [26, 68, 89] vorgeschlagen. Importance Sampling sorgt dafür, daß sich das System häufiger in den für die Auswertung interessanten Bereichen aufhält, wenn diese nur sehr selten besucht werden.

- Die Manipulation der Übergangsmatrix ist eine Alternative dazu, die am Ende mit einer Korrekturrechnung auf analytischem Wege ausgeglichen werden

muß. Konkret wird für Wartezeit-Verteilungen das näherungsweise geometrische bzw. exponentielle Abklingverhalten so verändert, daß ein System
mit viel geringerer Abklingrate simuliert werden kann. Zur Korrektur wird
dann der Zusammenhang zum Prinzip der effizienten Bandbreite genutzt,
siehe Abschnitt 10.6.3, das die Abklingrate generell für Markov'sche Modelle
bestimmen kann.

- Die Aufspaltungsmethode unterteilt den Zustandsraum des zu simulierenden
  Systems in eine Menge von Teilbereichen, darunter solche, in denen sich das
  System häufig aufhält, bis hin zu sehr selten besuchten Teilbereichen. Die
  Teilbereiche bilden eine Folge, so daß der Übergang von einem Teilbereich
  zum nächsten mit geringer, jedoch noch keineswegs verschwindend kleiner
  Wahrscheinlichkeit möglich ist. Immer wenn ein Übergang in einen neuen
  Teilbereich erfolgt ist, verzweigt der Simulationsablauf in n Pfade, von de-
  nen alle bis auf einen nur solange weiterverfolgt werden, bis man zum vorigen
  Teilbereich zurückkommt. Damit erhält man die n-fache Menge an Simu-
  lationsereignissen in diesem Teilbereich, was die geringe Eintrittsrate aus-
  gleicht. Dieses Vorgehen kann mehrstufig über eine Reihe von Teilbereichen
  fortgesetzt werden, so daß die Simulation alle Teilbereiche mit etwa gleichem
  Zeitanteil einbezieht, obwohl ihre tatsächlichen Eintrittswahrscheinlichkeiten
  um Größenordnungen auseinanderliegen.

Die besonderen Herausforderungen der Modellierung von Kommunikationsnetzen
haben neue Entwicklungen für analytische und simulative Methoden angeregt, die
auch in verwandten Gebieten, wie z.B. Produktions- und Echtzeitsystemen bis
hin zur Zuverlässigkeitsanalyse und dem Risikomanagement von Systemlösungen
nützlich sind.

Literaturverzeichnis

[1]   J. Abate, G.L. Choudhury und W. Whitt: Calculation of the GI/G/1 waiting time distribution and its cumulants from Pollaczek's formulas, Archiv für Elektronik und Übertragungstechnik 47 (1993) 311–321

[2]   M.E. Anagnostou, M.E. Theologou und E.N. Protonotarios: Cell insertion ratio analysis in ATM networks, Computer and ISDN Systems 24 (1992) 335–344

[3]   T. Aoyama, I. Tokizawa und K.-I. Sato: ATM VP-based broadband networks for multimedia services, IEEE Communications Magazine (4/1993) 30–39

[4]   R.Y. Awdeh und H.T. Mouftah: Survey of ATM switch architectures, Computer Networks and ISDN Systems 27 (1995) 1567–1613

[5]   T.C. Banwell, W.E. Stephens und G.R. Lalk: Transmission of 155 Mbit/s (Sonet STS-3) signals over unshielded and shielded twisted pair copper wire, Electronics Letters 28/12, 1992

[6]   G.R. Bitran und S. Dasu: A review of open queueing network models of manufacturing systems, Queueing Systems 12 (1992) 95–134

[7]   G. Bolch, S. Greiner, H. de Meer und K.S. Trivedi: *Queueing networks and Markov chains*, Wiley 1998

[8]   M. Bossert: *Kanalcodierung*, Teubner, 1998

[9]   M. Bossert und M. Breitbach: *Digitale Netze*, Teubner, 1999

[10]   J.-Y. Le Boudec: Steady-state probabilities of the PH/PH/1 queue, Queueing Systems 3 (1988) 73–88

[11]   H. Bruneel und B. Kim: *Discrete-Time models for communication systems including ATM*, Kluwer 1993

[12]   M.L. Chaudhry: Alternative numerical solutions of stationary queueing-time distributions in discrete-time: GI/G/1, J. Opl. Res. Soc. 44 (1993) 1035–1051

[13]   M. Chen und S. Liu: *ATM switching systems*, Artech 1995

[14]   M.P. Clark: *ATM Networks: Principles and use*, Teubner 1997

[15]   J. Claus und G. Siegmund (Hrsg.): *Das ATM-Handbuch: Grundlagen, Planung, Einsatz*, Hüthig 1995–1999

[16]   D. Conrads: *Datenkommunikation*, Vieweg 1996

[17]   M.E. Crovella und A. Bestavros: Self-similarity in world wide web traffic: Evidence and possible causes, IEEE/ACM Trans. on Netw. 5 (1997) 835–846

[18]   W.E. Denzel (Hrsg.): High-speed ATM switching, IEEE Comm. Mag. 2/1993

[19]   W. Ding: A unified correlated input process model for telecommunication networks, Proc. 13. Internat. Teletraffic Congress, Copenhagen, eds. A. Jensen und V.B. Iversen (1991) 539–544

[20]   W. Ding und P. Decker: Waiting time distribution of a discrete SSMP/G/1 queue and its implications in ATM systems, Proc. Sem. Internat. Teletraffic Congress New Jersey, Paper 9.4 (1990)

[21]   K.M. Elsayed: On the superposition of discrete-time Markov renewal processes and application to statistical multiplexing of bursty traffic sources, Proc. IEEE Globecom Conference (1994) 1113–1117

[22]   A.I. Elwalid und D. Mitra: Effective bandwidth of general Markovian traffic sources and admission control of high speed networks, IEEE/ACM Transactions on Networking 1 (1993) 329–343

[23]   W. Feller: *An introduction to probability theory and its applications*, Wiley 1971

[24]   M. Fiedler und H. Voos: *Fluid-flow-Modellierung von ATM-Multiplexern: Mathematische Grundlagen und numerische Lösungsmethoden*, H. Utz-Verlag 1997

[25]   M. Frank und P. Martini: Eine Erweiterung der Transportebene zur Bandbreitenregelung auf Ende-zu-Ende Basis, PIK 22, Saur Verlag (1/1999) 11–21

[26]   V.S. Frost und B. Melamed: Traffic modeling for telecommunications networks, IEEE Communications Magazine (3/1994) 70–81

[27]   M.-H. Guo und R.-S. Chang: Multicast ATM switches: Survey and performance evaluation, ACM Sigcomm. Comp. Comm. Review (1998) 98–131

[28]   G. Gallassi, G. Rigolio und C. Verri: Resource management and dimensioning in ATM networks, IEEE Network Magazine 4 (1990) 8–17

[29]   F.N. Gouweleeu und H.C. Tijms: Computing loss probabilities in discrete-time queues, Operations Research 46 (1998) 149–154

[30]   W.K. Grassmann und J.L. Jain: Numerical solutions of the waiting time distribution and idle time distribution of the arithmetic GI/G/1 queue, Operations Research 37 (1989) 141–150

[31]   P. Green (Hrsg.): Deployment of WDM fiber-based optical networks, IEEE Communications Magazine (2/1998) 38–78

[32]   F. Halsall: *Data communications, computer networks and open systems*, Addison-Wesley 1995

[33]   R. Händel, M. Huber und S. Schröder: *ATM networks*, Addison-Wesley 1998

[34]   G. Haßlinger: A polynomial factorization approach to the discrete time GI/G/1/(N) queue size distribution, Performance Eval. 23 (1995) 217–240

[35]   G. Haßlinger: Semi-Markovian modelling and performance analysis of variable rate traffic in ATM networks, Telecommunication Systems 7 (1997) 281–298

[36]   G. Haßlinger: Towards an analytical tool for performance modelling of ATM networks by decomposition, Proc. Performance Tools '97, Lecture Notes in Comp. Sci. 1245, Springer (1997) 83–96

[37]   G. Haßlinger: Quality-of-service for statistical multiplexing: Analysis results for Gaussian and autoregressive input, soll erscheinen in Telecommunication Systems, Selected papers of the 4. INFORMS Telecommunications Conf. 1998

[38]   G. Haßlinger: Waiting times and output process of a server computed via Wiener-Hopf factorization, soll erscheinen in Performance Evaluation 1999

[39]   G. Haßlinger: Die begrenzte Wirkung von Puffern in diensteintegrierenden Kommunikationsnetzen, angenommener Beitrag zur 10. MMB-Tagung Messung, Modellierung und Bewertung von Rechen- und Kommunikationssystemen, Trier 1999

[40]   G. Haßlinger und M. Adam: Modelling and performance analysis of traffic in ATM networks including autocorrelation, Proc. IEEE Infocom'96 Conference, San Francisco (1996) 1460–1467

[41]   G. Haßlinger und E.S. Rieger: Analysis of open discrete time queueing networks: A refined decomposition approach, J. Opl. Res. Soc. 47 (1996) 640–653

[42]   D.P. Heyman und M. Sobel (Hrsg.): *Handbooks in operations research and management science, Stochastic models*, Vol. 2, North-Holland 1990

[43]   D.P. Heymann: Performance implications of very large service-time variances, Proc. SPIE Symposium on Voice, Video & Data Communications: Performance and Control of Networks II, Boston (1998) 297–310

[44]   D. Jagerman und B. Melamed: The transition and autocorrelation structure of TES processes: General theory & sepcial cases, Commun. Statist.-Stochastic Models 8 (1992) 193–219 & 499–527

[45]   Raj Jain: *The art of computer systems performance analysis*, Wiley 1991

[46]   M.A. Johnson: An empirical study of queueing approximations based on phase-type distributions, Commun. Statist.-Stochastic Models 9 (1993) 531–561

[47]   S. Kamolphiwong, A.E. Karboiak und H. Mehrpour: Flow control in ATM networks: a survey, Computer Communications 21 (1998) 951–968

[48]   L. Kleinrock: *Queueing systems*, Vol. 1/2, Wiley 1975/6

[49]   E.W. Knightly und N.B. Shroff: Admission control for statistical QoS: Theory and practice, IEEE Network (2/1999) 20–29

[50]   A.G. Konheim: An elementary solution of the queueing system GI/G/1, SIAM J. Comput. 4 (1975) 540–545

[51]   M. Krunz und S.K. Tripathi: On the characterization of VBR MPEG streams, ACM Sigmetrics (1997) 192–202

[52]   P.J. Kühn: Approximate analysis of general queueing networks by decomposition, IEEE Trans. on Commun. COM-27 (1979) 113–126

[53]   J.J. Kulzer und W.A. Montgomery: Statistical switching architectures for future services, Proceedings of the International Switching Symposium, Florence, Session 43A, Paper 1 (1984) 1–6

[54]   O. Kyas: *ATM-Netzwerke*, Datacom 1998

[55]   T.V. Lakshman und V.P. Kumar (Hrsg.): Gigabit networking: Issues and trends in router design; Beyond best effort: Router architectures for the differentiated services of tomorrow's internet; Evolution of MPLS, IEEE Communications Magazine (5/1998) 144–173

[56]   G. Latouche und V. Ramaswami: The PH/PH/1 queue at epochs of queue size change, Queueing Systems 25 (1997) 97–114

[57]   J. Lehn und H. Wegmann: *Einführung in die Statistik*, Teubner (1992)

[58]   W.E. Leland, M.S. Taqqu, W. Willinger und D.V. Wilson: On the self-similar nature of ethernet traffic, IEEE/ACM Trans. on Networking 2 (1994) 1–15

[59]   S.-Q. Li: A general solution technique for discrete queueing analysis of multimedia traffic on ATM, IEEE Trans. on Commun. COM-39 (1991) 1115–1132

[60]   S.-Q. Li und C.-L. Hwang: Queue response to input correlation functions: Discrete spectral analysis, IEEE/ACM Trans. on Networking 1 (1993) 522–533

[61]   D.V. Lindley: The theory of queues with a single server, Proc. Cambridge Philos. Soc. 48 (1952) 277–289

[62]   D.M. Lucantoni, K.S. Meier-Hellstern und M.F. Neuts: A single-server queue with server vacations and a class of non-renewal arrival processes, Adv. Appl. Prob. 22 (1990) 676–705

[63]   B. Maglaris, D. Anastassiou, P. Sen, G. Karlsson und J. Robbins: Performance models of statistical multiplexing in packet video communications, IEEE Trans. on Commun. 36 (1988) 834–843

[64]   A. Mankin: The IETF Christmas campaign on quality of service, IEEE Network (1/1998) 6–13

[65]   D. McDysan und D. Spohn: *ATM theory and applications*, McGraw-Hill 1998

[66]   M.F. Neuts: *Matrix-geometric solutions in stochastic models*, Hopkins 1981

[67]   M.F. Neuts: *Structured stochastic matrices of M/G/1 type and their applications*, Dekker 1989

[68]   V.F. Nicola und J.H.A. de Smit: Second workshop on rare event simulation (RESIM'99), University of Twente, Enschede, The Netherlands, www.cs.utwente.nl/~resim99 (1999)

[69]   C. Palm: Intensitätsschwankungen in Fernsprechverkehr, Ericsson Techniques 44 (1943) 1–189

[70]   V. Paxson und S. Floyd: Wide area traffic: The failure of Poisson modelling, IEEE/ACM Transactions on Networking 3 (1995) 226–244

[71]   M. de Prycker: *Asynchronous transfer mode*, Ellis-Horwood 1995

[72]   S.V. Raghavan, D. Vasukiammaiyar und G. Haring: Hierarchical approach to building generative networkload models, Computer Networks and ISDN Systems 27 (1991) 1193–1206

[73]   E.S. Rieger und G. Haßlinger: An analytical solution to the discrete time single server queue with semi-Markovian arrivals, Queueing Systems 18 (1994) 69–105

[74]   J.W. Roberts et al. (Hrsg.): *Performance evaluation and design of multiservice networks*, Information technologies and sciences, Commission of the European Communities COST 224, 1991

[75]   J.W. Roberts et al. (Hrsg.): *Broadband network teletraffic*, COST 242, Lecture Notes in Computer Sciences 1155, Springer 1996

[76]   A. Romanow und S. Floyd: Dynamics of TCP traffic over ATM networks, IEEE JSAC (1995) 633–641

[77]   G.C. Sackett und C.Y. Metz: *ATM and multiprotocol networking*, McGraw-Hill 1996

[78]   H. Saito, M. Kawarasaki und H. Yamada: An analysis of statistical multiplexing in an ATM network, IEEE J. Sel. Areas in Commun., Vol. 9 (1991) 359–367

[79]   Schwederski und Jurazyk: *Verbindungsnetze: Strukturen und Eigenschaften*, Teubner 1996

[80]   B. Sengupta: The semi-Markovian queue: Theory and applications, Commun.
        Statist.-Stochastic Models 6 (1990) 383–413

[81]   J.M. Senior und C. Qiao (Hrsg.): All-Optical Networking: Architecture, Con-
        trol, and Management Issues, SPIE Proceedings Vol. 3531, Symposium on Voi-
        ce, Video and Data Communications, Boston, 1998

[82]   C. Shannon: A Mathematical theory of communication, Bell Systems Technical
        Journal 27 (1948) 379–423 & 623–656

[83]   C. Shannon: Prediction and entropy of printed english, Bell Systems Technical
        Journal 30 (1951) 50–64

[84]   A. Simonian: Stationary analysis of a fluid queue with input varying as an
        Ornstein-Uhlenbeck process, SIAM J. Appl. Math. 51 (1991) 828–842

[85]   J. Solé, J. Domingo und J. Garcia: Modelling the bursty characteristics of ATM
        cell streams, International Conference on Integrated Broadband Services and
        Networks (1990) 329–334

[86]   K. Sriram und W. Whitt: Characterizing superposition arrival processes in
        packet multiplexers for voice and data, IEEE J. Sel. Areas in Com. SAC-4
        (1986) 833–846

[87]   A. Tanenbaum: *Computer networks*, Prentice-Hall 1996

[88]   D.D. Tjhie und H. Rzehak: Analysis of discrete-time TES/G/1 and TES/D/1-
        K queueing systems, Performance Evaluation 27&28 (1996) 367–390

[89]   J.K. Townsend, Z. Haraszti, J.A. Freebersyser und M. Devetsikiotis: Simulation
        of rare events in communications networks, IEEE Comm. Mag. (8/1998) 36–41

[90]   B. Tsybakov und N. Georganas: On self-similar traffic in ATM Queues: De-
        finitions, overflow probability bound and cell delay distribution, IEEE/ACM
        Transactions on Networking 5 (1997) 397–408

[91]   H. Tzschach und G. Haßlinger: *Codes für den störungssicheren Datentransfer*,
        Oldenbourg 1993

[92]   O. Verscheure, X. Garcia, G. Karlsson und J. Hubaux: User-oriented QoS in
        packet video delivery, IEEE Network (1998) 12–21

[93]   I.A. de Vleeschouwer: Architectures for subscribers' premises networks using
        ATD, Proceedings GSLB-Seminar on Broadband Switching, Albufeira, Portu-
        gal (1987) 237–246

[94]   G. Wallace: The JPEG still picture compression standard, Communications of
        the ACM 34, (4/1991) 35–41

[95]   X. Xiao und L.M. Ni: Internet QoS: A big picture, IEEE Network (2/1999)
        8–18

[96]   F. Yegenoglu, B. Jabbari und Y. Zhang: Motion-classified autoregressive modeling of variable bit rate video, IEEE Trans. on Circuits and Systems for Video Technology 3 (1993) 42–53

[97]   W. De Zhong, J. Kaniyil und Y. Onozato: A modular ATM switch for broadband ISDN switching, Proc. Performance of Distrib. Systems and Integr. Commun. Networks, Kyoto, Hrsg. T. Hasegawa et al. (1991) 127–142

[98]   W. De Zhong, Y. Onozato und J. Kaniyil: A copy network with shared buffers for large-scale multicast ATM switching, IEEE/ACM Trans. on Networking 1 (1993) 157–165

[99]   W. Zhu, Y.T. Hou, Y. Wang und Y. Zhang: End-to-end modeling and simulation of MPEG-2 transport streams over ATM networks with jitter, IEEE Trans. on Circuits and Systems for Video Technology 8 (1998) 9–12

[AF21]   The ATM-Forum Technical Committee: LAN-Emulation over ATM, af-lane-21,-50,-57,-84 und -93, 1995–1998

[AF40]   The ATM-Forum Technical Committee: Physical interface specification for 25.6Mb/s over twisted pair, af-phy-40, 1995

[AF56]   The ATM-Forum Technical Committee: Private network-network interface specification version 1.0, af-pnni-55, 1996

[AF56]   The ATM-Forum Technical Committee: Traffic management specification version 4.0, af-tm-56, 1996

[AF87]   The ATM-Forum Technical Committee: Multi-protocol over ATM, af-mpoa-87 und -92, 1997–1998

[AF83]   The ATM-Forum Technical Committee: Voice and Telephony over ATM to the desktop, af-vtoa-83, 1997

[IEEE]   IEEE 802.3 Working Group Standards, siehe www.ieee.org

[IETF]   Internet Engineering Task Force, RFC pages, siehe www.ietf.org

[ISO]   ISO/IEC JTC 1, Information technology - generic coding of moving pictures and associated audio information, 1996–1998

[E.800] ITU-T Recommendation E.800: Terms and definitions related to quality of service and network performance including dependability, 1994

[F.812] ITU-T Recommend. F.812: Broadband connectionless data bearer service, 1992

[G.692] Prepublished ITU-T Recommendation G.692: Optical interfaces for multichannel systems with optical amplifiers, 1998

[G.702] ITU-T Recommendation G.702: Digital hierarchy bit rates, 1989

[G.703]   ITU-T Recommendation G.703: Physical/electrical characteristics of hierarchical digital interfaces, 1991

[G.707]   ITU-T Recommendation G.707: Network node interface for the synchronous digital hierarchy (SDH), 1996

[G.709]   ITU-T Recommendation G.709: Synchronous multiplexing structure, 1989

[G.711]   ITU-T Recommendation G.711: Pulse code modulation (PCM) of voice frequencies, 1993

[G.723.1]   ITU-T Recommendation G.723.1: Dual rate speech coder for multimedia communications trnasmitting at 5,3 or 6,3 kbit/s, 1996

[G.823]   ITU-T Recommendation G.823: The control of jitter and wander within digital networks which are based on the 2048 kbit/s hierarchy, 1993

[G.824]   ITU-T Recommendation G.824: The control of jitter and wander within digital networks which are based on the 1544 kbit/s hierarchy, 1993

[H.323]   ITU-T Recommendation H.323: Packet based multimedia communications systems, 1998

[I.113]   ITU-T Recommendation I.113: Vocabulary of terms for broadband aspects of ISDN, 1993

[I.121]   ITU-T Recommendation I.121: Broadband aspects of ISDN, 1991

[I.150]   ITU-T Recommendation I.150: B-ISDN asynchronous transfer mode functional characteristics, 1995

[I.211]   ITU-T Recommendation I.211: B-ISDN service aspects, 1993

[I.230]   ITU-T Recommendation I.230: Definition of bearer service categories, 1988

[I.231]   ITU-T Recommendation I.231: Circuit-mode bearer service categories
[I.231.1]   64 kbit/s unrestricted, 8 kHz structured bearer service, 1988
[I.231.2]   64 kbit/s, 8 kHz structured bearer service usable for speech information transfer, 1988
[I.231.3]   64 kbit/s, 8 kHz structured bearer service usable for 3.1 kHz audio information transfer, 1988
[I.231.4]   Alternate speech / 64 kbit/s unrestricted, 8 kHz structured bearer service, 1988
[I.231.5]   2 x 64 kbit/s unrestricted, 8 kHz structured bearer service, 1988
[I.231.6]   384 kbit/s unrestricted, 8 kHz structured bearer service, 1996
[I.231.7]   1536 kbit/s unrestricted, 8 kHz structured bearer service, 1996
[I.231.8]   1920 kbit/s unrestricted, 8 kHz structured bearer service, 1996

[I.311]   ITU-T Recommendation I.311: B-ISDN general network aspects, 1993

[I.321]   ITU-T Recommendation I.321: B-ISDN protocol reference model and its application, 1991

[I.327]   ITU-T Recommendation I.327: B-ISDN functional architecture, 1993

[I.350]   ITU-T Recommendation I.350: General aspects of quality of service and network performance in digital networks, including ISDNs, 1993

[I.361]   ITU-T Recommendation I.361: B-ISDN ATM layer specification, 1993

[I.362]   ITU-T Recommendation I.362: B-ISDN ATM adaptation layer (AAL) functional description, 1993

[I.363]   ITU-T Recommendation I.363(.1-.5): B-ISDN ATM adaptation layer specification, (Type 1 - Type 5) AAL, 1993-1997

[I.364]   ITU-T Recommendation I.364: Support of broadband connectionless data bearer service by the B-ISDN, 1995

[I.365.1]   ITU-T Recommendation I.365.1: Frame relaying service specific convergence sublayer (FR-SSCS), 1993

[I.371]   ITU-T Recommendation I.371: Traffic control and congestion control in B-ISDN, 1993

[I.413]   ITU-T Recommendation I.413: B-ISDN user-network interface (UNI), 1993

[I.432]   ITU-T Recommendation I.432: B-ISDN UNI — Physical layer specification, 1993

[I.580]   ITU-T Recommendation I.580: General arrangements for interworking between B-ISDN and 64 kbit/s based ISDN, 1993

[I.610]   ITU-T Recommendation I.610: B-ISDN operation and maintenance principles and functions, 1995

[Q.921]   ITU-T Recommendation Q.921: ISDN user-network interface – data link layer specification, 1992

[Q.922]   ITU-T Recommendation Q.922: ISDN data link layer specification for frame mode bearer services, 1991

[Q.933]   ITU-T Recommendation Q.933: DSS1 signalling specification for frame mode basic call control, 1992

[Q.2110]   ITU-T Recommendation Q.2110: B-ISDN ATM adaptation layer — service specific connection oriented protocol (SSCOP), 1994

[X.230]   ITU-T Recommendation X.230: Definition of bearer service categories, 1989

[X.240]   ITU-T Recommendation X.240: Definition of teleservices, 1989

AAL   35, 45, 105, 107, 136
 Konvergenz-Teilschicht 137
 Namenskonventionen 137
 SAR-Teilschicht · 137
 Verbindung 153, 170, 183
AAL-Typ 1   45, 139
 Format der SAR-PDU 141
 Konvergenz-Teilschicht 145
 SAR-Teilschicht 140
AAL-Typ 2   45, 151
 CPS 154
 Format der CPS-Pakete 155
 Konvergenz-Teilschicht 157
 Namenskonventionen 152
 SSADT-Teilschicht 162
 SSSAR-Teilschicht 159
 SSTED-Teilschicht 160
AAL-Typ 3/4   45, 163
 Dienste, Message Mode,
  Streaming Mode 167, 176
 Format der CPCS-PDU 177
 Format der SAR-PDU 173
 Konvergenz-Teilschicht 175
 Namenskonventionen 163
 SAR-Teilschicht 171
AAL-Typ 5   45, 66, 180
 Dienste, Message Mode,
  Streaming Mode 181
 Format der CPCS-PDU 186
 Format der SAR-PDU 184
 Konvergenz-Teilschicht 184
 Namenskonventionen 180
 SAR-Teilschicht 183

Abbruch-Dienst 167, 172, 182, 185
ABR   199, 215
Abrufdienste 69
Abschnitt 96
Adaptive-Takt-Methode 79
ADSL   19, 53
Amplitudenmodulation 17
Analyse von Multiplexern 306–309
    311, 319, 324
Ankunftsrate λ 275, 290, 311
Anwendungsebene 13
Asymmetrical Digital
 Subscriber Line, ADSL 19, 53
ATM   24, 30, 1–345
 Anpassungsschicht 35
 Prinzipien 31
 Schicht 31, 44, 82, 105, 107, 129
 to the desk 47
 -Transportnetz 80, 95
 Verbindungen 34
 Vermittlung 38, 242, 252
Autokorrelation 279, 281, 331
Autoregressiver Prozeß 323, 324

B-Kanal 28
Backbone-Netz 2, 47, 64, 65
Bandbreite 17, 18, 25, 313
Bandwidth Delay Product 61, 221
BASize 178
Bearer Services 67
 Circuit-, Packet-Mode 67
Bediensysteme, Analyse 288-333
Beginning of Message, BOM 165
Benutzer-Netz-Schnittstelle 89, 118

Benutzerebene 105
Best-Effort-Dienste 61–65
Bitebene 11
Bitfehlerrate, BER 77, 190
Bitonisches Mischen 248
Bitstuffing 51
Bitsynchronisation 118
Breitband-ISDN 24, 1–345
   Architektur 80
   Betrieb und Wartung 109
   Breitbandaspekte des ISDN 27
   Dienste 67, 71
   Funktionale Architektur 85, 88
   Funktionen 80
      Höhere Schichten 82, 108
      Lokationen 82
      Niedere Schichten 82, 106
      OAM 109
   Interworking mit dem ISDN 114
   Netzaspekte 71, 94
   OAM-Ebenen 110
   Protokoll-Referenzmodell 105
   Referenzkonfiguration 82
   Überlaststeuerung 190
   Verbindungselement 83
   Verbindungslose Daten 222
   Verkehrskontrolle 190
   Wegesuche 99
Bridge 3, 15, 48
Broadcasting 241
Burstfaktor, Burstiness 27, 41, 195
Bus-Topologie 3

CAC 193, 201, 203, 322, 332
Cell Delay Variation, CDV 36, 196
Cell Delineation 119, 127
Cell Error Ratio, CER 77
Cell Loss Priority, CLP 132, 135
Cell Loss Ratio, CLR 78
Cell Misinsertion Ratio, CMR 78
Circuit Emulation 33, 115, 137
Circuit Switching 4
CLAI 226

CLHF 226
CLLR&R 223
CLNAP 176, 223, 228
   Protokolldateneinheit 229
      Header Extension, PAD 231
      Higher Layer Protocol
      Identifier, HLPI 231
   Umsetzung in CLNIP 236
CLNI 226
CLNIP 223, 232
   Protokolldateneinheit 232
      Header Extension, PAD 235
      Protocol Identifier, PI 233
   Umsetzung in CLNAP 236
CLSF 86
Coded Mark Inversion, CMI 120
Confirmation 14
Connection Admission Control,
   CAC 193, 201, 203, 322, 332
Connection Related Functions,
   CRF 204
Connectionless Services 85, 223
Constant Bit Rate, CBR 71, 198
Container 44
Continuation of Message, COM 165
Control Functions, CTF 226
Coset-Wert 125
CPI 161, 177, 187
Cross-Connect-Systeme 35, 96
CSMA/CD 46, 48
Cut-Through Switching 255
Cyclic Redundancy Check,
   CRC 125, 143, 161, 174, 187

D-Kanal 28
Dämpfung 19, 55
Darstellungsebene 13
Data Link Layer 12
Datagramm 5, 59
Dateneinheit 14
Datensicherungsschicht 12
Delay Jitter 33
Deskriptoren 195

Dienst 7
  Abruf- 69
  Anforderungen 24
  Bearer Service 67
  Breitband-ISDN- 67
  Dialog- 69
  Echtzeit- 25, 78
  -einteilung der AAL 137
  Interaktiver 69
  Mehrwert- 7
  mit konstanter Bitrate 71
  mit variabler Bitrate 71
  Multimedia- 79
  Speicher- 69
  Tele- 7, 69
  Übermittlungs- 7, 67
  Verteil- 69
Dienstgüte 30, 36, 37, 62, 76, 266
  Klassen und Parameter 198
Differenzierte Dienste 64, 65
Digital Section Level 95
Digitaler Abschnitt 95
Discrete Multitone Modulation 54
DLCI 51
DMT 54
DQDB 3
Durchschaltevermittlung 4, 40

E.164-Numerierung 229
Early Packet Discard 60
Ebenen-Management 106
Echtzeitdienste 78, 328
Effektive Bandbreite 314
Effizienz 26
Einfügungsdämpfung 120
End of Message, EOM 165
Entkoppeln der Zellenrate 119, 127
Ereignis 268
Erneuerungsprozesse 275
Erzeugende Funktion 271
Ethernet Paket Format 47
Explicit Congestion Indication
  EFCI, EBCI 209, 217, 218

Fairness 61, 64
Faltung 270
Fast Fourier Transformation 54, 294
FDDI 3, 47
Feedback Control 193
First Come Frist Served 290
Fluid Flow Analysis 308, 311
Flußkontrolle 194
Folgenummer 141, 142, 156, 173
Frame Relay 50
Frequenzmodulation 17, 54, 55
Füll-Feld 155, 177, 178, 185
Funk-Übertragung 22
Funktionsgruppen 80, 93
  B-NT, -TA, -TE 90, 94

Gateway 3, 16
Generic Cell Rate Algorithm 211
Generische Flußkontrolle, GFC 129
GFC-Feld 131
GI/GI/1-Bediensystem 289
Glasfaser 20, 21, 55
GSM 23

Halb-Duplex 3, 12
HDLC 12, 51
HDTV 56
Head-of-Line Blockierung 263
Header 33, 47, 51
  Error Control,
  HEC 95, 100, 119, 125
  -format 131, 134

Importance Sampling 335
Indication 14
Informationsrate
  CIR, MIR, SIR 52, 228
Integrierte Dienste 64, 65
Interaktive Dienste 69
Internet Protocol, IP 13, 58–60
Internet QoS 58–66

Interworking 16, 53, 117
    B-ISDN und ISDN 114
IPv6 58
ISDN 28
ISO-(OSI-)Referenzmodell 10

Jahr 2000 291
Jitter 33, 62, 78, 190

Keep Alive Mechanismus 162
Kendall-Notation 289
Knock-Out Switch 244
Koaxial-Kabel 20
Kollisionsfreie Verteilnetze 260
Kommunikationsmedien 16
Komprimierung 26
Kontrollebene 105
Konzentratoren 35
Kupferkabel, verdrillt 20

Längen-Feld 161, 179, 187
Label Switching 52, 65, 132
LAN-Emulation, LANE 66
Latenzzeit 48, 191
Leaky Bucket Mechanismus 62, 211
Leistungsversorgung 128
Leitungscodierung 118
Leitungsvermittlung 4, 40
LEOS 22
Lichtwellenleiter 20
Lokale Netze, LAN 1, 46

Managementebene 106
Manchester-Codierung 12
Markov-Kette 272
Maximum Burst Size 199
Mean Time Between Failure 192
Message Mode 167, 176, 182, 185
Meta-Signalling Virtual Channel 103
Metropolitan Area Network, MAN 1
Migration 114

Minimum Cell Rate, MCR 199
Mobilfunk 23
Modulation, Modem 17, 54
Monomode-Glasfaser 22
MPEG 56, 328
Multi-Protocol Label
    Switching, MPLS 64, 66
Multi-Protocol over ATM, MPOA 66
Multicasting 241
Multimedia 56, 79
Multimode-Glasfaser 21
Multiplexing 4, 55, 243, 244

Network Node Interface, NNI 87
Network Parameter Control 193, 203
Network Resource Management 193
    201
Netze 1
    ATM 24
    Definition, LAN, MAN, WAN 1
    Topologien 3
Netzebene 12
Netzelemente 80
    VC/VP-Cross-Connector 96
    VC/VP-Vermittlungsstelle 98
Netzgüte 76, 193, 202
Netzknoten-Schnittstelle 87
Non-P-Format 149, 151
Normal-Verteilung 284

ON-OFF-Sprachquellen 326
Operation and Maintenance 109, 110
    Informationsflüsse F1–F5 110
OSI-Referenzmodell 67

P-Format 149, 151
Packet Switching 4
Padding 155, 177, 178, 185
Paketvermittlung 4
PCI, PDU 14, 15
PDUs per Time Unit, PPTU 228

Peak Cell Rate, PCR 27, 41, 198
Peer-N-Instanz 11
Phasenmodulation 17
Physikalische Schicht 118
   Physical Layer 11, 30, 106, 109
Presentation Layer 13
Primitive 14
Prioritäten 193, 201, 207
Protokoll 8
   -Dateneinheit, PDU 14, 15
   -Ebenen für ATM-Netze 43
   -Kontrollinformation, PCI 15
   Peer-to-Peer- 11
   -Referenzmodell 10
   Schicht-N- 11
Pufferung 53, 58, 61
   -Überläufe 191, 288, 305, 331
Pulse Code Modulation 17
PVC 30, 37, 52

Quadrature Amplitude
   Modulation 17, 54
Quality of Service, QoS 47, 53, 62
   Parameter 24, 36, 191
Quantil 283

Rate Decrease Factor, RDF 216
Rate Increase Factor, RIF 216
Rechnernetz 1
Redundanz 26
Referenzkonfiguration 80
Referenzmodell 10
   B-ISDN-Protokoll 81, 105
     Benutzerebene 105, 108
     Kontrollebene 105, 108
     Managementebene 106
   ISO-OSI- 10, 67, 94
Referenzpunkt, S_B, T_B 80, 82
   Schnittstellen 91
Regenerator Section Level 95
Regeneratorabschnitt 95

Repeater 15, 19, 46
Request 14
   for Comments, RFC 10, 58
Residual Time Stamp, RTS 79
Response 14
Ressourcen
   -Management 193, 201, 208
   -Reservierungsprotokoll 64
Reverse-Banyan-Netz 254
RFC 10, 58
RM-Zellen 216, 220
Round Trip Delay 194, 208, 220
Router, Routing(-Tabelle) 5, 12, 16
      32, 66
RSVP 64
Rückkopplungssteuerung 193, 215

S-AAL 189
Satelliten-Übertragung 22
Schicht 10, 11
   Konvergenz-Teil- 137, 145
      152, 157, 175, 180
   Physical Medium 10, 106, 109
      118–120
   TC 106, 118, 120
   Verbindungslose, CLL 223
Schicht-Management 106
Schnittstellen
   an Referenzpunkten 91
   Leistungsversorgung 128
   mit 155,520 Mbit/s 91, 119
   mit 622,080 Mbit/s 93, 120
SDH 122, 241
SDU 15
Selbst-ähnlicher Verkehr 330
Self-Routing 247, 257
Semi-Markov-Prozesse 279
Service Level Agreement, SLA 62
Service Specific Connection
   Oriented Protocol, SSCOP 189
Session Layer 13
Sieben-Schichten-Modell 10

Index   351

Signalisierung   64, 81, 188
    Außer-Band-   102
    Benutzer-Netz-   85
    Grundlagen   101
    Innernetz-   37, 85
    Meta-   37, 103, 188
    -s-AAL   188
    -sinstanz   102
    -skanäle   102, 189
        General-Broadcast   103
        Meta-   103
        Selective-Broadcast   103
    -skonfigurationen   103
    -snetz im B-ISDN   81, 101
    -sprozeduren   37, 38, 103, 189
    -ssystem Nr. 7   108
    Zwischennetz-   37
Signalling Virtual Channel   102
Signalverzögerung   48, 191
Simplex-Betrieb   3, 12
Simulation   333
Single Segment Message, SSM   165
Sitzungsebene   13
Sliding Window   59, 62, 209
SMP/GI/1-Bediensystem   301, 310
Speicherdienste   69
Speichervermittlung   4
Spitzenzellenrate   195, 198
Sprachkompression   18, 325
Standardisierungsgremien   10
Stationarität   273
Statistisches Multiplexing   41, 283
                                        323
Steuernde Kette   279
STM-4^n 44, 55, 122
Stochastischer Prozeß   272
Store and Forward Switching   4
Streaming Mode   167, 176, 182, 185
Sunshine Switch   251
Sustainable Cell Rate, SCR   199
Sustainable Information Rate,
    SIR   228

SVC   30, 37, 52
Switching-Technologie   244
Synchrone Digitale Hierarchie,
    SDH   44, 122
Synchronisation   9, 79
    Adaptive Methode   79, 149
    Bit-   118
    -smuster   79
    SRTS-Verfahren   79, 147
Synchronous Transport Modul   55

Taktrückgewinnung   79, 147
    Adaptive Methode   79, 147, 149
    SRTS-Verfahren   79
TCP/IP   13, 58
Teledienste   69
Telekommunikation   1, 2
Traffic Shaping   197, 201, 207, 263
                                        317
Trailer   33
Transfer strukturierter Daten   149
Transmission Path Level   95
Transparenz   14
    semantische, zeitliche   77
Transport-Ebene, -Layer   12
Transportnetz   80, 95
Tunnel-Verfahren   50

UBR   199, 200
Überlast   51, 63
    -Steuerung 61, 190–193, 208, 217
Übermittlungsdienste   67
Übermittlungsverfahren   4
Übertragungsrahmen   118, 121
    zellenstrukturiert   121
Übertragungsweg   95
UMTS   23
Usage Parameter Control,
    UPC   193, 203, 209
User Network Interface, UNI   89
Value Added Service   7

Variable Bit Rate, VBR   71, 198
    rt-VBR, nrt-VBR   201
VC-Level   95
VDSL   55
Verbindung   4, 83, 96
    -selement, -s(end)punkt   83, 96
Verbindungskontrolle   203
Verbindungslose Daten   59, 85, 222
    CLS-Funktionsgruppen   222
    Funktionale Architektur   222
    Gruppenadressierung   222
    Protokoll   224, 236
    Referenzkonfiguration   223
    Schnittstellen, CLAI, CLNI 226
Verbindungsloser Server   225
Verkehrsformung 194, 197, 201, 207
Verkehrskontrolle   190, 192
    Grundfunktionen   193, 201
    Reaktionszeiten   193
    Referenzkonfiguration   193
Verkehrsparameter 36, 38, 195, 198
Verkehrsvertrag 36, 38, 52, 190, 196
Vermittlungsknoten 39, 240, 242, 252
    Pufferung   42, 243, 262, 320
Vermittlungsschicht   12
Vermittlungsstelle   35, 98
Verteildienste   69
Very high speed Digital
    Subscriber Line, VDSL   55
Verzögerung, Delay   78, 190
Video-Übertragung   56, 328
Virtual Channel Identifier, VCI   34
Virtual Circuit   5
Virtual Path Identifier, VPI   35
Virtuelle Verbindung   5, 32, 34
    Auf- und Abbau   37
    Kanal, VCC   34, 36, 100
    Pfad, VPC   34, 37, 101
    PVC, SVC   30, 37
Virtueller Kanal, VC   34
Virtueller Kanal-Abschnitt   34
Virtueller Pfad, VP   35

Virtueller Pfad-Abschnitt   35
Voll-Duplex   3, 12
VP-Level   95

Wahrscheinlichkeit, bedingte   270
Wahrscheinlichkeitsraum   267
Wavelength Division
    Multiplexing, WDM   19, 55
Weighted Fair Queueing   65
Wide Area Network, WAN   1
Window-Mechanismus
    jumping, moving, EWMA   209
    sliding   13, 59

xDSL   54

zeitdiskrete Bediensysteme 306, 309
Zeitmultiplextechnik   31
Zellen   30, 131, 134
    (nicht) zugewiesene   107
    Blockierung   191, 263
    Definition   30, 107
    Erkennen der Grenze   127
    Fehleinfügungsrate   78
    Fehlerrate   77, 214
    Format   33
    gültige   107
    Leer-   41, 107, 119, 127
    OAM, F4, F5   100
    PLOAM-   107, 121
    Priorität für Verlust   132, 135
    RM-   216, 220
    Struktur   130
    Synchronisation   127
    ungültige   107
    Verlust   132, 135, 190, 285
    Verlustanteil   78, 200
    Verlustrate   36, 328, 332
    Verzögerungen   191, 199, 214
Zentraler Grenzwertsatz   283
Zufallsvariable, (un-)abhängige   270
Zulassungskontrolle 52, 63, 201, 322

Informationstechnik

Herausgegeben von
Prof. Dr.-Ing. Dr.-Ing. E.h. **Norbert Fliege**, Mannheim
Prof. Dr.-Ing. **Martin Bossert**, Ulm

Systemtheorie
Von Prof. Dr.-Ing. Dr.-Ing. E.h. **N. Fliege**, Mannheim
1991. XV, 403 Seiten mit 135 Biidern. ISBN 519-06140-6

Nachrichtenübertragung
Von Prof. Dr.-Ing. **K. D. Kammeyer**, Bremen
2., neubearbeitete und erweiterte Auflage.
1996. XVIII, 759 Seiten mit 405 Bildern. ISBN 3-519-16142-7

Multiraten-Signalverarbeitung
Von Prof. Dr.-Ing. Dr.-Ing. E.h. **N. Fliege**, Mannheim
1993. XVII, 405 Seiten mit 314 Bildern. ISBN 3-519-06155-4

Pseudorandom-Signalverarbeitung
Von Prof. Dr.-Ing. habil. **A. Finger**, Dresden
1997. XI, 308 Seiten mit 135 Bildern. ISBN 3-519-06184-8

Systemtheorie der visuellen Wahrnehmung
Von Prof. Dr.-Ing. **G. Hauske**, München
1994. XI, 270 Seiten mit 138 Bildern. ISBN 3-519-06156-2

Architekturen der digitalen Signalverarbeitung
Von Prof. Dr.-Ing. **P. Pirsch**, Hannover
1996. IX, 368 Seiten mit 207 Bildern. ISBN 3-519-06157-0

Signaltheorie
Von Dr.-Ing. **A. Mertins**, Wollongong/AUS
1996. XI, 312 Seiten mit 101 Bildern. ISBN 3-519-06178-3

Digitale Audiosignalverarbeitung
Von Prof. Dr.-Ing. **U. Zölzer**, Hamburg
2., durchgesehene Auflage. 1997. IX, 303 Seiten mit 277 Bildern.
ISBN 3-519-16180-X

Video-Signalverarbeitung
Von Dr.-Ing. habil. **C. Hentschel**, Eindhoven/NL
1998. VIII, 269 Seiten mit 188 Bildern. ISBN 3-519-06250-X

B. G. Teubner Stuttgart · Leipzig

Informationstechnik

Digitale Netze
Funktionsgruppen digitaler Netze und Systembeispiele
Von Prof. Dr.-Ing. **M. Bossert** und Dr.-Ing. **M. Breitbach**, Ulm
1999. XI, 348 Seiten mit 149 Bildern. ISBN 3-519-06191-0

Digitale Mobilfunksysteme
Von Prof. Dr.-Ing. **K. David**, Frankfurt/Oder, und
Prof. Dr.-Ing. **T. Benkner**, Pforzheim
2., überarbeitete und erweiterte Auflage. 1999. In Vorbereitung.

Analyse und Entwurf digitaler Mobilfunksysteme
Von Priv.-Doz. Dr.-Ing. habil. **P. Jung**, München
1997. XI, 416 Seiten mit 97 Bildern. ISBN 3-519-06190-2

Mobilfunknetze und ihre Protokolle
Von Prof. Dr.-Ing. **B. Walke**, Aachen
Band 1: Grundlagen, GSM, UMTS und andere zellulare Mobilfunknetze
1998. XIX, 468 Seiten mit 198 Bildern. ISBN 3-519-06430-8
Band 2: Bündelfunk, schnurlose Telefonsysteme, W-ATM, HIPERLAN,
Satellitenfunk, UPT
1998. XX, 456 Seiten mit 257 Bildern. ISBN 3-519-06431-6
Band 1 u. 2: (im Set) ISBN 3-519-06182-1

GSM
Global System for Mobile Communication
Vermittlung, Dienste und Protokolle in digitalen Mobilfunknetzen
Von Prof. Dr.-Ing. **J. Eberspächer** und Dipl.-Ing. **H.-J. Vögel**, München
2., neubearbeitete und erweiterte Auflage. 1999. XIV, 383 Seiten.
ISBN 3-519-16192-3

Digitale Sprachsignalverarbeitung
Von Prof. Dr.-Ing. **P. Vary**, Aachen, Prof. Dr.-Ing. **U. Heute**, Kiel,
und Prof. Dr.-Ing. **W. Hess**, Bonn
1998. XIII, 591 Seiten mit 250 Bildern. ISBN 3-519-06165-1

Kanalcodierung
Von Prof. Dr.-Ing. **M. Bossert**, Ulm
2., neubearbeitete und erweiterte Auflage.
1998. XIV, 527 Seiten mit 194 Bildern. ISBN 3-519-16143-5

Breitband-ISDN und ATM-Netze
Multimediale (Tele-)Kommunikation mit garantierter Übertragungsqualität
Von Priv.-Doz. Dr. **G. Haßlinger**, Darmstadt, und
Dr.-Ing. **Th. Klein**, Frankfurt/Main
1999. XII, 352 Seiten mit 140 Bildern. ISBN 3-519-06251-8

B. G. Teubner Stuttgart · Leipzig